Ramón Morales Ross

# Interacción Suelo Estructura3D en cimentacionessuperficiales

Ramón Morales Ross

# Interacción Suelo Estructura3D en cimentacionessuperficiales

## Análisis geotécnico y estructural de cimentaciones superficiales

Editorial Académica Española

**Imprint**

Any brand names and product names mentioned in this book are subject to trademark, brand or patent protection and are trademarks or registered trademarks of their respective holders. The use of brand names, product names, common names, trade names, product descriptions etc. even without a particular marking in this work is in no way to be construed to mean that such names may be regarded as unrestricted in respect of trademark and brand protection legislation and could thus be used by anyone.

Cover image: www.ingimage.com

Publisher:
Editorial Académica Española
is a trademark of
Dodo Books Indian Ocean Ltd. and OmniScriptum S.R.L publishing group

120 High Road, East Finchley, London, N2 9ED, United Kingdom
Str. Armeneasca 28/1, office 1, Chisinau MD-2012, Republic of Moldova, Europe
Printed at: see last page
ISBN: 978-613-9-43633-0

Ramón Morales Ross

# Interacción Suelo Estructura 3D en cimentaciones superficiales

## Análisis geotécnico y estructural de cimentaciones superficiales

**A mis queridos hijos: Ramón, Carlos y Mariano,**

*Escribir estas palabras es un acto de amor y gratitud que trasciende las páginas de este libro. A través de estas líneas, deseo expresar todo aquello que mi corazón siente y mi mente reconoce como verdad inmutable.*

*Desde el momento en que llegaron a este mundo, ustedes, mis amados hijos, han sido la luz que ilumina mi camino. Cada momento compartido ha sido un regalo invaluable que atesoro en lo más profundo de mi ser.*

*Ramón, con tu espíritu curioso y tu pasión por descubrir el mundo, has enseñado a este padre la belleza de la curiosidad y el valor del conocimiento. Carlos, con tu bondad infinita y tu corazón generoso, has demostrado que el verdadero poder reside en la capacidad de amar y cuidar a los demás. Mariano, con tu determinación y tu valentía, has mostrado que los sueños se hacen realidad cuando se persiguen con fervor y convicción.*

*Cada uno de ustedes ha dejado una huella imborrable en mi vida, marcando mi camino con lecciones de amor, resiliencia y esperanza. A través de las alegrías y los desafíos, hemos crecido juntos, aprendiendo unos de otros y fortaleciendo el vínculo que nos une como familia.*

*Este libro, que ahora tienen en sus manos, es más que un conjunto de palabras impresas en papel. Es el reflejo de mis pensamientos, mis emociones y mis experiencias, moldeadas en la fragua del tiempo y la sabiduría adquirida. Es mi legado para ustedes, una muestra de mi amor eterno y un testimonio de todo lo que son y llegarán a ser.*

*Que estas páginas les inspiren, les guíen y les recuerden siempre el amor y el orgullo que siento por cada uno de ustedes. Que sigan persiguiendo sus sueños con valentía, amando sin límites y siendo la luz que ilumina el mundo que los rodea.*

*Con todo mi amor y gratitud,*

**Agradecimientos**

*Estoy profundamente agradecido con la Editorial Académica Española por la confianza que depositaron al invitarme a colaborar para la edición del libro en el apasionante tema de la ISET, cuyo origen se remonta al artículo de Morales, R. R. (2014). Su invitación ha sido un honor y un privilegio.*

*Deseo expresar mi sincero agradecimiento al M.I. Arturo Arias Roda por su invaluable apoyo al calcular los asentamientos en los centroides de las dovelas utilizando Settle 3D, tal como se muestra en los ejemplos resueltos en el Capítulo 7. Agradezco a Dios por permitirme conocer y contar con la amistad de un distinguido, mesurado e inteligente Maestro en Ingeniería.*

*Quiero hacer un reconocimiento especial al talentoso Ing. Miguel Ángel Ordaz Medina por su arduo trabajo y su paciencia infinita. Su interés y pasión se reflejaron en la resolución de problemas, la elaboración de dibujos, tablas y el formato de impresión, lo cual contribuyó significativamente a la finalización del libro.*

# Prefacio

El descubrimiento de los estudios de Zeevaert, L. (1980) fue un momento de impacto emocional en mi comprensión del método analítico de la Interacción Estática Suelo Estructura, también conocido como ISE. Este enfoque me introdujo en la racionalidad detrás de lograr el equilibrio y la compatibilidad entre suelo y estructura en puntos específicos de una viga equivalente. A través de este método, pude calcular los asentamientos totales, las presiones de contacto y los elementos mecánicos de cualquier sección transversal de la viga equivalente en estudio, sujeta a las acciones de las cargas actuantes en la cimentación y de las presiones de contacto.

Al comprender a fondo el proceso iterativo de la ISE, surgió la idea de investigar la posibilidad de mejorar este método debido a su naturaleza bidimensional. Inspirado en la filosofía del Dr. Leonardo Zeevaert, desarrollé un enfoque tridimensional de la ISE, como se describe en mi trabajo previo (Morales, R. R., 2014), complementado en este libro en el Capítulo 5. Es evidente que estos esfuerzos hubieran resultado cuasi estériles, de no haber creado el MECYMCAC, Morales, R.R., (2012b, 2019), método mediante el cual, se obtienen los elementos mecánicos en cualquier sección transversal de los componentes resistentes de la cimentación. Además, el utilizar el método de Damy, J., y Casales (1985), fue crucial para calcular las influencias por esfuerzo unitario $I_{ji}$, en los ejemplos resueltos, en los cuales, se obtuvieron las influencias en los diferentes puntos discretos de las dovelas supuestas en la masa del suelo, ubicados en la intersección de los planos verticales en ambos sentidos. La fácil aplicación y los resultados racionales obtenidos con estos dos métodos, me llenó de ánimo, entusiasmo y mucha emoción para elaborar el contenido del presente libro.

En otras palabras, el haber desarrollado el método de análisis de Interacción Suelo Estructura Tridimensional o ISET con sus ecuaciones matriciales de apoyo denominadas Ecuación Matricial de Asentamientos Tridimensional o EMAT simétrica, general y sísmica con aplicación en cimentaciones superficiales, nos permite calcular en cada dovela supuesta: a) presiones de contacto y b) Asentamientos totales, de cuerpo rígido de traslación y rotación; así como, los diferenciales de cuerpo elástico.

La obtención de los elementos mecánicos de los problemas resueltos en el Capítulo 8, se llevó a cabo, mediante la aplicación del método de rigideces a los denominados en este libro como "modelo analítico con resortes" y al MECYMCAC, alcanzando resultados cuasi iguales; luego entonces, está comparación puede considerarse como uno de los criterios de aceptación del MECYMCAC.

En el análisis y diseño de las cimentaciones de un edificio debería haber una estrecha participación entre los ingenieros geotecnista-estructural, con este convencimiento en mente se generó el Capítulo 7, cuyo propósito principal es llevar a cabo el análisis de la ISET con la asistencia de los ingenieros geotécnico-estructural, encontrando de esta colaboración un valor agregado al tema, debido a que mediante la aplicación del método de la ISET desarrollado en el Capítulo 5 y la utilización del programa geotécnico Settle 3D se obtuvieron en los ejemplos resueltos la Ecuación Matricial de Asentamientos Tridimensional simétrica y general para la cimentación flexible (EI=0) en estudio, y auxiliados por el modelo estructural de interacción se calcularon los asentamientos totales y presiones de contacto en las dovelas consideradas. El haber utilizado un software geotécnico en lugar de la ecuación de la teoría de elasticidad y del método de Damy, J., y Casales (1985), nos permite considerar que está demostración debe considerarse como el criterio de aceptación del método de análisis de Interacción Suelo Estructura Tridimensional o ISET desarrollado en el Capítulo 5.

Dado que la ISET y el MECYMCAC brevemente explicado en el Capítulo 8, son métodos de análisis geotécnico y estructural, el contenido del libro es dedicado a este tipo de análisis con aplicación en cimentaciones superficiales, proporcionando al ingeniero interesado en esta área del conocimiento, las bases teóricas que le permitan resolver de manera racional el análisis y como complemento el diseño.

Este libro no aborda aspectos básicos de diseño geotécnico ni estados límites, sino que se centra en proporcionar una base teórica sólida para el análisis geotécnico-estructural de cimentaciones superficiales complejas

El libro debe servir de apoyo a profesores, estudiantes e ingenieros, relacionados con el análisis geotécnico-estructural de este tipo de cimentaciones.

Ramón Morales Ross
Villahermosa,Tabasco, México
Octubre 2024

# Contenido

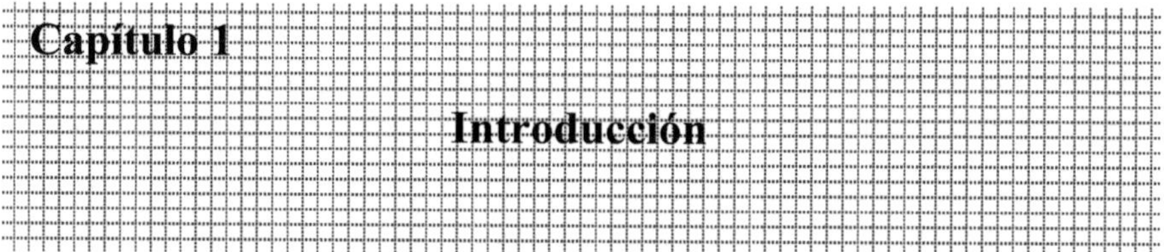


## 1.1 Cimentación: Componentes y fases del diseño

El sistema de cimentación consta de dos componentes: (i) la parte estructural de la cimentación, como la zapata o el pilote, y (ii) su apoyo natural, representada por la masa del suelo. De manera similar, el diseño del sistema de cimentación consta de dos fases, que se denominan: (i) diseño geotécnico y (ii) diseño estructural. El objetivo del diseño geotécnico es esencialmente llegar a las dimensiones de la cimentación, satisfaciendo los parámetros de diseño del suelo, a saber, la capacidad de carga y el asentamiento. El diseño estructural se lleva a cabo solo después de que se completa su diseño geotécnico, que determina el espesor de la zapata y también la cantidad y ubicación del refuerzo. Sin embargo, el diseño debe realizarse de acuerdo con los códigos de práctica locales, según Kameswara Rao, N.S.V., (2011).

Los requisitos generales en términos de seguridad, que deben satisfacer las fundaciones superficiales complejas desplantadas en terreno compresible, deben estar en conformidad a la normatividad vigente sobre el tema, que rige en cada país.

Para lograr estos objetivos, el componente natural de la cimentación debe cumplir con las funciones establecidas por, Flores, V. A, Esteva, L., 1970, que a continuación se detallan:

a) Proporcionar apoyo a la estructura, distribuyendo las descargas de tal manera que logren un factor de seguridad adecuado entre estas y la capacidad portante del suelo

b) Limitar los desplazamientos por compresión (asentamiento) o por expansión (emersión), totales y diferenciales, con el objeto de controlar los daños en construcciones e instalaciones vecinas, así como en acabados o en miembros de la superestructura

c) Conservar la posición vertical de la estructura ante la acción de cargas permanentes, y ante la acción de cargas verticales excesivas y evitar su falla por volteo.

A la condición del inciso "a" se le conoce como estado límite de falla, la cual está asociada a la resistencia, se evalúa en términos de la capacidad de carga del suelo.

Al requisito del inciso "b" se le denomina estado límite de servicio, está asociado a los desplazamientos, estos se clasifican en: desplazamiento vertical medio de traslación (hundimiento y emersión) con respecto al nivel del terreno circundante; asentamiento vertical por rotación y asentamiento vertical diferencial, los dos primeros corresponden a movimientos de cuerpo rígido; de traslación y rotación, la deformación diferencial corresponde al movimiento de cuerpo elástico (figura 1.1). Para aplicación en los Estados Unidos Mexicanos, los valores límites se especifican en la Norma Técnica Complementaria para Diseño y Construcción de Cimentaciones 2023  , página 35, tabla 3.1.1.2.2.3, reproducidos al final del Capítulo en la tabla 1.4.

El inciso "c" se refiere a una condición de estabilidad cuando actúan simultáneamente cargas estáticas verticales con resultante excéntricas y cargas laterales por sismo o viento, su cumplimiento asegura que la respuesta del suelo este asociada con esfuerzos de compresión.

En cuanto al componente estructural de la cimentación este debe cumplir los requisitos básicos que a continuación se detallan.

d) Tener seguridad adecuada contra la aparición de todo estado límite de falla posible ante las combinaciones de acciones más desfavorables que puedan presentarse durante su vida esperada.

e) No rebasar ningún estado límite de servicio ante combinaciones de acciones que correspondan a condiciones normales de operación.

## 1.2 Reacciones del suelo bajo una cimentación continua

En cimentaciones superficiales complejas en donde la masa del suelo es de alta compresibilidad, los movimientos diferenciales entre apoyos modifican la distribución de las presiones de contacto e introducen fuerzas internas en los componentes resistentes de la estructura de cimentación que deben ser considerados. En estas fundaciones la distribución de presiones en el suelo debe cumplir las condiciones siguientes, (Meli, R., 2001).

f) Debe haber equilibrio global; la resultante de las reacciones del suelo sobre la cimentación debe coincidir con la de las cargas verticales

g) Debe haber equilibrio local entre las reacciones del suelo, las fuerzas internas en la cimentación y las fuerzas y momentos transmitidos a esta por la estructura

h) La configuración de hundimientos producidos en el suelo por la distribución de presiones considerada, debe coincidir con la configuración de desplazamientos que sufre la cimentación bajo las mismas cargas.

El inciso "f", se refiere al equilibrio externo de las fuerzas actuantes en la cimentación, por lo tanto, deben satisfacerse las ecuaciones de estática, $\sum F_z = 0$, $\sum M_x = 0$ y $\sum M_y = 0$.

El inciso "g", se refiere al equilibrio de cortantes y momentos que debe existir en cada sección transversal de los elementos resistentes, que componen la estructura de cimentación, sujeta principalmente a la acción de las cargas estáticas verticales y laterales de la superestructura y cimentación y a las respuestas del suelo en términos de presiones de contacto.

En el inciso "h", debe inferirse que el cálculo de las presiones de contacto, fueron determinadas considerando a la masa del suelo como un medio elástico y continuo, el criterio de análisis con estas y otras hipótesis se basa en condiciones de compatibilidad y equilibrio en puntos discretos del suelo y la estructura de cimentación, en otras palabras; el análisis se realiza con la ISE o ISET y por lo tanto la deformación suelo-estructura son las mismas.

## 1.3 Antecedentes

Con la información de geotecnia correspondiente y la geometria de la cimentación, se realiza un análisis de interacción suelo-estructura, cuyo objetivo principal del análisis para cimentaciones superficiales sujeta a cargas verticales y horizontales actuantes, corresponde a la determinación de las presiones de contacto suelo-estructura de cimentación, los asentamientos de cuerpo rígido y cuerpo elástico, finalmente con la aplicación del MECYMCAC se cálculan la fuerza cortante y el momento de flexión en cualquier sección transversal de los elementos resistente de la cimentación. Para lograr este fin, en la actualidad existen procedimientos propuestos por diversos investigadores, para el análisis de fundaciones o cimentaciones superficiales continuas desplantadas sobre terrenos con consistencias: muy firmes y duros, medianamente firmes y firmes, muy blandos y blandos. En este libro con fines de distinguir cualitatvamente el criterio de aceptación en función del tipo de suelo de cada método aquí estudiados, la masa de suelo se divide en tres zonas geotécnicas, en conformidad a las NTC-2023.

*-Zona I, suelo muy firmes y duros (Categoría I)*

El criterio de análisis utilizado sigue condiciones de equilibrio global, local y de estabilidad, consideran la estructura de cimentación infinitamente rígida, se le conoce como el "método rígido convencional", (Das B. M., 2001). Los ingenieros que emplean este método, al considerar variación lineal a la distribución de presiones admisible del suelo, actúan de la siguiente manera; en zapatas corridas para evitar excentricidades con respecto al centroide de la cimentación ocasionadas por las cargas estáticas verticales, en algunas alternativas de solución consideran constante el esfuerzo admisible del suelo determinando los anchos exteriores de la cimentación y en cajones de cimentación admitiendo excentricidad de las cargas actuantes, utilizan la ecuación de esfuerzos o de la escuadría. Para el diseñador de cimentaciones; el desafío en el análisis estructural con este criterio, es lograr el equilibrio local entre las reacciones del suelo, las fuerzas externas en la cimentación y las fuerzas y momentos transmitidos a esta por la estructura, debido al desequilibrio de cortantes y momentos en la estructura de cimentación, (Olvera L. A. 1966). Con la utilización de cualquiera de los dos nuevos modelos denominados "modelo estructural particular con resortes I o con resortes extremos (MEPRI) y modelo estructural con resortes II o resorte individual (MEPRII)" utilizados en el "Método de equilibrio de cortantes y momentos en cimentaciones, con aplicación en computadora (MECYMCAC)" explicado en Morales, R, R. (2019), se encuentra fácilmente la solución en este tipo de problemas.

Las hipótesis y principios fundamentales de los modelos analíticos del suelo-cimentación considerados en 2.4 son congruentes con el denominado "método rígido convencional" que considera variación lineal a la distribución de presiones admisible del suelo. El hecho de no considerar condiciones de compatibilidad equivale a no considerar los asentamientos verticales por movimientos de cuerpo rígido de traslación y rotación en el análisis de la cimentación, por lo tanto, es aceptable su utilización para un diseño preliminar en cimentaciones superficiales continuas de cualquier forma apoyada en suelos duros.

*-Zona II, suelos medianamente firmes y firmes (Categoría II)*

Los estudiosos que consideran la masa de suelo como un medio de baja deformabilidad siguen el criterio que E. Winkler desarrolló en 1867, en la actualidad muchos programas comerciales incluyen subrutinas que adaptan este tipo de análisis a las fundaciones superficiales, siendo muy utilizado en los despachos de cálculo por su facilidad de aplicación y la obtención directa de los elementos mecánicos de diseño, algunos autores denominan a este procedimiento como "método flexible aproximado", (Das B. M., 2001), también es denominado de resortes independientes (López, R. G, et al, 2011). El modelo matemático original de este método es una viga con resortes independientes propuesto para analizar y diseñar las vigas de carril y durmientes para ferrocarril; ahora bien, con objeto de utilizarlo racionalmente en cimentaciones de edificios para obtener primordialmente las presiones de contacto y asentamientos totales, en el Capítulo 3 de este libro se proponen nuevas hipótesis de trabajo conservando la suposición original del comportamiento de la masa del suelo caracterizada por resortes independientes, demostrando en el Capítulo 4 que este método es un caso particular de la ISE tradicional (Zeevaert,L., 1980) o de la ISET explicada en el Capítulo 5; luego entonces, estas evidencias sugieren que para aplicación con fines de ingeniería, su rango de validez es en cimentaciones superficiales apoyadas en suelos muy firmes y duros o poco deformables con Categoría I.

*-Zona III, suelos muy blandos y blandos (Categoría III)*

Se hace mención de una tercera categoría, en la cual los diseñadores consideran la masa de suelo como un medio elástico y continuo, apegándose a un comportamiento más racional entre el suelo y la cimentación, a esta filosofía de análisis se le conoce como interacción suelo-estructura o ISE, también denominada de resortes interdependientes (López, R. G, et al, 2011), se cumplen condiciones de equilibrio local, global, compatibilidad y por supuesto de estabilidad. El objetivo principal en estos métodos de análisis, es calcular la distribución de presiones de contacto y la configuración de asentamientos totales.

En los Capítulo 4 y 5 se estudian la interacción suelo estructura bidimensional (Zeevaert, 1980) y la tridimensional (Morales, R.R., 2014). La configuración de los deformaciones diferenciales y los elementos mecánicos se obtienen, mediante la aplicación del MECYMCAC, (Morales, R.R. 2019) y son estudiados en el capítulo 8. El MECYMCAC es un método de análisis estructural cuya aplicación es válida para cualquier tipo de cimentación superficial compleja de edificios. Incluso es válida su aplicación en estructuras funcionales de plantas de tratamiento; tales como, floculadores, filtros etcétera.

En la actualidad la aplicación del método rígido convencional está muy restringida, lo contrario al método flexible aproximado también conocido como el de los resortes de Winkler; en donde, los algunos ingenieros diseñadores aplican indiscriminadamente para cualquier tipo de Categorías de suelo como las aquí definidas.

Con objeto de que la aplicación del método flexible aproximado sea válida en cimentaciones superficiales complejas de edificios, se realizaron ajustes a través de las hipótesis de trabajo que permitieron demostrar en los Capítulos 4 y 5, que en realidad los resortes de Winkler son un caso particular de la ecuación matricial de asentamientos EMA (Zeevaert, L. 1980), calculadas en un análisis de la ISE bidimensional y de la ecuación matricial de asentamientos tridimensionales EMAT obtenida en el análisis de ISET (Morales, R.R. 2014). Con este descubrimiento en mente, se sugiere utilizar el método rígido convencional o el método flexible aproximado en suelos de la Zona o  Categoría I y la interacción suelo estructura bidimensional o tridimensional en suelos de la Zona o Categorías II y III y finalmente aplicar el MECYMCAC para el cálculo de los elementos mecánicos.

El clasificar la masa de suelo fino en las tres categorías mencionadas, es con fines de proporcionar al analista de cimentaciones superficiales una idea del método de análisis a utilizar, para determinar los asentamientos totales y presiones de contacto, y como consecuencia las fuerzas cortantes y momentos de flexión.

En la referencia 1.14 proponen una correlación entre la resistencia a la penetración y la consistencia de los suelos finos que se sintetizan en la tabla 1.1, mostrada a continuación.

**Tabla 1.1** Correlación entre la resistencia a la penetración y la consistencia de los suelos finos

| Consistencia | Resistencia a la penetración | Resistencia a la compresión simple $q_u$ $(ton/m^2)$ |
|---|---|---|
| Muy blandas | Menos de 2 golpes | Menos de 1.5 |
| Blandos | De 2 a 4 | De 1.5 a 3 |
| Medianamente firmes | De 4 a 8 | De 3 a 6 |
| Firmes | De 8 a 15 | De 6 a 12 |
| Muy firmes | De 15 a 30 | De 12 a 25 |
| Duros | Más de 30 | Más de 25 |

La interacción suelo estructura para determinar los asentamientos totales y las presiones de contacto en losas de cimentación, es de aplicación general en cualquier tipo de suelo. En los Capítulos 3, 4, 5 y 7 se explican los métodos de análisis, sus alcances y las diferencias básicas entre los mismos.

## 1.4 Objetivos

El objetivo de este libro en cada Capítulo va enfocado a la determinación de las presiones de contacto con: 2) el método rígido convencional, 3) el método flexible aproximado, 4) interacción suelo estructura bidimensional, 5) interacción suelo estructura tridimensional, 6) ISE por sismo en cajones de cimentación y 7) colaboración geotecnista-estructural. Ahora bien, el modelo analítico con resortes para la obtención de los elementos mecánicos con la configuración de las dovelas aquí propuesto, es utilizado en los ejemplos de los capítulos 3), 4), 5), y 7) para losas de cimentación sin volados. También es válido utilizarlo para losas con volados, y obtener, asentamientos de cuerpo rígido y las presiones de contacto. Los asentamientos diferenciales y los elementos mecánicos se obtienen mediante la aplicación del MECYMCAC. El MECYMCAC puede aplicarse también al método rígido convencional para obtener los elementos mécanicos.

Por la importancia del tema en el ámbito de la ingeniería de cimentaciones, este tratado va dirigido a estudiantes de licenciatura, postgrado, profesores universitarios e ingenieros de la práctica profesional relacionados con el análisis de fundaciones superficiales.

## 1.5 El MECYMCAC

El método de equilibrio de cortantes y momentos en cimentaciones con aplicación en computadora o MECYMCAC tiene como objetivo principal, el calcular la configuración de deformaciones diferenciales y los elementos mecánicos en estructuras de cimentación superficiales complejas, sujeta a cargas gravitacionales y/o laterales y a las presiones medias de contacto. Para la aplicación del MECYMCAC pueden utilizarse dos opciones en términos de los modelos analíticos seleccionados de una infinidad de variantes, los cuales son deducidos con razonamientos lógicos y racionales en conformidad al principio de superposición, fundamento de las formulaciones teóricas del análisis estructural. Por consiguiente, con las cargas actuantes conocidas y las presiones de contacto calculadas principalmente con los métodos de Interacción suelo estructura, es posible determinar, la configuración de asentamientos diferenciales y los elementos mecánicos en los componentes resistentes de la cimentación

Para familiarizarse con la aplicación del MECYMCAC se resuelven los ejemplos de los Capítulos 2,3,4,5 y 7, todos son extraídos de la literatura existente, por lo tanto, son conocidas las cargas del edificio, el peso propio de la cimentación y las presiones de contacto son determinadas. Para fines comparativos de los resultados, los ejercicios son resueltos utilizando los dos modelos analíticos denominados MEPRI y MEPRII, para una mejor comprensión conceptual en cada ejemplo se realizan los comentarios pertinentes.

## 1.6 Limitaciones

El contenido del libro es dedicado al análisis geotécnico-estructural de cimentaciones superficiales, se considera que varios de los métodos de solución presentados son originales y fáciles de comprender y aplicar, proporcionando al ingeniero interesado en esta área del conocimiento, las bases teóricas que le permitan resolver de manera racional el análisis geotécnico-estructural de cimentaciones superficiales complejas. Por la razón mencionada y por considerar que existe bibliografía que trata de manera excelente lo referente al diseño estructural en estructuras de concreto, en este tratado lo concerniente a este tema no es estudiado.

En los ejemplos resueltos en todos los Capítulos, es conocida la información geotécnica básica, las características geométricas y propiedades mecánicas de los componentes de la estructura de cimentación, es decir, no se estudian conceptos geotécnicos.

Tampoco se verifican los efectos causados por las cargas gravitacionales y laterales, en la resistencia y rigidez de la masa de suelo y de la cimentación, debido a que esta fuera del propósito de este estudio el control de los estados límites.

## 1.7 Sinopsis tabular y gráfica

En la tabla 1.2 se muestra en la primera columna la Categoria o Zona geotécnica del suelo, a continuación se muestran las condiciones desde la a) hasta h) de los numerales 1.1 y 1.2 de este Capítulo, que deben cumplir las cimentaciones y resumidas en las columnas 2 y 3, la cuarta columna muestra el método de análisis a utilizar en el componente natural de la cimentación, en la quinta columna se muestra el método de análisis a utilizar en el componente estructural de la cimentación, la sexta columna muestra la formulación matemática para la solución del componente natural de la cimentación y la séptima columna muestra la formulación matemática para la solución del componente estructural de la cimentación.

**Tabla 1.2** Descripción simplificada de las consideraciones principales para el análisis estructural de cimentaciones superficiales

| Zona | Condiciones | | Análisis de cimentación | | Formulación matemática | |
| | Compatibilidad | Equilibrio y estabilidad | Suelo | Cimentación | Suelo | Cimentación |
|---|---|---|---|---|---|---|
| I | no | si | MRC-MFA | MECYMCAC | Algebraica | Matricial Rigideces |
| II | si | si | ISE-ISET | MECYMCAC | Matricial Flexibilidad | Matricial Rigideces |
| III | si | si | ISE-ISET | MECYMCAC | Matricial Flexibilidad | Matricial Rigideces |

La primera columna de la tabla 1.3 en los primeros seis renglones se refiere a los métodos de análisis para el componente natural de la cimentación y el MECYMCAC es el método de análisis del componente estructural de la cimentación, en la segunda, tercera y cuarta columna se describen claramente el tipo asentamiento vertical que se obtienen, las columnas quinta y sexta se refieren a las expresiones matemáticas bases del método para calcular las presiones de contacto, a excepción del MECYMCAC que calcula los elementos mecánicos y las deformaciones diferenciales.

**Tabla 1.3** Descripción simplificada de los objetivos principales obtenidos con los métodos estudiados en los capítulos dos al ocho del presente libro

| Método | Asentamientos verticales | | | Presiones de contacto verticales | | |
| --- | --- | --- | --- | --- | --- | --- |
| | C. Rígido | | C. Elástico | C. Gravitacionales | | C. Lateral |
| | $\delta_{ru}$ | $\delta_{r\theta}$ | $\delta_{ei}$ | Concéntrica | Excéntrica | Rotación |
| MRC | No | No | Si | $\sum F_v/A_t$ | $\sum \pm M_{vz} \cdot x/I_z$ | $\sum \pm M_{sismoz} \cdot x/I_z$ |
| MFA | Si | Si | Si | $k_i = a_i / \sum_A^N \alpha^N \cdot I_{ii}^N \rightarrow q_i = R_i/a_i$ | | $q_i = \pm R_i/a_i$ |
| ISE | Si | Si | Si | $\lvert\delta_i\rvert = \left[\bar{\delta}_{ji}\right]^T \cdot \lvert q_i\rvert \rightarrow k_i \rightarrow q_i$ | | EMAS |
| ISET | Si | Si | Si | $\lvert\delta_i\rvert = \left[{}_{\square}^{s}\delta_{ij}^{nn}\right] \cdot \lvert q_{ij}\rvert \rightarrow k_{ij} \rightarrow q_{ij}$ | | $EMAT^{gs}$ |
| ISE-ISET | Si | Si | Si | $\lvert\delta_i\rvert = \left[\bar{\delta}_{ji}\right]^T \cdot \lvert q_i\rvert \text{ o } EMAT$ | | $EMAS - EMATS$ |
| Geo-Est | Si | Si | Si | Inherente al programa geotécnico | | - |
| MECYMCAC | No | No | Si | Elementos mecánicos y deformaciones diferenciales | | Elementos mecánicos |

Las NTC-2023 de la Ciudad de México establecen un control sobre los asentamientos máximos permitidos designados como:

a) Movimientos verticales (hundimientos o emersión)
b) Inclinación media de la construcción
c) Deformaciones diferenciales en la propia estructura y sus vecinas

Al determinar las presiones de contacto mediante el análisis de la ISE o ISET los conceptos a) y b) corresponden respectivamente a la verificación del movimiento de traslación y de rotación de cuerpo rígido, columnas 3 y 4 de la tabla 1.3 y c) a los deformaciones diferenciales de cuerpo elástico, columna 5 de la tabla 1.3. En la tabla aquí asignada como tabla 1.4 se proporciona la información; tal cual, dada por las NTC-2023 y en la figura 1.1 se muestra la configuración de asentamientos. Se utilizan las NTC-2023 con fines didácticos, el lector debe utilizar lo que indique las Normas vigentes de su país.

**Tabla 1.4** Límites máximos para movimientos y deformaciones originados en la cimentación[1]

| a) Movimientos Verticales (hundimientos o emersión) | |
| --- | --- |
| **Concepto** | **Límite** |
| En la zona I : | |
| A) Valor medio en el área ocupada por la construcción: | |
| Asentamiento: Construcciones aisladas | 50 mm [2] |
| Construcciones colindantes | 25 mm |
| En las zonas II y III: | |
| B) Valor medio en el área ocupada por la construcción: | |
| Asentamiento: Construcciones aisladas | 300 mm [2] |
| Construcciones colindantes | 150 mm |
| Emersión: Construcciones aisladas | 300 mm [2] |
| Construcciones colindantes | 15 mm |
| Velocidad del componente diferido | 10 mm/semana |

| b) Inclinación media de la construcción | | |
| --- | --- | --- |
| Tipo de daño | Límite | Observaciones |
| Inclinación visible | $100/(100 + 3h_C)$ por ciento | $h_C$ = altura de la construcción en m |
| Mal funcionamiento de grúas viajeras | 0.3 por ciento | En dirección longitudinal |

| c) Deformaciones diferenciales en la propia estructura y sus vecinas (véase tabla 6.2 de la NTC-Acciones) |
| --- |

[1] Comprende la suma de movimientos debidos a todas las combinaciones de carga que se especifican en el Reglamento y las Normas Técnicas Complementarias. Los valores de la tabla son sólo límites máximos y, en cada caso, habrá que revisar que no se cause ninguno de los daños mencionados al principio de este Capítulo.

[2] En construcciones aisladas será aceptable un valor mayor si se toma en cuenta explícitamente en el diseño estructural de la cimentación y de sus conexiones con la subestructura.

**Tabla 1.5** Tabla 6.2.2.1 - Hundimientos diferenciales tolerables en estructuras de la NTC-Acciones

| Tipo de estructura | Hundimiento diferencial tolerable, m [1] | Observaciones |
|---|---|---|
| Tanques estacionarios de acero para almacenamiento de petróleo o algún otro fluido.<br>Extremo fijo<br>Extremo móvil | 0.008<br>0.002 a 0.003<br>(dependiendo de los detalles de la tapa flotante) | Valores aplicados a tanques sobre base flexible. Las losas rígidas para la base deben diseñarse de tal manera que eviten fisuramiento y pandeo local |
| Guías para grúas móviles | 0.003 | Valor tomado longitudinalmente a lo largo de la grúa.<br>El asentamiento relativo entre guías en general no rige el desempeño |
| Losa de cimentación rectangular o zapatas anulares rígidas para estructuras rígidas esbeltas y altas, como torres, silos, tanques de agua | 0.002<br>(pendiente transversal de cimentaciones rígidas) | |
| Tuberías reforzadas de concreto con juntas | 0.015<br>(variación del ángulo en una junta) | La máxima variación angular en la junta es generalmente de 2 a 4 veces el promedio de las pendientes del perfil de hundimiento. El daño a la junta depende de la extensión longitudinal |
| Marcos de acero:<br>• Hasta cuatro pisos<br>• Cuatro a catorce pisos<br>• Quince o más pisos | 0.006<br>0.006(1.255-0.0636n)<br>0.0018 | n = número de pisos |
| Marcos de concreto reforzado:<br>• Hasta cuatro pisos<br>• Cuatro a catorce pisos<br>• Quince o más pisos | 0.004<br>0.004(1.255-0.0636n)<br>0.0012 | n = número de pisos<br>Deberá considerarse también como valor máximo tolerable un incremento semanal del hundimiento igual a 0.002 veces la distancia entre columnas |
| Estructuras de acero de una o dos plantas, armaduras para cubierta, almacenes con muros flexibles | 0.006 a 0.008 | La presencia de grúas móviles y de líneas de transmisión puede limitar el hundimiento tolerable |
| Casas de una o dos plantas, con muros de carga de ladrillo y estructuras ligeras | 0.002 a 0.003 | Pueden aceptarse valores mayores si la mayor parte del hundimiento ocurre antes de completar el acabado interior |
| Estructuras con acabado interior o exterior relativamente insensible, como mampostería en seco o paneles móviles | 0.002 a 0.003 | La posibilidad de daños en la estructura puede limitar los desplazamientos tolerables |

| Tipo de estructura | Hundimiento diferencial tolerable, m [1] | Observaciones |
| --- | --- | --- |
| Estructuras con acabado interior o exterior sensibles, como yeso, piedra ornamental, teja | 0.001 a 0.002 | Pueden aceptarse valores mayores si la mayor parte del hundimiento ocurre antes de terminar la aplicación de los acabados |
| Estructuras rígidas de concreto pesado de varias plantas, sobre losa de cimentación estructurada con espesor aproximado de 1.20m | 0.005 | La posibilidad de daños a los acabados interiores o exteriores puede limitar los asentamientos tolerables |

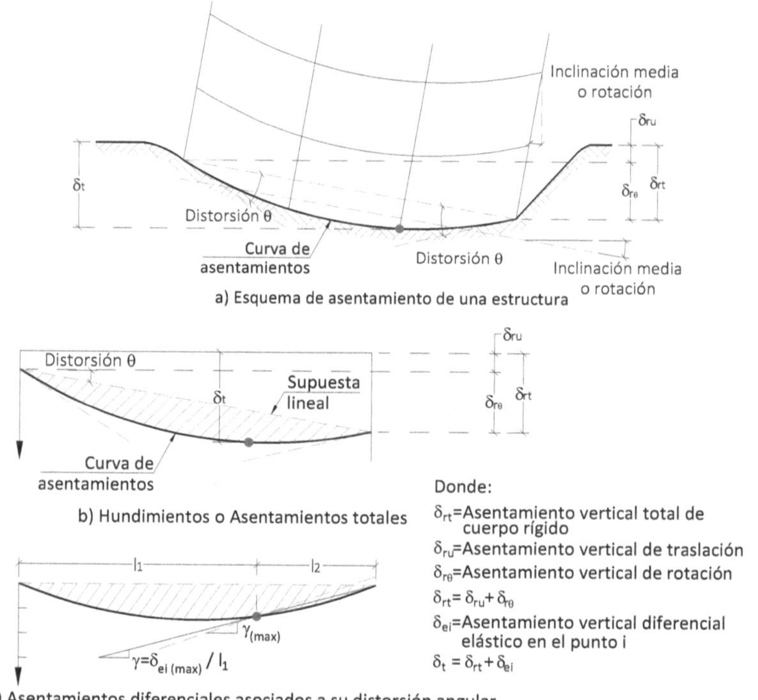


**Figura 1.1** Configuración de asentamientos de traslación, rotación y diferenciales de un edificio, tomado y ajustado de (Meli, R., 2001)

## 1.8 Referencias

[1.1]  Bowles J. E. (1997).Foundation analysis and design. McGraw-Hill.

[1.2]  Damy, J, y Casales (1981). Integración de las ecuaciones de Boussinesq, Westergaard y Frolich sobre superficies poligonales. Revista Ingeniería, UNAM

[1.3]  Das B. M. (2001).Principio de ingeniería de cimentaciones. International Thomson Editores, S.A. de C. V.

[1.4]  Ellstein, R. A. (2011).La interacción suelo-estructura en la práctica. Laboratorios Tlalli, S.A. de C.V.

[1.5]  Flores, V. A, Esteva, L., (1970). Análisis y Diseño de Cimentaciones sobre terreno compresible. Universidad Nacional Autónoma de México.

[1.6]  Kameswara Rao, N.S.V., (2011). Foundation design, theory and practice. Jhon Wiley & Sons (Asia) Pte Ltd.

[1.7]  López, R. G, Zea, C. C , Rivera, C. R., (2011).Una solución directa al problema de interacción suelo-estructura. Departamento de Geotecnia, F. I, UNAM, México, D.F., México

[1.8]  Meli, R., (2001).Diseño Estructural. Limusa.

[1.9]  Memorias del simposio de Interacción suelo-estructura y Diseño estructural de cimentaciones realizado en el centro de prevención de desastres, México, D.F., (1992). Sociedad Mexicana de Mecánica de Suelos.

[1.10]  Morales, R. R. (2010).Método de subestructuración iterativa para el análisis de vigas continuas. CICT-UPCH.

[1.11]  Morales, R. R. (2012a).Cálculo de la distribución de presiones de contacto suelo-cimentación, para cargas gravitacionales sobre suelos compresibles. XVIII Congreso Nacional de Ingeniería Estructural de la Sociedad Mexicana de Ingenieria Estructural SMIE, Acapulco Guerrero 2012.

[1.12]  Morales, R. R. (2012b).Método de equilibrio de cortantes y momentos en cimentaciones, con aplicación en computadora (MECYMCAC). XVIII

Congreso Nacional de Ingeniería Estructural de la Sociedad Mexicana de Ingenieria Estructural SMIE, Acapulco Guerrero 2012.

[1.13] M. Gere J., Weaver W. Jr. (1976).Análisis de estructuras reticulares. Editorial C.E.C.S.A.

[1.14] Normas Técnicas Complementarias del Reglamento de Construcciones para el Distrito Federal. Diseño y Construcción de Cimentaciones. Publicación del Instituto de Ingeniería No. 405 (1977). Universidad Nacional Autónoma de México.

[1.15] Normas Técnicas Complementarias para Diseño y Construcción de Cimentaciones. Gaceta Oficial del Distrito Federal. No. 220-BIS, 15 de diciembre de 2017.

[1.16] Rivera C. R., Zea C. C. (1997).Curso-Taller. Universidad Juárez Autónoma de Tabasco, División Académica de Ingeniería y Arquitectura, Unidad Chontalpa.

[1.17] Rodriguez, O. J. M., Sierra, G. J., Oteo, M. C. (1989).Curso Aplicado de Cimentaciones. Servicio de Publicaciones del Servicio Oficial de Arquitectos de Madrid, 4ta edición.

[1.18] SAP2000 Advanced. Versión 14.2.4. Structural Analysis Program, Computers and Structures. Inc. 1995 University Avc. Berkeley, CA 94704.

[1.19] STAAD.Pro 2004. Research Engineers International,Division of NetGuru, Inc. in USA.

[1.20] Olvera L. A. (1966). Estructuras de concreto. Compañía Editorial Continental, S. A, Tercera reimpresión.

[1.21] Tena, C. A., (2007). Análisis de estructuras con métodos matriciales. Editorial Limusa, S.A. de C.V.

[1.22] Zeevaert, L., (1980). Interacción Suelo-Estructura de Cimentación. Editorial Limusa México.

[1.23] Zeevaert, L., (1983). Foundation Engineering for difficult subsoil conditions. Segunda Edición. Van Nostrand Reinhold Company Inc.

# Capítulo 2

# Método rígido convencional

## 2.1 Análisis del método rígido convencional en cimentaciones superficiales

Las cimentaciones superficiales a las que se encuentra enfocado principalmente este Capítulo son: zapatas combinadas, zapatas corridas, emparrillado de cimentación, losas de cimentación y cajones de cimentación (figura 2.1); estas funcionan, como un conjunto de elementos estructurales semiflexibles o rígidos que distribuyen las cargas de la superestructura y subestructura a la masa del suelo cubierta por la cimentación.

El análisis de las cimentaciones superficiales apoyadas en suelos duros de baja deformación volumétrica sujeta a cargas estáticas verticales y laterales; consiste básicamente en determinar la distribución de presiones de contacto en la interfase suelo-cimentación y los elementos mecánicos en cada componente resistente de la cimentación. En este tratado se le denomina método rígido convencional o MRC, al cálculo de las presiones de contacto en la interfase suelo-cimentación considerando que la masa de suelo está formada de fibras, con esta suposición, para la obtención de los esfuerzos de compresión y de flexión, en general es válido utilizar la expresión 2.1.

Al condicionar que la masa del suelo sea de deformación muy baja y comprobando la certeza de esta condición para el suelo de interés, basado en estudios geotécnicos existentes de la zona, se acepta omitir el cálculo de los asentamientos de cuerpo rígido suelo-cimentación y por lo tanto el parámetro del suelo que interesa para el análisis de la cimentaciónes el valor del esfuerzo admisible $\sigma(ton/m^2)$ en la superficie de desplante.

En la actualidad este método es aplicado en construcciones de pocos pisos y por su naturaleza basada en condiciones de equilibrio, en algunos problemas las zapatas se analizan de manera independiente cumpliendo con equilibrio local; por ejemplo, la carga que colecta una columna intermedia de lindero causa efecto de traslación y rotación que pueden ocasionar en el talón de la zapata medianera (figura 2.1) presiones mayores que la admisible y en la punta presiones negativas, para solventar estos inconvenientes de resistencia y estabilidad, se utiliza una columna central y una viga de equilibrio que distribuye la carga entre las dos columnas, las columnas de lindero y la central forman un conjunto isostático, eliminando los efectos de rotación al balancear las cargas de tal manera que se obtiene esfuerzo uniforme o variación lineal y el ancho de la cimentación según Crespo, V. C., (2004). Se procede de esta manera; porque si se considera un análisis global o total de la cimentación, esta resulta hiperestática y el cálculo de los elementos mecánicos en cada componente resistente era una tarea que aun con simplificaciones en su proceso, era complicado de lograr.

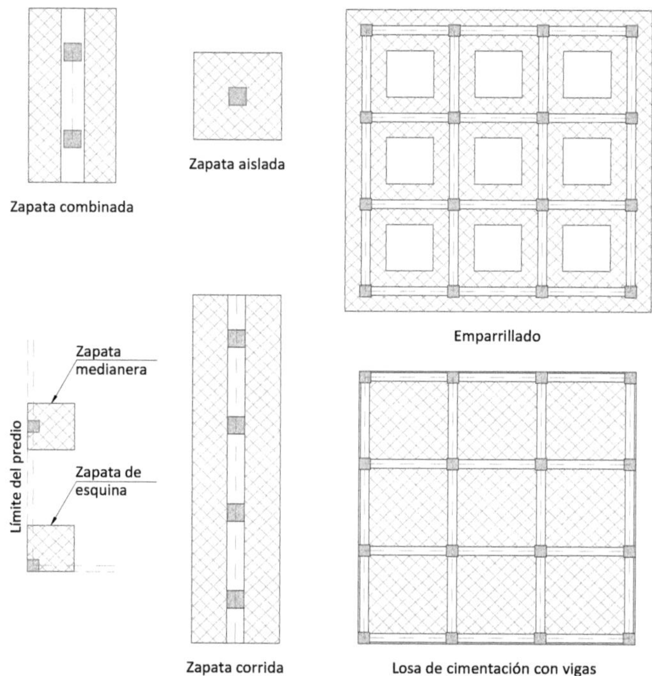


**Figura 2.1** Tipología de cimentación superficial: zapatas combinadas, zapata aislada, zapatas corridas, emparrillado, losas de cimentación sin y con vigas y cajones de cimentación

La justificación de estudiar en este Capítulo el MRC, es debido al enfoque global dado a la solución de los problemas en términos de determinar las presiones de contacto y el cálculo de los elementos mecánicos; dado que, una vez obtenida las presiones de contacto se aplica el procedimiento de análisis estructural denominado "Método de equilibrio de cortantes y momentos en cimentaciones, con aplicación en computadora o MECYMCAC", Morales (2012b, 2019), explicado brevemente en el Capítulo 8, haciendo posible resolver de manera sencilla un problema complejo de análisis estructural, al determinar los asentamientos diferenciales y los elementos mecánicos en cualquier sección transversal de los componentes resistentes de la cimentación.

El estudio de la verificación de la seguridad de las cimentaciones en términos de los estados límites de falla y servicio; así como, las acciones y sus tipos de combinaciones, factores de carga y resistencia caen fuera del propósito de este libro. El lector deberá adecuarse a la normatividad que aplique en su país.

## 2.2 Distribución de presiones en las cimentaciones

En el ámbito de la ingeniería de cimentaciones se le denomina configuración o distribución de presiones en las cimentaciones; a la respuesta o reacción de la parte natural o masa del suelo a la acción de las cargas estáticas verticales y laterales de la superestructura y subestructura del edificio, se le conoce también como esfuerzos $\sigma_i$ o presiones de contacto $q_i$ suelo-cimentación.

La distribución de presiones en la superficie de contacto suelo-estructura en cimentaciones superficiales complejas, apoyadas en suelos blandos o de alta deformación volumétrica deben satisfacer las siguientes condiciones, Meli (2001):

a) Debe haber equilibrio global; la resultante de las reacciones del suelo sobre la cimentación debe coincidir con la de las cargas verticales.

b) Debe haber equilibrio local entre las reacciones del suelo, las fuerzas internas en la cimentación y las fuerzas y momentos transmitidos a esta por la estructura.

c) La configuración de hundimientos producidos en el suelo por la distribución de presiones considerada, debe coincidir con la configuración de desplazamientos que sufre la cimentación bajo las mismas cargas.

Al finalizar el cálculo de las presiones de contacto mediante el método rígido convencional y la de los elementos mecánicos con el "MECYMCAC", se cumple con lo establecido en los incisos a) y b). El inciso c) se refiere a condiciones de compatibilidad y equilibrio en la fundación, estudiada con los métodos clasificados para la Categoría o Zona geotécnica II y III y denominados Interacción Suelo Estructura o ISE.

En otras palabras, el método rígido convencional cumple condiciones de equilibrio global y local. El equilibrio local se obtiene aplicando el MECYMCAC, ver Morales, R. R., (2019) y/o el capítulo 8.

## 2.3 Transferencias de las cargas de la superestructura-subestructura o cimentación-suelo

Las cargas estáticas verticales o laterales que actúan en el edificio son colectadas al suelo a través de los elementos verticales; tales como, columnas o muros de la superestructura, que a su vez la transmiten a la cimentación y esta la distribuye a la masa del suelo como carga uniforme $(ton/m^2)$. La masa de suelo cubierta por la cimentación responde a estas cargas en términos de esfuerzos o de presiones de contacto $\sigma_i = q_i \ (ton/m^2)$. En conformidad a la tercera ley de Newton debe considerarse que esta configuración de presiones actúa como acción en la masa del suelo y como reacción en la cimentación.

## 2.4 Condición de estabilidad

La condición ideal de estabilidad en el análisis y diseño de cimentaciones es aquella en que el centro de gravedad de la resultante de las cargas estáticas verticales coincide con el centroide de la losa de cimentación. Cuando no es el caso, en la práctica para cumplir con esta condición se lastra la cimentación, en caso de no lograr al 100% la coincidencia mencionada, si debe cumplirse que la acción de la resultante de las fuerzas estáticas verticales caiga dentro el tercio del núcleo central formado por un romboide medido con respecto al centroide de la cimentación. Luego entonces, la condición de estabilidad que debe cumplirse en la cimentación bajo la acción de cargas gravitacionales y laterales es que la masa del suelo permanezca sometida a esfuerzos de compresión.

## 2.5 Resultante de cargas estáticas verticales en cimentaciones superficiales

En la determinación de las presiones de contacto $\sigma_i(ton/m^2)$ o cargas distribuidas $w(ton/m)$ en la parte natural de la cimentaciónutilizando el método rígido convencional para el suelo clasificado dentro la Categoría I, rigen condiciones de

equilibrio, por lo que en general se admite aplicar la ecuación de esfuerzos (2.1).
Para el control teórico o eliminación del efecto indeseable de la excentricidad por
cargas estáticas verticales en cajones de cimentación se procede como se indica
en el numeral 2.5.1 y en zapatas corridas en forma de emparrillado; tal como, se
sugiere en el numeral 2.6.

### 2.5.1 Cajones de cimentación: Área conocida

Las dimensiones geométricas del cajón de cimentación y la excentricidad
ocasionada por las cargas estáticas verticales del edificio están definidas en la
figura 2.2. Las excentricidades se controlan o eliminan lastrando algunas celdas
vacías del cajón, hasta lograr que la resultante de las cargas gravitacionales mas
el peso del lastre coincida con el centroide de la losa de fondo del cajón de
cimentación, cuando no se logra sastisfacer esta condición, la excentricidad será
controlada por el analista, de manera que la resultante de las cargas
gravitacionales no caiga fuera del núcleo central (figura 2.2). Los esfuerzos del
suelo se obtienen directamente con la ecuación de la escuadría y de acuerdo al
punto de aplicación de la resultante de cargas gravitacionales se le define como
concéntrica o excéntrica, en ambos casos la resultante de las cargas actuantes
coincide con la resultante de presiones del suelo, para el caso concéntrico también
coinciden con el centroide de la losa de cimentación.

El cajón de cimentación está formado por la losa de fondo, la losa tapa y una
retícula de vigas, para fines del análisis estructural es hiperestático. El desafío
para este tipo de análisis, es igualar el valor de la reacción del suelo con la
descarga de cada columna, el lograr esta condición conduce a obtener un
equilibrio de fuerzas cortantes y momentos de flexión en cada sección transversal
de cada componente resistente de la cimentación. Con la aplicación del
MECYMCAC se logra fácilmente este objetivo.

### 2.5.2 Distribución de las presiones de contacto: Cajón de cimentación

Es de interés para nuestros fines, mencionar en este inciso la expresión
matemática (2.1) utilizada por el método rígido convencional para calcular las
presiones de contacto en la losa de fondo debido a la excentricidad de la resultante
de cargas verticales. A saber,

$$\sigma_i = \sum P_v/(A_t) \pm M_y \cdot x/I_z \pm M_x \cdot y/I_x \tag{2.1}$$

El primer término de la ecuación de la escuadría $\sum P_v/(A_t)$ significa el esfuerzo de contacto medio de compresión en el suelo, debido a la acción de la resultante de las fuerzas verticales $\sum P_v$ aplicada en el centroide de la cimentación y los términos $\pm M_y \cdot x/I_y \pm M_x \cdot y/I_x$ se refieren al esfuerzo medio de flexión producidos por la acción de la resultante de las fuerzas estáticas verticales a las distancias $x$ y $y$ medidas con respecto al centroide de la losa de cimentación que es el lugar geométrico con esfuerzo de flexión cero; de donde, $M_y = \sum P_v \cdot e_x$ y $M_x = \sum P_v \cdot e_y$. Con objeto de que las cargas verticales aplicadas produzcan únicamente esfuerzos de compresión en el suelo donde se apoya la losa de cimentación, la excentricidades en ambos sentidos deben cumplir la condiciones siguientes, $e_x = \pm B/6$ y $e_y = \pm L/6$, según se muestra en la figura 2.2. El segundo y tercer término de la ecuación 2.1 es debido a la tendencia de la losa de cimentación de rotar; ahora bien, cuando este fenómeno es provocado por cargas sísmicas a los momentos se le denominan de volteo.

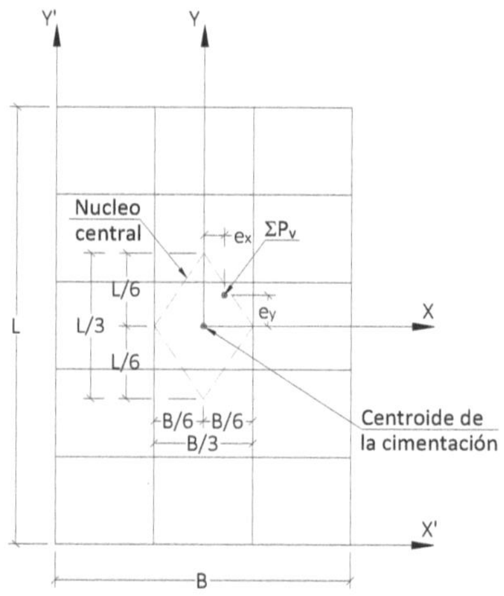


**Figura 2.2** Resultante de las cargas verticales $\sum P_v$ con excentricidades $e_x$ y $e_y$, con respecto al centroide de la losa

Con respecto a la ecuación 2.1 y en particular a los términos que contienen el movimiento de rotación suelo-cimentación $\pm M_y x/I_y \pm M_x y/I_x$, estos esfuerzos de flexión también pueden calcularse de manera diferente utilizando ecuaciones de equilibrio estático y el diagrama de presiones.

En este procedimiento las presiones de contacto van asociadas a la acción del sistema de cargas aplicadas en la cimentación superficial estudiada, por lo tanto, las presiones medias de contacto por compresión y flexión pueden determinarse utilizando principios de equilibrio estático. En el cálculo de las presiones medias por compresión mediante este procedimiento, el primer término de la ecuación (2.1) $\sigma_c = \sum P_v/A_t$ proporciona los esfuerzos por compresión

Cuando se utilice esta vía de solución, en lugar del término de la ecuación de la escuadría por flexión $\pm M_y x/I_y$ o $\pm M_x y/I_x$, por convencionalismo se redefine el nombre del método rígido convencional agregando la palabra ajustado, llamándole método rígido convencional ajustado o MRCA.

Las suposiciones consideradas para convertir la reacción del momento por cargas verticales o de volteo en presiones de contacto en cimentaciones de forma rectangular o cuadrada, se mencionan a continuación:

I) La acción del momento por excentricidad es transformado en un par de fuerzas de igual magnitud, actuando cada una a la izquierda y derecha del centroide de la cimentación, por lo que debe cumplirse que $F_{vi} = F_{vd}$.

II) La distribución de presiones de contacto en la interfase suelo-cimentación, es considerada con variación lineal de tal manera que el volumen de presiones a la izquierda del centroide de la cimentación es igual al volumen de presiones a la derecha del centroide, por lo que debe cumplirse que $M_y = F_{vi} \cdot (x_i + x_d)$.

III) El esfuerzo o presión de contacto en las fibras del suelo mas alejadas son iguales, es decir, $|\sigma_i| = |\sigma_d|$

Si consideramos que la geometría de la cimentación es rectangular (figura 2.2), que la excentricidad de la resultante de las fuerzas actuantes con respecto al centro geométrico de la cimentación son $e_y = 0$, $e_x \neq 0$, que el efecto de rotación es similar al que produce el momento de volteo por sismo, que el suelo está formado por fibras continuas en la dirección vertical y si $\sigma_i$ es el esfuerzo en la fibra más alejada, entonces el momento actuante debe ser equilibrado por un par de fuerzas reactivas del suelo con valor y separación indicado en la figura 2.3, siendo $M_y = P_v \cdot e_x$, bajo estas condiciones el valor de $\sigma_i$ se obtiene de las siguientes maneras.

**-Opción 1: Cálculo de las presiones de contacto utilizando la ecuación de la escuadría según el MRC**

Momento de inercia en "$y$"

$$I_y = \frac{L \cdot B^3}{12} \tag{2.2}$$

Distancia del centroide de la cimentación a la fibra "$i$" más alejada

$$x = \frac{B}{2} \tag{2.3}$$

Sustituyendo los valores de "$I_y$" y "$x$" en el término $\pm M_y \cdot x / I_y$, obtenemos:

$$\sigma_i = \frac{M_y \cdot (B/2)}{(L \cdot B^3 / 12)} = \frac{6 \cdot M_y}{L \cdot B^2} \tag{2.4}$$

, para cimentaciones de forma rectangular o cuadrada $\sigma_i = \sigma_d$

$\sigma_i$ Esfuerzo de tensión máximo en el suelo, por rotación de la fundación
$\sigma_d$ Esfuerzo de compresión máximo en el suelo, por rotación de la fundación
$M_y$ Momento por cargas gravitacionales excéntricas o momento de volteo ocasionado por sismo

**-Opción 2: Cálculo de las presiones de contacto satisfaciendo condiciones de equilibrio global según el MRCA**

Para movimientos de rotación de la cimentaciónes válido aceptar que la configuració de esfuerzos es tal como se muestra en figura 2.3. Aplicando el procedimiento de los subapartados I, II y III, el cual se basa en las ecuaciones de estática $\sum F_v = 0$ y $\sum M_i = 0$, se obtienen los esfuerzos en las fibras extremas del suelo.

La primer ecuación se satisface al considerar un par de fuerzas iguales y de sentido contrario, el valor de cada fuerza resultante es,

$$F_{rs} = (\sigma_i \cdot L \cdot B)/(2 \cdot 2) = \sigma_i \cdot L \cdot B/4 \ (ton) \tag{2.5}$$

Momento de reacción del suelo alrededor del eje "$y$"

De la figura 2.3, $x_i = (2/3) \cdot (B/2) = B/3$ y $x_d = B/3$ y el brazo de palanca de las fuerzas de reacción del suelo es igual a $(2 \cdot B)/(3)$

$$M_y = \overbrace{(\sigma_i \cdot L \cdot B/4)}^{F_{rs}} \cdot \overbrace{(2. B)/(3)}^{(x_i + x_d)} = \sigma_i \cdot L \cdot B^2/6 \ (ton - m) \tag{2.6}$$

Quedando finalmente:

$$\sigma_i = \frac{6 \cdot M_y}{L.B^2} \quad \left(\frac{ton}{m^2}\right) \tag{2.7}$$

Los resultados calculados en las ecuaciones 2.4 y 2.7 son idénticos, luego entonces, el segundo procedimiento puede considerarse como un apoyo adicional en la comprensión y solución del problema.

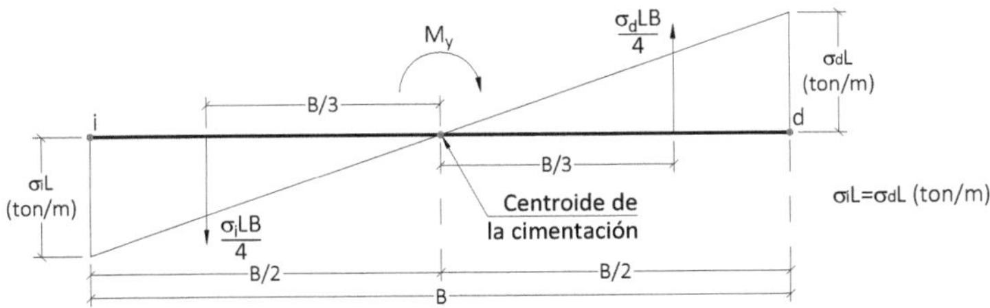


**Figura 2.3** Representación gráfica del momento excéntrico o de volteo, configuración de presiones$(ton/m^2)$ del suelo con respecto al centroide de la cimentación y resultante de las reacciones $(ton)$ del suelo

Para calcular los elementos mecánicos, se aplica el MECYMCAC procediendo de manera directa en el sistema de cimentación original (SCO) o indirectamente en el sistema de cimentación equivalente (SCE), Morales, R. R., (2019). Al finalizar el análisis de la cimentaciónutilizando el MRC o el MRCA y el MECYMCAC se cumplen con condiciones de equilibrio global y local y como consecuencia con los objetivos a) y b) del numeral 2.4.1.

## 2.6 Ancho desconocido de zapatas corridas en forma de emparrillado que forman la cimentación

Para eliminar la excentricidad ocasionada por las cargas estáticas verticales o gravitacionales del edificio, la resultante de las presiones de contacto obtenidas debe coincidir con la resultante de las cargas del edificio y el centroide de la cimentación, para el logro de este objetivo se calcula primero el centro de gravedad de las cargas actuantes y el área requerida de cimentación considerando la presión de contacto uniforme; por lo tanto, $A_{requerida} = \Sigma F_v/\sigma_{adm} \ (m^2)$, teniendo como dato la longitud en las dos direcciones de las zapatas corridas, en hojas de cálculo se automatiza la determinación del centroide de las áreas consideradas suponiendo diferentes anchos, hasta hacer coincidir el centroide de la cimentación con las coordenadas del centro de gravedad de las cargas actuantes y como consecuencia también coincide el centro de gravedad de las presiones de contacto uniforme $\sigma$. En caso de que no se logre esta coincidencia; entonces, deberá estudiarse la posibilidad de lastrar la cimentación o verificar que la resultante de las cargas gravitacionales no caiga fuera del núcleo central de la cimentación. El proceder de esta manera nos obliga a realizar un análisis estructural del conjunto de losas, contratrabes y vigas de liga que forman la cimentación, en la actualidad es amigable hacerlo utilizando el MECYMCAC con el apoyo de cualquier programa comercial.

## 2.7 Cargas que actúan en la cimentación

Para un análisis y diseño confiable de la cimentaciónes de vital importancia conocer la intensidad y distribución de las cargas en la cimentación. Para su estudio las cargas que actúan sobre la cimentación se clasifican en tres grupos:

a) Cargas muertas
b) Cargas vivas permanentes
c) Cargas accidentales

a) Cargas muertas. En este grupo se incluyen, todas aquellas que resultan del peso propio de la construcción; como, losas, vigas, columnas, mosaico, muros, morteros etcétera, cualquiera que sea el material de su composición, su intensidad dependerá de las dimensiones y peso volumétrico de los materiales empleados. Para análisis por estabilidad de la estructura deberá considerarse una carga menor, como en el caso de volteo, flotación, lastre y succión producidas por viento. En otros casos, se emplearán valores máximos probables, para evaluar estas cargas deberán considerarse valores máximos y mínimos del peso volumétrico del material. Deberá considerarse una carga muerta adicional para pisos de concreto, su valor dependerá de la normatividad del reglamento de construcción de cada país.

b) Cargas vivas. Se considerarán cargas vivas a las fuerzas gravitacionales que obran en una construcción y que no tienen carácter permanente. La intensidad de estas cargas nominales depende de la función del uso del piso o cubierta en cuestión, está reglamentada en las especificaciones constructivas de los diferentes países.

Las cargas especificadas no incluyen el peso de muros divisorios de mampostería o de otros materiales, ni muebles, equipos u objetos con peso fuera de lo común, como cajas fuertes de gran tamaño, archivos importantes, libreros pesados o cortinajes en salas de espectáculos. Cuando se prevean tales cargas, deberán cuantificarse y tomarse en cuenta en el diseño de manera independiente de la carga viva especificada.

Se clasifican en carga viva máxima, carga viva instantánea y carga viva media.

c) Cargas accidentales. Se consideran cargas accidentales las producidas por la presión del viento, el peso de la nieve y los sismos, la intensidad de todas ellas está debidamente especificada en las Normas Técnicas Complementarias de cada país.

Para aplicación de estas cargas en la cimentación los reglamentos de construcción de cada país indican el porcentaje de cargas vivas a utilizar.

## 2.8 Ejemplos numéricos, resueltos con el método rígido convencional y el MECYMCAC

En los ejemplos resueltos en este tratado no se estudian principios geotécnicos, no se verifican los estados límites de falla y de servicio, y tampoco se realiza el diseño de la fundación, no se separan los tipos de cargas, sino simplemente se proporcionan los datos numéricos de las cargas actuantes totales y de la reacción admisible del suelo para su análisis.

### 2.8.1 Emparrillado de cimentación con retícula de vigas

En la figura 2.4, se requiere determinar, la presión de contacto, los asentamientos diferenciales y elementos mecánicos en las zapatas corridas que forman un emparrillado de cimentación. La presión de contacto se calcula con el Método Rígido Convencional o MRC y los asentamientos diferenciales y elementos mecánicos con el MEPRI-MEPRII del MECYMCAC, considerando la cimentación desacoplada.

- Solo se considera la acción de las cargas estáticas verticales, no se considera el peso propio de la cimentación, ni del relleno.

- En conformidad al MRC, la reacción del suelo es uniforme en toda la superficie de cimentación y se calcula con la expresión $\sigma_s = q_s = \sum F_i / A_t$.

- El centro de gravedad de la resultante de las fuerzas admisibles totales en la cimentación coincide con el centroide de la cimentación, eliminando el momento de volteo por excentricidad de las cargas verticales.

- El esfuerzo admisible del suelo es $\sigma_{adm} = 12.00\, ton/m^2$.

- Se considera la participación de la losa de fondo de la cimentación con peralte que va de 0.20m a 0.50m, pero en este ejemplo particular no se considera su peso propio.

- La sección transversal de las vigas es $b = 0.40m$ y $h = 0.80m$ el coeficiente de Poisson $v_c = 0.2$, el módulo de Young $E_c = 2213590\, ton/m^2$ y el módulo elástico transversal $G_c = 922331\; ton/m^2$.

- Se realiza el análisis estructural con el MEPRI y su aplicación denominado MECYMCAC, en donde los resortes ficticios se consideran ubicados en las esquinas de la cimentación. Con fines de comprobación se utiliza el MEPRII; en donde, los resortes ficticios se colocan en el centroide de la cimentación.

- El modelo consta de 832 placas, lo que equivale a 208 dovelas. Estas dovelas tienen dimensiones variadas, siendo algunas de 0.65x0.70m, 0.70x0.70m, 0.70x0.767m, y 0.767x0.767m.

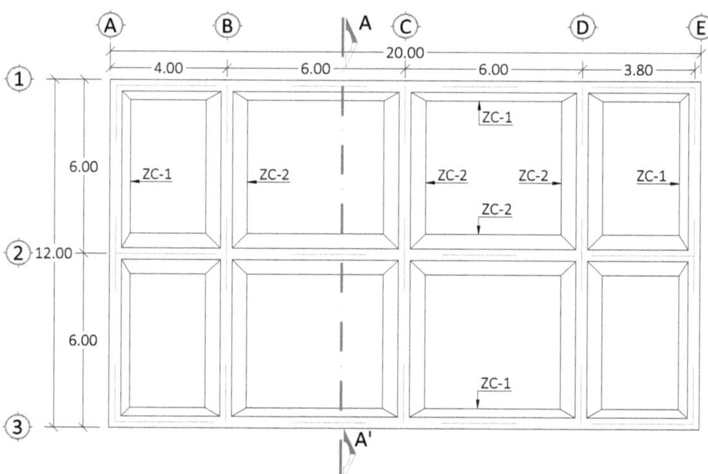


**Figura 2.4** Planta de emparrillado de cimentación con retícula de vigas

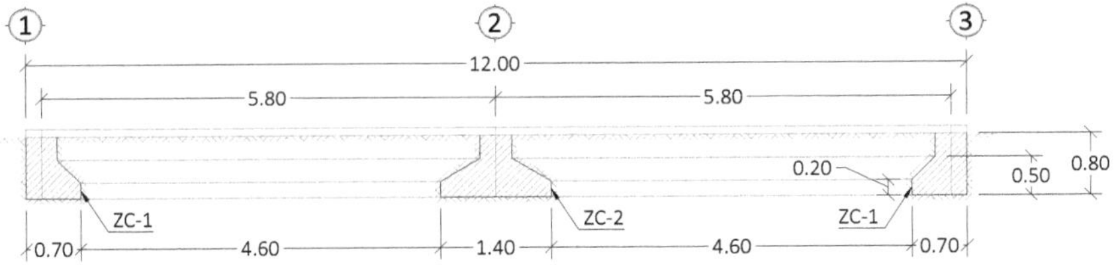



**Figura 2.5** Corte A-A' de la cimentación con retícula de vigas

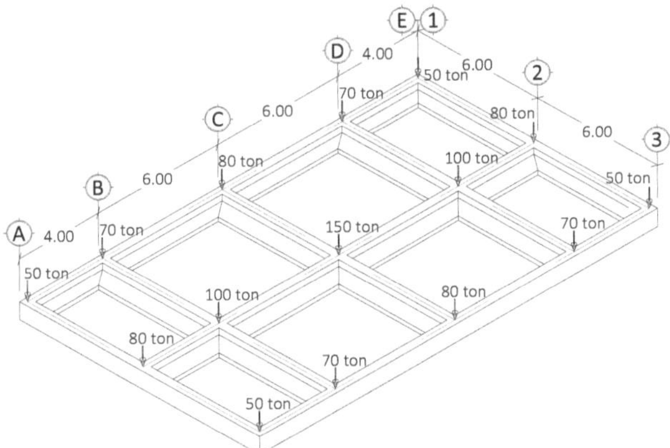



**Figura 2.6** Isométrico de la cimentación y cargas verticales del edificio

Cargas actuando en el emparrillado de cimentación con retícula de vigas, $\Sigma F_v = 1150.00\ ton$

El área total de las zapatas corridas es: $A_t = \Sigma F_v / \sigma_{adm} = 1150\,ton/12\ (ton/m^2) = 95.83\ m^2$

Se proponen zapata corridas en los extremos (ZC-1) de b=0.70 m e intermedias (ZC-2) de b=1.40 m sumando un área total de 107.52m²

| Zapata | Eje | Tramo | Long (m) | Long (-) (m) | Long real (m) | Ancho (m) | Área (m²) |
|--------|-----|-------|----------|--------------|---------------|-----------|-----------|
| ZC-1 | 1 | A-E | 20.00 | 5.60 | 14.40 | 0.70 | 10.08 |
| ZC-2 | 2 | A-E | 20.00 | 5.60 | 14.40 | 1.40 | 20.16 |
| ZC-1 | 3 | A-E | 20.00 | 5.60 | 14.40 | 0.70 | 10.08 |
| ZC-1 | A | 1-3 | 12.00 | 0.00 | 12.00 | 0.70 | 8.40 |
| ZC-2 | B | 1-3 | 12.00 | 0.00 | 12.00 | 1.40 | 16.80 |
| ZC-2 | C | 1-3 | 12.00 | 0.00 | 12.00 | 1.40 | 16.80 |
| ZC-2 | D | 1-3 | 12.00 | 0.00 | 12.00 | 1.40 | 16.80 |
| ZC-1 | E | 1-3 | 12.00 | 0.00 | 12.00 | 0.70 | 8.40 |

Área total= 107.52 m²

El esfuerzo del suelo es $\sigma_s = (1150 ton / 107.52 m^2) = 10.696 \, ton/m^2 < 12.0 \, ton/m^2$

### *Resultados del análisis*

Se muestran los asentamientos diferenciales y elementos mecánicos calculados con el MECYMCAC utilizando el MEPRI y MEPRII, en el modelo desacoplado.

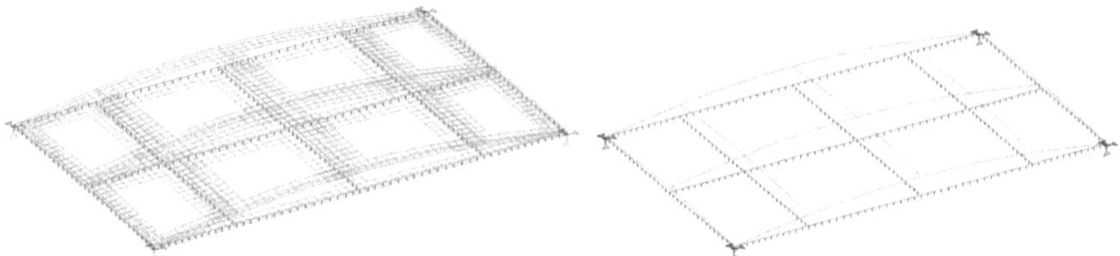

**Figura 2.7** Diagrama de asentamientos diferenciales utilizando el MEPRI

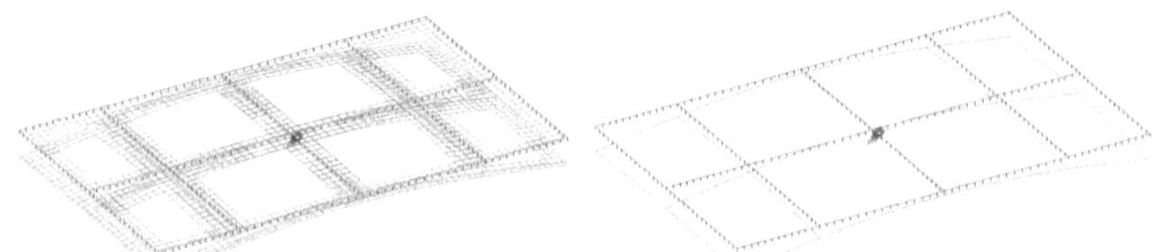

**Figura 2.8** Diagrama de asentamientos diferenciales utilizando el MEPRII

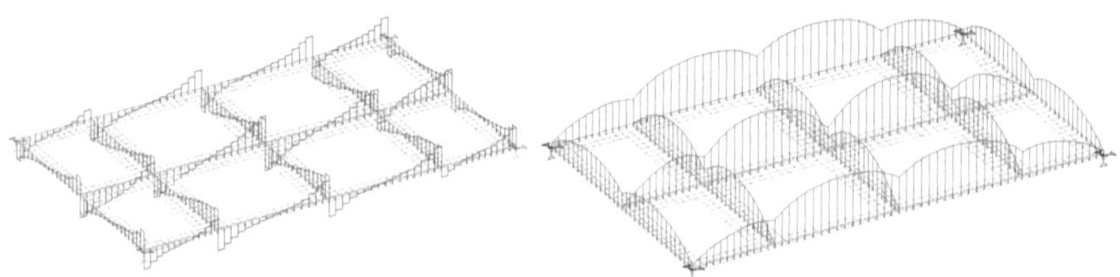

**Figura 2.9** Diagramas en vigas, de fuerza cortante (izquierda) y momento de flexión (derecha) calculados con el MEPRI

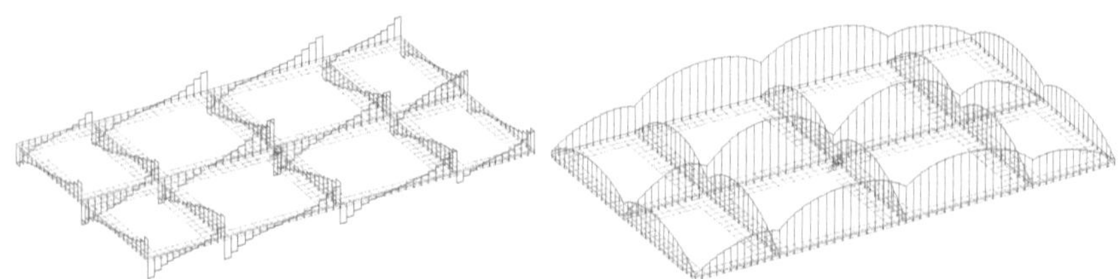

**Figura 2.10** Diagramas en vigas, de fuerza cortante (izquierda) y momento flector (derecha) calculados con el MEPRII

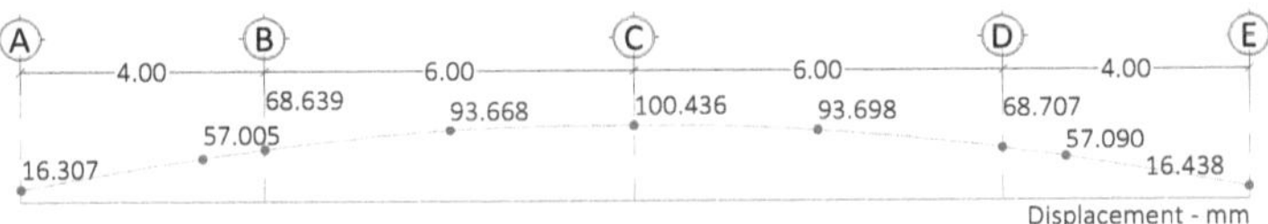



**Figura 2.11** Asentamientos de la viga del eje 2 calculados con el MEPRI

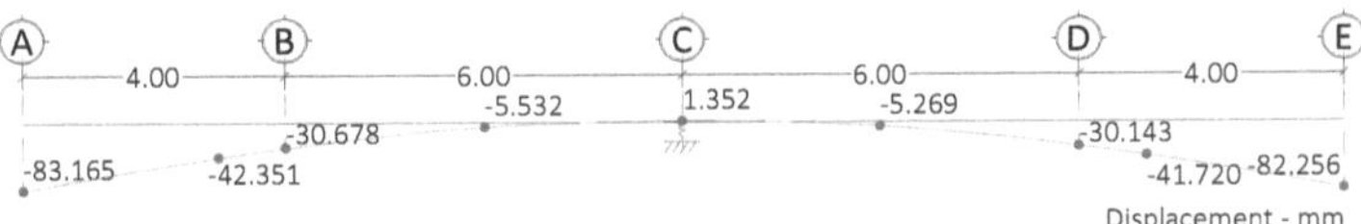



**Figura 2.12** Asentamientos de la viga del eje 2 calculados con el MEPRII

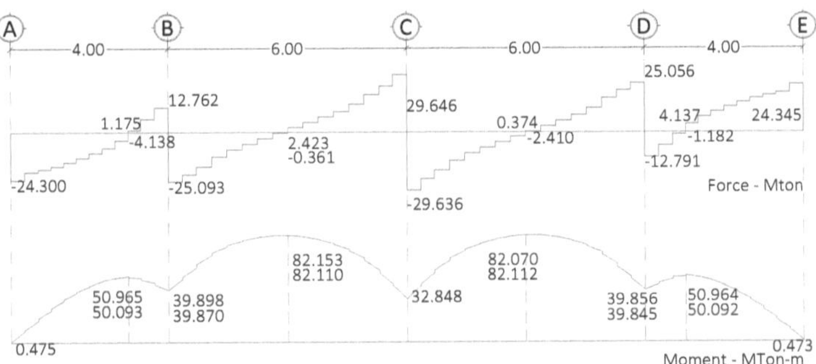



**Figura 2.13** Diagramas de fuerza cortante y momento flector de la viga del eje 2 calculados con el MEPRI

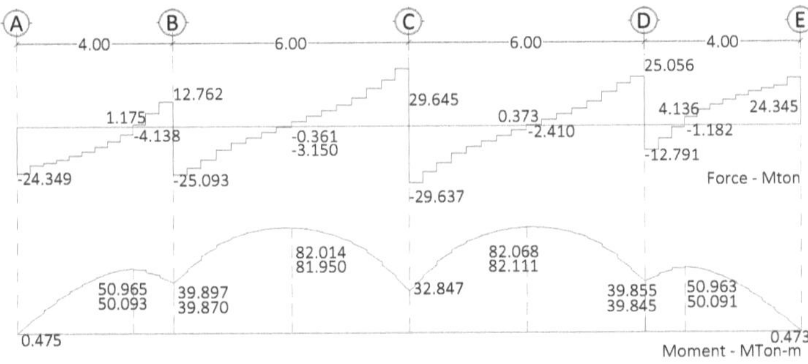



**Figura 2.14** Diagramas de fuerza cortante y momento flector de la viga del eje 2 calculados con el MEPRII

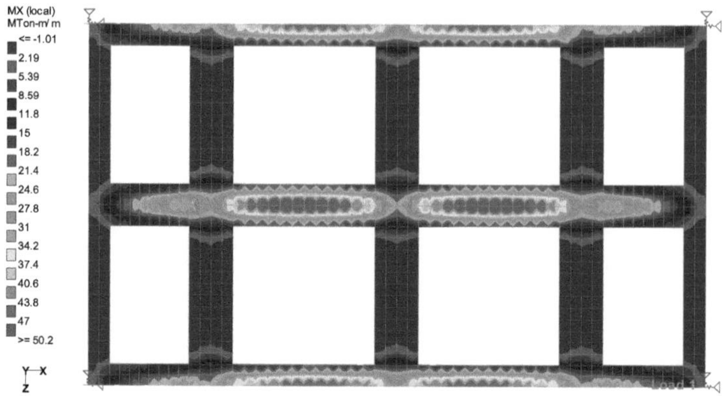

**Figura 2.15** Momento flector Mx en zapatas corridas (ton-m) calculado con el MEPRI

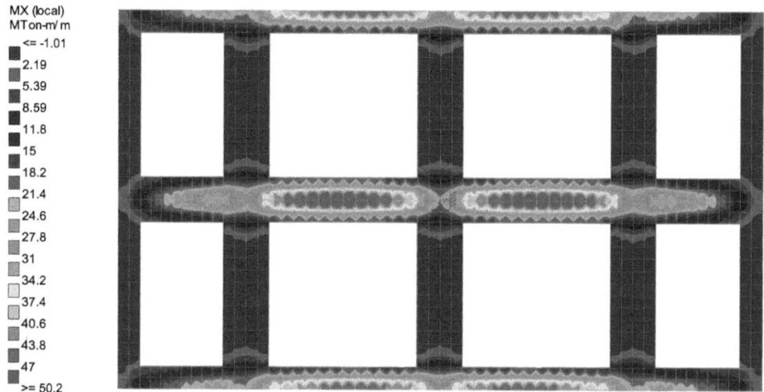

**Figura 2.16** Momento flector Mx en zapatas corridas (ton-m) calculado con el MEPRII

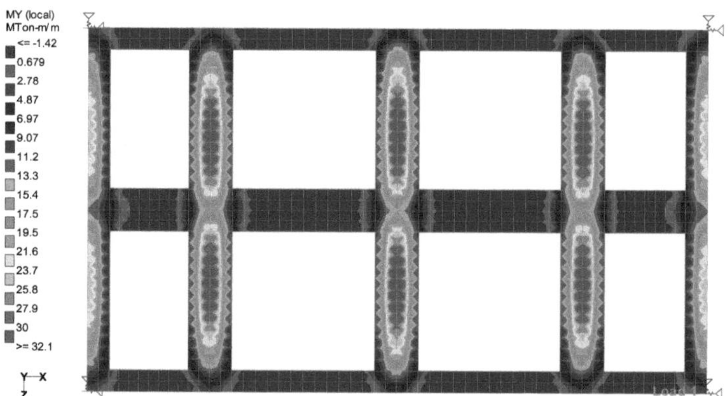

**Figura 2.17** Momento flector My en zapatas corridas (ton-m) calculado con el MEPRI

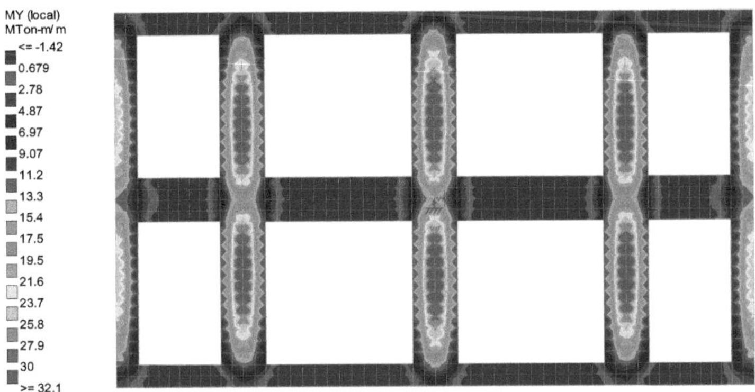

**Figura 2.18** Momento flector My en zapatas corridas (ton-m) calculado con el MEPRII

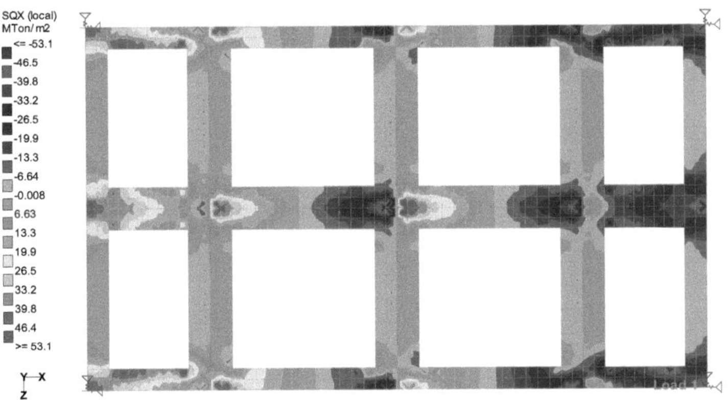

**Figura 2.19** Fuerza cortante SQX en zapatas corridas (ton/m²) calculada con el MEPRI

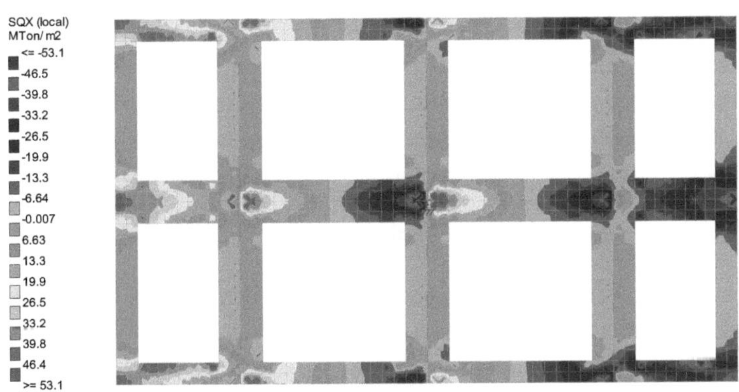

**Figura 2.20** Fuerza cortante SQX en zapatas corridas (ton/m²) calculada con el MEPRII

38

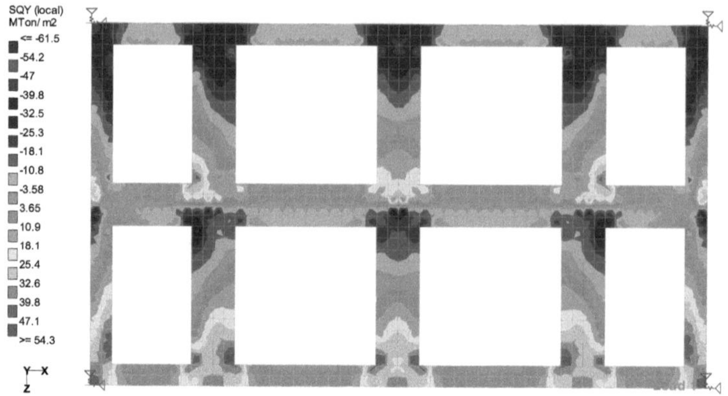

**Figura 2.21** Fuerza cortante SQY en zapatas corridas (ton/m²) calculada con el MEPRI

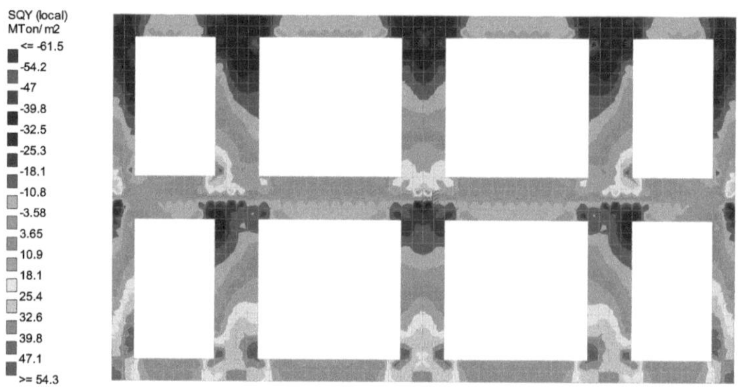

**Figura 2.22** Fuerza cortante SQY en zapatas corridas (ton/m²) calculada con el MEPRII

De los diagramas mostrados en las figuras 2.7 hasta la 2.22, se puede observar que los valores obtenidos con el MECYMCAC y los modelos MEPRI y MEPRII son para fines de aplicación en la ingeniería práctica iguales. Por razones obvias, en el método rígido convencional no aplica el modelo analítico con resortes.

## 2.8.2 Losa de cimentación con retícula de vigas

En la figura 2.24, se requiere determinar, la presión de contacto, los asentamientos diferenciales y elementos mecánicos en la losa y la retícula de vigas de cimentación. La presión de contacto se calcula con el MRC y los asentamientos diferenciales y elementos mecánicos con el MEPRI-MEPRII del MECYMCAC.

39

**Consideraciones generales**

- Solo se considera la acción de las cargas estáticas verticales, no se considera el peso propio de la cimentación.

- El centro de gravedad de la resultante de las fuerzas admisibles totales en la cimentación coincide con el centroide de la cimentación, eliminado el momento de volteo por excentricidad de las cargas verticales.

- El esfuerzo admisible del suelo es $\sigma_{adm} = 12.00\ ton/m^2$.

- En conformidad al MRC, la reacción del suelo es uniforme en toda la superficie de cimentación y se calcula con la expresión $\sigma_s = q_s = \sum F_i/A_t$.

- Se considera la participación de la losa de fondo de la cimentación con peralte igual a $0.30m$, pero en este ejemplo particular no se considera su peso propio.

- La sección transversal de las vigas es $b = 0.40m$ y $h = 0.80m$ el coeficiente de Poisson $v_c = 0.2$, el módulo de Young $E_c = 2213590\ ton/m^2$ y el módulo elástico transversal $G_c = 922331\ ton/m^2$.

- Se realiza el análisis estructural con el MEPRI y su aplicación denominado MECYMCAC, en donde los resortes ficticios se consideran ubicados en las esquinas de la cimentación. Con fines de comprobación se utiliza el MEPRII; en donde, los resortes ficticios se colocan en el centroide de la cimentación.

- El modelo consta de 960 placas, lo que equivale a 240 dovelas de 1.00x1.00m.

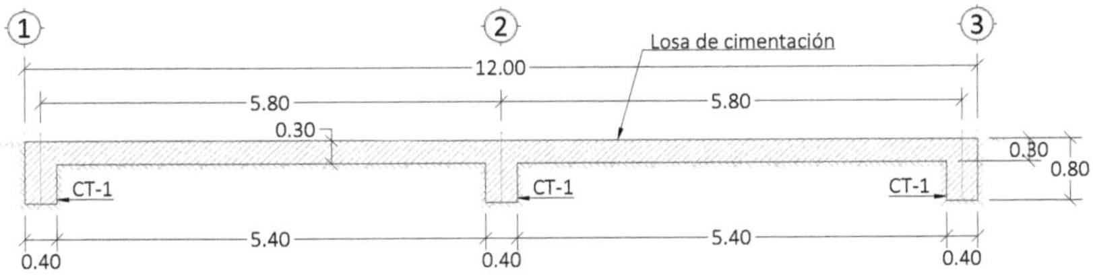


**Figura 2.23** Corte B-B' de la losa de cimentación con retícula de vigas

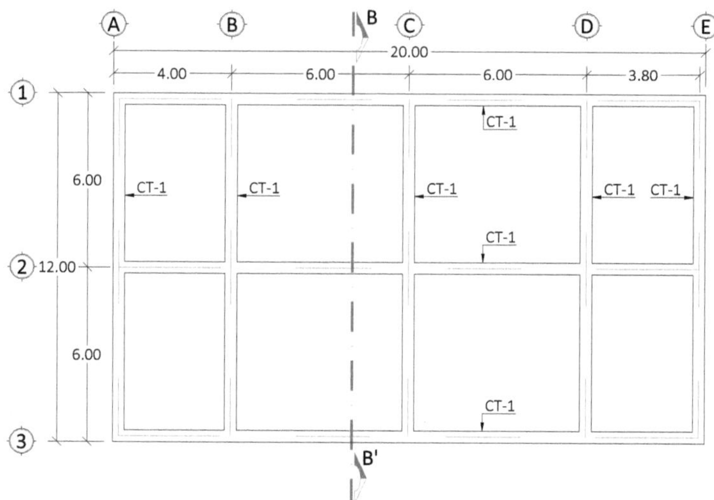

**Figura 2.24** Planta de la losa de cimentación con retícula de vigas

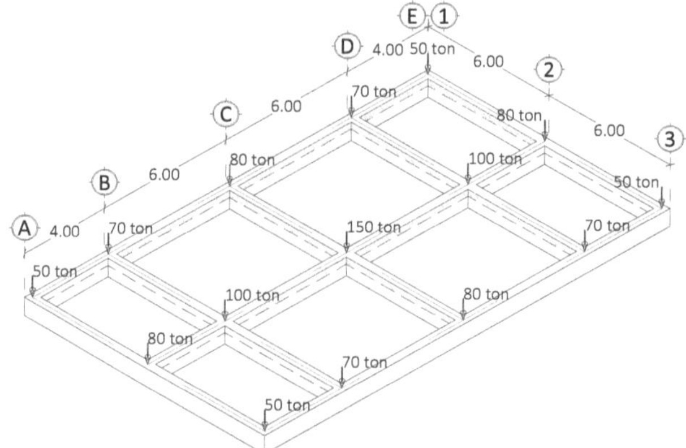

**Figura 2.25** Isométrico de las vigas de cimentación y cargas verticales del edificio

Cargas actuando en la losa de cimentación con retícula de vigas, $\Sigma F_v = 1150.00\ ton$

El esfuerzo del suelo es $\sigma_s = (1150ton/12m \times 20m) = 4.797\ ton/m^2 < \sigma_{adm}$

## *Resultados del análisis*

Se muestran los asentamientos diferenciales y elementos mecánicos calculados con el MECYMCAC utilizando el MEPRI y MEPRII, en el modelo desacoplado.

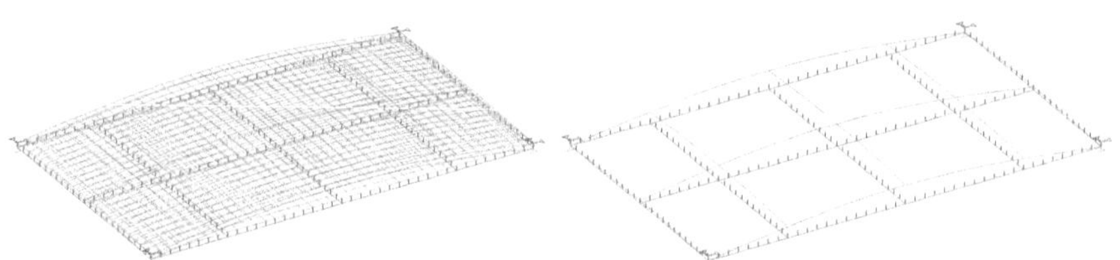

**Figura 2.26** Diagrama de asentamientos calculados con el MEPRI

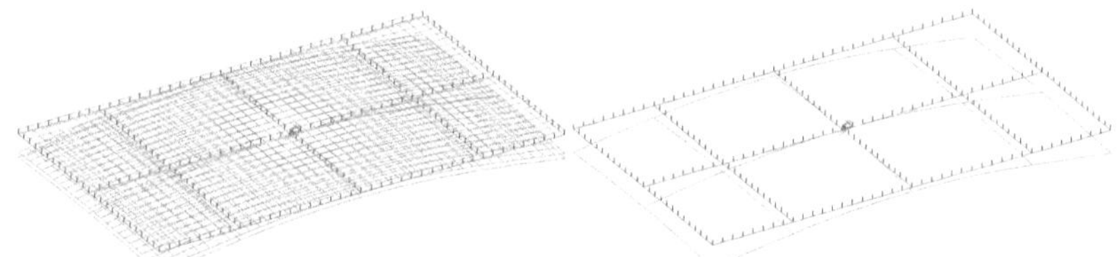

**Figura 2.27** Diagrama de asentamientos calculados con el MEPRII

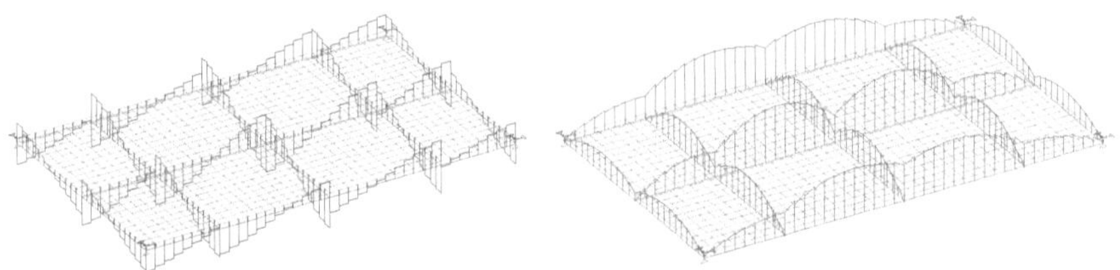

**Figura 2.28** Diagramas de vigas, fuerza cortante (izquierda) y momento flector (derecha) calculados con el MEPRI

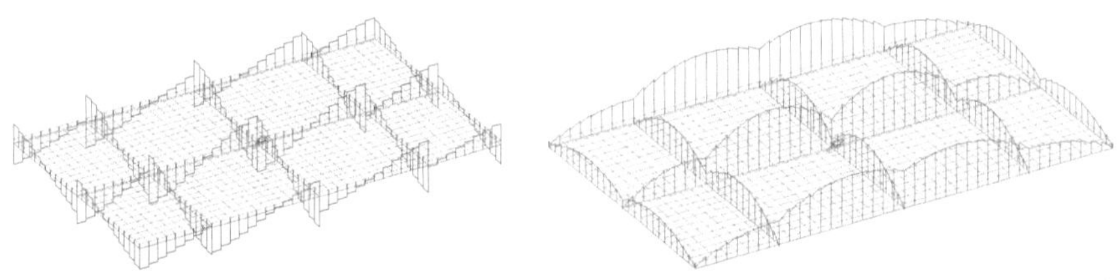

**Figura 2.29** Diagramas de vigas, fuerza cortante (izquierda) y momento flector (derecha) calculados con el MEPRII

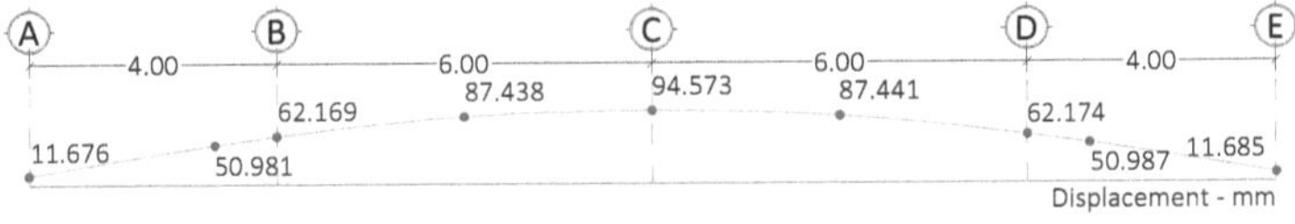


**Figura 2.30** Desplazamientos de la viga del eje 2 calculados con el MEPRI

42

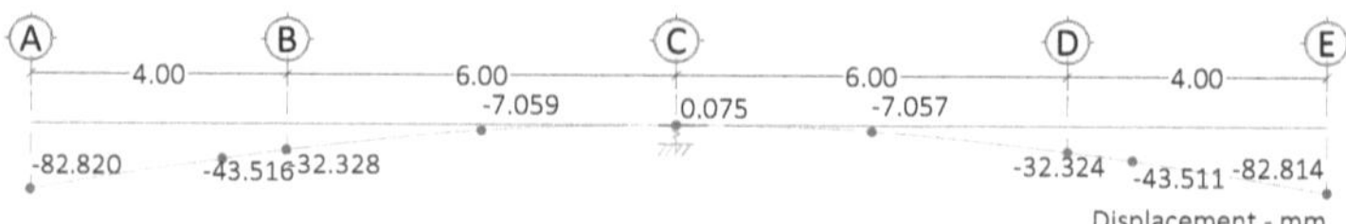


**Figura 2.31** Desplazamientos de la viga del eje 2 calculados con el MEPRII

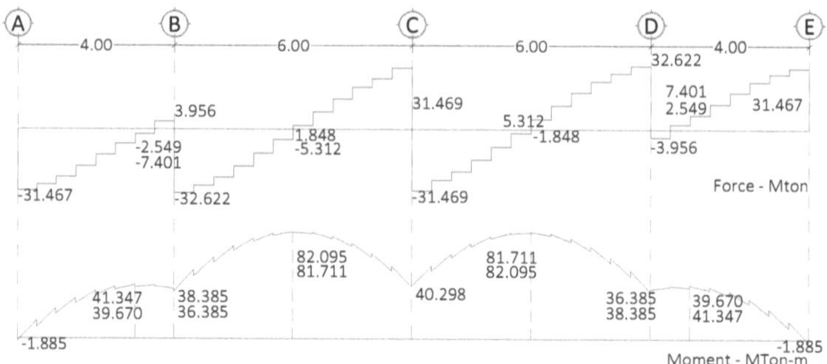


**Figura 2.32** Diagramas de fuerza cortante y momento flector de la viga del eje 2 calculados con el MEPRI

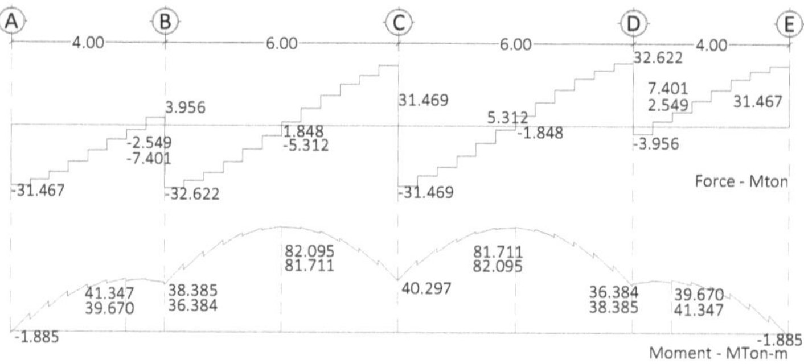


**Figura 2.33** Diagramas de fuerza cortante y momento flector de la viga del eje 2 calculados con el MEPRII

## 2.8.3 Edificio con un cajón de cimentación y cargas verticales simétricas

En el edificio de la figura 2.34, se requiere determinar, la presión de contacto, los asentamientos diferenciales y elementos mecánicos en la losa y la retícula de vigas de cimentación. La presión de contacto se calcula con el MRC y los asentamientos diferenciales y elementos mecánicos con el MEPRI-MEPRII del MECYMCAC.

La información de la forma y las dimensiones geométricas en planta de la losa de cimentación, fueron tomadas de las referencias 2.5 y 2.13. En este ejemplo, para determinar los elementos mecánicos se utiliza la "Estrategia acoplada".

### 2.8.3.1 Consideraciones generales

- Se estudia un edificio de 12mx12m de área en planta y de 8 niveles, ver figura 2.62, ubicado sobre un depósito de suelo firme no deformable.

- Las cargas que actúan en en los nudos columnas-cimentación se observan en figura 2.64. Hubo de necesidad de ajustar las cargas por piso en el edificio con objeto de obtener las descargas en la cimentación con valores parecidos a los originales.

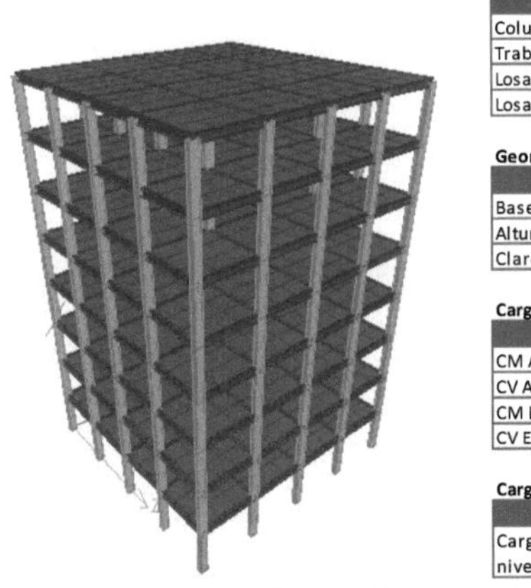

**Secciones**

| Elemento | Sección | Material |
|---|---|---|
| Columnas | HSS 14x10x0.5 | A 36 |
| Trabes | W 12x30 | A 36 |
| Losa de azotea | e=12cm | Concreto f'c=250kg/cm² |
| Losas de entrepisos | e=12cm | Concreto f'c=250kg/cm² |

**Geometría**

| Elemento | Dimensiones |
|---|---|
| Base | 12x12m |
| Altura de entrepisos | 2.5m |
| Claros | @3.0m |

**Cargas**

| Carga | kg/m² |
|---|---|
| CM Azotea | 220 |
| CV Azotea | 100 |
| CM Entrepisos | 280 |
| CV Entrepisos | 170 |

**Carga adicional**

| Carga | kg/m² |
|---|---|
| Carga de ajuste por nivel | 322.08125 |

**Figura 2.34** Edificio de ocho niveles con columnas y vigas de acero, secciones, geometría, cargas y carga adicional

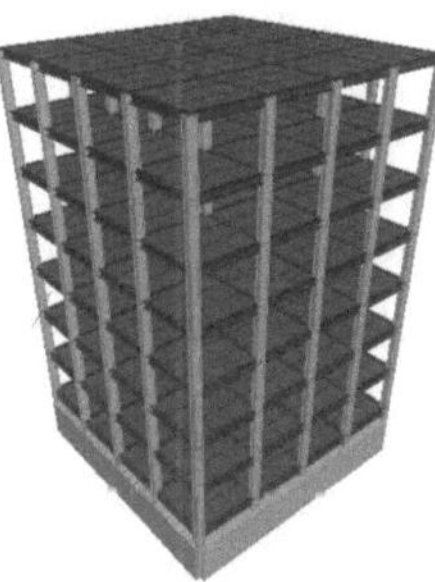

**Figura 2.35** Modelo analítico acoplado

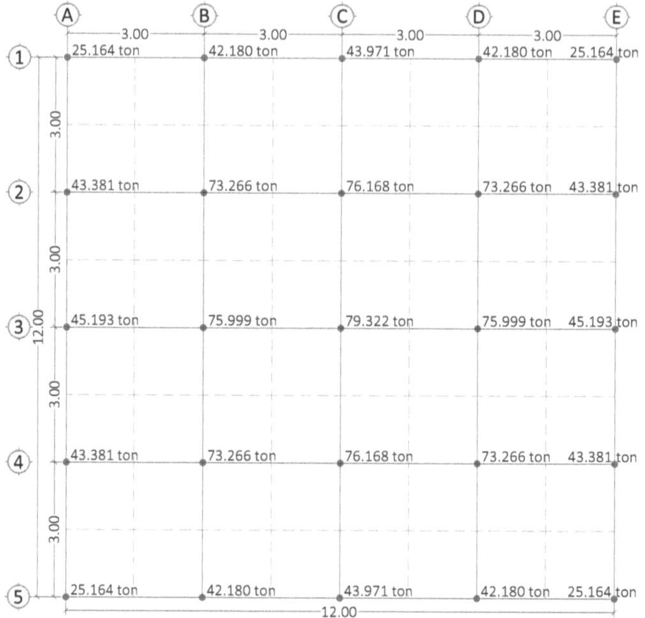


**Figura 2.36** Geometría y Cargas ajustadas en los nudos de cada columna-cimentación en $ton_f$

- No se considera el peso propio de los componentes de la cimentación

- Se considera la participación de la losa de fondo de la cimentación con peralte igual a $0.40m$, y una retícula de vigas con $b = 0.50m$ y $h = 2.00m$, para el concreto con $2500\,ton/m^2$ el coeficiente de Poisson $v_c = 0.2$, el módulo de Young $E_c = 2213594.36\,ton/m^2$ y el módulo elástico transversal $G_c = 922330.98\,ton/m^2$.

- Las cargas actuantes del edificio y las reacciones o presiones de contacto aplicadas sobre la cimentación son admisibles, es decir no están mayoradas por factores de cargas.

- El modelo consta de 256 placas en la losa de cimentacion, lo que equivale a 64 dovelas de 1.50x1.50m.

- Cargas actuando en la losa de cimentación con retícula de vigas, $\Sigma F_v = 1297.948\,ton$

- El esfuerzo del suelo es $\sigma_s = (1297.948 \, ton/12m \times 12m) = 9.013 \, ton/m^2 < \sigma_{adm}$

## *Resultados del análisis*

Se muestran los elementos mecánicos de la viga de cimentación del eje 1, calculados con el MECYMCAC utilizando el MEPRI y MEPRII, en el modelo acoplado.

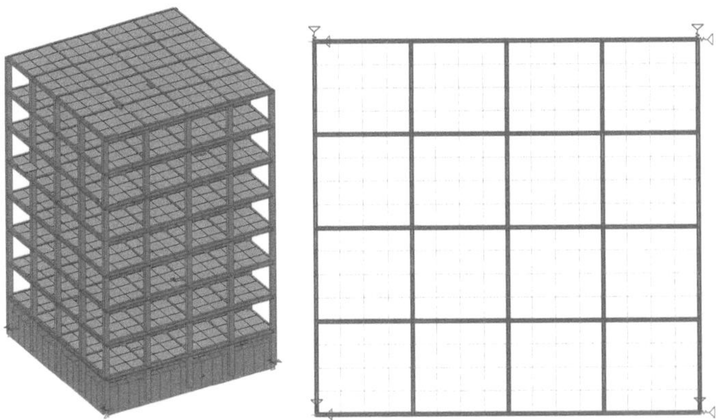

**Figura 2.37** Modelo acoplado, calculado con el MECYMCAC utilizando el MEPRI

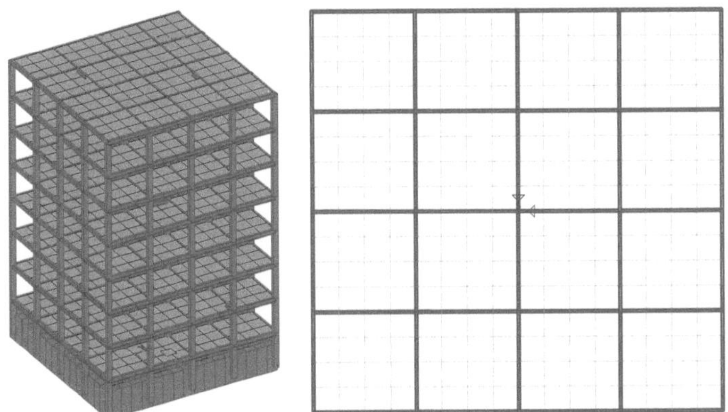

**Figura 2.38** Modelo acoplado, calculado con el MECYMCAC utilizando el MEPRII

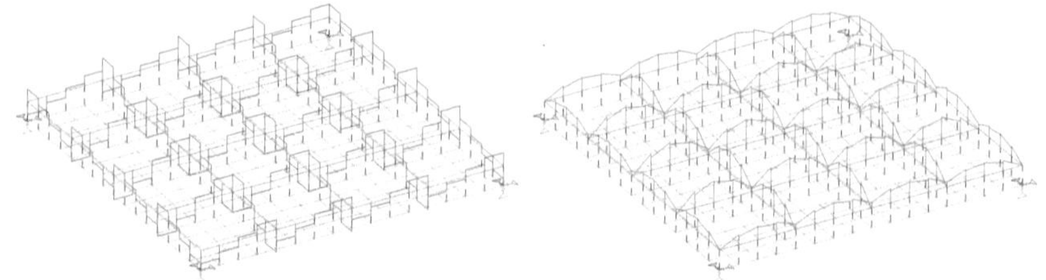

**Figura 2.39** Diagramas de vigas, fuerza cortante (izquierda) y momento flector (derecha) calculados con el MEPRI

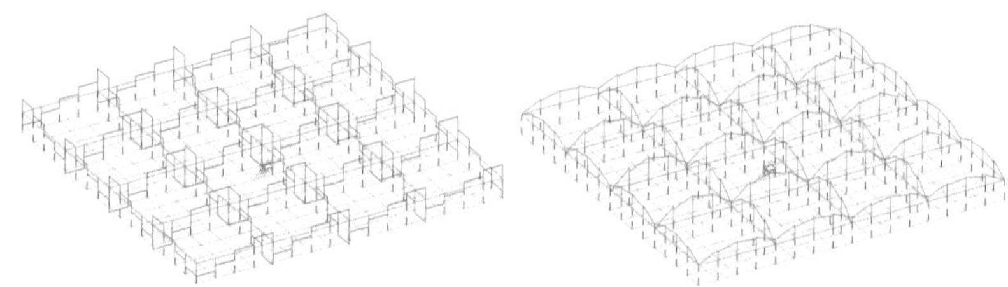

**Figura 2.40** Diagramas de vigas, fuerza cortante (izquierda) y momento flector (derecha) calculados con el MEPRII

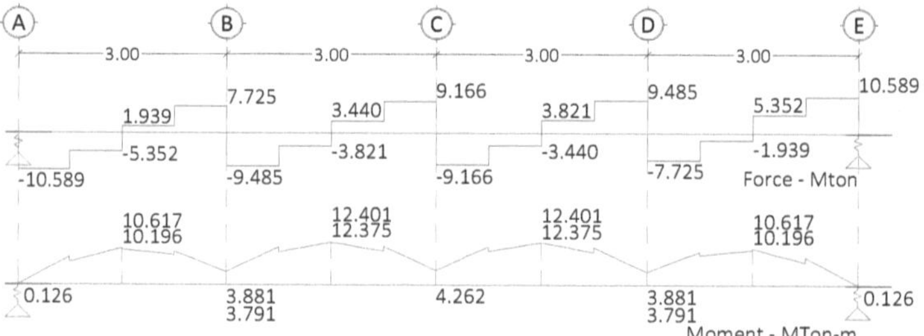

**Figura 2.41** Diagrama de fuerzas cortantes y momentos de flexión de la viga de cimentación del eje 1, calculados con el MECYMCAC utilizando el MEPRI

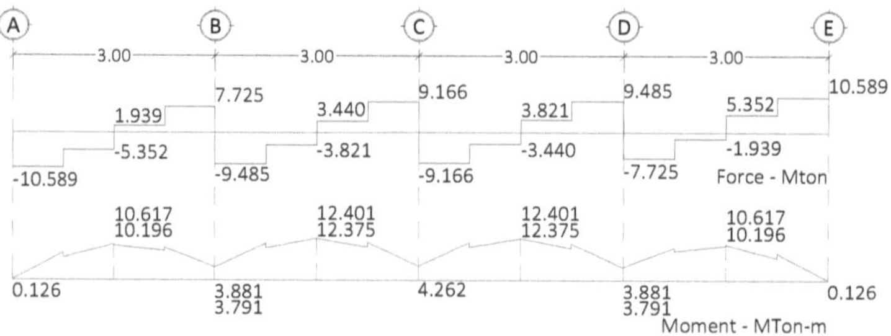

**Figura 2.42** Diagrama de fuerzas cortantes y momentos de flexión de la viga de cimentación del eje 1, calculados con el MECYMCAC utilizando el MEPRII

Sin duda alguna, el MECYMCAC es el complemento de análisis que necesitaba el Método Rígido Convencional, cuya aplicación queda restringida en cimentaciones superficiales complejas de pocos pisos apoyadas en suelos duros. El ejemplo muestra la utilidad del MECYMCAC con sus modelos de apoyo como el MEPRI y MEPRII escogidos de una variedad de modelos posibles, en términos del número y ubicación de los resortes ficticios. A juicio del autor, se menciona que la utilización del MEPRII siempre será motivo de asombro, esto se debe a que solo se utilizan 6 resortes ubicados en el centroide de la cimentación, mismos que son los apoyos elásticos cuyo artificio nos permite realizar el análisis estructural del modelo acoplado con cualquier programa comercial, su utilización nos permiten conocer el valor numérico de la fuerza cortante y el momento de flexión en cada sección transversal de los componentes resistentes de la subestructura y superestructura del edificio estudiado. Se le sugiere al diseñador de este tipo de cimentaciones, que considere como valor mínimo en la constante de resorte vertical $k_v = 100 \ ton/m$ con fines de evitar llamadas de atención por inestabilidad en el programa utilizado.

## 2.9 Referencias

[2.1]    Bowles J. E., (1997).Foundation analysis  and design. McGraw-Hill.

[2.2]    Chandra, G. S., (1997).Raft foundations: design and analysis with a practical approach. Publishing for One World New Age International (P) Limited.

[2.3]    Crespo, V. C., (2004).Mecánica de suelos y cimentaciones. Editorial Limusa México.

[2.4]    Das B. M., (2001).Principio de ingeniería de cimentaciones. International Thomson Editores, S.A. de C. V.

[2.5]    Franco, C. O., Rangel, N. J. L., Fernández, S. L. R.," Análisis de interacción suelo-estructura estática empleando técnicas numéricas 3D para edificios regulares de hasta 8 pisos desplantados en suelos arcillosos del Valle de México", XXVIII Reunión Nacional de Ingeniería Geotécnica, 23 al 26 de Noviembre de 2016; Mérida, Yucatán.

[2.6]    Jiménez, S. J. A., et al, (1980).Geotecnia y Cimientos III, Primera parte. Editorial Rueda Madrid, España.

[2.7]   Meli, R., (2001).Diseño Estructural. Editorial Limusa, S.A de C.V.

[2.8]   Morales, R. R., (2010).Método de subestructuración iterativa para el análisis de vigas continuas. CICT-UPCH.

[2.9]   Morales, R. R., (2012b).Método de equilibrio de cortantes y momentos en cimentaciones, con aplicación en computadora (MECYMCAC). XVIII Congreso Nacional de Ingeniería Estructural de la Sociedad Mexicana de Ingenieria Estructural SMIE, Acapulco Guerrero 2012.

[2.10]  Morales, R. R. (2019),"Método de equilibrio de cortantes y momentos en cimentaciones MECYMCAC", Editorial Académica Española, 2019.

[2.11]  Normas Técnicas Complementarias para Diseño y Construcción de Cimentaciones. Gaceta Oficial del Distrito Federal. Tomo II, No. 103-BIS, 6 de octubre de 2004.

[2.12]  Olvera L. A., (1966).Estructuras de concreto". Compañía Editorial Continental, S. A, Tercera reimpresión.

[2.13]  Rangel, N. J. L., Franco, C. O., Fernández, S. L. R.," Modelado de interacción suelo-estructura con métodos numéricos acoplados e integrales", Sociedad Mexicana de Ingeniería Estructural.

[2.14]  Rodríguez, O. J. M., Sierra, G. J., Oteo, M. C., (1989).Curso Aplicado de Cimentaciones. Servicio de Publicaciones del Servicio Oficial de Arquitectos de Madrid, 4ta edición.

[2.15]  SAP2000 Advanced. Versión 14.2.4. Structural Analysis Program, Computers and Structures. Inc. 1995 University Avc. Berkeley, CA 94704.

[2.16]  STAAD.Pro 2004.Research Engineers International,Division of NetGuru, Inc. in USA.

[2.17]  Tena, C. A., (2007).Análisis de estructuras con métodos matriciales. Editorial Limusa, S.A. de C.V.

# Capítulo 3

## Método flexible aproximado

### 3.1 Aplicación y ajustes del método flexible aproximado en cimentaciones superficiales

El análisis de cimentaciones superficiales complejas, en donde se considera que la masa del suelo puede ser caracterizada por resortes independientes continuos o discreto en apego a la filosofía de E. Winkler, es definido por Das Braja (2001), como el "método flexible aproximado" con aplicación según el Capítulo 1, a la Categoría I o Zona I compuesta por suelos muy firmes y duros.

Es de interés en este Capítulo, configurar su ámbito de aplicación en cimentaciones superficiales de edificios con objeto de obtener los asentamientos totales, presiones de contacto, fuerza cortante y momentos de flexión en cualquier sección transversal de los componentes resistentes de la cimentación. Para el logro de este fin es necesario considerar los siguientes conceptos en la cimentación: a) condiciones de compatibilidad, b) aplicación del principio de análisis de esfuerzo en la masa de suelo debido a cargas superficiales, c) consideración de la deformación volumétrica $\alpha^N$ $(m^3/ton)$ en los estratos horizontales de la masa del suelo y d) convertir las reacciones $(ton)$ calculadas en los resortes en presiones de contacto en las dovelas supuestas $(ton/m^2)$ . Los conceptos mencionados deben ser considerados como ajustes realizados a su método de análisis, para su aplicación en cimentaciones superficiales de edificios, se conserva la parte esencial de su hipótesis de trabajo, que consiste en considerar que las presiones aplicadas en cada resorte son independiente entre si.

### 3.2 Método de E. Winkler

En 1867 E. Winkler, propuso un modelo matemático (ver figura 3.1) para encontrar la solución de una viga de cimentación flexible e infinita sobre apoyo elástico.

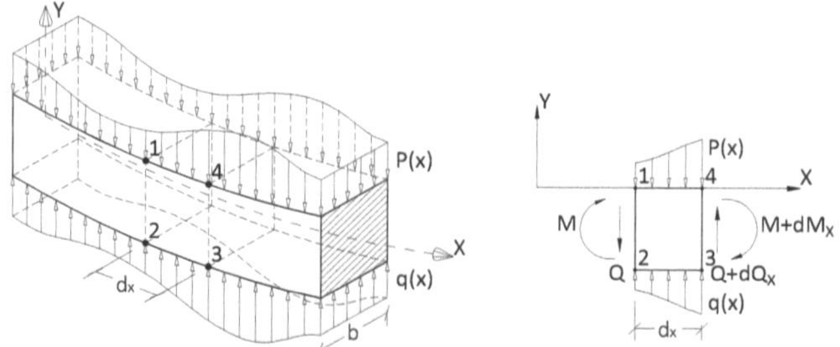



**Figura 3.1** Viga de cimentación sobre apoyo elástico y elemento aislado con longitud $dx$, tomado de la referencia 3.22.

Considerando el elemento "$dx$" de la viga, el equilibrio de fuerzas verticales por unidad de ancho, resulta:

$$dQ_x = \big(q(x) - p(x)\big)b \cdot dx \tag{3.1}$$

$$\frac{dQ_x}{dx} = \big(q(x) - p(x)\big) \cdot b \tag{3.2}$$

Por otra parte, sabemos que la ecuación de Bernoulli-Euler de la pieza elástica se expresa:

$$M(x) = -EI \frac{d^2 y(x)}{dx^2} \tag{3.3}$$

Derivando dos veces la ecuación (3.3) y substituyendo en (3.1) queda:

$$\frac{d^2 M_x}{dx^2} = \frac{dQ_x}{dx} = -EI \frac{d^4 y(x)}{dx^4} = \big(q(x) - p(x)\big) \cdot b \tag{3.4}$$

La integración de esta ecuación sólo es posible si se encuentra la forma de eliminar una de las dos funciones incógnita $y(x)$ o $q(x)$ y para ello se han propuesto métodos muy diversos , Rodriguez, O. J. M., et al., (1989).

La solución más antigua y más sencilla corresponde al modelo de E. Winkler (1867); que supone que el asentamiento "$y$" del suelo-viga en el centroide de cualquier superficie cargada es proporcional a la presión de contacto "$q$" aplicada en dicha superficie, e independiente de las presiones aplicadas en los demás puntos, es decir:

$$q(x) = K \cdot y(x) \tag{3.5}$$

El factor de proporcionalidad $K$ se denomina coeficiente de balasto y tiene dimensiones de $ton/m^3$.

Sustituyendo valores, la ecuación 3.4 queda:

$$p(x) - K \cdot y(x) = \frac{EI \cdot d^4 y(x)}{b \cdot dx^4} \qquad (3.6)$$

La integración de esta ecuación permite hallar la deformada $y(x) = f[p(x)]$ y como consecuencia los elementos mecánicos en algunos casos.

$K$ Coeficiente de balasto $(ton/m^3)$
$q$ Presión de contacto suelo-viga de cimentación $(ton/m^2)$
$p$ Presión de las cargas actuantes en la viga de cimentación $(ton/m^2)$
$y$ Asentamiento suelo-viga de cimentación de cualquier punto del área tributaria cargada en estudio $(m)$

Este modelo se puede visualizar como un conjunto de resortes independientes de constante $K$ que sólo se comprimen cuando están cargados directamente (figura 3.2), lo cual es una deficiente aproximación a la realidad ya que en cimentaciones de edificios, los puntos no cargados también se asientan por la influencia de los cargados, como justifican otras soluciones elásticas (figura 3.3). Sin embargo, las soluciones obtenidas pueden resultar suficientes en muchos casos.

Las primeras aplicaciones de este modelo se hicieron para el análisis de vías y durmientes de ferrocarril apoyados en forma continua sobre un balasto de grava. La ecuación diferencial (3.6) que describe el fenómeno ha sido resuelta para un gran número de formas de carga y se han obtenido diagramas de fuerzas internas en función del parámetro $\lambda = (bK/4EI)^{1/4}$, Meli, R. (2001).

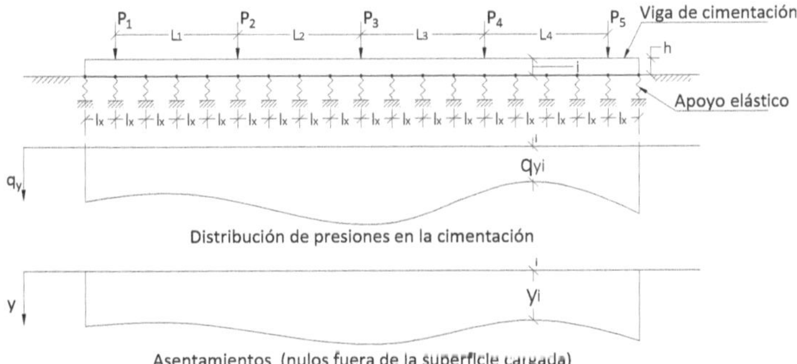


**Figura 3.2** Masa del suelo caracterizada por resortes continuos (cercanos) independientes según E. Winkler

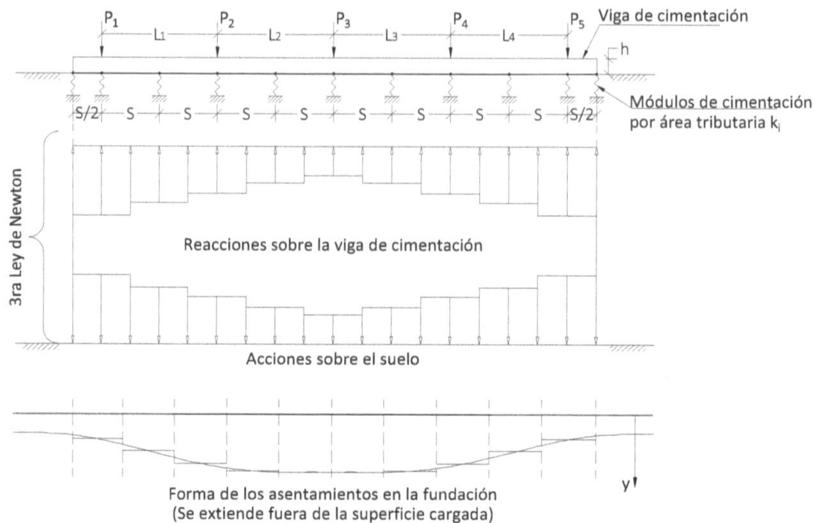


**Figura 3.3** Masa del suelo caracterizada por resortes discretos (lejanos) interdependientes para el análisis de la ISE y las presiones de contacto obtenidas, según Zeevaert, L. (1980)

La formulación de la ecuación diferencial de la viga elástica de E. Winkler; se basa en condiciones de equilibrio, algunos investigadores con el afán de obtener la distribución de presiones de contacto en las dovelas de la losa de fondo, asentamientos de cuerpo rigido y elástico en puntos de interés, así como los elementos mecánicos en cada componente resistente en las cimentaciones superficiales complejas de edificios, propusieron adaptar para este fin la filosofía de E. Winkler, conservando su  suposición principal, que establece que las presiones en cada resorte sean independientes. Los resortes caracterizan la compresibilidad de los estratos horizontales de la masa del suelo de cada área tributaria o dovela asignada.

En los numerales 3.3 y 3.4 de este Capítulo, el modelo matemático de E. Winkler, se ha adaptado para análisis de cimentaciones superficiales complejas de edificios, tomando en cuenta condiciones de equilibrio y compatibilidad, considerando el principio de análisis de esfuerzo verticales en la masa de suelo debido a cargas aplicadas en su superficie, la deformación volumétrica $\alpha^N$ $(m^3/ton)$ en los estratos de la masa del suelo y al finalizar el análisis convertir las reacciones $(ton)$ calculadas en los resortes en presiones de contacto en las dovelas supuestas

$(ton/m^2)$, los procedimientos o variantes resultantes son de fácil aplicación en computadora, estudios sobre el tema pueden consultarse en Bowles, J. E. (1974). En este tratado los esfuerzos verticales en el suelo debido a las cargas del edificio se calculan con el método de Damy-Casales.

## 3.3 Asentamientos verticales en la superficie de la masa de suelo

La obtención de la ecuación que proporciona los asentamientos en los centroides de las "$a_i$" en la superficie de contacto, se realiza considerando que el medio estructural de interacción no tiene rigidez a flexión y al corte, es decir, la cimentación carece del componente estructural. Se utiliza el criterio explicado en el inciso 4.6.1 con aplicación a un área tributaria "$a_i$", ver figura 3.4.

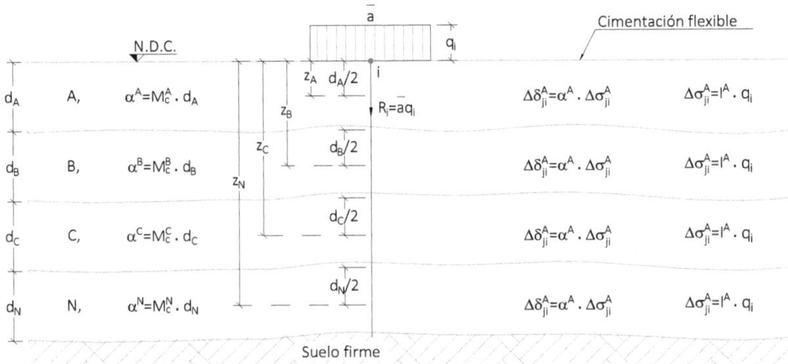


**Figura 3.4** Representación gráfica de un área tributaria suelo-cimentación 100% flexible, Zeevaert, L., (1980), sometida a una carga q ton/m² y cuatro estratos horizontales. Ajustada para la consideración de Winkler

Por consiguiente, el asentamiento vertical de cualquier estrato subyacente al punto "$i$" es

$$\Delta\delta_{ii}^N = \alpha^N . \Delta\sigma_{ii}^N \tag{3.7}$$

Dónde:

$$\alpha^N = d_N . M_c^N (m^3/ton) \tag{3.8}$$

y el asentamiento vertical de la superficie en el punto "$i$" debido a la carga uniforme en el punto "$i$" será la suma de los asentamientos de todos los estratos:

$$\delta_i = \sum_{A}^{N} \alpha^N . \Delta\sigma_i^N \tag{3.9}$$

54

El valor del incremento medio de esfuerzos de cualquier estrato subyacente $\Delta\sigma_{ii}^N$ en cualquier punto "$i$" de la masa del suelo se puede expresar en función de la carga unitaria superficial $q_i$ aplicada en el área tributaria $a_i$, figura 3.4.

$$\Delta\sigma_i^N = I_i^N . q_i \tag{3.10}$$

Sustituyendo 3.10 en 3.9 se obtiene el asentamiento vertical en el centroide $i$ de la dovela de suelo en estudio

$$\delta_i = \sum_A^N \alpha^N . I_i^N . q_i \tag{3.11}$$

La ecuación 3.11 es obtenida por medio de soluciones aproximadas de la Teoría de Elasticidad (Zeevaert, 1973, capítulo III), para aplicación en el modelo de E. Winkler, se le llamará ecuación de asentamientos del suelo (EAS).

Ahora bien; en conformidad a la suposición de E. Winkler en donde el asentamiento "$\delta_i$" del suelo-viga en el centroide de cualquier superficie cargada es proporcional a la presión de contacto $q_i$ $(ton/m^2)$ aplicada en dicha superficie, e independiente de las presiones aplicadas en los demás centroides de áreas tributarias supuestas, luego entonces,

Por definición y en función del coeficiente de balasto, la expresión quedaría:

$$K_i = \frac{q_i}{\delta_i} = \frac{1}{\sum_A^N \alpha^N . I_i^N} \left(\frac{ton}{m^3}\right) \tag{3.12}$$

En términos del módulo de reacción del suelo, obtenemos el valor del módulo de cimentación unitario por área tributaria o módulo de reacción del suelo en estudio, redefiniendo el concepto.

$$k_i = \frac{R_i}{\delta_i} = \frac{q_i A_i}{\delta_i} = K_i \cdot A_i = \frac{A_i}{\sum_A^N \alpha^N . I_i^N} \left(\frac{ton}{m}\right) \tag{3.13}$$

$K_i$ Coeficiente de balasto $(ton/m^3)$,

$k_i$ Módulo de reacción del suelo $(ton/m)$

$\alpha^N$ Deformación volumétrica de un estrato cualquiera "$N$" de espesor "$d$" para un tiempo determinado "t" $(m^3/ton)$.

$I_i^N$ Influencias de esfuerzo unitario, el superíndice "$N$" identifica al estrato en que la influencia del esfuerzo unitario es obtenida en su centroide utilizando el método de Damy-Casales, ver Apéndice A

En la obtención de la ecuación 3.13 se observa que a la condición de equilibrio se le agrega la de compatibilidad en puntos discretos y se conserva la suposición principal expresada en la ecuación 3.5, utilizada por E. Winkler como artificio para la solución de la ecuación diferencial 3.4.

## 3.4 Consideraciones realizadas al método flexible aproximado para su aplicación en cimentaciones superficiales de edificios

Para adaptar el criterio de Winkler al análisis de cimentaciones superficiales continuas o complejas de edificios; además de, poder establecer una referencia con fines comparativo con métodos racionales de interacción suelo estructura existentes, se propone seguir los lineamientos de la ISE tradicional o de la ISET, es decir, en el caso de la ISE la cimentación se divide en áreas tributarias iguales para cada dirección de análisis, la influencia de esfuerzos unitarios en los estratos del suelo aplica independientemente en cada área tributaria transversal "$a_i^t$" o longitudinal "$a_i^l$" supuesta y el módulo de cimentación unitario por área tributaria (ecuación 3.13) de cada apoyo elástico se ubica en los centroides de las "$a_i^t$" o "$a_i^l$".

El proceso de análisis se realiza para una sola área tributaria en el caso de la ISE o una sola dovela según su definición para el análisis de la ISET. Consideraciones realizadas a la masa de suelo, a saber,

- El suelo está formado por estratos horizontales de espesores $d_N$ $(m)$, limitados en su profundidad por un depósito de suelo firme.

- Se utiliza el módulo secante de deformación unitaria para la recompresión del estrato investigado $M_{ej}^N (m^2/ton)$ o la deformación volumétrica de los estratos $\alpha^N (m^3/ton)$

- La masa del suelo se considera que es un medio continuo, dependiendo de la forma de la cimentación, se supone dividida en áreas tributarias, que pueden tomar formas geométricas diferentes, tales como: rectangulares, triangulares, trapeciales, segmentos circulares.

- Cada área tributaria (ISE) o dovela (ISET) de la masa del suelo en la interfase con la cimentación es caracterizada por un apoyo elástico ubicado en el centroide y con rigidez $k_i$ $(ton/m)$, inherente a la deformación volumétrica de la masa del suelo.

- Al finalizar el análisis con los resortes de Winkler o método flexible aproximado; cada área tributaria de la masa del suelo en la interfase con las dovelas de la losa de fondo es caracterizado por las presiones de contacto $q_i = F_i/A_i \ (ton/m^2)$, que significa la respuesta de la masa del suelo a las cargas actuantes en la cimentación.

- Para el cálculo de $k_i (ton/m)$ se utiliza la expresión 3.13 en las que las "$A_i$" es igual al área tributaria de las franjas en la ISE o al área de las dovelas en la ISET, que en cimentaciones de forma cuadrada o rectangular se consideran iguales y por lo tanto el valor de $k_i (ton/m)$ es el mismo para cada área tributaria o dovela supuesta.

Para el caso particular de los resortes de E. Winkler, otra manera más fácil de operar es utilizar directamente el concepto de dovelas a semejanza del análisis de interacción suelo estructura tridimensional o ISET.

Con los apoyos elásticos ubicados en los centroides de las dovelas pertenecientes a la losa de fondo, se realiza el análisis estructural utilizando cualquier programa comercial, obteniéndose las reacciones finales en cada resorte en una sola corrida y como consecuencia la distribución de presiones finales.

Los elementos mecánicos obtenidos del análisis son normalmente utilizados para el diseño estructural de los componentes resistentes de la cimentación. En este estudio se sugiere calcular las presiones de contacto en cada dovela con la expresión $q_i = R_i/A_i$ y los elementos mecánicos con el MECYMCAC, Morales ( 2019) y brevemente explicado en el Capítulo 8.

A continuación, se resuelve en notación simbólica mediante el método flexible aproximado una losa de cimentación con retícula de vigas o contratrabes, dividiéndola en 4 áreas tributarias iguales según la interacción suelo estructura o ISE y 16 dovelas para un análisis de interacción suelo estructura tridimensional o ISET. Con fines didácticos y comparativos con la ISE y la ISET se utilizan pocas áreas tributarias y pocas dovelas.

En la figura 3.5 se observan el modelo geométrico para la determinación de las presiones de contacto con el método flexible aproximado en términos de las áreas tributarias.

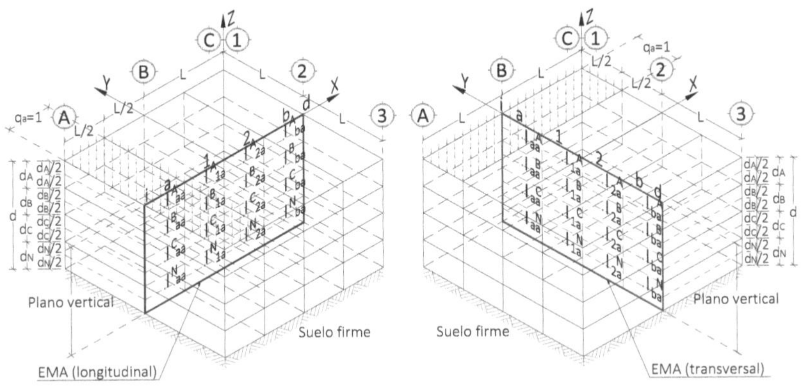

**Figura 3.5** Áreas tributarias de Zeevaert, L., (1980) en los dos sentidos de la losa de cimentación

En la figura 3.6 se muestra cualquiera de los planos verticales de la figura 3.5 con una carga unitaria aplicada en la franja con centroide "a" y debajo de la misma los centroides de los estratos, donde se determinan las influencias por esfuerzo unitario con los que se calcula el desplazamiento vertical del punto "a" aplicando la expresión $\delta_a = \sum_A^N \alpha^N . I_a^N$ y posteriormente utilizando la ecuación 3.13 se obtiene el módulo de reacción de la franja "a", que sería el mismo valor para las franjas 1, 2 y b.

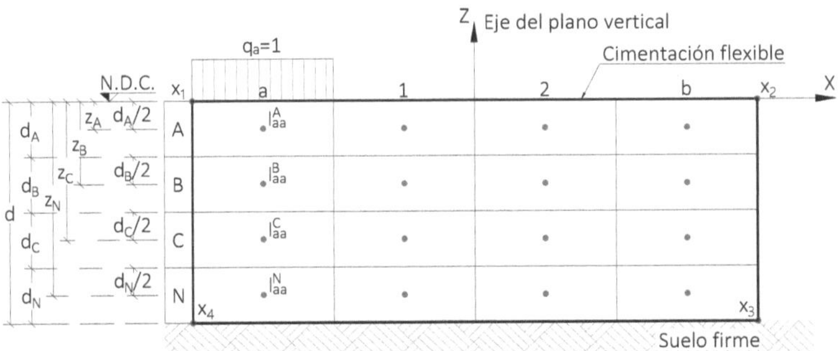

**Figura 3.6** Plano vertical con los centroides de interés para el cálculo del valor de las influencias por carga unitaria

En las figuras 3.5 y 3.6 se observa el esquema de áreas tributarias Zeevaert, L. (1980) con aplicación al método flexible aproximado o de resortes independientes, en la tabla 3.1 se muestran las coordenadas de los vértices de cada triángulo que forman el área tributaria con centroide "a" de la figura 3.7, para la

58

aplicación del cálculo de influencias con el método de Damy-Casales. Con la aplicación de las ecuaciones 3.14 y 3.15 se obtienen el asentamiento unitario $\delta_a^N$ y el módulo de reacción $k_a$ de E. Winkler en conformidad a la figura 3.6.

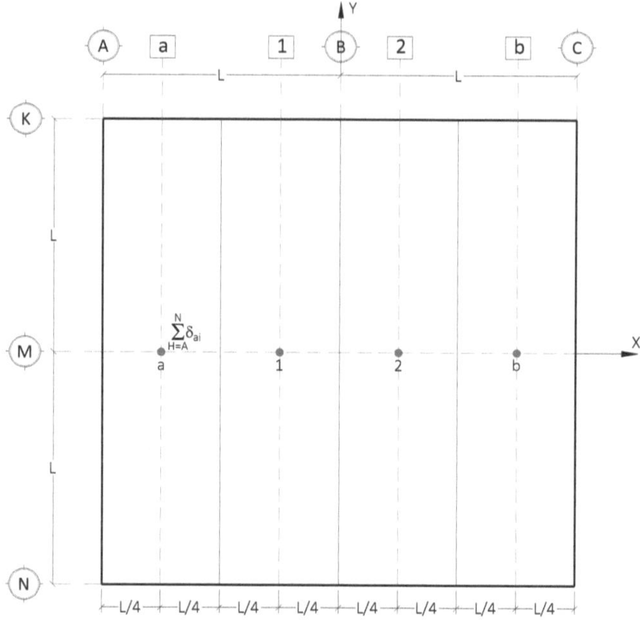



**Figura 3.7** Áreas tributarias en la cimentación cuadrada flexible

**Tabla 3.1** Influencia de esfuerzos $I_a^N$ y asentamientos $\delta_a^N$ unitarios en el centroide de la dovela "$a$" a diferentes profundidades, debido a $q_a = 1$

| $z^N(m)$ | Vértices | Coordenadas | | Polígonos ↺ | $I_i^N$ | $\delta_a^N = \alpha_c^N \cdot I_i^N$ |
|---|---|---|---|---|---|---|
| | | $x(m)$ | $y(m)$ | $^{(+)}_{\square}\Delta_c$ | $^{(+)}_{\square}I_t^N$ | |
| $z^A$ | $a$ | $0.00$ | $0.00$ | $a, v_1, v_2$ | $^{(+)}_{\square}I_t^A$ | $M_z^A \cdot d_A \cdot I_a^A$ |
| $z^B$ | $v_1$ | $L/2$ | $B/2$ | $a, v_2, v_3$ | $^{(+)}_{\square}I_t^B$ | $M_z^B \cdot d_B \cdot I_a^B$ |
| $z^C$ | $v_2$ | $-L/2$ | $B/2$ | $a, v_3, v_4$ | $^{(+)}_{\square}I_t^C$ | $M_z^C \cdot d_C \cdot I_a^C$ |
| $z^N$ | $v_3$ | $-L/2$ | $-B/2$ | $a, v_4, v_1$ | $^{(+)}_{\square}I_t^N$ | $M_z^N \cdot d_N \cdot I_a^N$ |
| | $v_4$ | $L/2$ | $-B/2$ | | | |

Dónde:

$z^N$ Profundidad al centroide del estrato "$N$"

$aa$ Vértice inicial de cualquier triángulo o centroide de la dovela cargada con el esfuerzo unitario $q_a = 1$, en donde, $v_1$, $v_2$, $v_3$ y $v_4$ son los vértices de la dovela cargada con centroide "$a$" (ver figura 4), el eje de referencia o coordenadas tiene su origen en el centroide $aa$ estudiado

$^{(+)}_{\square}\Delta_c$ Se refiere a los cuatro triángulos cargados con $q_a = 1$ cuyos vértices se indican en la columna 5 de la tabla 3.1

Quedando el asentamiento por carga unitaria en la superficie de contacto suelo-centroide "$a$" de la dovela como:

$$\sum_{N=A}^{N} \delta_a^N = \overbrace{M_z^A \cdot d_A \cdot I_a^A}^{\delta_a^A} + \overbrace{M_z^B \cdot d_B \cdot I_a^B}^{\delta_a^B} + \overbrace{M_z^C \cdot d_C \cdot I_a^C}^{\delta_a^C} + \overbrace{M_z^N \cdot d_N \cdot I_a^N}^{\delta_a^N} \ (m^3/ton) \qquad (3.14)$$

Sustituyendo en la ecuación 3.15, se obtiene el asentamiento total o ecuación de asentamiento del suelo en el punto a en estudio.

$$\delta_a = q_a \sum_{N=A}^{N} \delta_a^N \ (m) \qquad (3.15)$$

Por definición del módulo de reacción:

$$k_a = \frac{R_a}{\delta_a} = \frac{q_a A_a}{\delta_a} = \frac{q_a A_a}{q_a \sum_{N=A}^{N} \delta_a^N} = \frac{A_a (m^2)}{\sum_{N=A}^{N} \delta_a^N (m^3/ton)} = \frac{A_a}{\sum_{N=A}^{N} \delta_a^N} \left(\frac{ton}{m}\right) \qquad (3.16)$$

La expresión algebraica 3.15 corresponde a los asentamientos en los centroides de cada área tributaria (ISE) o dovelas (ISET) de losas de cimentación de edificios, calculados con la adaptación moderna realizada a la suposición original de Winkler según ecuación (3.5).

Si la expresión 3.15 la expresamos en forma matricial para las 4 áreas tributarias supuestas en la figura 3.7, las presiones de contacto por carga vertical quedarían de la siguiente manera:

$$\begin{bmatrix} \delta_a \\ \delta_1 \\ \delta_2 \\ \delta_b \end{bmatrix} = \begin{bmatrix} \sum_{N=A}^{N} \delta_a^N & 0.00 & 0.00 & 0.00 \\ & \sum_{N=A}^{N} \delta_a^N & 0.00 & 0.00 \\ 0.00 & & \sum_{N=A}^{N} \delta_a^N & 0.00 \\ 0.00 & 0.00 & & \sum_{N=A}^{N} \delta_a^N \\ 0.00 & 0.00 & 0.00 & \end{bmatrix} \cdot \begin{bmatrix} q_a \\ q_1 \\ q_2 \\ q_b \end{bmatrix} \qquad (3.17)$$

Para el arreglo matricial de la ecuación 3.15 en un ambiente tridimensional de las 16 dovelas, quedaría un arreglo matricial de 16x16 parecida a la ecuación 3.17.

En otras palabras, el método de Winkler tendría tantas ecuaciones independientes como áreas tributarias o dovelas se hayan supuesto.

Por lo aquí expuesto, se puede aseverar que con las consideraciones y ajustes realizados, el método flexible aproximado es un caso particular de la interacción suelo estructura bidimensional o ISE y también de la interacción suelo estructura tridimensional o ISET. Mención aparte es que la ISE es un caso particular de la ISET; tal como, se demuestra en los Capítulos 4 y 5.

En el contexto de las Categorías de suelos definidas en el Capítulo 1, el análisis de interacción suelo estructura de Winkler más conocido como "método flexible aproximado", sería desde el punto de vista de la ingeniería práctica, un método cuasi-exacto para la Categoría I, pero no es recomendable su aplicación para las Zonas II y III.

Las influencias de esfuerzos y la deformación volumétrica de los estratos influyen para hacer cero los elementos de la triangular superior e inferior de la matriz de asentamientos unitarios de la ecuación 3.17, esto obviamente se debe a la deformabilidad muy pequeña en suelos duros o Categoría I, en la Categoría II la deformabilidad no es tan pequeña y en la categoría III la deformabilidad es alta.

La única categoría de suelo que por su naturaleza la deformabilidad es baja, es la definida en este tratado como Categoría I o Zona I compuesta por suelos muy firmes y duros. Ahora bien, la suposición empleada por Winkler en la ecuación 3.5 para resolver la ecuación 3.4, condenó a que los resortes colaborarán de manera independiente; sin embargo, para el objetivo, por el buscado con aplicación al "análisis de vías y durmientes de ferrocarril apoyados en forma continua sobre un balasto de grava" fue genial esta consideración. Luego entonces, se puede afirmar que la ecuación 3.17 emanada de un análisis de interacción suelo estructura moderno para determinar las presiones de contacto en cimentaciones superficiales de edificios, coincide con la hipótesis principal de Winkler. Conviene aclarar que, el hecho de que los resortes de Winkler que caracterizan la deformabilidad del suelo colaboren de manera independiente entre ellos, no significa que en la hipótesis de trabajo la masa del suelo deba considerase discontinua. En otras palabras, podemos hablar de la incomunicación o puenteo de los resortes que caracterizan al suelo debido a la influencia y distribución de esfuerzos y de su baja deformabilidad; pero no, de que la masa de suelo es un medio no continuo.

## 3.5 Carga sísmica

Para obtener las presiones de contacto ocasionadas por sismo en cimentaciones superficiales se debe conocer las acciones producidas por el fenómeno de volteo. La aplicación del método flexible aproximado va asociado principalmente a suelos duros de la Categoría I.

En estos tipos de suelos las columnas o muros del edificio se consideran empotrados; por lo tanto, no se toma en cuenta la Interacción Dinámica Suelo Estructura. El coeficiente de Poisson debe considerarse igual a 0.5; por lo tanto,

$$\mu = \frac{E}{2(1+v)} = \frac{E}{3} \tag{3.18}$$

Luego entonces,

$$M_n = \frac{1}{E} = \frac{1}{3\mu} \tag{3.19}$$

, donde

$$\alpha^N = \frac{d_n}{E_n} = M_n \cdot d_n = \frac{d_n}{3\mu} \tag{3.20}$$

$M_n$ Módulo de deformación unitaria
$\mu$ Módulo dinámico de rigidez del suelo
$\alpha^N$ Deformación volumétrica de un estrato $N$

Sustituyendo la expresión 3.20 en la ecuación 3.14 obtenemos los asentamientos unitarios por carga sísmica, reescribiendo la ecuación 3.15 en forma matricial para las 4 áreas tributarias supuestas en la figura 3.7, el incremento o decremento de las presiones de contacto por carga sísmica quedaría de la siguiente manera

$$
\begin{bmatrix} \delta_a \\ \delta_1 \\ -\delta_2 \\ -\delta_b \end{bmatrix} =
\begin{bmatrix}
\sum_{N=A}^{N} \delta_a^N & 0.00 & 0.00 & 0.00 \\
\sum_{N=A}^{N} \delta_a^N & \sum_{N=A}^{N} \delta_a^N & 0.00 & 0.00 \\
0.00 & \sum_{N=A}^{N} \delta_a^N & \sum_{N=A}^{N} \delta_a^N & 0.00 \\
0.00 & 0.00 & \sum_{N=A}^{N} \delta_a^N & \sum_{N=A}^{N} \delta_a^N \\
0.00 & 0.00 & 0.00 &
\end{bmatrix} \cdot
\begin{bmatrix} \Delta q_a \\ \Delta q_1 \\ -\Delta q_2 \\ -\Delta q_b \end{bmatrix} \tag{3.21}
$$

El efecto que produce el fenómeno de volteo en las cimentaciones de edificios es de rotación caracterizado por el ángulo $\theta$ los cuales van asociados con los desplazamientos verticales, es decir:

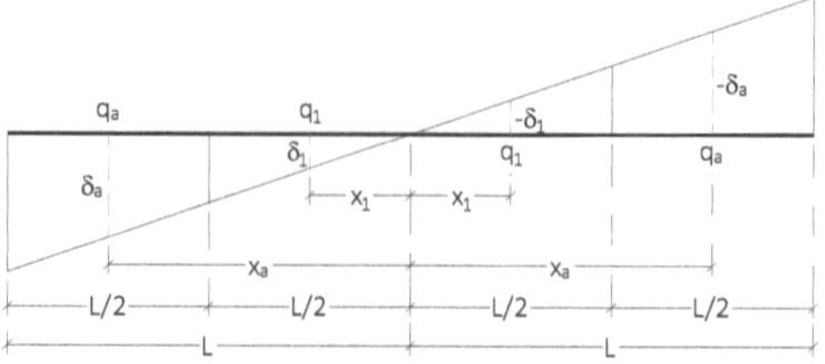

**Figura 3.8** Rotaciones y desplazamientos verticales para cimentación rígida

$$\delta_a = \theta \cdot x_a = -\delta_b \tag{3.22}$$

$$\delta_1 = \theta \cdot x_1 = -\delta_2 \tag{3.23}$$

Se acepta un comportamiento rígido de la cimentación; por lo tanto, se puede calcular fácilmente el ángulo de rotación $\theta$ teniendo en cuenta la rigidez de la cimentación, por definición $K = M_v\theta$

En un cajón de cimentación:

$$K_\theta = K_{\theta M} + K_{\theta L} \tag{3.24}$$

$K_\theta$ Módulo de cimentación total por rotación
$K_{\theta M}$ Módulo de cimentación por rotación para los muros, en este ejemplo no se consideró
$K_{\theta L}$ Módulo de cimentación por rotación para la base o losa

De la ecuación 3.21 para una losa de cimentación cuadrada con $2L$ por lado y $K_{\theta M} = 0$

$$\Delta q_a/\theta = x_a \Big/ \sum_{N=A}^{N} \delta_a^N \tag{3.25}$$

$$\Delta q_1/\theta = x_1 \Big/ \sum_{N=A}^{N} \delta_a^N \tag{3.26}$$

$$K_{\theta L} = (L/2) \cdot 2L \cdot 2 \cdot [(\Delta q_a/\theta)x_a + (\Delta q_1/\theta)x_1]\theta(ton - m)$$

$$K_{\theta L} = 2L^2 \cdot \overbrace{\left[\left(x_a\Big/\sum_{N=A}^{N} \delta_a^N\right)x_a + \left(x_1\Big/\sum_{N=A}^{N} \delta_a^N\right)x_1\right]}^{M_{suelo\ o\ losa\ de\ cimentación}} (ton - m/rad) \tag{3.27}$$

Por definición de rigidez $K = M/\theta$, por lo tanto, también

$$K_{\theta L} \cdot \theta = M_{volteo} \tag{3.28}$$

Quedando finalmente:

$$\theta = \frac{M_{volteo}}{M_{suelo\ o\ losa\ de\ cimentación}} \tag{3.29}$$

Con el conocimiento de $\theta$ se procede a calcular las presiones de contacto por sismo, sustituyendo este valor en las ecuaciones 3.25 y 3.26.

$$\Delta q_a = \left( x_a / \sum_{N=A}^{N} \delta_a^N \right) \left( \frac{M_{volteo}}{M_{suelo\ o\ cajón\ de\ cimentación}} \right) = -\Delta q_b \tag{3.30}$$

$$\Delta q_1 = \left( x_1 / \sum_{N=A}^{N} \delta_a^N \right) \left( \frac{M_{volteo}}{M_{suelo\ o\ cajón\ de\ cimentación}} \right) = -\Delta q_2 \tag{3.31}$$

Las presiones de contacto totales se obtienen por la suma algebraica de las presiones de contacto por carga vertical y sísmica en el centroide del área tributaria o dovela correspondiente.

$$q_{at} = q_a + \Delta q_a \tag{3.32}$$

$$q_{1t} = q_1 + \Delta q_1 \tag{3.33}$$

$$q_{2t} = q_2 - \Delta q_2 \tag{3.34}$$

$$q_{bt} = q_b - \Delta q_b \tag{3.35}$$

Por condición de estabilidad las presiones de contacto totales deben ser de compresión.

Explicados los fundamentos teóricos de como se obtienen los módulos de reacción de los resortes de Winkler, el procedimiento aquí desarrollado para calcular presiones de contacto en edificios debido cargas verticales y al sismo, estrictamente aplica para suelos duros con Categoría I. Si bien; es cierto, que debido a las hipotesis de trabajo en que se basan los métodos de análisis estructural en la ingeniería práctica hace que sus resultados numéricos sean aproximados, se puede decir, que en el contexto del tema que se estudia, el método de interacción suelo estructura con los resortes de Winkler debe considerarse casi-exacto para este tipo de suelos. Su aplicación para suelos con Categoría II y III no se recomienda por las razón demostrada y explicada a través de la ecuación 3.17.

### 3.6 Ejemplos resueltos con el método flexible aproximado

Se resuelven tres ejemplos, encontrándose los módulos de reacción del suelo de dos maneras diferentes. En el primero el módulo de reacción se considera en función del esfuerzo admisible del suelo a la profundidad de desplante de la losa de cimentación y en el segundo y tercer ejemplo, el módulo de reacción se calcula con las ecuaciones 3.14 y 3.16 apoyado en la información geotécnica de los estratos de la masa del suelo. Se utiliza el criterio de la ISET; por lo tanto, el módulo de reacción $k$ $(ton/m)$ se obtiene para cada dovela.

En los ejemplos resueltos simplemente se obtienen las presiones de contacto, conservando en su obtención el principio fundamental de los resortes de Winkler; es decir, comportamiento independiente de cada resorte o módulo de reacción. En el capítulo 8 se calculan los elementos mecánicos de estos ejemplos, en cada sección transversal de los componentes resistentes de la cimentación, empleando con fines comparativo el modelo analítico con resortes y el MECYMCAC.

### 3.6.1 Cajón de cimentación apoyado en suelo duro

Se requiere calcular las presiones de contacto aplicando el método flexible aproximado en una losa de cimentación con retícula de vigas; tal como, se muestra en la cimentación de las figuras 3.9 y 3.10.

- La superficie del suelo cubierta por la cimentación se divide en 240 dovelas con áreas iguales de 1.0mx1.0m. Se sugiere leer las páginas 209 hasta la 229 de Morales, R. R. (2019).

- El módulo de reacción de los apoyos elásticos se obtienen considerando que su valor está asociado linealmente con el esfuerzo admisible del suelo. De la tabla propuesta por Nelson Morrison en su tesis de maestría "Interacción Suelo-Estructuras: Semi-espacio de Winkler", Universidad Politécnica de Cataluña, Barcelona-España, 1993. Para un suelo con $\sigma_a =$ 1.2 $kg/cm^2$ el coeficiente de balasto es considerado como $K = 2.56\, kg/cm^3$.

- Se considera la participación de la losa de fondo de la cimentación con peralte igual a $0.30m$

- La sección transversal de las vigas exteriores e interiores son $b = 0.40m$ y $h = 080m$ el coeficiente de Poisson del concreto es $v = 0.20$, el módulo de Young $E_c = 2213590\, ton/m^2$ y el módulo elástico transversal $G_c = 922331\, ton/m^2$

- No se considera el peso propio de los componentes del cajón de cimentación

- El modelo consta de 960 placas, lo que equivale a 240 dovelas de 1.00x1.00m.

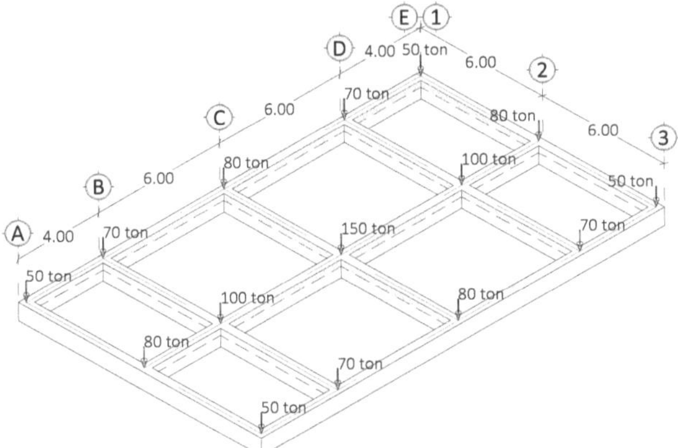


**Figura 3.9** Isométrico de la cimentación y cargas verticales actuantes del edificio

Cargas actuando en la losa de cimentación con retícula de vigas, $\Sigma F_v = 1150.00\ ton$

Para la elaboración del modelo desacoplado se consideran dovelas de $1.00\ m^2$ en la losa

Cálculo del módulo de reacción:

$$k_{as} = 2560\ ton/m^3 \times 1.00m^2 = 2560\ ton/m$$

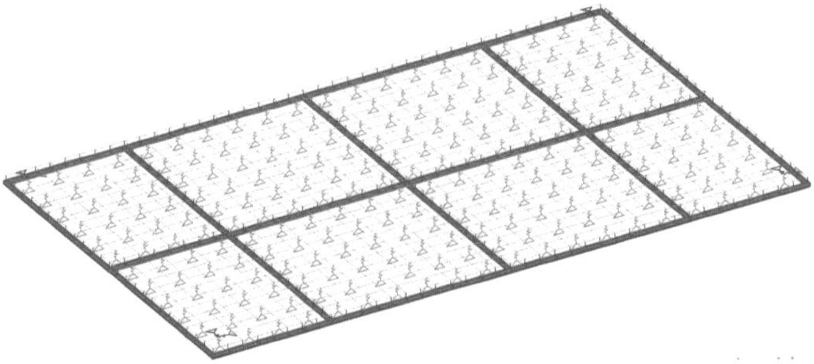

**Figura 3.10** Modelo desacoplado con resortes de Winkler ubicados en el centroide de cada dovela

Una vez obtenida la reacción en cada resorte, su valor se divide entre el área de cada dovela para obtener las presiones de contacto correspondientes.

**Tabla 3.2** Numeración de los centroides y presiones de contacto ($ton/m^2$) en la dovela correspondiente

| Node | q | Node | q | Node | q | Node | q | Node | q | Node | q |
|---|---|---|---|---|---|---|---|---|---|---|---|
| 43 | 17.400 | 125 | 12.283 | 207 | 9.002 | 289 | 7.589 | 371 | 7.648 | 453 | 8.436 |
| 45 | 13.592 | 127 | 8.244 | 209 | 5.100 | 291 | 3.992 | 373 | 4.380 | 455 | 5.442 |
| 47 | 11.335 | 129 | 6.310 | 211 | 3.381 | 293 | 2.390 | 375 | 2.798 | 457 | 3.780 |
| 49 | 10.310 | 131 | 5.899 | 213 | 3.187 | 295 | 2.162 | 377 | 2.400 | 459 | 3.160 |
| 51 | 9.189 | 133 | 5.150 | 215 | 2.696 | 297 | 1.785 | 379 | 2.005 | 461 | 2.673 |
| 53 | 7.788 | 135 | 3.836 | 217 | 1.654 | 299 | 1.015 | 381 | 1.409 | 463 | 2.133 |
| 55 | 7.023 | 137 | 3.126 | 219 | 1.100 | 301 | 0.661 | 383 | 1.235 | 465 | 2.084 |
| 57 | 7.117 | 139 | 3.300 | 221 | 1.359 | 303 | 1.023 | 385 | 1.723 | 467 | 2.697 |
| 59 | 7.945 | 141 | 4.270 | 223 | 2.366 | 305 | 2.040 | 387 | 2.791 | 469 | 3.849 |
| 61 | 9.006 | 143 | 5.507 | 225 | 3.575 | 307 | 3.187 | 389 | 3.929 | 471 | 5.031 |
| 63 | 9.006 | 145 | 5.507 | 227 | 3.575 | 309 | 3.187 | 391 | 3.929 | 473 | 5.031 |
| 65 | 7.945 | 147 | 4.270 | 229 | 2.366 | 311 | 2.040 | 393 | 2.791 | 475 | 3.849 |
| 67 | 7.117 | 149 | 3.300 | 231 | 1.359 | 313 | 1.023 | 395 | 1.723 | 477 | 2.697 |
| 69 | 7.023 | 151 | 3.126 | 233 | 1.100 | 315 | 0.661 | 397 | 1.235 | 479 | 2.084 |
| 71 | 7.788 | 153 | 3.836 | 235 | 1.654 | 317 | 1.015 | 399 | 1.409 | 481 | 2.133 |
| 73 | 9.189 | 155 | 5.150 | 237 | 2.696 | 319 | 1.785 | 401 | 2.005 | 483 | 2.673 |
| 75 | 10.310 | 157 | 5.899 | 239 | 3.187 | 321 | 2.162 | 403 | 2.400 | 485 | 3.160 |
| 77 | 11.335 | 159 | 6.310 | 241 | 3.381 | 323 | 2.390 | 405 | 2.798 | 487 | 3.780 |
| 79 | 13.592 | 161 | 8.244 | 243 | 5.100 | 325 | 3.992 | 407 | 4.380 | 489 | 5.442 |
| 81 | 17.400 | 163 | 12.283 | 245 | 9.002 | 327 | 7.589 | 409 | 7.648 | 491 | 8.436 |

| Node | q | Node | q | Node | q | Node | q | Node | q | Node | q |
|---|---|---|---|---|---|---|---|---|---|---|---|
| 535 | 8.436 | 617 | 7.648 | 699 | 7.589 | 781 | 9.002 | 863 | 12.283 | 945 | 17.400 |
| 537 | 5.442 | 619 | 4.380 | 701 | 3.992 | 783 | 5.100 | 865 | 8.244 | 947 | 13.592 |
| 539 | 3.780 | 621 | 2.798 | 703 | 2.390 | 785 | 3.381 | 867 | 6.310 | 949 | 11.335 |
| 541 | 3.160 | 623 | 2.400 | 705 | 2.162 | 787 | 3.187 | 869 | 5.899 | 951 | 10.310 |
| 543 | 2.673 | 625 | 2.005 | 707 | 1.785 | 789 | 2.696 | 871 | 5.150 | 953 | 9.189 |
| 545 | 2.133 | 627 | 1.409 | 709 | 1.015 | 791 | 1.654 | 873 | 3.836 | 955 | 7.788 |
| 547 | 2.084 | 629 | 1.235 | 711 | 0.661 | 793 | 1.100 | 875 | 3.126 | 957 | 7.023 |
| 549 | 2.697 | 631 | 1.723 | 713 | 1.023 | 795 | 1.359 | 877 | 3.300 | 959 | 7.117 |
| 551 | 3.849 | 633 | 2.791 | 715 | 2.040 | 797 | 2.366 | 879 | 4.270 | 961 | 7.945 |
| 553 | 5.031 | 635 | 3.929 | 717 | 3.187 | 799 | 3.575 | 881 | 5.507 | 963 | 9.006 |
| 555 | 5.031 | 637 | 3.929 | 719 | 3.187 | 801 | 3.575 | 883 | 5.507 | 965 | 9.006 |
| 557 | 3.849 | 639 | 2.791 | 721 | 2.040 | 803 | 2.366 | 885 | 4.270 | 967 | 7.945 |
| 559 | 2.697 | 641 | 1.723 | 723 | 1.023 | 805 | 1.359 | 887 | 3.300 | 969 | 7.117 |
| 561 | 2.084 | 643 | 1.235 | 725 | 0.661 | 807 | 1.100 | 889 | 3.126 | 971 | 7.023 |
| 563 | 2.133 | 645 | 1.409 | 727 | 1.015 | 809 | 1.654 | 891 | 3.836 | 973 | 7.788 |
| 565 | 2.673 | 647 | 2.005 | 729 | 1.785 | 811 | 2.696 | 893 | 5.150 | 975 | 9.189 |
| 567 | 3.160 | 649 | 2.400 | 731 | 2.162 | 813 | 3.187 | 895 | 5.899 | 977 | 10.310 |
| 569 | 3.780 | 651 | 2.798 | 733 | 2.390 | 815 | 3.381 | 897 | 6.310 | 979 | 11.335 |
| 571 | 5.442 | 653 | 4.380 | 735 | 3.992 | 817 | 5.100 | 899 | 8.244 | 981 | 13.592 |
| 573 | 8.436 | 655 | 7.648 | 737 | 7.589 | 819 | 9.002 | 901 | 12.283 | 983 | 17.400 |

| 43 | 45 | 47 | 49 | 51 | 53 | 55 | 57 | 59 | 61 | 63 | 65 | 67 | 69 | 71 | 73 | 75 | 77 | 79 | 81 |
|---|---|---|---|---|---|---|---|---|---|---|---|---|---|---|---|---|---|---|---|
| 125 | 127 | 129 | 131 | 133 | 135 | 137 | 139 | 141 | 143 | 145 | 147 | 149 | 151 | 153 | 155 | 157 | 159 | 161 | 163 |
| 207 | 209 | 211 | 213 | 215 | 217 | 219 | 221 | 223 | 225 | 227 | 229 | 231 | 233 | 235 | 237 | 239 | 241 | 243 | 245 |
| 289 | 291 | 293 | 295 | 297 | 299 | 301 | 303 | 305 | 307 | 309 | 311 | 313 | 315 | 317 | 319 | 321 | 323 | 325 | 327 |
| 371 | 373 | 375 | 377 | 379 | 381 | 383 | 385 | 387 | 389 | 391 | 393 | 395 | 397 | 399 | 401 | 403 | 405 | 407 | 409 |
| 453 | 455 | 457 | 459 | 461 | 463 | 465 | 467 | 469 | 471 | 473 | 475 | 477 | 479 | 481 | 483 | 485 | 487 | 489 | 491 |
| 535 | 537 | 539 | 541 | 543 | 545 | 547 | 549 | 551 | 553 | 555 | 557 | 559 | 561 | 563 | 565 | 567 | 569 | 571 | 573 |
| 617 | 619 | 621 | 623 | 625 | 627 | 629 | 631 | 633 | 635 | 637 | 639 | 641 | 643 | 645 | 647 | 649 | 651 | 653 | 655 |
| 699 | 701 | 703 | 705 | 707 | 709 | 711 | 713 | 715 | 717 | 719 | 721 | 723 | 725 | 727 | 729 | 731 | 733 | 735 | 737 |
| 781 | 783 | 785 | 787 | 789 | 791 | 793 | 795 | 797 | 799 | 801 | 803 | 805 | 807 | 809 | 811 | 813 | 815 | 817 | 819 |
| 863 | 865 | 867 | 869 | 871 | 873 | 875 | 877 | 879 | 881 | 883 | 885 | 887 | 889 | 891 | 893 | 895 | 897 | 899 | 901 |
| 945 | 947 | 949 | 951 | 953 | 955 | 957 | 959 | 961 | 963 | 965 | 967 | 969 | 971 | 973 | 975 | 977 | 979 | 981 | 983 |

**Figura 3.11** Nodos correspondientes a la ubicación de los resortes

Con las presiones de contacto obtenidas, se comparan con el esfuerzo admisible del suelo para que el diseñador de la cimentación decida cómo proceder en la etapa final del proyecto.

### 3.6.2 Cajón de cimentación apoyado en suelo blando

En la cimentación de la figura 3.12, se requiere determinar, la presión de contacto aplicando el método flexible aproximado, las cargas del edificio pueden visualizarse en la figura 3.15.

- La superficie del suelo cubierta por la cimentación se divide en 96 dovelas con áreas iguales de 1.50mx2.0m; es decir, 384 placas de 0.75mx1.0m. Se utiliza el criterio de la Interacción Suelo Estructura Tridimensional o ISET.

- Las propiedades mecánicas y estratigráficas de la masa del suelo se encuentran en la tabla 3.3.

- Los desplazamientos verticales se determinan estimando el cambio de esfuerzos por medio de soluciones aproximadas de la Teoría de Elasticidad (Zeevaert, 1973, capítulo III).

- Se considera la participación de la losa de fondo de la cimentación con peralte igual a $0.30m$

- La sección transversal de las vigas exteriores e interiores son $b = 0.50m$ y $h = 1.88m$ el coeficiente de Poisson del concreto es $v = 0.20$, el módulo de Young $E_c = 2214000\,ton/m^2$ y el módulo elástico transversal $G_c = 920000\,ton/m^2$.

- No se considera el peso propio de los componentes del cajón de cimentación

- El modelo consta de 384 placas, lo que equivale a 96 dovelas de 2.00x1.50m.

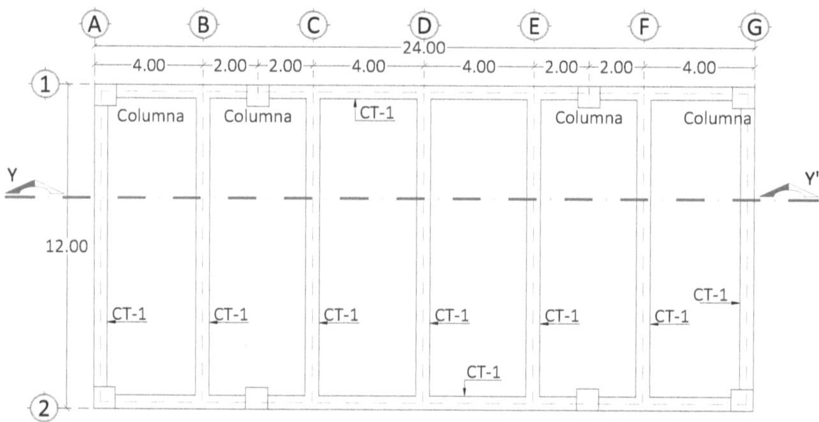

**Figura 3.12** Planta de losa de cimentación con retícula de vigas

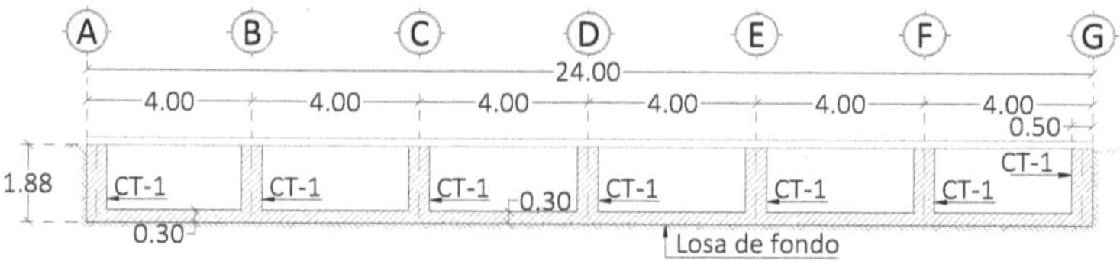

**Figura 3.13** Corte longitudinal Y-Y' de losa de cimentación con retícula de vigas

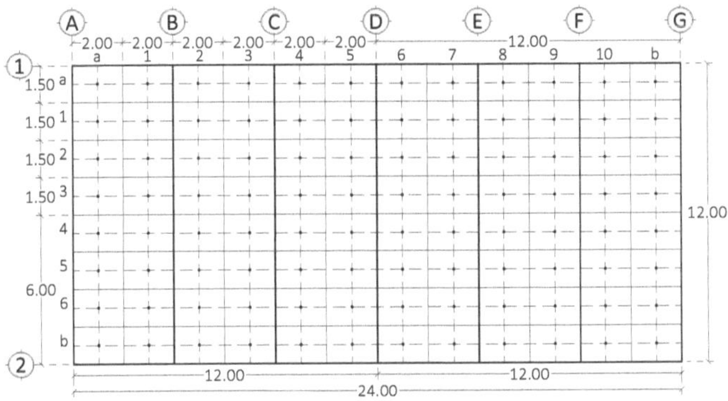

**Figura 3.14** Planta de la losa de cimentación, tamaño de dovelas y sus 4 placas

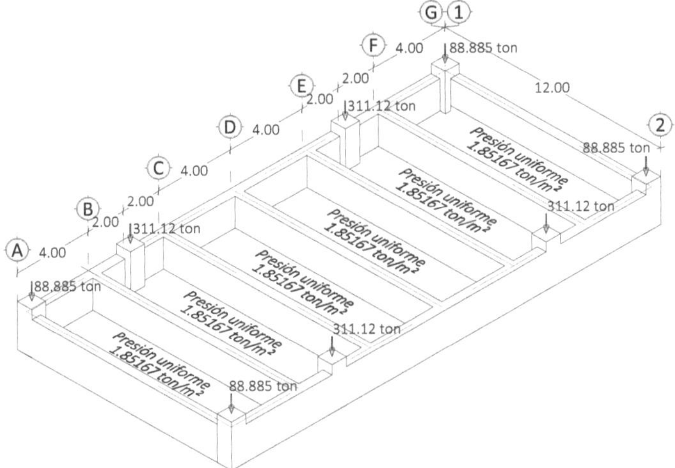


**Figura 3.15** Cajón de cimentación y cargas verticales del edificio

En la tabla 3.3, la primera columna proporciona la distancia a los centroides de cada estrato medidos desde el nivel de desplante de la losa de cimentación, la columna 2 muestra el espesor de cada estrato, la tercera columna proporciona los valores módulo secante de deformación unitaria para la recompresión del estrato investigado $M_{ej}^N = \left(1/E_{ej}^N\right) \cdot 10^{-2}(m^2/ton)$, en la cuarta columna se proporcionan los valores de la deformación volumétrica de los estratos $\alpha^N = M_{ej}^N \cdot d_i \cdot 10^{-1}(m^3/ton)$ y en la quinta columna se proporcionan los valores de la deformación volumétrica de los estratos en $(m^3/ton)$.

**Tabla 3.3** Información geotécnica para el análisis de ISE en apego al criterio de Winkler ajustado para aplicación en cimentaciones superficiales de edificios

| $z_i(m)$ | $d_i(m)$ | $M_{ej}$ $(m^2/ton)$ | $\alpha_c^N$ $(m^3/ton)$ | $\alpha_c^N$ $(m^3/ton)$ |
|---|---|---|---|---|
| 1.50 | 3 | 0.383 | 1.149 | 0.115 |
| 5.00 | 4 | 0.213 | 0.852 | 0.085 |
| 11.00 | 8 | 0.194 | 1.552 | 0.155 |
| 17.50 | 5 | 0.150 | 0.75 | 0.075 |
| 23.00 | 6 | 0.075 | 0.45 | 0.045 |
|  |  | x10^-2 | x10^-2 | x10^-1 |

En la tabla 3.4, en la primera columna se muestra en notación simbólica las profundidas del nivel de desplante de la cimentación a los centroides de cada uno de los estratos de suelo blando, en la segunta columna se muestra el centroide "a" de cualquiera de las 96 dovelas que forman la cimentación y los vértices de la dovela que asociado al centroide forman 4 triángulos, en las columnas 3 y 4 se muestran las coordenadas de los vértices de la dovela, en la columna 5 se muestran 4 renglones que representan los triángulos que forman la dovela en estudio, en la sexta columna se muestran las influencias de esfuerzos por carga unitaria para los centroides de cada estrato y en la última columna, cada renglón representa el asentamiento en $m^3/ton$ debido a la aportación de cada estrato.

**Tabla 3.4** Profundidad a los centroides de los cinco estratos, coordenadas de los cuatro triángulos para el cálculo de las influencias unitarias de esfuerzo mediante el método de Damy-Casales y asentamientos de cada estrato

| $z^N(m)$ | Vértices | Coordenadas | | Polígonos ↻ | $I_i^N$ | $\delta_a^N = \alpha_c^N \cdot I_i^N$ |
|---|---|---|---|---|---|---|
| | | $x(m)$ | $y(m)$ | $^{(+)}_{\square}\Delta_c$ | $^{(+)}_{\square}I_a^N$ | |
| $z^A$ | $a$ | 0.00 | 0.00 | $a, v_1, v_2$ | $^{(+)}_{\square}I_a^A$ | $M_z^A \cdot d_A \cdot I_a^A$ |
| $z^B$ | $v_1$ | 1.00 | 0.75 | $a, v_2, v_3$ | $^{(+)}_{\square}I_a^B$ | $M_z^B \cdot d_B \cdot I_a^B$ |
| $z^C$ | $v_2$ | $-1.00$ | 0.75 | $a, v_3, v_4$ | $^{(+)}_{\square}I_a^C$ | $M_z^C \cdot d_C \cdot I_a^C$ |
| $z^D$ | $v_3$ | $-1.00$ | $-0.75$ | $a, v_4, v_1$ | $^{(+)}_{\square}I_a^D$ | $M_z^D \cdot d_D \cdot I_a^D$ |
| $z^E$ | $v_4$ | 1.00 | $-0.75$ | | $^{(+)}_{\square}I_a^E$ | $M_z^E \cdot d_E \cdot I_a^E$ |

Para obtener la influencia por esfuerzo unitario de cada renglón de la sexta columna de la tabla 3.4, deberá aplicarse el método de Damy, J, y Casales., (1981) considerando Frohlich $\chi = 2$, en la sexta columna de la tabla 3.5, se muestran los resultados numéricos para cada triángulo de la dovela en estudio en el centroide del estrato correspondiente y la suma representada por $^{(+)}_{\square}I_a^N$.

**Tabla 3.5** Valores de las influencias por esfuerzo unitario aplicado en la dovela en estudio

| $z^N(m)$ | $a, v_1, v_2$ | $a, v_2, v_3$ | $a, v_3, v_4$ | $a, v_4, v_1$ | $^{(+)}_{\square}I_a^N$ |
|---|---|---|---|---|---|
| 1.50 | 0.07654 | 0.06961 | 0.07654 | 0.06961 | 0.29230 |
| 5.00 | 0.00922 | 0.00912 | 0.00922 | 0.00912 | 0.03668 |
| 11.00 | 0.00196 | 0.00195 | 0.00196 | 0.00195 | 0.00782 |
| 17.50 | 0.00078 | 0.00078 | 0.00078 | 0.00078 | 0.00312 |
| 23.00 | 0.00045 | 0.00045 | 0.00045 | 0.00045 | 0.00180 |

**Tabla 3.6** Cálculo de los $\delta_a^N$ de la última columna de la tabla 3.4

| $\alpha_c^N \ (m^3/ton)$ | $^{(+)}_{\square}I_a^N$ | $\delta_a^N(m^3/ton) \cdot 10^{-1}$ |
|---|---|---|
| 0.115 | 0.29230 | 0.03361 |
| 0.085 | 0.03668 | 0.00312 |
| 0.155 | 0.00782 | 0.00121 |
| 0.075 | 0.00312 | 0.00023 |
| 0.045 | 0.00180 | 0.00008 |
| | | 0.03826 |

Aplicando la ecuación 3.16, obtenemos el módulo de reacción

$$k_a = \frac{R_a}{\delta_a} = \frac{q_a A_a}{\delta_a} = \frac{q_a A_a}{q_a \sum_{N=A}^{N} \delta_a^N} = \frac{A_a(m^2)}{\sum_{i=A}^{N} \delta_a^N (m^3/ton)} = \frac{A_a}{\sum_{i=A}^{N} \delta_a^N} \left(\frac{ton}{m}\right)$$

Por lo tanto:

$$k_a = \frac{1.5 \times 2.0}{0.03826 \times 10^{-1}} = 784.11 \left(\frac{ton}{m}\right)$$

Luego entonces, el valor del módulo de reacción de las 96 dovelas que se utilizará para calcular las presiones de contacto en cada dovela es $784.11 \, ton/m$.

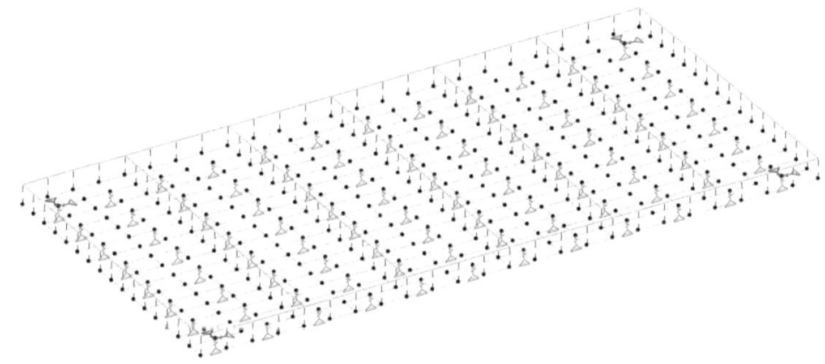

**Figura 3.16** Modelo desacoplado con resortes de Winkler ubicados en el centroide de cada dovela

Se proporcionan estos valores del módulo de reacción en cada apoyo elástico de las dovelas y con algún programa comercial de análisis estructural se calculan las reacciones verticales en cada resorte. Luego entonces, las presiones de contacto en cada una de las 96 dovelas se calculan con la expresión $q_i = R_i/A_a \ (ton/m^2)$. En el Capítulo 8 mediante la aplicación del MECYMCAC se obtienen los elementos mecánicos en los componentes resistentes de la cimentación.

Una vez obtenida la reacción en cada resorte, su valor se divide entre el área de cada dovela para obtener las presiones de contacto correspondientes.

**Tabla 3.7** Numeración de los centroides y presiones de contacto en la dovela correspondiente, el área de cada dovela es $A_a = 3.00m^2$

| Node | $R_i$ (ton) | $q_i$ (ton/m²) | Node | $R_i$ (ton) | $q_i$ (ton/m²) | Node | $R_i$ (ton) | $q_i$ (ton/m²) | Node | $R_i$ (ton) | $q_i$ (ton/m²) |
|---|---|---|---|---|---|---|---|---|---|---|---|
| 27 | 27.194 | 9.065 | 77 | 25.752 | 8.584 | 127 | 24.77 | 8.257 | 177 | 24.28 | 8.093 |
| 29 | 25.777 | 8.592 | 79 | 24.14 | 8.047 | 129 | 23.021 | 7.674 | 179 | 22.456 | 7.485 |
| 31 | 24.776 | 8.259 | 81 | 23.056 | 7.685 | 131 | 21.924 | 7.308 | 181 | 21.359 | 7.120 |
| 33 | 23.468 | 7.823 | 83 | 21.815 | 7.272 | 133 | 20.74 | 6.913 | 183 | 20.207 | 6.736 |
| 35 | 21.942 | 7.314 | 85 | 20.538 | 6.846 | 135 | 19.562 | 6.521 | 185 | 19.066 | 6.355 |
| 37 | 20.975 | 6.992 | 87 | 19.613 | 6.538 | 137 | 18.683 | 6.228 | 187 | 18.211 | 6.070 |
| 39 | 20.975 | 6.992 | 89 | 19.613 | 6.538 | 139 | 18.683 | 6.228 | 189 | 18.211 | 6.070 |
| 41 | 21.942 | 7.314 | 91 | 20.538 | 6.846 | 141 | 19.562 | 6.521 | 191 | 19.066 | 6.355 |
| 43 | 23.468 | 7.823 | 93 | 21.815 | 7.272 | 143 | 20.74 | 6.913 | 193 | 20.207 | 6.736 |
| 45 | 24.776 | 8.259 | 95 | 23.056 | 7.685 | 145 | 21.924 | 7.308 | 195 | 21.359 | 7.120 |
| 47 | 25.777 | 8.592 | 97 | 24.14 | 8.047 | 147 | 23.021 | 7.674 | 197 | 22.456 | 7.485 |
| 49 | 27.194 | 9.065 | 99 | 25.752 | 8.584 | 149 | 24.77 | 8.257 | 199 | 24.28 | 8.093 |

| Node | $R_i$ (ton) | $q_i$ (ton/m²) | Node | $R_i$ (ton) | $q_i$ (ton/m²) | Node | $R_i$ (ton) | $q_i$ (ton/m²) | Node | $R_i$ (ton) | $q_i$ (ton/m²) |
|---|---|---|---|---|---|---|---|---|---|---|---|
| 227 | 24.28 | 8.093 | 277 | 24.77 | 8.257 | 327 | 25.752 | 8.584 | 377 | 27.194 | 9.065 |
| 229 | 22.456 | 7.485 | 279 | 23.021 | 7.674 | 329 | 24.14 | 8.047 | 379 | 25.777 | 8.592 |
| 231 | 21.359 | 7.120 | 281 | 21.924 | 7.308 | 331 | 23.056 | 7.685 | 381 | 24.776 | 8.259 |
| 233 | 20.207 | 6.736 | 283 | 20.74 | 6.913 | 333 | 21.815 | 7.272 | 383 | 23.468 | 7.823 |
| 235 | 19.066 | 6.355 | 285 | 19.562 | 6.521 | 335 | 20.538 | 6.846 | 385 | 21.942 | 7.314 |
| 237 | 18.211 | 6.070 | 287 | 18.683 | 6.228 | 337 | 19.613 | 6.538 | 387 | 20.975 | 6.992 |
| 239 | 18.211 | 6.070 | 289 | 18.683 | 6.228 | 339 | 19.613 | 6.538 | 389 | 20.975 | 6.992 |
| 241 | 19.066 | 6.355 | 291 | 19.562 | 6.521 | 341 | 20.538 | 6.846 | 391 | 21.942 | 7.314 |
| 243 | 20.207 | 6.736 | 293 | 20.74 | 6.913 | 343 | 21.815 | 7.272 | 393 | 23.468 | 7.823 |
| 245 | 21.359 | 7.120 | 295 | 21.924 | 7.308 | 345 | 23.056 | 7.685 | 395 | 24.776 | 8.259 |
| 247 | 22.456 | 7.485 | 297 | 23.021 | 7.674 | 347 | 24.14 | 8.047 | 397 | 25.777 | 8.592 |
| 249 | 24.28 | 8.093 | 299 | 24.77 | 8.257 | 349 | 25.752 | 8.584 | 399 | 27.194 | 9.065 |

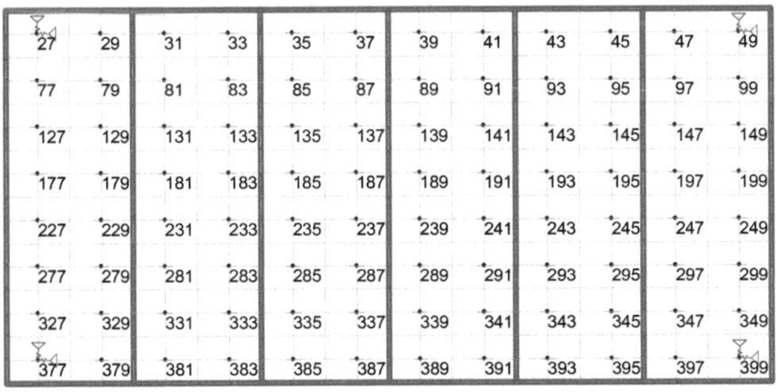

| 27 | 29 | 31 | 33 | 35 | 37 | 39 | 41 | 43 | 45 | 47 | 49 |
|----|----|----|----|----|----|----|----|----|----|----|----|
| 77 | 79 | 81 | 83 | 85 | 87 | 89 | 91 | 93 | 95 | 97 | 99 |
| 127 | 129 | 131 | 133 | 135 | 137 | 139 | 141 | 143 | 145 | 147 | 149 |
| 177 | 179 | 181 | 183 | 185 | 187 | 189 | 191 | 193 | 195 | 197 | 199 |
| 227 | 229 | 231 | 233 | 235 | 237 | 239 | 241 | 243 | 245 | 247 | 249 |
| 277 | 279 | 281 | 283 | 285 | 287 | 289 | 291 | 293 | 295 | 297 | 299 |
| 327 | 329 | 331 | 333 | 335 | 337 | 339 | 341 | 343 | 345 | 347 | 349 |
| 377 | 379 | 381 | 383 | 385 | 387 | 389 | 391 | 393 | 395 | 397 | 399 |

**Figura 3.17** Nodos correspondientes a la ubicación de los resortes

### 3.6.3 Cajón de cimentación apoyado en suelo blando, edificio de ocho niveles

En el edificio de la figura 3.18, se requiere determinar, la presión de contacto, los asentamientos diferenciales y elementos mecánicos en la losa y la retícula de vigas de cimentación. La presión de contacto se calcula con el método flexible aproximado y los asentamientos diferenciales y elementos mecánicos con el MECYMCAC utilizando el MEPRI y el MEPRII en el Capítulo 8.

La propiedades mécanicas de la masa del suelo, la forma, niveles, secciones, geometría y cargas de la superestructura; así como, las dimensiones geométricas en planta de la losa de cimentación, fueron tomadas de las referencias 3.6 y 3.20. En este ejemplo, para determinar las presiones de contacto y los elementos mecánicos se utiliza la "Estrategia acoplada".

### 3.6.3.1 Consideraciones generales

- Se estudia un edificio de 12mx12m de área en planta y de 8 niveles, ver figura 3.18, ubicado sobre un depósito de suelo blando deformable.

- No se considera el peso propio de los componentes de la cimentación

- Se considera la participación de la losa de fondo de la cimentación con peralte igual a $0.40m$, y una retícula de vigas con $b = 0.50m$ y $h = 2.00m$, para el concreto con $2500\,ton/m^2$ el coeficiente de Poisson $v_c = 0.2$, el módulo de Young $E_c = 2213594.36\,ton/m^2$ y el módulo elástico transversal $G_c = 922330.90\,ton/m^2$.

- Las cargas actuantes del edificio y las reacciones o presiones de contacto aplicadas sobre la cimentación son admisibles, es decir no están mayoradas por factores de cargas.

- La superficie del suelo cubierta por la cimentación se divide en 64 dovelas con áreas iguales de 1.5mx1.5m.

- Las propiedades mecánicas y estratigráficas de la masa del suelo se encuentran en la tabla 3.8.

- Los desplazamientos verticales se determinan estimando el cambio de esfuerzos por medio de soluciones aproximadas de la Teoría de Elasticidad (Zeevaert, 1973, capítulo III).

- El modelo consta de 256 placas en la losa de cimentacion, lo que equivale a 64 dovelas de 1.50x1.50m.

- Las cargas que actúan en los nudos columnas-cimentación se observan en figura 3.19. Hubo la necesidad de ajustar las cargas por piso en el edificio con objeto de obtener las descargas en la cimentación con valores parecidos a los originales.

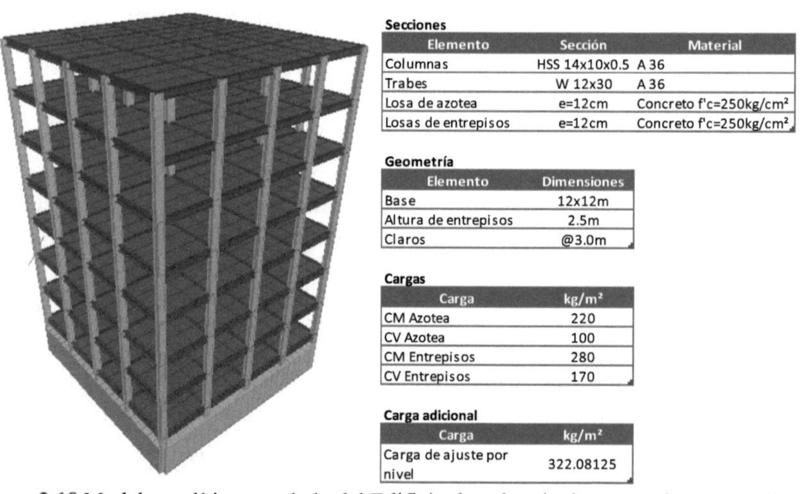



| Elemento | Sección | Material |
|---|---|---|
| Columnas | HSS 14x10x0.5 | A 36 |
| Trabes | W 12x30 | A 36 |
| Losa de azotea | e=12cm | Concreto f'c=250kg/cm² |
| Losas de entrepisos | e=12cm | Concreto f'c=250kg/cm² |



| Elemento | Dimensiones |
|---|---|
| Base | 12x12m |
| Altura de entrepisos | 2.5m |
| Claros | @3.0m |



| Carga | kg/m² |
|---|---|
| CM Azotea | 220 |
| CV Azotea | 100 |
| CM Entrepisos | 280 |
| CV Entrepisos | 170 |



| Carga | kg/m² |
|---|---|
| Carga de ajuste por nivel | 322.08125 |

**Figura 3.18** Modelo analítico acoplado del Edificio de ocho niveles con columnas y vigas de acero, secciones, geometría, cargas y carga adicional ajustada

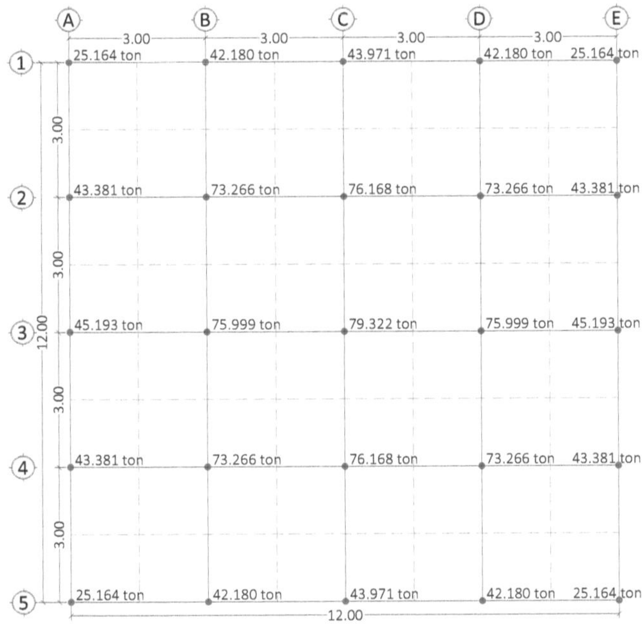


**Figura 3.19** Geometría y Cargas ajustadas en los nudos de cada columna-cimentación en $(ton_f)$

En la tabla 3.8, la primera columna proporciona la distancia a los centroides de cada estrato medidos desde el nivel de desplante de la losa de cimentación, la columna 2 muestra el espesor de cada estrato, la tercera columna proporciona el módulo secante de elasticidad $E_{ej}^N(ton/m^2)$, la cuarta columna los valores del módulo secante de deformación unitaria para la recompresión del estrato investigado $M_{ej}^N = (1/E_{ej}^N) \cdot (m^2/ton)$, y en la quinta columna se proporcionan los valores de la deformación volumétrica de los estratos $\alpha_c^N = M_{ej}^N \cdot d_i \cdot (m^3/ton)$.

**Tabla 3.8** Información geotécnica para el análisis de ISE en apego al criterio de Winkler ajustado para aplicación en cimentaciones superficiales de edificios

| $z_i(m)$ | $d_i(m)$ | $E(ton/m^2)$ | $M_{ej}\ (m^2/ton)$ | $\alpha_c^N\ (m^3/ton)$ |
|---|---|---|---|---|
| 1.750 | 3.50 | 600 | 0.00167 | 0.00583 |
| 7.750 | 8.50 | 229 | 0.00437 | 0.03712 |
| 13.500 | 3.00 | 500 | 0.00200 | 0.00600 |
| 18.250 | 6.50 | 457 | 0.00219 | 0.01422 |
| 24.500 | 6.00 | 1000 | 0.00100 | 0.00600 |

En la tabla 3.9, en la primera columna se muestra en notación simbólica las profundidas del nivel de desplante de la cimentación a los centroides de cada uno de los estratos de suelo blando, en la segunta columna se muestra el centroide de cualquiera de las 96 dovelas que forman la cimentación y los vértices de la dovela que asociado al centroide forman 4 triángulos, en las columnas 3 y 4 se muestran las coordenadas de los vértices de la dovela, en la columna 5 se muestran 4 renglones que representan los triángulos que forman la dovela en estudio, en la sexta columna se muestran las influencias de esfuerzos por carga unitaria para los centroides de cada estrato y en la última columna, cada renglón representa el asentamiento en $m^3/ton$ debido a la aportación de cada estrato.

**Tabla 3.9** Profundidad a los centroides de los cinco estratos, coordenadas de los cuatro triángulos para el cálculo de las influencias unitarias de esfuerzo mediante el método de Damy-Casales y asentamientos de cada estrato

| $z^N(m)$ | $V\acute{e}rtices$ | $Coordenadas$ | | $Pol\acute{i}gonos\ \circlearrowleft$ | $I_i^N$ | $\delta_a^N = \alpha_c^N \cdot I_i^N$ |
|---|---|---|---|---|---|---|
| | | $x(m)$ | $y(m)$ | $^{(+)}_{\square}\Delta_c$ | $^{(+)}_{\square}I_a^N$ | |
| $z^A$ | $a$ | 0.00 | 0.00 | $a, v_1, v_2$ | $^{(+)}_{\square}I_a^A$ | $M_z^A \cdot d_A \cdot I_a^A$ |
| $z^B$ | $v_1$ | 0.75 | 0.75 | $a, v_2, v_3$ | $^{(+)}_{\square}I_a^B$ | $M_z^B \cdot d_B \cdot I_a^B$ |
| $z^C$ | $v_2$ | −0.75 | 0.75 | $a, v_3, v_4$ | $^{(+)}_{\square}I_a^C$ | $M_z^C \cdot d_C \cdot I_a^C$ |
| $z^D$ | $v_3$ | −0.75 | −0.75 | $a, v_4, v_1$ | $^{(+)}_{\square}I_a^D$ | $M_z^D \cdot d_D \cdot I_a^D$ |
| $z^E$ | $v_4$ | 0.75 | −0.75 | | $^{(+)}_{\square}I_a^E$ | $M_z^E \cdot d_E \cdot I_a^E$ |

**Tabla 3.10** Cálculo de los $\delta_a^N$ de la última columna de la tabla 3.9

| $\alpha_c^N(m^3/ton)$ | $^{(+)}_{\square}I_a^N$ | $\delta_a^N(m^3/ton)$ |
|---|---|---|
| 0.00583 | 0.29230 | 0.00171 |
| 0.03712 | 0.03667 | 0.00136 |
| 0.00600 | 0.00782 | 0.00005 |
| 0.01422 | 0.00311 | 0.00004 |
| 0.00600 | 0.00180 | 0.00001 |
| | | 0.00317 |

Aplicando la ecuación 3.16, obtenemos el módulo de reacción

$$k_a = \frac{R_a}{\delta_a} = \frac{q_a A_a}{\delta_a} = \frac{q_a A_a}{q_a \sum_{N=A}^N \delta_a^N} = \frac{A_a(m^2)}{\sum_{i=A}^N \delta_a^N(m^3/ton)} = \frac{A_a}{\sum_{i=A}^N \delta_a^N}\left(\frac{ton}{m}\right)$$

Por lo tanto:

$$k_a = \frac{1.5 \times 1.5}{0.00317} = 710.16 \left(\frac{ton}{m}\right)$$

Luego entonces, el valor del módulo de reacción de las 64 dovelas que se utilizará para calcular las presiones de contacto en cada dovela es $710.16\,ton/m$

Se proporcionan estos valores del módulo de reacción en cada apoyo elástico de las dovelas y con algún programa comercial de análisis estructural se calculan las reacciones verticales en cada resorte del modelo analítico acoplado. Luego entonces, las presiones de contacto en cada una de las 64 dovelas se calculan con la expresión $q_i = R_i/A_a\,(ton/m^2)$. En el Capítulo 8 mediante la aplicación del MECYMCAC se obtienen los elementos mecánicos en los componentes resistentes de la cimentación utilizando el modelo analítico acoplado.

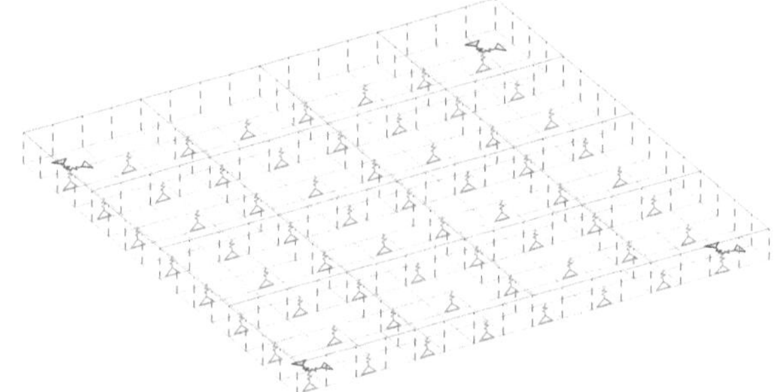

**Figura 3.20** Por claridad en la visualización de los módulos de reacción, se muestra la losa de cimentación del Modelo desacoplado con resortes de Winkler ubicados en el centroide de cada dovela.

| 19 | 21 | 23 | 25 | 27 | 29 | 31 | 33 |
|---|---|---|---|---|---|---|---|
| 53 | 55 | 57 | 59 | 61 | 63 | 65 | 67 |
| 87 | 89 | 91 | 93 | 95 | 97 | 99 | 101 |
| 121 | 123 | 125 | 127 | 129 | 131 | 133 | 135 |
| 155 | 157 | 159 | 161 | 163 | 165 | 167 | 169 |
| 189 | 191 | 193 | 195 | 197 | 199 | 201 | 203 |
| 223 | 225 | 227 | 229 | 231 | 233 | 235 | 237 |
| 257 | 259 | 261 | 263 | 265 | 267 | 269 | 271 |

**Figura 3.21** Nodos correspondientes a la ubicación de los resortes

**Tabla 3.11** Numeración de los centroides y presiones de contacto en la dovela correspondiente

| Node | q $(ton/m^2)$ | Node | q $(ton/m^2)$ | Node | q $(ton/m^2)$ | Node | q $(ton/m^2)$ |
|---|---|---|---|---|---|---|---|
| 19 | 9.095 | 53 | 9.064 | 87 | 9.044 | 121 | 9.034 |
| 21 | 9.061 | 55 | 9.025 | 89 | 9.001 | 123 | 8.990 |
| 23 | 9.040 | 57 | 9.000 | 91 | 8.974 | 125 | 8.962 |
| 25 | 9.029 | 59 | 8.988 | 93 | 8.961 | 127 | 8.948 |
| 27 | 9.029 | 61 | 8.988 | 95 | 8.961 | 129 | 8.948 |
| 29 | 9.040 | 63 | 9.000 | 97 | 8.974 | 131 | 8.962 |
| 31 | 9.061 | 65 | 9.025 | 99 | 9.001 | 133 | 8.990 |
| 33 | 9.095 | 67 | 9.064 | 101 | 9.044 | 135 | 9.034 |

| Node | q $(ton/m^2)$ | Node | q $(ton/m^2)$ | Node | q $(ton/m^2)$ | Node | q $(ton/m^2)$ |
|---|---|---|---|---|---|---|---|
| 155 | 9.034 | 189 | 9.044 | 223 | 9.064 | 257 | 9.095 |
| 157 | 8.990 | 191 | 9.001 | 225 | 9.025 | 259 | 9.061 |
| 159 | 8.962 | 193 | 8.974 | 227 | 9.000 | 261 | 9.040 |
| 161 | 8.948 | 195 | 8.961 | 229 | 8.988 | 263 | 9.029 |
| 163 | 8.948 | 197 | 8.961 | 231 | 8.988 | 265 | 9.029 |
| 165 | 8.962 | 199 | 8.974 | 233 | 9.000 | 267 | 9.040 |
| 167 | 8.990 | 201 | 9.001 | 235 | 9.025 | 269 | 9.061 |
| 169 | 9.034 | 203 | 9.044 | 237 | 9.064 | 271 | 9.095 |

## 3.6.4 Conclusiones basadas en los resultados de los ejemplos resueltos

a) La distribución de las presiones de contacto en las dovelas de la losa de fondo del cajón de cimentación, obtenidas mediante los resortes de Winkler no es constante, por lo que, considerar presión uniforme como solución a este tipo de cimentaciones no es recomendable.

b) Los resultados obtenidos con la ecuación 3.17 mediante la interacción suelo estructura ISE o ISET, tienden a coincidir con el denominado metodo flexible aproximado cuando el suelo es de baja deformabilidad volumétrica, confirmándose que la ISET es de aplicación general y que simplemente en suelo duros el metodo flexible aproximado es un caso particular de la ISE o ISET. Para suelos duros (Zona o Categoría I) el valor de los términos de la triangular superior e inferior de la matriz $[\bar{\delta}_{ji}]$ son ceros, coincidiendo entonces el método flexible aproximado con la ISET.

c) El análisis de la ISET en suelos con Categoría II o III realizado mediante la aplicación de la ecuación 3.16 es inaceptable, la distribución de las presiones de contacto y los asentamientos totales calculados son erróneos y como consecuencia los elementos mecánicos en cada sección transversal de los componentes resistentes de la cimentación también. El objetivo de resolver este ejemplo es con fines didácticos.

## 3.7 Referencias


[3.1]   Bowles J. E. (1974).Analytical and Computer Methods in Foundation Engineering. McGraw-Hill.

[3.2]   Bowles J. E. (1997).Foundation analysis  and design. McGraw-Hill.

[3.3]   Damy, J, y Casales., (1985). Soil stresses under a polygonal area uniformly loaded. 11th International Conference on Soil Mechanics and Foundation Engineering, San Francisco (12-16 agosto 1985). Este artículo se descargó de la Biblioteca en línea de la Sociedad Internacional de Mecánica de Suelos e Ingeniería Geotécnica (ISSMGE).

[3.4]   Das B. M. (2001).Principio de ingeniería de cimentaciones. International Thomson Editores, S.A. de C. V.

[3.5]   Ellstein, R. A. (2011).La interacción suelo-estructura en la práctica. Laboratorios Tlalli, S.A. de C.V.

[3.6]   Franco, C. O., Rangel, N. J. L., Fernández, S. L. R.," Análisis de interacción suelo-estructura estática empleando técnicas numéricas 3D para edificios regulares de hasta 8 pisos desplantados en suelos arcillosos del Valle de México", XXVIII Reunión Nacional de Ingeniería Geotécnica, 23 al 26 de Noviembre de 2016; Mérida, Yucatán.

[3.7]   Flores V. A. (1968).Análisis de Cimentaciones sobre suelo compresible. Instituto de Ingeniería de la UNAM, Informe 171.

[3.8]   Flores, V. A, Esteva, L. (1970).Análisis y Diseño de Cimentaciones sobre terreno compresible. Universidad Nacional Autónoma de México.

[3.9]   Hetényi, M., (1974).Beams on elastic foundation. University of Michigan Press.

[3.10]  Instituto de Investigaciones Eléctricas (2008).Manual de Diseño de Obras Civiles, Diseño por Sismo. CFE, México DF.

[3.11] López, R. G, Zea C. C , Rivera C. R (2011).Una solución directa al problema de interacción suelo-estructura. Departamento de Geotecnia, F. I, UNAM, México, D.F., México

[3.12] Meli, R. (2001).Diseño Estructural. Editorial Limusa, S.A de C.V.

[3.13] Memorias del simposio realizado el 18 de septiembre de 1991, en el Centro Nacional de Prevención de Desastres México, D.F. Interacción Suelo-Estructura y Diseño Estructural de Cimentaciones. Sociedad Mexicana de Mecánica de Suelo, (1992).

[3.14] Morales, R. R. (2010).Método de subestructuración iterativa para el análisis de vigas continuas. CICT-UPCH.

[3.15] Morales, R. R. (2012a).Cálculo de la distribución de presiones de contacto suelo-cimentación, para cargas gravitacionales sobre suelos compresibles. XVIII Congreso Nacional de Ingeniería Estructural de la Sociedad Mexicana de Ingenieria Estructural SMIE. Acapulco Guerrero 2012.

[3.16] Morales, R. R. (2012b).Método de equilibrio de cortantes y momentos en cimentaciones, con aplicación en computadora (MECYMCAC). XVIII Congreso Nacional de Ingeniería Estructural de la Sociedad Mexicana de Ingenieria Estructural SMIE. Acapulco Guerrero 2012.

[3.17] Morales, R. R. (2019),"Método de equilibrio de cortantes y momentos en cimentaciones MECYMCAC", Editorial Académica Española, 2019.

[3.18] M. Gere J., Weaver W. Jr. (1976).Análisis de estructuras reticulares. Editorial C.E.C.S.A.

[3.19] Normas Técnicas Complementarias para Diseño y Construcción de Cimentaciones. Gaceta Oficial del Distrito Federal. Tomo II, No. 103-BIS, 6 de octubre de 2004.

[3.20] Rangel, N. J. L., Franco, C. O., Fernández, S. L. R.," Modelado de interacción suelo-estructura con métodos numéricos acoplados e integrales", Sociedad Mexicana de Ingeniería Estructural.

[3.21] Rivera, C. R., Zea C. C. (1997).Curso-Taller. Universidad Juárez Autónoma de Tabasco, División Académica de Ingeniería y Arquitectura, Unidad Chontalpa.

[3.22] Rodriguez, O. J. M., Sierra, G. J., Oteo, M. C. (1989).Curso Aplicado de Cimentaciones. Servicio de Publicaciones del Servicio Oficial de Arquitectos de Madrid, 4ta edición.

[3.23] SAP2000 Advanced. Versión 14.2.4. Structural Analysis Program. Computers and Structures. Inc. 1995 University Avc. Berkeley, CA 94704.

[3.24] STAAD.Pro 2004.Research Engineers International,Division of NetGuru, Inc. in USA.

[3.25] Tena, C. A. (2007).Análisis de estructuras con métodos matriciales. Editorial Limusa, S.A. de C.V.

[3.26] Zeevaert, L. (1980).Interacción Suelo-Estructura de Cimentación. Editorial Limusa México.

## 4.1 Determinación de asentamientos y presiones de contacto en cimentaciones superficiales

El análisis de las cimentaciones superficiales apoyadas en cualquier tipo de Categoría de suelo, en especial en suelos blandos y sujetas a cargas estáticas verticales y sísmicas; consiste básicamente en determinar los asentamientos de cuerpo rígido y elásticos; así como, la distribución de presiones de contacto en el componente natural y los elementos mecánicos en las secciones transversales del componente estructural o cimentación.

Los asentamientos de cuerpo rígido y elásticos, así como, la obtención de las presiones de contacto se estudian, mediante la aplicación de la interacción suelo estructura o ISE y con el "Método de equilibrio de cortantes y momentos en cimentaciones con aplicación en computadora o MECYMCAC" se determinan los asentamientos elásticos o diferenciales y los elementos mecánicos (fuerzas cortante, momentos de flexión principalmente), este método se repasa brevemente en el capítulo 8, y en Morales, R. R. (2019) se estudia al detalle.

En el inciso 4.6, se propone un método híbrido para determinar los asentamientos totales referidos al caso denominado compresión sin expansión previa, compuesto por los asentamientos de cuerpo rígido de traslación y rotación calculados mediante la interacción suelo estructura y los asentamientos diferenciales de cuerpo elástico calculados con el MECYMCAC.

Para obtener la ecuación matricial de asentamientos verticales EMA es necesario conocer los valores de la deformación volumétrica ($\alpha$) en los estratos. En problemas de la ingeniería práctica pueden presentarse los siguientes casos para valorar ($\alpha$), (Zeevaert, 1980, APÉNDICE B, páginas 205-216):

a) Expansión por descargas: Cuando se trata de reducción de esfuerzos en la masa del suelo; $\alpha_e$ se le denomina expansión volumétrica de los estratos e implica una respuesta elástica del suelo.

b) Recompresión por carga: Si se trata de un incremento de esfuerzos o recompresión; $\alpha_c$ se llamará compresibilidad o compresión volumétrica de los estratos debido a la recompresión.

c) Compresión sin expansión previa

d) Cargas transitorias

e) Cargas dinámicas

Los ejemplos para carga vertical estática resueltos en este capítulo se refieren al caso "$c$"; el cual es, función del módulo secante de deformación unitaria para la recompresión del estrato investigado dado por $M_c = \rho_c \cdot M_c^N$ y de la magnitud del incremento de esfuerzo sobre el esfuerzo efectivo inicial a la profundidad del estrato $N$, el valor de la compresión volumétrica para un estrato $N$ es $\alpha_c^N = (\rho_c \cdot M_c^N \cdot d_N)$. El valor de $\rho_c$ representa el factor de recompresión en cimentaciones compensadas y semicompensadas; sin embargo, cuando existe compresión sin expansión previa $\rho_c = 1$.

## 4.2 Interacción Suelo-Estructura, Zeevaert, L., (1980)

El libro "Interacción Suelo-Estructura de Cimentación, 1980", explica de forma detallada como establecer las expresiones de equilibrio y compatibilidad; así como, la manera de operar iterativamente para obtener la distribución de presiones de contacto en cimentaciones superficiales sujetas a cargas estáticas verticales y sísmicas a lo cual denomina ISE, esto es, Interacción Suelo-Estructura.

En Zeevaert (1980, Página 11, Segundo párrafo), se define la ISE de la siguiente manera: "La interacción entre la estructura de cimentación y el suelo consistirá en encontrar un sistema de reacciones que aplicadas simultáneamente a la estructura de cimentación y a la masa del suelo produzcan la misma configuración de desplazamientos diferenciales entre los dos elementos".

El modelo estructural de interacción utilizado para determinar la ISE en una dirección en cimentaciones superficiales es una viga de cimentación con apoyos elásticos, es definida como Viga de Cimentación Equivalente o VCE, con condiciones hiperestáticas en el inicio del análisis de la ISE; para su solución manual utiliza mediante un arreglo matricial el método de las flexibilidades, a la ecuación resultante la denomina Ecuación Matricial de Interacción que asociada con la EMA (Suelo) y mediante un proceso iterativo, alcanzan el equilibrio y la compatibilidad en los puntos discretos seleccionados del suelo y la viga de cimentación (VCE), cada punto discreto es caracterizado por resortes $(ton/m)$, a este proceso se le conoce como análisis de interacción suelo estructura o ISE. Los valores de las reacciones en los resortes en $(ton)$ se convierten en cargas uniformes distribuidas $(ton/m)$; por este motivo, la condición hiperestática inicial cambia al determinar la ISE a la de una viga isostática. Con las cargas uniformes distribuidas obtenidas y las cargas actuantes del edificio, manualmente se calculan los elementos mecánicos en la VCE. Estudia los tres casos de interacción que se presentan en la práctica y que pueden resolverse con diferentes procedimientos de cálculo:

Caso I. Cimentación con $EI \neq 0$ $GA \neq 0$ y con nivel del agua abajo del desplante de la cimentación

Caso II. Cimentación con $EI \neq 0$ y $GA \neq 0$ con nivel del agua sobre el desplante de la cimentación

Caso III. Cimentación rígida

El libro también estudia la ISE en las cimentaciones profundas a base de pilotes y pilas, sujetas a cargas gravitacionales y sísmicas.

## 4.3 Marco de referencia

Desde que Zeevaert, L., (1973-1980) desarrolló un método iterativo para determinar las presiones de contacto; el cual por su naturaleza lo nombró ISE, por su sencillez, por lo racional de su solución y la congruencia en sus resultados es la ISE en la que se fundamenta este capítulo. Las "hipótesis generales" de trabajo, la interpretación de las propiedades esfuerzo-deformación-tiempo relacionados con los diferentes estratos de la masa del suelo; tales como, la deformación volumétrica de un estrato $\alpha^N$ para un tiempo determinado "$t$", el módulo secante de deformación unitario para la recompresión elástica, plásticas y visco-plásticas del estrato investigado; así como, los cambios de las condiciones hidrodinámicas producidas por el bombeo son elementos tomados en cuenta para el análisis de ISE. El criterio de análisis con los que se utilizan estas propiedades para encontrar la matriz de flexibilidad de la masa del suelo denominada ecuación matricial de asentamientos EMA, asociándola por compatibilidad en puntos discretos de la cimentación con la ecuación matricial de interacción EMI para el análisis de la

ISE; a través, de las propiedades de compresibilidad del suelo caracterizada por la rigidez del resorte denominada módulo de cimentación por área tributaria $k(ton/m)$, el factor de corrección o ajuste de las presiones medias de contacto en las dovelas de la losa de fondo en un ambiente aparentemente tridimensional, las consideraciones para tomar en cuenta los efectos sísmicos y el cálculo de los elementos mecánicos son algunos de los conceptos en que se basa el análisis de la ISE y de la cimentación. Como en este capítulo se sigue su misma filosofía de análisis, en consecuencia, en la demostración de la matriz de flexibilidad del suelo o ecuación matricial de asentamientos se utilizará la misma nomenclatura.

## 4.4 Objetivos fundamentales

El análisis de la ISE presentado en este Capítulo consiste en obtener los asentamientos de cuerpo rígido (traslación y rotación), elástico y las configuraciones de presiones del suelo en cimentaciones superficiales complejas, ocasionadas por la acción de cargas estáticas verticales y laterales en un ambiente aparentemente tridimensional, tomando en cuenta todos los componentes resistentes de la estructura de cimentación y como consecuencia determinar la configuración de asentamientos diferenciales y elementos mecánicos mediante la aplicación del MECYMCAC. En los ejemplos resueltos y apoyándose en un programa comercial de análisis estructural se utiliza el sistema de cimentación apoyada en resortes como el modelo estructural de interacción, únicamente se refieren al Caso I: Cimentación con $EI \neq 0$ y $GA \neq 0$ con nivel del agua abajo del desplante de la cimentación, la manera de operar del Caso II es explicado con claridad en Zeevaert (1980).

En este estudio no se propone un programa especializado de análisis para resolver la ISE, las herramientas auxiliares utilizadas en el procedimiento de cálculo de los ejemplos resueltos, son hoja de cálculo y computadora personal, la matriz de flexibilidad del suelo se opera en hoja de cálculo y la matriz de rigidez del modelo estructural de interacción con cualquier programa de análisis estructural, haciendo clara e independiente la labor del ingeniero. Para la determinación de los valores numéricos de las presiones de contacto debido a cargas estáticas verticales en el pasado reciente se utilizó la relación EMA-EMI manual.

## 4.5 Solución del problema para la obtención de la ecuación matricial de asentamientos o EMA en la masa del suelo con cimentación flexible $EI = 0$, Zeevaert, L., (1980)

En la práctica, la masa del suelo se encuentra estratificada y limitada en su profundidad por un depósito de suelo firme con compresibilidad baja o muy baja y en la superficie por la estructura de cimentación que es la que transmite la carga total del edificio y sus secciones transversales tienen dimensiones diferentes de cero ($EI \neq 0$). No obstante, para la obtención de la ecuación matricial de asentamientos EMA, se considera que la rigidez a flexión y corte de la superficie de la masa del suelo es nula y la carga actuante corresponde a acciones uniformes $q_i$ $(ton/m^2)$. Por lo tanto, para determinar la EMA en estas condiciones, la compatibilidad de los desplazamientos en puntos discretos de la superficie de contacto de la masa del suelo y la estructura de cimentación debe ser establecida. Para lograr tal objetivo, el comportamiento de la masa del suelo debe considerarse que cumple con las siguientes "hipótesis generales".

- El suelo está formado por estratos horizontales de espesores $d_N$ $(m)$, limitados en su profundidad por un depósito de suelo firme.

- La utilización del módulo secante de deformación unitaria para la recompresión del estrato investigado $M_c^N (m^2/ton)$ y la deformación volumétrica de los estratos $\alpha^N (m^3/ton)$ permite considerar la masa del suelo como un medio isótropo, homogéneo y elástico en cada estrato.

- La masa del suelo se considera que es un medio continuo, dependiendo de la forma de la cimentación, se supone dividida en áreas tributarias para cada dirección de análisis que pueden tomar formas geométricas diferentes, tales como: rectangulares, triangulares, trapeciales, segmentos circulares dependiendo de la forma geométrica de la cimentación.

- Cada área tributaria (ISE) de la masa del suelo en la interfase con la cimentación es caracterizada por un apoyo elástico ubicado en el centroide y es denominado por Zevaert, L., (1980) como módulo de deformación por área tributaria $k_i$ $(ton/m)$, inherente a la deformación volumétrica de la masa del suelo.

- Los módulos de reacción $k_i$ $(ton/m)$ son interdependientes

- Para el cálculo de las influencias $I_{ji}$ de esfuerzo unitario, la presión media de contacto que actúa en la interfase suelo-cimentación en cada área tributaria se considera uniforme y unitaria, está suposición conduce a una distribución escalonada de presiones medias de contacto (Flores, V. A, Esteva, L. 1970).

Para la obtención de las influencias $I_{ji}$ por esfuerzos unitarios en los ejemplos resueltos, se utiliza el método de Damy, J, y Casales., (1985).

## 4.5.1 Asentamientos verticales en un punto "j" de la superficie del suelo

La determinación de los desplazamientos verticales expansiones o asentamientos en puntos discretos de la superficie del suelo requiere del conocimiento de las propiedades esfuerzo-deformación-tiempo de los diferentes estratos de la masa del suelo. Suponiendo que en la figura 4.1 se determina el asentamiento y el incremento medio de esfuerzo en los estratos subyacentes al punto "j" debido a una carga aplicada en un área tributaria $a_i$.

La notación simbólica que identifica a cada uno de los parámetros utilizados en las figuras y ecuaciones, es el siguiente:

$\rho_c^N$ Factor de recompresión del estrato "$N$"

$M_c^N$ Módulo de deformación unitaria para la recompresión del estrato investigado ($m^2/ton$), corresponde a la respuesta elástica total del suelo a la profundidad "$y$", representativa de un estrato "$N$"

$d_N$ Espesor del estrato "N " ($m$).

$\alpha^N$ Deformación volumétrica de un estrato cualquiera "$N$" de espesor "$d$" para un tiempo determinado "t" ($m^3/ton$).

$\Delta\sigma_{ji}^N$ Incremento medio de esfuerzos ($ton / m^2$) en los estratos subyacentes al punto "j" debido a una carga aplicada en un área tributaria $a_i$.

$\Delta\delta_{ji}^N$ Asentamiento vertical en los estratos subyacentes al punto "j" debido a una carga aplicada en un área tributaria $a_i$ en ($m$).

$\delta_{ji}$ Asentamiento total en la superficie del suelo en el punto "j" debido a una carga superficial ($ton/m^2$), aplicada en el punto "i".

$I_{ji}^N$ Influencias de esfuerzo unitario, el superíndice "$N$" identifica al estrato en que la influencia del esfuerzo unitario es obtenida en su centroide utilizando el método de Damy-Casales, (1985), ver Apéndice A

$A, B, C, N$ Literales con las que se nombra a cada estrato

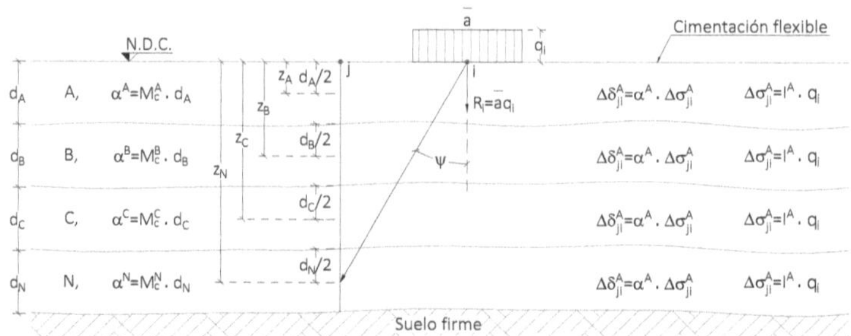

Figura 4.1 Suelo-cimentación 100% flexible y expresiones matemáticas $\Delta\delta_{ji}^N$ y $\Delta\sigma_{ji}^N$, tomada de Zeevaert, L., (1980)

Por consiguiente, aceptando que el asentamiento vertical de cualquier estrato subyacente al punto "$j$" es

$$\Delta\delta_{ji}^N = \alpha^N . \Delta\sigma_{ji}^N \tag{4.1}$$

Dónde:

$$\alpha^N = \cdot d_N . M_c^N \, (m^3/ton) \tag{4.2}$$

y el asentamiento vertical de la superficie en el punto "$j$" debido a la carga uniforme en el punto "$i$" será la suma de las deformaciones de todos los estratos:

$$\delta_{ji} = \sum_{A}^{N} \alpha^N . \Delta\sigma_{ji}^N \tag{4.3}$$

El valor del incremento medio de esfuerzos de cualquier estrato subyacente $\Delta\sigma_{ji}^N$ en cualquier punto "$j$" de la masa del suelo se puede expresar en función de la carga unitaria superficial $q_i$ aplicada en el área tributaria $a_i$, figura 4.1.

$$\Delta\sigma_{ji}^N = I_{ji}^N . q_i \tag{4.4}$$

Sustituyendo 4.4 en 4.3

$$\delta_{ji} = \sum_{A}^{N} \alpha^N . I_{ji}^N . q_i \tag{4.5}$$

Suponiendo que un área tributaria con centroide "$i$" está cargada con $q_i = +1$ se obtendrá el asentamiento unitario vertical en el punto $j$ debido a la carga unitaria en $i$:

$$\delta_{ji} = \sum_{A}^{N} \alpha^N . I_{ji}^N \tag{4.6}$$

89

**4.5.2 Asentamientos verticales en puntos discretos de la superficie del suelo**

El inicio para proceder a calcular los asentamientos y las presiones de contacto en la interfase suelo-cimentación provocados por las cargas actuantes del edificio, es la formulación de la ecuación matricial de flexibilidad de la masa suelo o ecuación matricial de asentamientos EMA, tal como se explica a continuación. Para el logro de este fin con aplicación a este ejemplo en particular, es necesario hacer las siguientes consideraciones generales:

- La forma de la cimentación es cuadrada

- La masa de suelo consta de 4 estratos, ver figura 4.1

- Se considerá que la masa de suelo es caracterizada por un plano vertical, comprendido entre la superficie de la cimentación y el suelo firme, dicho plano vertical pasa por los centroides de las áreas tributarias consideradas en la superficie, ver figura 4.2

- Se estudian los centroides de cada estrato perteneciente al plano vertical, en conformidad a la figura 4.2

- La superficie del suelo se divide en planta en 4 áreas tributarias, ver figura 4.5

- Los 16 centroides ubicados en los estratos de la figura 4.2, forman parte de un plano vertical que pasa por los centroides de las áreas tributarias de la superficie de la masa del suelo, según figuras 4.5 y 4.6

Luego entonces, con la expresión algebraica (4.6) se calcula el asentamiento para un punto cualquiera "$j$" en la superficie del terreno debido a una carga unitaria en $i$, para calcular el asentamiento en varios puntos discretos de la superficie del terreno, se generaliza utilizando un enfoque matricial. Para lograr este objetivo se aplica la carga $q_i = 1$ a varias franjas o áreas tributarias supuestas iguales, iniciando con la franja con centroide "a", ver figura 4.2.

El arreglo en forma de matriz que emana de la figura 4.2, no es la solución. Para resolver la ecuación 4.6 en forma matricial deben transponerse los elementos de las influencias por esfuerzos unitarios $I_{ji}^N$, esto es

$$\begin{bmatrix} \bar{\delta}_{aa} \\ \bar{\delta}_{1a} \\ \bar{\delta}_{2a} \\ \bar{\delta}_{ba} \end{bmatrix} = \begin{bmatrix} I_{aa}^A & I_{1a}^A & I_{2a}^A & I_{ba}^A \\ I_{aa}^B & I_{1a}^B & I_{2a}^B & I_{ba}^B \\ I_{aa}^C & I_{1a}^C & I_{2a}^C & I_{ba}^C \\ I_{aa}^N & I_{1a}^N & I_{2a}^N & I_{ba}^N \end{bmatrix}^T \cdot \begin{bmatrix} \alpha^A \\ \alpha^B \\ \alpha^C \\ \alpha^N \end{bmatrix} \tag{4.7}$$

O bien,

$$\left| \bar{\delta}_{ji} \right| = \left[ I_{ji}^N \right]^T \cdot \left| \alpha^N \right| \tag{4.8}$$

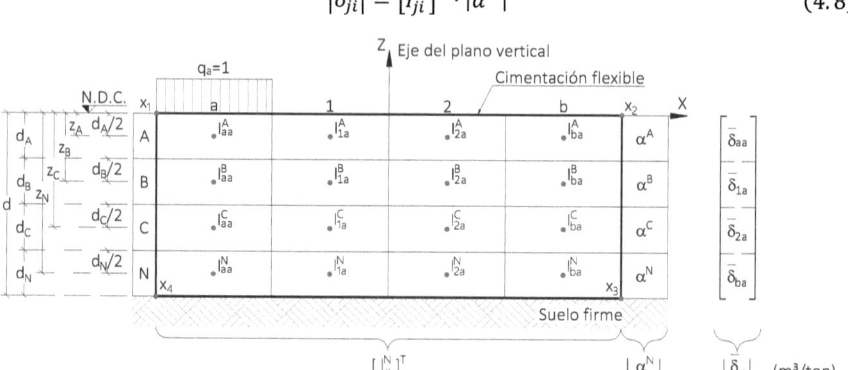



**Figura 4.2** Plano vertical $x$ $vs$ $z_{i,n}$ con los centroides de cada franja y de cada estrato supuesto, para el cálculo de la matriz $\left[ I_{ji}^N \right]^T$ y $\left[ I_{ji}^N \right]^T \cdot \left| \alpha^N \right| = \left| \bar{\delta}_{ji} \right|$ debido a la carga $q_a = 1$

Por lo tanto, la ecuación 4.7 o 4.8 para obtener los asentamientos unitarios en la superficie del suelo quedaría:

$$\begin{bmatrix} \bar{\delta}_{aa} \\ \bar{\delta}_{1a} \\ \bar{\delta}_{2a} \\ \bar{\delta}_{ba} \end{bmatrix} = \begin{bmatrix} I_{aa}^A & I_{aa}^B & I_{aa}^C & I_{aa}^N \\ I_{1a}^A & I_{1a}^B & I_{1a}^C & I_{1a}^N \\ I_{2a}^A & I_{2a}^B & I_{2a}^C & I_{2a}^N \\ I_{ba}^A & I_{ba}^B & I_{ba}^C & I_{ba}^N \end{bmatrix} \cdot \begin{bmatrix} \alpha^A \\ \alpha^B \\ \alpha^C \\ \alpha^N \end{bmatrix} \tag{4.9}$$

Los valores de los asentamientos unitarios en los centroides de las franjas en la superficie del suelo o de la cimentación flexible, debido a la aplicación de una carga unitaria en la franja con centroide "$a$" son calculados con la ecuación 4.9 y su significado fisico se representa en la figura 4.3.

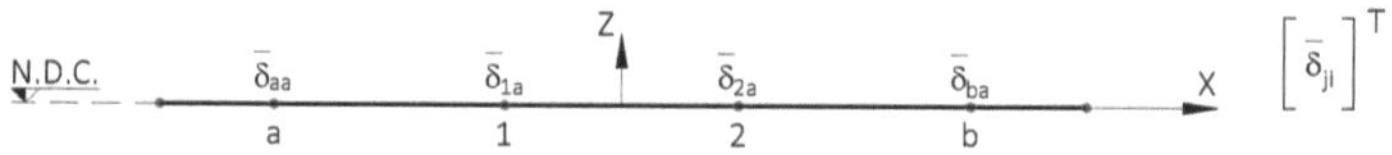

**Figura 4.3** Significado físico de los términos del vector $\left| \bar{\delta}_{ji} \right|$ de la ecuación (4.9)

Aplicando el principio de superposición en el medio continuo o masa del suelo, se cargan los centroides 1, 2 y b con $q_1 = 1$, $q_2 = 1$ y $q_b = 1$ respectivamente procediendo a complementar la matriz general para todos los puntos estudiados como sigue:

$$[\bar{\delta}_{ji}] = \begin{bmatrix} \left|\bar{\delta}_{ja}\right|^T \\ \left|\bar{\delta}_{j1}\right|^T \\ \left|\bar{\delta}_{j2}\right|^T \\ \left|\bar{\delta}_{jb}\right|^T \end{bmatrix} = \begin{bmatrix} \bar{\delta}_{aa} & \bar{\delta}_{1a} & \bar{\delta}_{2a} & \bar{\delta}_{ba} \\ \bar{\delta}_{a1} & \bar{\delta}_{11} & \bar{\delta}_{21} & \bar{\delta}_{b1} \\ \bar{\delta}_{a2} & \bar{\delta}_{12} & \bar{\delta}_{22} & \bar{\delta}_{b2} \\ \bar{\delta}_{ab} & \bar{\delta}_{1b} & \bar{\delta}_{2b} & \bar{\delta}_{bb} \end{bmatrix} \tag{4.10}$$

Los valores en notación simbólica, para este ejemplo particular de los asentamientos en los centroides de cada franja en la superficie del suelo o de la cimentación flexible $[\bar{\delta}_{ji}]$, se representan en la figura 4.4

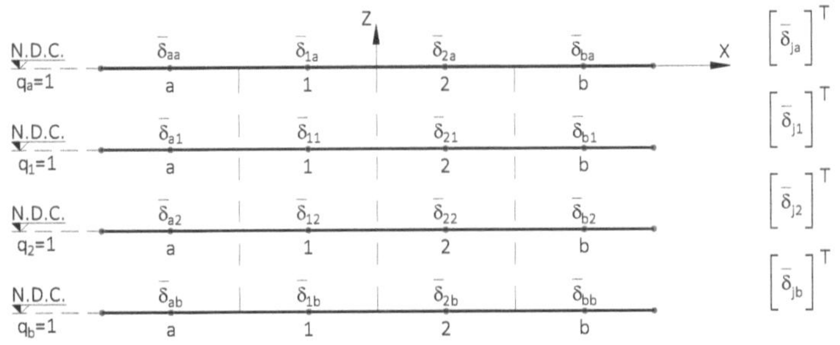

**Figura 4.4** Significado físico de los términos del vector $\left|\bar{\delta}_{ji}\right|$ referido a la ecuación 4.10, debido a la aplicación de las cargas unitarias $q_a = 1$, $q_1 = 1$, $q_2 = 1$, y $q_b = 1$, y su nuevo arreglo matricial $\left|\bar{\delta}_{ji}\right|^T$

En otras palabras, en la figura 4.4 se observan los asentamientos unitarios en la superficie del suelo, calculados como un arreglo vertical (vector) con la ecuación 4.10 en los puntos discretos a, 1, 2 y b del ejemplo en estudio, para cada carga unitaria aplicada en su franja, área tributaria o banda correspondiente y colocados en un arreglo horizontal, coincidiendo cada valor en la posición que le corresponde; es decir, esto significa un nuevo arreglo matricial que en notación simbólica los asentamientos unitarios calculados con las ecuaciones 4.8 o 4.9, quedarían como se indica en la ecuación 4.10.

Con este criterio utilizado en Zeevaert, L., (1980), se representa la matriz de asentamientos unitarios cuando se aplica la carga unitaria en las diferentes áreas tributarias supuestas. La matriz expresada en 4.10 traspuesta y multiplicada por la matriz columna de las cargas correspondientes a las presiones de contacto aplicadas en las áreas tributarias $a_i$, proporciona la matriz columna de los desplazamientos o asentamientos verticales de los puntos estudiados de la superficie cargada. Por lo tanto, se obtiene finalmente:

$$\begin{bmatrix} \delta_a \\ \delta_1 \\ \delta_2 \\ \delta_b \end{bmatrix} = \begin{bmatrix} \bar{\delta}_{aa} & \bar{\delta}_{a1} & \bar{\delta}_{a2} & \bar{\delta}_{ab} \\ \bar{\delta}_{1a} & \bar{\delta}_{11} & \bar{\delta}_{12} & \bar{\delta}_{1b} \\ \bar{\delta}_{2a} & \bar{\delta}_{21} & \bar{\delta}_{22} & \bar{\delta}_{2b} \\ \bar{\delta}_{ba} & \bar{\delta}_{b1} & \bar{\delta}_{b2} & \bar{\delta}_{bb} \end{bmatrix} \cdot \begin{bmatrix} q_a \\ q_1 \\ q_2 \\ q_b \end{bmatrix} \qquad (4.11)$$

En forma compacta queda expresada como:

$$|\delta_i| = \left[ \bar{\delta}_{ji} \right]^T \cdot |q_i| \qquad (4.12)$$

$\left[ \bar{\delta}_{ji} \right]^T$ Matriz traspuesta de asentamientos por carga unitaria, $m^3/ton$
$|q_i|$ Vector de cargas, correspondiente a la presión de contacto en cada área tributaria, $ton/m^2$
$|\delta_i|$ Vector de asentamientos en los centroides de cada área tributaria, $m$

Fácilmente se observa que la primera columna de la matriz de asentamientos unitarios de la ecuación 4.11 se obtuvo con la ecuación 4.9, ahora bien, en la solución de problemas de la ISE en la ingeniería práctica, basta con calcular esta primera columna para formar la matriz de asentamientos por carga unitaria y obtener la ecuación general 4.12 deducida en Zeevaert, L., (1980) a la cual denominó, ecuación matricial de asentamientos o hundimientos, EMA. Por las consideraciones hechas para obtener la EMA como parte del desarrollo de la ISE, en este libro se reconoce a esta manera de proceder como Interacción Suelo Estructura Bidimensional, ver figuras 4.2, 4.5 y 4.6.

En el análisis de la ISE bidimensional es justificable utilizar el arreglo matricial 4.10 para la obtención de las ecuaciones 4.11 y 4.12 o ecuación matricial de asentamientos o hundimientos, EMA. En la Interacción Suelo Estructura Tridimensional o ISET por las complicaciones inherentes a la naturaleza del problema y por superfluo se omite un arreglo matricial como el de la ecuación 4.10 (ver Capitulo 5) y como consecuencia el término $\left[ \bar{\delta}_{ji} \right]^T$ de la ecuación 4.12 no es considerado; es decir, con arreglos parecidos al de la ecuación 4.8 o 4.9, se obtienen los asentamientos unitarios parciales para formar un arreglo vertical de estos asentamientos como los de la ecuación 4.11 del ejemplo en estudio. La ecuación matricial en un ambiente tridimensional es denominada en este libro como ecuación matricial de asentamientos tridimensionales o EMAT, que escrita en notación simbólica compacta quedaría $|\delta_{ij}| = [\,_{\Xi}^{s}\delta_{ij}^{nn}] \cdot |q_{ij}|$.

A manera de demostración y aceptando el enfoque bidimensional del método de la ISE según Zeevaert, L., (1980); a continuación, se deducirá la EMA considerando que es un caso particular de la EMAT obtenida en un análisis de ISET.

Con fines didácticos se eligió un terreno cubierto por una cimentación con pocas franjas o áreas tributarias ver figura 4.5 complemento de la figura 4.2; ahora bien, para la siguiente etapa que es la obtención de la fuerza cortante y momento flector en cada sección transversal de los componentes resistentes de la cimentación y en apegado a resultados más congruentes en términos de la solución cuasi-exacta, es necesario que en la elección del número de dovelas para el cálculo de las presiones de contacto a través de la ISE o de la ISET, se utilice la sugerencia dada en (Morales,R.R., 2019, Capítulo 6, ejemplo 6.2.5, página 228, párrafo 4) y ajustada en el Capítulo 5.

Además de las hipótesis para determinar la Ecuación Matricial de Asentamientos Tridimensionales o EMAT dadas en el Capítulo 5, para la deducción de la EMA en este ejemplo particular se agregan las siguientes consideraciones:

- Por facilidad en la exposición, la superficie de la losa de cimentación se considera rectangular o cuadrada.

- Se considera la superficie del terreno como una cimentación 100% flexible

- En el enfoque tridimensional, la superficie del suelo se considera dividida en cuatro partes denominados cuadrantes, los cuales están formados por dovelas compuestas de 4 placas cada una, en general la cimentación está formada por varias filas de dovelas. En el enfoque bidimensional la superficie del suelo cubierta por la cimentación se fracciona en elementos denominados áreas tributarias, franjas o bandas, en general la cimentación está formada por una fila de áreas tributarias; por lo tanto, se fusionan los cuadrantes I y III llamándole región izquierda o I y la fusión de los cuadrantes II y IV formarían la región derecha o II ver figura 4.5.

- Para fines de la obtención de la EMA, el número mínimo de áreas tributarias por región serían dos. Para el ejemplo particular en estudio serían

4 áreas tributarias, dos para cada región en la dirección de análisis. El número y tamaño de áreas tributarias en las regiones I y II deben ser iguales.

- La línea que une los centroides de las diferentes áreas tributarias, se le denomina arbitrariamente eje x = eje "a"  y las líneas perpendiculares al "eje a" que pasan por los centroides de cada área tributaria se les denomina a, 1, 2 y b, ver figura 4.5.

- La obtención de las influencias $I_{ij}^N$ debido a la aplicación de cargas unitarias $q_i$ en cada área tributaria supuesta, se calculan mediante el método de Damy-Casales, ver Apéndice A. Aquí el subíndice $ij$ se define considerando a $i$ como las filas y la $j$ como las columnas del arreglo matricial; por lo tanto, i=a y j=a,1,2, y b.

- En la figura 4.6 se muestra el plano vertical en la masa de suelo que pasa por el centroide de las áreas tributarias; por tal motivo, la ecuación matricial de asentamientos encontrada se considera bidimensional. Con un procedimiento semejante se deduce la ecuación EMA en la otra dirección.

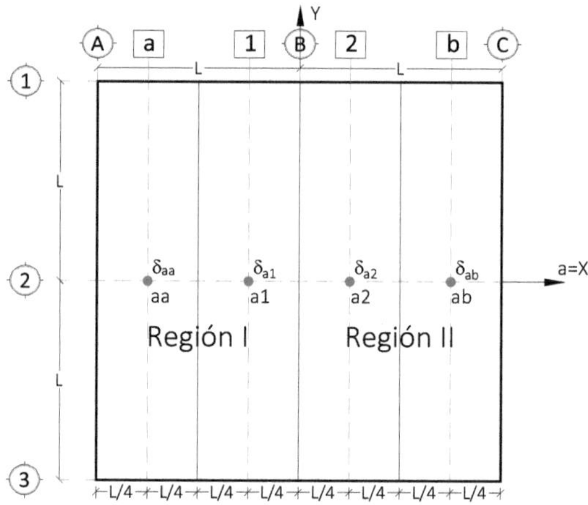


**Figura 4.5** Eje de coordenadas y cuadrantes de la superficie del suelo cubierta por la cimentación 100% flexible (suelo) en conformidad a lo indicado en las figuras 4.2, 4.5 y 4.6.

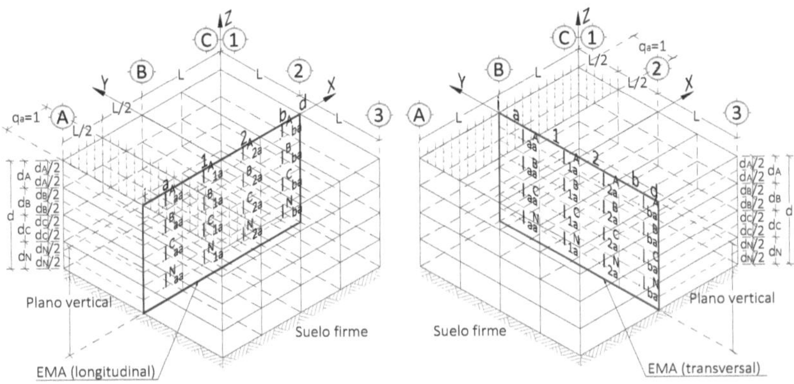


**Figura 4.6** A la izquierda el plano vertical longitudinal de la masa del suelo asociado a las áreas tributarias transversales en la superficie y a la derecha plano vertical transversal de la masa del suelo asociado a las áreas tributarias longitudinales en la superficie

Ahora bien, se observa en la figura 4.6 que la cimentación se dividió en 4 áreas tributarias; en donde, dos corresponden a la región izquierda y dos corresponden a la región derecha. Por tratarse de una sola fila de áreas tributarias existe solo un eje de simetría para la matriz de asentamientos del suelo.

- Secuela de cálculo en notación simbólica para la obtención de EMA en función de la carga unitaria aplicada a la primera franja o área tributaria con centroide aa:

a) Con las ecuaciones 4.8 y 4.9 y la aplicación de la carga $^{I}_{\square}q^{aa} = 1$, se obtiene la primera columna de la matriz de asentamientos por carga unitaria de la ecuación 4.11 o EMA. El superíndice de la izquierda significa la región de ubicación del área tributaria y el superíndice de la derecha significa el centroide del área tributaria cargada.

b) Con las ecuaciones 4.8 y 4.9 y la aplicación de la carga $^{I}_{\square}q^{a1} = 1$ se obtiene la segunda columna; ahora bien, la experiencia en la solución de los problemas enseña que para obtener la EMA mediante el análisis de la ISE bidimensional, es suficiente con calcular los valores de la primera columna de la matriz de asentamientos unitarios obtenida con las ecuaciones 4.8 y 4.9 con la aplicación de la carga $^{I}_{\square}q^{aa} = 1$; es decir, no es necesario considerar la aplicación de la carga $^{I}_{\square}q^{a1} = 1$ y de las ecuaciones 4.8 y 4.9 para obtener los valores de los elementos de la segunda columna. Para obtener la segunda columna, los valores de los elementos de la primera columna se arreglan tal como se indica en la tabla 4.2.

c) En conformidad al procedimiento de análisis de la ISET; en donde, conocidos la mitad de las columnas que forman Matriz de asentamientos por carga unitaria y con la aplicación de la alternativa 2 (ver Capítulo 5), obtenemos la tercera columna ubicada en la región II cargada con $^{II}_{\square}q^{a2} = 1$, colocando los valores de los elementos de la segunda columna de manera invertida.

d) En conformidad al procedimiento de análisis de la ISET; en donde, conocidos la mitad de las columnas que forman Matriz de asentamientos por carga unitaria y con la aplicación de la alternativa 2 (ver Capítulo 5), obtenemos la cuarta columna del segundo cuadrante cargada con $^{II}_{\square}q^{ab} = 1$, colocando los valores de los elementos de la primera columna de manera invertida.

En la determinación de la ecuación matricial de asentamientos tridimensional o EMAT mediante el análisis de la ISET en donde las dovelas forman varias filas (ver Capítulo 5), es conveniente que la matriz de asentamientos unitarios de todas las filas por la aplicación de cada carga unitaria en cada una de las dovelas del primer cuadrante, se arreglen en forma de columna obteniendo directamente un arreglo matricial de los asentamientos por carga unitaria; es decir, se omiten los conceptos dados por las ecuación 4.10 que representan los resultados de los asentamientos unitarios en la superficie del suelo con los que se visualiza físicamente el acomodo de los asentamientos unitarios en los centroides de cada franja, ver Figs. 4.4 y 4.5.

La columna 1 de la tabla 4.1 indica las franjas que componen la cimentación flexible, en la columna 2 se indican la primera columna de la matriz de asentamientos por carga unitaria debido a $^{I}_{\square}q^{a1} = 1$, etcétera.

**Tabla 4.1** Primera columna de la matriz de asentamientos por carga unitaria $\bar{\delta}^{nn}_{ij}$ en el centroide de las dovelas de la losa de fondo en conformidad al punto a), utilizando los valores calculados con $^{I}_{\square}q^{aa} = 1$.

| Franjas | $^{I}_{\square}q^{aa} = 1$ | $^{I}_{\square}q^{a1} = 1$ | $^{II}_{\square}q^{a2} = 1$ | $^{II}_{\square}q^{ab}$ |
|---|---|---|---|---|
| **aa** | $\bar{\delta}^{aa}_{aa}$ | | | |
| **a1** | $\bar{\delta}^{aa}_{a1}$ | | | |
| **a2** | $\bar{\delta}^{aa}_{a2}$ | | | |
| **ab** | $\bar{\delta}^{aa}_{ab}$ | | | |

En las tablas 4.2, 4.3 y 4.4 se constata el proceso en conformidad a los puntos a), b), c) y d).

**Tabla 4.2** Segunda columna de la matriz de asentamientos por carga unitaria $\bar{\delta}_{ij}^{nn}$ en el centroide de las dovelas de la losa de fondo en conformidad al punto b), utilizando los valores calculados con ${}^{I}_{\square}q^{a1} = 1$.

| Franjas | ${}^{I}_{\square}q^{aa} = 1$ | ${}^{I}_{\square}q^{a1} = 1$ | ${}^{II}_{\square}q^{a2} = 1$ | ${}^{II}_{\square}q^{ab}$ |
|---|---|---|---|---|
| **aa** | $\bar{\delta}_{aa}^{aa}$ | $\bar{\delta}_{a1}^{aa}$ | | |
| **a1** | $\bar{\delta}_{a1}^{aa}$ | $\bar{\delta}_{aa}^{aa}$ | | |
| **a2** | $\bar{\delta}_{a2}^{aa}$ | $\bar{\delta}_{a1}^{aa}$ | | |
| **ab** | $\bar{\delta}_{ab}^{aa}$ | $\bar{\delta}_{a2}^{aa}$ | | |

**Tabla 4.3** Tercera columna de la matriz de asentamientos por carga unitaria $\bar{\delta}_{ij}^{nn}$ en el centroide de las dovelas de la losa de fondo en conformidad al punto c), utilizando los valores calculados con ${}^{I}_{\square}q^{a2} = 1$.

| Franjas | ${}^{I}_{\square}q^{aa} = 1$ | ${}^{I}_{\square}q^{a1} = 1$ | ${}^{II}_{\square}q^{a2} = 1$ | ${}^{II}_{\square}q^{ab}$ |
|---|---|---|---|---|
| **aa** | $\bar{\delta}_{aa}^{aa}$ | $\bar{\delta}_{a1}^{aa}$ | $\bar{\delta}_{a2}^{aa}$ | |
| **a1** | $\bar{\delta}_{a1}^{aa}$ | $\bar{\delta}_{aa}^{aa}$ | $\bar{\delta}_{a1}^{aa}$ | |
| **a2** | $\bar{\delta}_{a2}^{aa}$ | $\bar{\delta}_{a1}^{aa}$ | $\bar{\delta}_{aa}^{aa}$ | |
| **ab** | $\bar{\delta}_{ab}^{aa}$ | $\bar{\delta}_{a2}^{aa}$ | $\bar{\delta}_{a1}^{aa}$ | |

**Tabla 4.4** Cuarta columna de la matriz de asentamientos por carga unitaria $\bar{\delta}_{ij}^{nn}$ en el centroide de las dovelas de la losa de fondo en conformidad al punto d), utilizando los valores calculados con ${}^{I}_{\square}q^{a3} = 1$.

| Franjas | ${}^{I}_{\square}q^{aa} = 1$ | ${}^{I}_{\square}q^{a1} = 1$ | ${}^{II}_{\square}q^{a2} = 1$ | ${}^{II}_{\square}q^{ab}$ |
|---|---|---|---|---|
| **aa** | $\bar{\delta}_{aa}^{aa}$ | $\bar{\delta}_{a1}^{aa}$ | $\bar{\delta}_{a2}^{aa}$ | $\bar{\delta}_{ab}^{aa}$ |
| **a1** | $\bar{\delta}_{a1}^{aa}$ | $\bar{\delta}_{aa}^{aa}$ | $\bar{\delta}_{a1}^{aa}$ | $\bar{\delta}_{a2}^{aa}$ |
| **a2** | $\bar{\delta}_{a2}^{aa}$ | $\bar{\delta}_{a1}^{aa}$ | $\bar{\delta}_{aa}^{aa}$ | $\bar{\delta}_{a1}^{aa}$ |
| **ab** | $\bar{\delta}_{ab}^{aa}$ | $\bar{\delta}_{a2}^{aa}$ | $\bar{\delta}_{a1}^{aa}$ | $\bar{\delta}_{aa}^{aa}$ |

Con ayuda de los enunciados a), b), c) y d) se formaron las tablas 4.1, 4.2, 4.3 y 4.4 y con la representación de cada elemento en notación simbólica extraídos de la tabla 4.4 se obtuvo la ecuación 4.13, demostrando que la EMA deducida en un ambiente bidimensional, corresponde a un caso particular de la EMAT.

Se observa en la tabla 4.4 el arreglo completo de los elementos que forman la matriz de asentamientos por carga unitaria de la ecuación 4.13, obtenida en función de los valores calculados con ${}^{I}_{\square}q^{aa} = 1$.

Los elementos de la diagonal principal de la matriz de asentamientos por carga unitaria son iguales, los elementos por encima de la diagonal principal (triangular superior) son simétricos con los elementos por debajo de la diagonal principal (triangular inferior).

Para el ejemplo particular en estudio, la ecuación $|\delta_{ij}| = \left[\,_\square^s \delta_{ij}^{nn}\right] \cdot |q_{ij}|$ quedaría de la siguiente manera:

$$\begin{bmatrix} \delta_{aa} \\ \delta_{a1} \\ \delta_{a2} \\ \delta_{ab} \end{bmatrix} = \begin{bmatrix} \bar\delta_{aa}^{aa} & \bar\delta_{a1}^{aa} & \bar\delta_{a2}^{aa} & \bar\delta_{ab}^{aa} \\ \bar\delta_{a1}^{aa} & \bar\delta_{aa}^{aa} & \bar\delta_{aa}^{aa} & \bar\delta_{a2}^{aa} \\ \bar\delta_{a2}^{aa} & \bar\delta_{a1}^{aa} & \bar\delta_{aa}^{aa} & \bar\delta_{a1}^{aa} \\ \bar\delta_{ab}^{aa} & \bar\delta_{a2}^{aa} & \bar\delta_{a1}^{aa} & \bar\delta_{aa}^{aa} \end{bmatrix} \cdot \begin{bmatrix} q_{aa} \\ q_{a1} \\ q_{a2} \\ q_{ab} \end{bmatrix} \tag{4.13}$$

El valor de cada elemento de la matriz de los asentamientos por carga unitaria de la ecuación 4.13 son iguales a los respectivos elementos de la matriz de los asentamientos por carga unitaria de la ecuación 4.11, por ejemplo, los valores de los elementos de la diagonal principal quedarían, $\bar\delta_{aa} = \bar\delta_{aa}^{aa}$, $\bar\delta_{11} = \bar\delta_{aa}^{aa}$, $\bar\delta_{22} = \bar\delta_{aa}^{aa}$ y $\bar\delta_{bb} = \bar\delta_{aa}^{aa}$. En la ecuación 4.13 se observa claramente que cuando las áreas tributarias supuestas son de igual magnitud, la EMA es simétrica y lo valores de los elementos de la diagonal son iguales.

a) Caso simétrico

Cuando las cargas son simétricas, entonces, $q_{aa} = q_{ab}$ y $q_{a1} = q_{a2}$ se puede reducir la matriz simplificando las operaciones de cálculo, ya que también por simetría $\delta_{aa} = \delta_{ab}$ y $\delta_{a1} = \delta_{a2}$, de donde

$$\begin{vmatrix} \delta_{aa} \\ \delta_{a1} \end{vmatrix} = \begin{bmatrix} \bar\delta_{aa}^{aa} + \bar\delta_{ab}^{aa} & \bar\delta_{a1}^{aa} + \bar\delta_{a2}^{aa} \\ \bar\delta_{a1}^{aa} + \bar\delta_{a2}^{aa} & \bar\delta_{aa}^{aa} + \bar\delta_{a1}^{a2} \end{bmatrix} \cdot \begin{vmatrix} q_{aa} \\ q_{a1} \end{vmatrix} \tag{4.14}$$

Los elementos de la diagonal principal de la matriz de asentamientos por carga unitaria simétrica son diferentes, los elementos por encima de la diagonal principal (triangular superior) son simétricos con los elementos por debajo de la diagonal principal (triangular inferior).

b) Caso asimétrico

Cuando las cargas son simétricas en valor absoluto pero de signo contrario, esto es $q_{aa} = -q_{ab}$ y $q_{a1} = -q_{a2}$, así también $\delta_{aa} = -\delta_{ab}$ y $\delta_{a1} = -\delta_{a2}$, sustituyendo en 4.17 quedaría:

$$\begin{vmatrix} \delta_{aa} \\ \delta_{a1} \end{vmatrix} = \begin{bmatrix} \bar{\delta}_{aa}^{aa} - \bar{\delta}_{ab}^{aa} & \bar{\delta}_{a1}^{aa} - \bar{\delta}_{a2}^{aa} \\ \bar{\delta}_{a1}^{aa} - \bar{\delta}_{a2}^{aa} & \bar{\delta}_{aa}^{aa} - \bar{\delta}_{a1}^{a2} \end{bmatrix} \cdot \begin{vmatrix} q_{uu} \\ q_{a1} \end{vmatrix} \qquad (4.15)$$

En la resolución de problemas de la ingeniería práctica es cotidiano descomponerlo en una acción simétrica y otra asimétrica. La superposición de los dos casos dará la solución final reduciendo la laboriosidad del cálculo. La solución simétrica indica desplazamiento vertical y la solución asimétrica una rotación.

## 4.6 Modelo estructural de interacción

Una vez obtenida la ecuación matricial de asentamientos o EMA del suelo, es necesario definir el modelo estructural de interacción, que aquí, se define como la estructura de cimentación con rigidez $EI \neq 0$ apoyada en resortes ubicados en los centroides de las áreas tributarias mostrados en la figura 4.7. En cambio, en el tercer párrafo del inciso 4.2 de este Capítulo se explica en que consiste el modelo estructural de interacción y la ecuación resultante para su solución denominada Ecuación Matricial de Interacción o EMI definidas en Zeevaert, L., (1980).

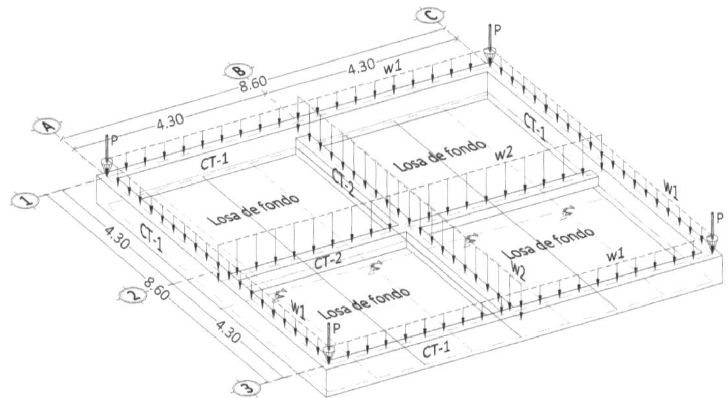



**Figura 4.7** Ejemplo de un Modelo Estructural de Interacción o MEI para el análisis de ISE, consiste en: resortes discretos, losa de fondo, retícula de trabes, cargas verticales y apoyos elásticos.

## 4.7 Utilización de la expresión EMA y el Modelo Estructural de Interacción en la determinación de las presiones de contacto

Es de vital importancia tener en mente que la interacción de la estructura de cimentación y el suelo depende del valor del módulo de cimentación, el cual es definido en Zeevaert, L., (1980) de la siguiente manera:

a) Módulo unitario; $k = q/\delta$ en donde $q$ es la reacción unitaria $\delta$ el hundimiento provocado por ésta

b) Módulo lineal de cimentación; $K_l = R_l/\delta$ en donde $R_l = q(2B)$, $2B$ es el ancho de la viga de cimentación.

c) Módulo de cimentación por área tributaria $\bar{a}$: $K = R/\delta$ en donde $R = q \cdot \bar{a}$

En la solución de los ejemplos utilizaremos el concepto c), también conocido como módulo de reacción del suelo asignándole letra minúscula; es decir, $k = q \cdot \bar{a}/\delta$.

Este método de interacción suelo estructura es iterativo, el primer paso para su solución es determinar la matriz transpuesta de asentamientos por carga unitaria $[\delta_{ji}]^T$ de la ecuación 4.12 o la matriz de asentamientos de la ecuación 4.13 para el ejemplo particular considerado. De esta manera queda definida la ecuación matricial de asentamientos EMA; por lo tanto, puede iniciarse el proceso iterativo.

En el inicio se consideran presiones uniformes en cada área tributaria considerada, calculadas con la expresión $q_i = \sum F_v/A_t$; en donde, $\sum F_v$ es la carga vertical total del edificio y $A_t$ es el área de la losa de cimentación. Con la EMA $|\delta_i| = [\delta_{ji}]^T \cdot |q_i|$ se obtienen los asentamientos en los centroides de las áreas tributarias supuestas en la superficie del suelo. A continuación, se calculan las fuerzas en cada área tributaria con la expresión $R_i = F_i = q_i \cdot \bar{a} = (\sum F_v/A_t) \cdot \bar{a}$ y el módulo de reacción del suelo con la expresión $k_i = F_i/\delta_i$ que son los valores de los módulos de reacción de los apoyos elásticos del modelo estructural de interacción o MEI. El análisis del MEI nos permite calcular unas nuevas reacciones en cada apoyo elástico con las cuales obtenemos las nuevas presiones de contacto $q_i = R_i/\bar{a}$ en cada área tributaria considerada, las nuevas presiones de contacto se sustituyen en EMA y se calculan los nuevos asentamientos en los centroides de cada área tributaria, de esta manera se continua con el proceso hasta encontrar valores de igual magnitud en dos ciclos consecutivos. A cada fase que inicia con EMA y termina con el análisis del modelo estructural de interacción se le denomina ciclo. Al finalizar la ISE se habrán obtenido los asentamientos totales, principalmente de cuerpo rígido en la dirección de análisis; es decir, de traslación y rotación.

A continuación, debe calcularse la matriz transpuesta de asentamientos por carga unitaria en la otra dirección (normalmente la corta o transversal) de la cimentación, obteniendo la EMA $|\delta_i| = [\delta_{ji}]^T \cdot |\bar{q}_i|$. Según Zeevaert, L., (1980, página 54), para esta dirección la estructura de cimentación se considera rígida; esto es, los asentamientos en cada área tributaria supuesta son iguales y por simplicidad se consideran unitarios, no es recomendable aplicar esta simplificación porque se obtiene equilibrio local y no global que es el requerido; es decir, conviene realizar el análisis de ISE en la otra dirección y a continuación proceder como se explica a continuación. Se resuelve el sistema de ecuaciones lineales y se obtienen los valores de las presiones de contacto $q_i$. De las suma de estas presiones se calcula una presión media denominada $\bar{q}_m$. Prosigue el cálculo del factor de presiones medias transversal para cada área tributaria definiéndolo como $factor = \bar{q}_i/\bar{q}_m$ el cual multiplicará, a las presiones medias calculadas en la dirección longitudinal de la cimentación. En los ejemplos resueltos se explica claramente el procedimiento y los resultados obtenidos de fusionar los análisis de la ISE en las dos direcciones, dando como resultado, presiones de contacto aplicadas ya no en áreas tributarias sino en elementos denominados dovelas.

Finalmente con las presiones de contacto de cada dovela obtenidas de la ISE bidimensional y las cargas del edificio actuando en la cimentación, debe aplicarse el MECYMCAC para determinar la configuración de los asentamientos diferenciales y elementos mecánicos en el cajón de cimentación o losa de cimentación.

En Zeevaert, L. (1980, página 52, ejemplo I.8.3, páginas 53, 54 y 55); se obtienen las presiones de contacto en el sentido corto de la cimentación considerándola rígida, del ejemplo I.8.2 de la página 49 donde las presiones de contacto en sentido largo fueron obtenidas considerando también la cimentación rígida. En la tabla mostrada al final de la página 54 se observan los resultados promedios de las presiones de contacto utilizando el concepto de $factor = \bar{q}_i/\bar{q}_m$ y en la figura 14.I de la página 55 se muestran los esfuerzos medios de contacto aplicados en las 36 dovelas (formadas por el cruce de las áreas tributarias en sentido largo y corto de la cimentación) en un ambiente aparentemente tridimensional. El análisis estructural se lleva a cabo considerando vigas independientes con presiones medias y las cargas verticales aplicadas; es decir, no es un análisis estructural de toda la cimentación, si no el de una viga equivalente isostática para cada dirección de análisis.

De la existencia del ejemplo mencionado en el párrafo anterior, y de la falta de un método práctico para el análisis estructural de este tipo de cimentaciones complejas, lleva al autor de la ISE a realizar el análisis estructural en una viga equivalente continua, transformada al finalizar el análisis de la ISE en una viga equivalente isostática. En Morales. (2012a, 2019) se presenta un método denominado MECYMCAC cuyo objetivo primordial es realizar el análisis estructural con fines de obtener en cimentaciones superficiales complejas sin apoyos discretos, la configuración de asentamientos diferenciales y los elementos mecánicos, cuando está sujeta a las cargas verticales y/o laterales del edificio y a las presiones de contacto obtenidas para las mismas cargas verticales y/o laterales mediante la ISE, ISET o cualquier otro método. Sin duda alguna, es un hecho afortunado haber desarrollado el MECYMCAC, el cual justifica el trabajo adicional para obtener las presiones o esfuerzos de contacto en un ambiente tridimensional según la ISET o en un ambiente aparentemente tridimensional de los otros métodos estudiados en este tratado, que corresponden a cimentaciones monolíticas semiflexibles y rígidas utilizadas generalmente para el apoyo de cargas pesadas, como son las cimentaciones compensadas.

## 4.8 Obtención de las presiones de contacto mediante la ISE en un ambiente aparentemente tridimensional, Zeevaert, L. (1980, página 52, ejemplo I.8.3, páginas 53, 54 y 55)

La ISE es un método general cuyo desarrollo independiente para cada dirección de análisis, ya fue explicado en páginas anteriores. Aquí se extiende, a estudiar la fusión de cada dirección de análisis con objeto obtener presiones de contacto en un ambiente aparentemente tridimensional, primero mediante las sugerencias dadas en Zeevaert, L., (1980) y segundo con los ajustes conceptuales hechos por el autor a estas sugerencias.

En este contexto, se explican las hipótesis hechas en Zeevaert, L., (1980), para el análisis de la ISE en la dirección transversal con los que obtiene los denominados factores, utilizados para obtener las presiones de contacto en el cruce de dos áreas tributarias o bandas dando como resultado las dovelas. A saber,

- En la dirección transversal de la cimentación, se calcula la matriz transpuesta de asentamientos por carga unitaria, $\left[\bar{\delta}_{ji}\right]^{T} (m^3/ton)$.

- Se considera la cimentación rígida; con lo que, se acepta que el suelo tiene en cada banda asentamientos iguales caracterizado por los centroides de las bandas supuestas. Usualmente se considera unitario el vector de asentamientos.

- La ecuación 4.12 o EMA quedaría como: $|1| = \left[\bar{\delta}_{ji}\right]^{T} \cdot |\bar{q}_i|$, con nueva literal que designa a cada presión media del vector.

- Se resuelve la ecuación 4. 12 y se obtienen presiones de contacto en cada centroide de las bandas supuestas.

- Con el valor de las presiones de contacto en cada centroide de las bandas ya calculadas, se obtiene el promedio de la suma de las presiones de contacto $\bar{q}_i$ y se le designa como $\bar{q}_m$.

- Se calcula un factor por banda, definiéndole de la siguiente manera: $factor = \bar{q}_i / \bar{q}_m$

- Cada factor multiplica a las presiones de contacto de las bandas correspondientes, calculadas en el análisis longitudinal de la ISE.

- El valor obtenido en el paso anterior, corresponde a las presiones de contacto en cada dovela en un ambiente aparentemente tridimensional.

A continuación, se mencionan de nuevo las hipótesis originales y se explica la diferencia conceptual principal; que da, como resultado el ajuste al procedimiento original presentado en Zeevaert, L., (1980).

- En la dirección transversal de la cimentación, se calcula la matriz transpuesta de asentamientos por carga unitaria, $\left[\bar{\delta}_{ji}\right]^{T} (m^3/ton)$.

- La ecuación 4.12 o EMA quedaría como: $|\delta_i| = \left[\bar{\delta}_{ji}\right]^{T} \cdot |\bar{q}_i|$, con nueva literal que designa a cada presión media del vector.

- Se considera la cimentación con la rigidez original proporcionada por los elementos resistentes; con los que, se realiza el análisis de la ISE en la dirección transversal de manera semejante al análisis de la ISE en la dirección longitudinal. El proceder de esta manera nos asegura obtener presiones medias en cada banda que corresponderían a presiones medias locales $\bar{q}_i$ y el promedio de la suma nos daría presión media global; es decir, $\bar{q}_m$ igual también a $\sum F_v/A_{cim}$ . Estos son los ajustes realizados.

- Se resuelve la ecuación EMA con el modelo estructural de interacción y se obtienen presiones medias de contacto $\bar{q}_i$ referidas a cada centroide de las bandas supuestas.

- Con el valor de las presiones medias de contacto en cada centroide de las bandas ya calculadas, se obtiene el promedio de la suma de las presiones de contacto $\bar{q}_i$ y se le designa como $\bar{q}_m$.

- Se calcula un factor por banda, definiéndole de la siguiente manera: $factor = \bar{q}_i/\bar{q}_m$

- Cada factor multiplica a las presiones medias de contacto de las bandas correspondientes, calculadas en el análisis longitudinal de la ISE.

- El valor obtenido en el paso anterior, corresponde a las presiones medias de contacto en cada dovela en un ambiente aparentemente tridimensional.

Para obtener las presiones de contacto en un ambiente aparentemente tridimensional, en los ejemplos resueltos se aplica el análisis transversal de la ISE según Zeevaert, L., (1980), con el ajuste conceptual explicado.

## 4.9 Conciliación del cálculo de los asentamientos para cuando existe compresión sin expansión previa

Los ejemplos resueltos se consideran en conformidad al caso c); por lo tanto, se propone una combinación híbrida para determinar los asentamientos totales referidos al caso de ISE, compuesto por los asentamientos de cuerpo rígido de traslación y rotación calculados mediante la interacción suelo estructura y los asentamientos diferenciales de cuerpo elástico calculados con el MECYMCAC.

Utilizando la combinación hibrida, el cálculo de los asentamientos totales queda expresado por la ecuación (4.16).

$$\delta_{(t)j} = \delta_{rj}^{ISE} + \delta_{dj}^{MECYMCAC} \tag{4.16}$$

$\delta_{(t)j}$ Asentamiento total en un punto "$j$" de la interfase suelo-cimentación debido a la carga actuante del edificio

$\delta_{rj}^{ISE}$  Asentamiento de cuerpo rígido en un punto "j" de la interfase suelo-cimentación obtenido al finalizar la ISE.

$\delta_{dj}^{MECMCAC}$ Asentamientos diferenciales calculados con el MECYMCAC

También,

$$\delta_{rj}^{ISE} = \delta_{trasj}^{ISE} + \delta_{rotj}^{ISE} \tag{4.17}$$

$\delta_{trasj}^{ISE}$ Asentamiento de traslación en un punto "j" de la interfase suelo-cimentación debido a la carga actuante del edificio

$\delta_{rotj}^{ISE}$ Asentamiento por rotación en un punto "j" de la interfase suelo-cimentación debido a la carga actuante del edificio; ya sean, cargas verticales excéntricas o laterales por sismo

Está ecuación híbrida da congruencia al procedimiento final del análisis estructural de la cimentación. En el análisis de la ISE, la masa del suelo es caracterizada con resortes que sirven de apoyos discretos al modelo analítico de la viga equivalente hiperestática, se obtienen los asentamientos totales $\delta_t(m)$ y las presiones de contacto $q_i = R_i/a_i(ton/m^2)$. En Zeevaert, L., (1980), se determina manualmente la fuerza cortante y los momentos de flexión, en cada sección transversal de la viga equivalente isostática, se omite el cálculo los asentamientos diferenciales; por lo que, debe inferirse que considera válido los valores obtenidos en el análisis de ISE.

En a), b), y c) de la figura 4.8 se muestran los tipos de asentamientos expresados en las ecuaciones 4.16 y 4.17.

Los valores límites se especifican en la tabla 3.1.1.2.2.3 de las NTC-2023, reproducida al final del Capítulo 1 en la tabla 1.4.

**Casos a) Expansión por descargas y b) Recompresión por carga**

Cuando la losa de cimentación está desplantada en la superficie del suelo el factor de recompresión $\rho_c = 1$. Este caso corresponde a la denominada c) compresión sin expansión previa, que significa que se incrementa la carga en la superficie del suelo, sin haberse efectuado un alivio de los esfuerzos efectivos por excavaciones.

Para construir una cimentación compensada o semi-compensada es común realizar una excavación que induce un alivio de los esfuerzos efectivos; tales son, los casos: a) expansión por descargas y al ser colocada la carga del peso del edificio en una cimentación compensada se da el caso b) recompresión por carga, una explicación magistral al tema lo encuentra en Zeevaert (Apéndice B,

Deformación volumétrica de los estratos, página 205 hasta la 216, ED. LIMUSA, México 1980).

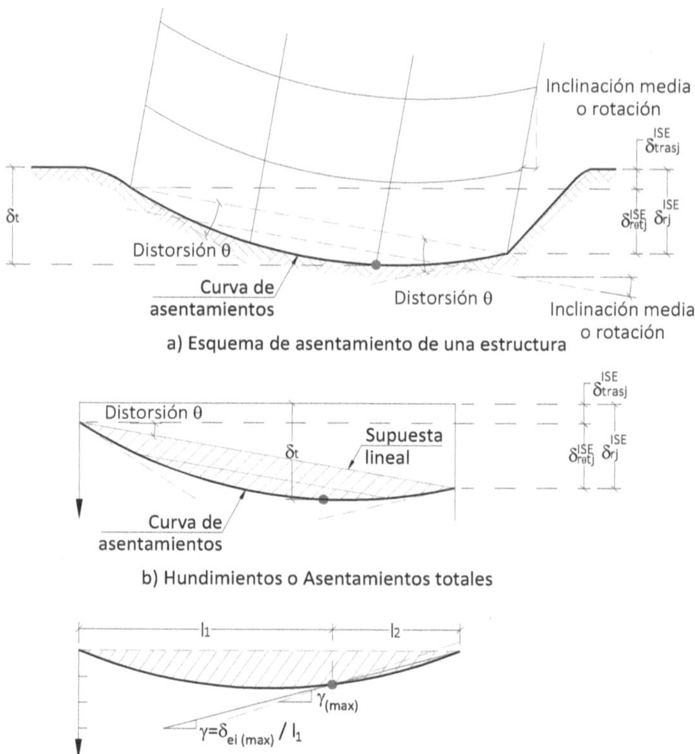


**Figura 4.8** Configuración de asentamientos de traslación, rotación y diferenciales de un edificio, tomado y ajustado de (Meli, R., 2001)

## 4.10 Interpretación racional a los resortes de Winkler en la aplicación de la ISE en cimentaciones superficiales de edificios

En el Capítulo 3 se explicó el ámbito de aplicación del denominado método flexible aproximado o de los resortes de Winkler, en este apartado ahondaremos en el tema debido a que por las consideraciones modernas en que se basa su ajuste, queda íntimamente ligado a la ISE y como consecuencia a la ISET.

Con referencia a la ecuación 4.11 aquí renumerada como ecuación 4.18 con aplicación en cualquier categoría de suelos, suponemos con fines ilustrativos que el suelo es Categoría 1 o suelo duro; por lo tanto, los elementos de la matriz transpuesta de asentamientos por carga unitaria por encima de la diagonal principal (triangular superior) y que son simétricos con los elementos por debajo de la diagonal principal (triangular inferior) serían aproximadamente igual a cero.

$$\begin{bmatrix} \delta_a \\ \delta_1 \\ \delta_2 \\ \delta_b \end{bmatrix} = \begin{bmatrix} \bar{\delta}_{aa} & \bar{\delta}_{a1} & \bar{\delta}_{a2} & \bar{\delta}_{ab} \\ \bar{\delta}_{1a} & \bar{\delta}_{11} & \bar{\delta}_{12} & \bar{\delta}_{1b} \\ \bar{\delta}_{2a} & \bar{\delta}_{21} & \bar{\delta}_{22} & \bar{\delta}_{2b} \\ \bar{\delta}_{ba} & \bar{\delta}_{b1} & \bar{\delta}_{b2} & \bar{\delta}_{bb} \end{bmatrix} \cdot \begin{bmatrix} q_a \\ q_1 \\ q_2 \\ q_b \end{bmatrix} \tag{4.18}$$

Sustituyen el valor de cero en la ecuación 4.22 esta quedaría de la siguiente manera:

$$\begin{bmatrix} \delta_a \\ \delta_1 \\ \delta_2 \\ \delta_b \end{bmatrix} = \begin{bmatrix} \bar{\delta}_{aa} & 0.0 & 0.0 & 0.0 \\ 0.0 & \bar{\delta}_{11} & 0.0 & 0.0 \\ 0.0 & 0.0 & \bar{\delta}_{22} & 0.0 \\ 0.0 & 0.0 & 0.0 & \bar{\delta}_{bb} \end{bmatrix} \cdot \begin{bmatrix} q_a \\ q_1 \\ q_2 \\ q_b \end{bmatrix} \tag{4.19}$$

Los valores en notación simbólica de los elementos de la ecuación 4.19, serían $\bar{\delta}_{aa} = \bar{\delta}_{11} = \bar{\delta}_{22} = \bar{\delta}_{bb} = \bar{\delta}_{aa}^{aa}$ según ecuación 4.19, que sustituyendo queda finalmente:

$$\begin{bmatrix} \delta_a \\ \delta_1 \\ \delta_2 \\ \delta_b \end{bmatrix} = \begin{bmatrix} \bar{\delta}_{aa}^{aa} & 0.0 & 0.0 & 0.0 \\ 0.0 & \bar{\delta}_{aa}^{aa} & 0.0 & 0.0 \\ 0.0 & 0.0 & \bar{\delta}_{aa}^{aa} & 0.0 \\ 0.0 & 0.0 & 0.0 & \bar{\delta}_{aa}^{aa} \end{bmatrix} \cdot \begin{bmatrix} q_a \\ q_1 \\ q_2 \\ q_b \end{bmatrix} \tag{4.20}$$

Por lo tanto, el valor de los elementos de la diagonal de la ecuación 4.20 es idéntica a los elementos de la diagonal de la ecuación 3.17, aquí renombrada como ecuación 4.21, es decir;

$$\bar{\delta}_{aa}^{aa} = \sum_{N=A}^{N} \delta_a^N \tag{4.21}$$

Con esta demostración adicional cuyo fin es aclarar e interpretar el alcance y limitaciones en la aplicación de cimentaciones superficiales de edificios apoyada en los resortes de Winkler, se llega a la conclusión que los denominados resortes de Winkler, es un caso particular del método de la ISE y como consecuencia de la ISET.

Para finalizar, vale recordar que el artificio utilizado por Winkler para resolver el sistema de ecuaciones diferenciales fue la propuesta de un factor de proporcionalidad $K$ que se le denomina coeficiente de balasto y tiene dimensiones de ($ton/m^3$), multiplicado por el área en estudio proporciona lo que se conoce como constante del resorte con dimensiones $ton/m$, con fines de actualizar su aplicación en cimentaciones superficiales de edificios se utiliza un valor $k(ton/m)$ conocido como módulo de reacción.

## 4.11 Ejemplos resueltos con el método de análisis de interacción suelo estructura o ISE

Se resuelven tres ejemplos para carga vertical, el primero consta de pocas áreas tributarias y su objetivo es la de facilitar la habilidad para la aplicación del método, en el segundo el análisis de la ISE en las dos direcciones cumple con el número mínimo de placas para obtener resultados cuasi exactos en la determinación de la fuerza cortante y momentos de flexión en los componentes resistentes de la cimentación; es decir, se utiliza la sugerencia dada en (Morales, 2019, Capítulo 6, ejemplo 6.2.5, página 228, párrafo 5) y ajustada en el Capítulo 5. Para el análisis de ISE en el ejemplo tres, se utiliza la estrategia acoplada.

En los ejemplos resueltos simplemente se obtienen las presiones de contacto, considerando que el comportamiento de los resortes es interdependiente; tal como, lo considera la ISE según Zeevaert, L., (1980). En el capítulo 8 se calculan los elementos mecánicos de estos ejemplos, en cada sección transversal de los componentes resistentes de la cimentación empleando el MECYMCAC.

## 4.11.1 Losa de cimentación con retícula de vigas y cargas estáticas verticales simétricas

En el ejemplo propuesto se requiere conocer las presiones de contacto en un ambiente aparentemente tridimensional, utilizando la ISE. Para la obtención de la matriz transpuesta de las Influencias de esfuerzo unitario, se utilizan hojas de cálculo con las ecuaciones Damy-Casales automatizadas aplicando Fröhlich para $\chi = 2$ y el análisis con la estructura de la cimentación para la interacción, se lleva a cabo con el programa de análisis estructural STAAD.Pro.

Las propiedades mecánicas de la masa del suelo; así como la información de las secciones transversales y las dimensiones geométricas en planta de la cimentación, fueron tomados de Deméneghi, A., (1994) y de Avilés, L. J., et al. (2016).

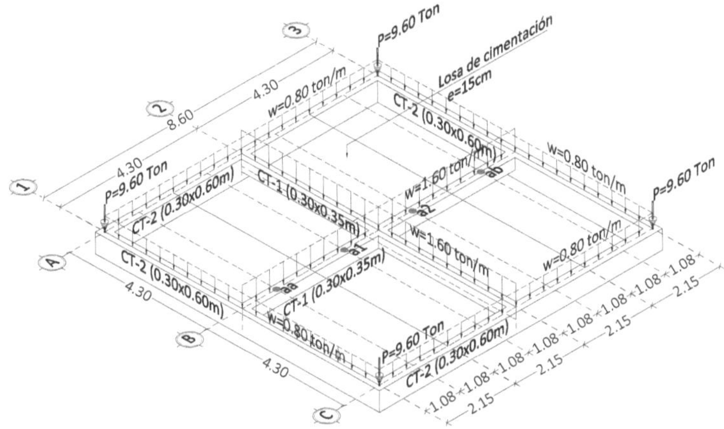


**Figura 4.9** Isométrico del modelo estructural de interacción

## Consideraciones generales

- La superficie del suelo cubierta por la cimentación se divide en 4 áreas tributarias iguales, ver figura 4.10.

- Las propiedades mecánicas y estratigráficas de la masa del suelo se encuentran en la tabla 4.5.

**Tabla 4.5** Valores del módulo de deformación unitaria, espesor de cada estrato, y profundidad al centroide de cada estrato

| Estrato | $M_c^N\,(m^2/ton)$ | $H(m)$ | $z^N(m)$ |
|---|---|---|---|
| 1 | 0.0154 | 2.40 | 1.20 |
| 2 | 0.0222 | 2.00 | 3.40 |

- Los desplazamientos verticales se determinan estimando el cambio de esfuerzos por medio de soluciones aproximadas de la Teoría de Elasticidad (Zeevaert, 1973, Capítulo III.2.2).

- No se considera el peso propio de los componentes de la cimentación.

- Se considera la participación de la losa de fondo de la cimentación con peralte igual a $0.15m$.

- La sección transversal de las vigas exteriores es $b = 0.30m$ y $h = 0.60m$ e interiores $b = 0.30m$ y $h = 0.35m$, el coeficiente de Poisson $v_c = 0.2$, el

110

módulo de Young $E_c = 2214000\,ton/m^2$ y el módulo elástico transversal $G_c = 922500\,ton/m^2$.

- El valor de las cargas uniformes exteriores es $w_e = 0.80\,ton/m$ e interiores $w_i = 1.60\,ton/m$, y el valor de las carga puntual de las esquinas es $P_{esq} = 9.60ton$.

- Las cargas actuantes del edificio y las reacciones o presiones de contacto aplicadas sobre la cimentación son admisibles, es decir no están mayoradas por factores de cargas.

**-Análisis de la ISE en la dirección longitudinal o sentido largo de la cimentación**

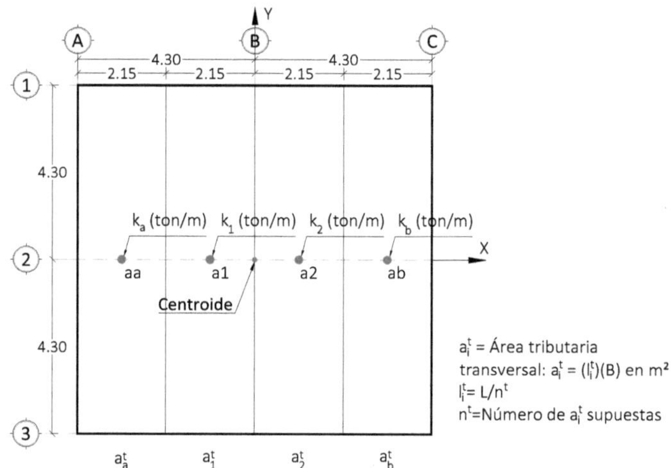


**Figura 4.10** Áreas tributarias transversales consideradas para el análisis longitudinal de interacción suelo estructura o ISE.

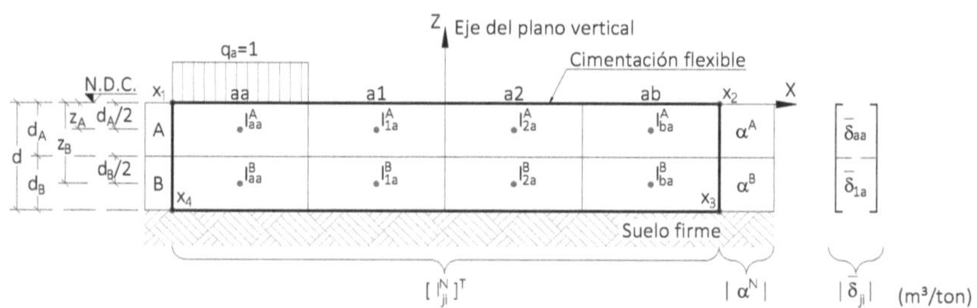


**Figura 4.11** Áreas tributarias consideradas para el análisis de interacción suelo estructura ISE

En la tabla 4.6, en la primera columna se muestra la asignación con literales de los vértices de cada triángulo que forman la dovela con centroide aa con carga unitaria, en la segunda columna se indican los 4 vértices en conformidad a la figura 4.12, las columnas 3 y 4 muestran las coordenadas de un sistema imaginario de referencia con origen en el centroide aa (0, 0) de la dovela cargada, la quinta y sexta columna muestran las profundidades a los centroides de cada estrato y el valor de las influencias por carga unitaria $I_{ja}$ calculadas en cada triángulo con el método de Damy-Casales, el séptimo renglón muestra el valor total de las influencias por carga unitaria a diferente profundidades.

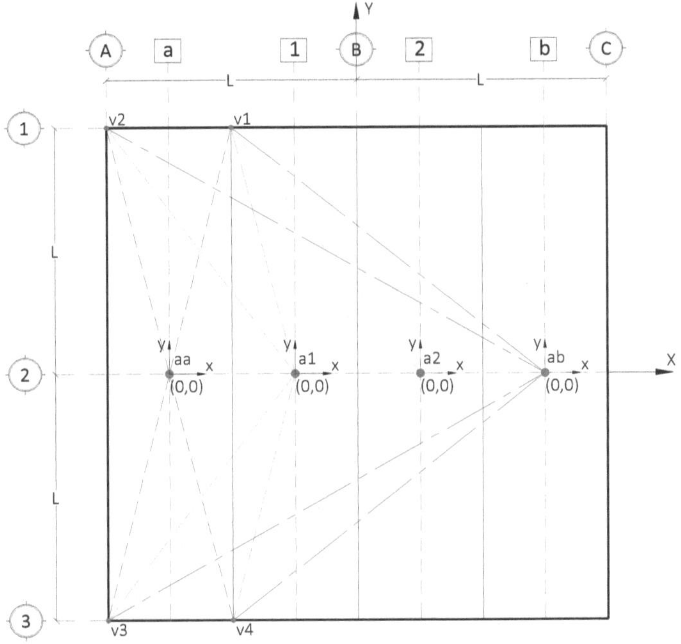


**Figura 4.12** Arreglo de los triángulos para el calculo de las influencias debido a una carga unitaria en el área tributaria con centroide aa

Las tablas 4.7 a la 4.9 muestran las áreas tributarias correspondientes en donde en la primera columna se muestra la asignación con literales de los vértices de cada triángulo que forman la dovela con el centroide en estudio y la dovela cargada con centroide aa, en la segunda columna se indican los 4 vértices en conformidad a la figura 4.12, las columnas 3 y 4 muestran las coordenadas de un sistema imaginario de referencia con origen en el centroide correspondiente de la dovela en estudio, la quinta y sexta columna muestran las profundidas a los centroides de cada estrato y el valor de las influencias por carga unitaria $I_{ja}$ calculadas en cada triángulo con el método de Damy-Casales, el séptimo renglón muestra el valor total de las influencias por carga unitaria a diferente profundidades. Las ecuaciones de Damy-Casales se utilizan considerando los vértices de cada triángulo en sentido contrario de las manecillas del reloj.

**Tabla 4.6** Influencias por carga unitaria aplicado en la dovela con centroide "aa" a diferentes profundidades

| Triángulos | Coordenadas | "aa (0,0)" | | Influencias en los centroides de los estratos | |
|---|---|---|---|---|---|
| | | x(m) | y(m) | 1.20m | 3.40m |
| aa, v1, v2 | vértice1 | 1.075 | 4.30 | 0.07245 | 0.04835 |
| aa, v2, v3 | vértice2 | -1.075 | 4.30 | 0.25749 | 0.08430 |
| aa, v3, v4 | vértice3 | -1.075 | -4.30 | 0.07245 | 0.04835 |
| aa, v4, v1 | vértice4 | 1.075 | -4.30 | 0.25749 | 0.08430 |
| | | | $I_{ja}totales$ | 0.65987 | 0.26530 |

**Tabla 4.7** Influencias a diferentes profundidades del centroide de la dovela "a1" por carga unitaria aplicada en la dovela con centroide "aa"

| Triángulos | Coordenadas | "a1 (0,0)" | | Influencias en los centroides de los estratos | |
|---|---|---|---|---|---|
| | | x(m) | y(m) | 1.20m | 3.40m |
| a1, v1, v2 | vértice1 | -1.075 | 4.30 | 0.05776 | 0.03043 |
| a1, v2, v3 | vértice2 | -3.225 | 4.30 | 0.25390 | 0.10797 |
| a1, v3, v4 | vértice3 | -3.225 | -4.30 | 0.05776 | 0.03043 |
| a1, v1, v4 | vértice4 | -1.075 | -4.30 | -0.21609 | -0.04678 |
| | | | $I_{ja}totales$ | 0.15333 | 0.12206 |

**Tabla 4.8** Influencias a diferentes profundidades del centroide de la dovela "a2" por carga unitaria aplicada en la dovela con centroide "aa"

| Triángulos | Coordenadas | "a2 (0,0)" | | Influencias en los centroides de los estratos | |
|---|---|---|---|---|---|
| | | x(m) | y(m) | 1.20m | 3.40m |
| a2, v1, v2 | vértice1 | -3.225 | 4.30 | 0.03783 | 0.02377 |
| a2, v2, v3 | vértice2 | -5.375 | 4.30 | 0.20129 | 0.12349 |
| a2, v3, v4 | vértice3 | -5.375 | -4.30 | 0.03783 | 0.02377 |
| a2, v1, v4 | vértice4 | -3.225 | -4.30 | -0.25390 | -0.10797 |
| | | | $I_{ja}totales$ | 0.02304 | 0.06305 |

**Tabla 4.9** Influencias a diferentes profundidades del centroide de la dovela "ab" por carga unitaria aplicada en la dovela con centroide "aa"

| Triángulos | Coordenadas | "ab (0,0)" | | Influencias en los centroides de los estratos | |
|---|---|---|---|---|---|
| | | x(m) | y(m) | 1.20m | 3.40m |
| ab, v1, v2 | vértice1 | -5.375 | 4.30 | 0.02385 | 0.01737 |
| ab, v2, v3 | vértice2 | -7.525 | 4.30 | 0.15945 | 0.11777 |
| ab, v3, v4 | vértice3 | -7.525 | -4.30 | 0.02385 | 0.01737 |
| ab, v1, v4 | vértice4 | -5.375 | -4.30 | -0.20129 | -0.12349 |
| | | | $I_{ja}totales$ | 0.00586 | 0.02901 |

Una vez calculadas las influencias en los centroides de los estratos de la masa del suelo debido a la carga unitaria en el área tributaria con centroide aa, correspondiente al plano vertical que pasa por los centroides de todas las áreas tributarias consideradas, se puede aplicar la ecuación 4.22 y obtener la primera columna de la matriz transpuesta de asentamientos por carga unitaria, $m^3/ton$

$$|\bar{\delta}_{ji}| = [I_{ji}^N]^T \cdot |\alpha^N|$$

(4.22)

**Tabla 4.10** Cálculo de la primera columna de la matriz transpuesta de asentamientos $\bar{\delta}_{ji}$ por carga unitaria aplicada en la dovela con centroide "aa"

| | | | |
|---|---|---|---|
| 0.65987 | 0.26530 | 0.03696 | 0.03617 |
| 0.15333 | 0.12206 | 0.04440 | 0.01109 |
| 0.02304 | 0.06305 | | 0.00365 |
| 0.00586 | 0.02901 | | 0.00150 |

El análisis longitudinal de la ISE se realiza en un plano vertical de la masa de suelo que coincide con los centroides de las áreas tributarias de la losa de cimentación sin rigidez; por lo tanto, con calcular la primera columna de los asentamientos por carga unitaria, estos valores obtenidos pueden arreglarse; tal como, se indican en las tablas 4.1 a la 4.4 formando la matriz transpuesta de asentamientos por carga unitaria, $m^3/ton$, y agregando la columnas de presiones de contacto y de asentamientos totales, encontramos la ecuación general 4.12 o EMA. Para este ejemplo particular arreglando los valores de la cuarta columna de la tabla 4.10, la matriz transpuesta de asentamientos por carga unitaria, $m^3/ton$, quedaría:

**Tabla 4.11** Matriz transpuesta de asentamientos por carga unitaria para el ejemplo en estudio

| 0.03617 | 0.01109 | 0.00365 | 0.00150 |
|---------|---------|---------|---------|
| 0.01109 | 0.03617 | 0.01109 | 0.00365 |
| 0.00365 | 0.01109 | 0.03617 | 0.01109 |
| 0.00150 | 0.00365 | 0.01109 | 0.03617 |

El arreglo con valores numéricos de la tabla 4.11 representa la matriz transpuesta de asentamientos por carga unitaria $[\delta_{ji}]^T$ en $(m^3/ton)$; la cual, sustituida en la ecuación EMA 4.12 $\left(|\delta_i| = [\delta_{ji}]^T \cdot |q_i|\right)$ nos permite mediante el uso del modelo estructural de interacción apoyada en resortes ubicados en los centroides de las áreas tributarias (ver figura 4.10), conocer las presiones de contacto en $(ton/m^2)$ y los asentamientos totales en los centroides de cada área tributaria en $(m)$.

Utilizando la relación base de EMA-estructura de cimentación de interacción y 10 ciclos después se encuentran los siguientes valores de las presiones de contacto y asentamientos para la ISE longitudinal

**Tabla 4.12** Valores medios de las presiones de contacto y asentamientos totales obtenidos con la ISE longitudinal

| Centroides | a | 1 | 2 | b |
|-----------|---|---|---|---|
| $q_i(ton/m^2)$ | 1.60000 | 0.92700 | 0.92700 | 1.60000 |
| $\delta_i(m)$ | 0.0739 | 0.0674 | 0.0674 | 0.0739 |

En los valores de los elementos de la matriz transpuesta de asentamientos por carga unitaria se usaron 5 decimales y en las presiones de contacto y asentamientos 3 decimales, para fines de ingeniería podrían usarse tres decimales para la matriz transpuesta y presiones de contacto y dos decimales para los asentamientos totales, reduciendo el número de ciclos.

**-Análisis de la ISE en la dirección transversal o sentido corto de la cimentación**

En la figura 4.13, se requiere determinar las presiones de contacto en la dirección transversal aplicando el análisis de la ISE según (Zeevaert, L., 1980, páginas 53, 54 y 55) y los ajustes sugeridos al procedimiento original.

En este caso particular en que la cimentación es cuadrada, la matriz transpuesta por carga unitaria $[\delta_{ji}]^T$ en $(m^3/ton)$ es igual a la obtenida en la tabla 4.11; por lo tanto, sustituida en la ecuación EMA 4.12 y utilizando el modelo estructural de interacción, proporciona  los mismos valores de presiones de contacto y asentamientos de la tabla 4.12 Conocidas las presiones medias de contacto $\bar{q}_i$ en $(ton/m^2)$, se calculan las presiones medias $q_m$ y el $factor = \bar{q}_i/\bar{q}_m$

En la tabla 4.13 se muestran los valores de presiones de contacto, el valor de la presión media y el objetivo principal que es el factor de presiones medias.

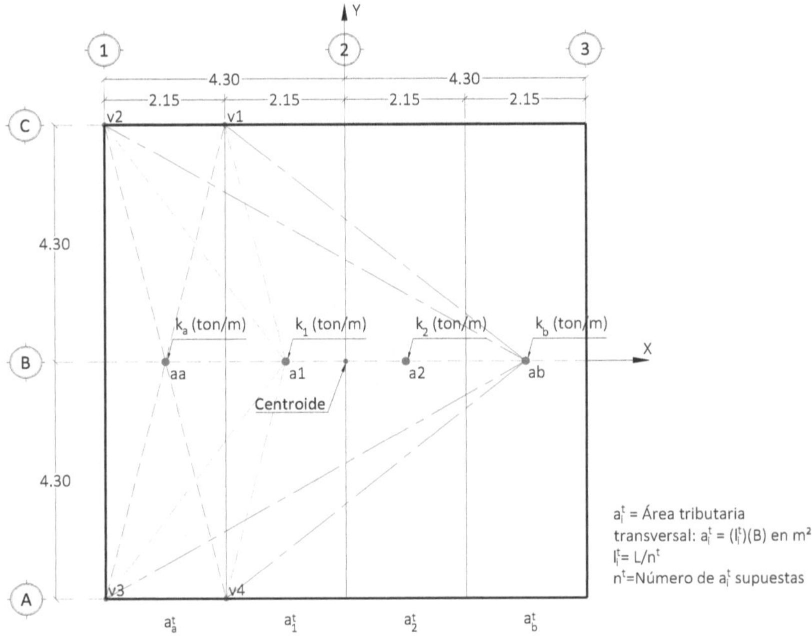


**Figura 4.13** Áreas tributarias longitudinales consideradas para el análisis de interacción suelo estructura ISE en dirección transversal

En la tabla 4.13, la primera columna muestra la reacción o presion media de cada banda $\bar{q}_i$, según figura 4.13 y la reacción o presion media global $\bar{q}_m$, la segunda columna muestran los factores correspondiente para la presión media de cada banda.

**Tabla 4.13** Presiones de contacto, presión media y factor de presión media para la ISE sentido corto rígida

| $\bar{q}_i\ (ton/m^2)$ | $factor = \bar{q}_i/\bar{q}_m$ |
|---|---|
| 1.60000 | 1.26632 |
| 0.92700 | 0.73368 |
| 0.92700 | 0.73368 |
| 1.60000 | 1.26632 |
| 5.05400 | |
| $\bar{q}_m\ (ton/m^2)$ | 1.26350 |

En la segunda columna de la tabla 4.14, se muestran las presiones medias de cada banda obtenidas con el análisis de la ISE en la dirección longitudinal, las columnas tercera, cuarta, quinta y sexta, se muestran los valores de las presiones medias en las dovelas formada por el cruce de las áreas tributarias o bandas en las dos direcciones.

**Tabla 4.14** Cálculo de las presiones de contacto en las dovelas de la losa de cimentación en un ambiente aparentemente tridimensional

| Sentido largo $\lambda = 2.15$ | | Sentido corto $\lambda = 2.15$ | | | |
|---|---|---|---|---|---|
| | | $factor = \bar{q}_i/\bar{q}_m$ | | | |
| | | 1.26632 | 0.73368 | 0.73368 | 1.26632 |
| **S.L.** | $q_m$ | **a** | **1** | **2** | **b** |
| **a** | 1.60000 | 2.02612 | 1.17388 | 1.17388 | 2.02612 |
| **1** | 0.92700 | 1.17388 | 0.68012 | 0.68012 | 1.17388 |
| **2** | 0.92700 | 1.17388 | 0.68012 | 0.68012 | 1.17388 |
| **b** | 1.60000 | 2.02612 | 1.17388 | 1.17388 | 2.02612 |

**Tabla 4.15** Presiones de contacto $(ton/m^2)$ en cada dovela de la losa de cimentación en un ambiente aparentemente tridimensional

| EMA | a | 1 | 2 | b |
|---|---|---|---|---|
| **a** | 2.0261 | 1.1739 | 1.1739 | 2.0261 |
| **1** | 1.1739 | 0.6801 | 0.6801 | 1.1739 |
| **2** | 1.1739 | 0.6801 | 0.6801 | 1.1739 |
| **b** | 2.0261 | 1.1739 | 1.1739 | 2.0261 |

Con los valores de las presiones de contacto de la tabla 4.15 y con las cargas verticales colectadas de la superestructura aplicadas en la estructura de cimentación, se obtienen los elementos mecánicos en cualquier sección transversal de las losas y vigas, mediante la aplicación del MECYMCAC, en el Capítulo 8 se resuelve el problema.

Para determinar en este ejemplo los elementos mecánicos utilizando el modelo analítico con resortes, se proporcionan en la tabla 4.16 los valores de los módulos de reacción del último ciclo.

**Tabla 4.16** Módulos de reacción $(ton/m)$, ubicados en los centroides de cada dovela de la losa de cimentación en un ambiente aparentemente tridimensional

| EMA | a | 1 | 2 | b |
|---|---|---|---|---|
| a | 121.1605 | 76.9690 | 76.9690 | 121.1605 |
| 1 | 76.9690 | 48.8925 | 48.8925 | 76.9690 |
| 2 | 76.9690 | 48.8925 | 48.8925 | 76.9690 |
| b | 121.1605 | 76.9690 | 76.9690 | 121.1605 |

## 4.11.2 Losa de cimentación con retícula de vigas apoyada en suelo blando

### -Análisis de la ISE en la dirección longitudinal o sentido largo de la cimentación

En la figura 4.14, se requiere determinar las presiones de contacto en la dirección longitudinal aplicando ISE, las cargas en la cimentación pueden visualizarse en la figura 4.15 de (Zeevaert, L., 1980, Parte I, numeral I.8, ejemplo I.8.1, páginas 46).

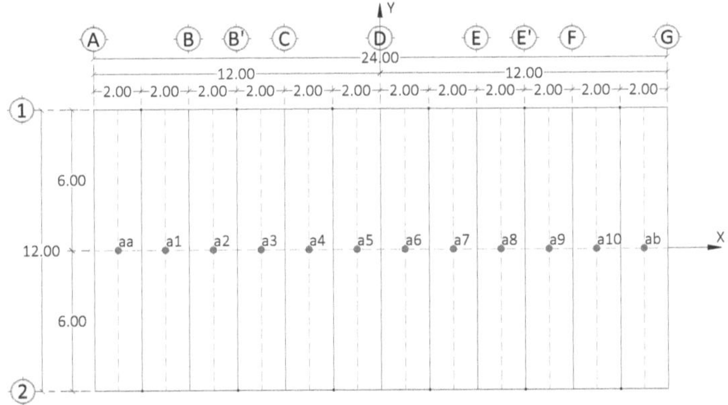

**Figura 4.14** Planta de la losa de cimentación y tamaño de las áreas tributarias trasnversales para el análisis de la ISE en dirección longitudinal

118

- La superficie del suelo cubierta por la cimentación se divide en 12 áreas tributarias transversales con áreas iguales de $12.0m \times 2.0m$.

- Las propiedades mecánicas y estratigráficas de la masa del suelo son proporcionadas en la tabla 4.17.

- Los desplazamientos verticales se determinan estimando el cambio de esfuerzos por medio de soluciones aproximadas de la Teoría de Elasticidad (Zeevaert, 1973, capítulo III).

- Se considera la participación de la losa de fondo de la cimentación con peralte igual a $0.30m$

- La sección transversal de las vigas exteriores e interiores son $b = 0.50m$ y $h = 1.88m$ el coeficiente de Poisson del concreto es $v = 0.20$, el módulo de Young $E_c = 2214000\ ton/m^2$ y el módulo elástico transversal $G_c = 920000\ ton/m^2$.

- No se considera el peso propio de los componentes del cajón de cimentación

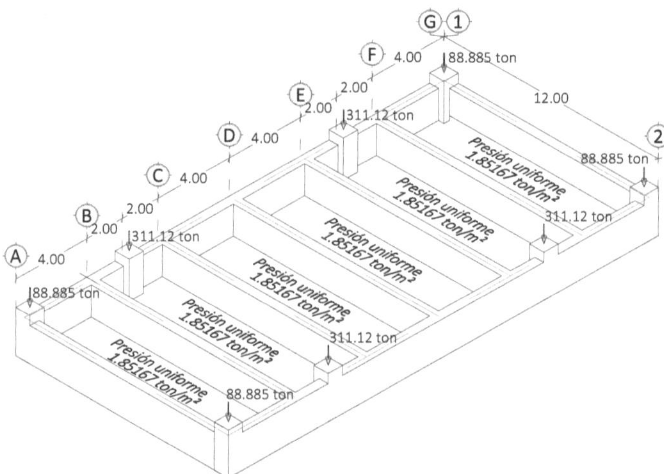


**Figura 4.15** Isométrico de la subestructura con las cargas concentradas aplicadas en los nudos columnas y peso propio de la cimentación de $22.22\ ton/m$ o $1.85167\ ton/m^2$

Se realizó un cambio en la dimensiones de las dovelas propuestas en Zeevaert, L., (1980), que se basa en la sugerencia dada por el autor, de utilizar el número de placas en el rango $1.28 < placas/m_{losa}^2 < \infty$; por considerar, que con el límite mínimo en el número de placas los métodos de análisis con el modelo analítico con resortes y el MECYMCAC, los valores de fuerza cortante y momentos de flexión son parecidos.

En conformidad a la figura 14.I, página 55 de Zeevaert, L., (1980) el número de dovelas son 36, por lo tanto el número de placasa es: 36 x 4 =144 placas ´el número del placas recomendado es 1.28 x 12 x 24=368 placas; por lo tanto, se proponen 12dovelas x 8 dovelas x 4=384 placas>368.64 placas requeridas.

En la tabla 4.17, la primera columna proporciona la distancia a los centroides de cada estrato medidos desde el nivel de desplante de la losa de cimentación, la columna 2 muestra el espesor de cada estrato, la tercera columna proporciona los valores módulo secante de deformación unitaria para la recompresión del estrato investigado $M_{ej}^N = \left(1/E_{ej}^N\right) \cdot 10^{-2}(m^2/ton)$, en la cuarta columna se proporcionan los valores de la deformación volumétrica de los estratos $\alpha^N = M_{ej}^N \cdot d_i \cdot 10^{-1}(m^3/ton)$.

**Tabla 4.17** Información geotécnica para el análisis de ISE, en apego al criterio de Zeevaert para aplicación en cimentaciones superficiales de edificios

| $z_i(m)$ | $d_i(m)$ | $M_{ej}(m^2/ton)$ | $\alpha_c^N(m^3/ton)$ |
|---|---|---|---|
| 1.50 | 3 | 0.383 | 1.149 |
| 5.00 | 4 | 0.213 | 0.852 |
| 11.00 | 8 | 0.194 | 1.552 |
| 17.50 | 5 | 0.150 | 0.750 |
| 23.00 | 6 | 0.075 | 0.450 |
| | | x10⁻² | x10⁻² |

En la tabla 4.18, en la primera columna se muestra la asignación con literales de los vértices de cada triángulo que forman el área tributaria con centroide aa y con carga unitaria aplicada, en la segunda columna se indican los 4 vértices en conformidad a la figura 4.16, las columnas 3 y 4 muestran las coordenadas de un sistema imaginario de referencia con origen en el centroide aa (0, 0) de la dovela cargada, la quinta, sexta, séptima , octava y novena columna muestran las profundidades a los centroides de cada estrato y el valor de las influencias $I_{ja}$ calculadas en cada triángulo con el método de Damy-Casales, el séptimo renglón muestra el valor total de las influencias por carga unitaria a diferente profundidades.

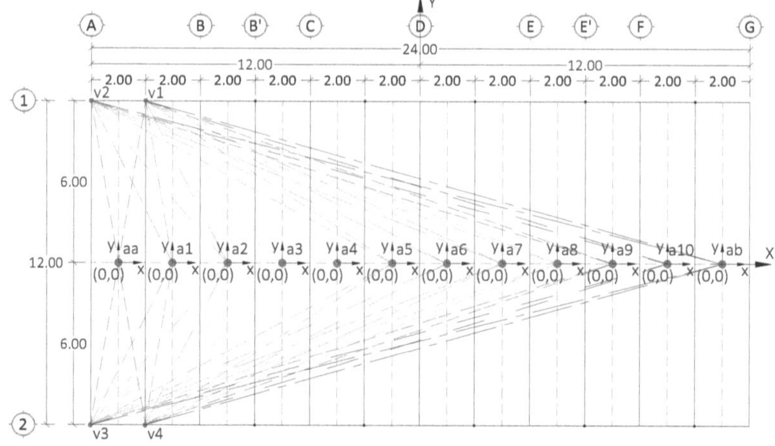


**Figura 4.16** Arreglo de los triángulos para el cálculo de las influencias con el método de Damy-Casales, debido a una carga unitaria en el área tributaria con centroide aa

Las tablas 4.19 a la 4.29 muestran las áreas tributarias correspondientes; en donde, en la primera columna se muestra la asignación con literales de los vértices de cada triángulo que forman la dovela con el centroide en estudio y la dovela cargada con centroide aa, en la segunda columna se indican los 4 vértices en conformidad a la figura 4.16, las columnas 3 y 4 muestran las coordenadas de un sistema imaginario de referencia con origen en el centroide correspondiente de el área tributaria en estudio, la quinta, sexta, séptima , octava y novena columna muestran las profundidas a los centroides de cada estrato y el valor de las influencias $I_{ja}$ calculadas en cada triángulo con el método de Damy-Casales, el último renglón muestra el valor de las influencias por carga unitaria a diferente profundidades. Las ecuaciones de Damy-Casales se utilizan considerando los vértices de cada triángulo en sentido contrario de las manecillas del reloj.

**Tabla 4.18** Influencias por carga unitaria aplicado en el área tributaria con centroide "aa" a diferentes profundidades

| Triángulos | Coordenadas | "aa (0,0)" | | Influencias en los centroides de los estratos | | | | |
|---|---|---|---|---|---|---|---|---|
| | | x(m) | y(m) | 1.50m | 5.00m | 11.00m | 17.50m | 23.00m |
| aa, v1, v2 | vértice1 | 1.00 | 6.00 | 0.04950 | 0.03114 | 0.01214 | 0.00557 | 0.00338 |
| aa, v2, v3 | vértice2 | -1.00 | 6.00 | 0.22581 | 0.05409 | 0.01434 | 0.00599 | 0.00353 |
| aa, v3, v4 | vértice3 | -1.00 | -6.00 | 0.04950 | 0.03114 | 0.01214 | 0.00557 | 0.00338 |
| aa, v4, v1 | vértice4 | 1.00 | -6.00 | 0.22581 | 0.05409 | 0.01434 | 0.00599 | 0.00353 |
| | $I_{ja}totales$ | | | 0.55063 | 0.17045 | 0.05296 | 0.02313 | 0.01381 |

**Tabla 4.19** Influencias a diferentes profundidades del centroide "a1" por carga unitaria aplicada en el área tributaria con centroide "aa"

| Triángulos | Coordenadas | "a1 (0,0)" | | Influencias en los centroides de los estratos | | | | |
|---|---|---|---|---|---|---|---|---|
| | | x(m) | y(m) | 1.50m | 5.00m | 11.00m | 17.50m | 23.00m |
| a1, v1, v2 | vértice1 | -1.00 | 6.00 | 0.04498 | 0.02927 | 0.01184 | 0.00551 | 0.00335 |
| a1, v2, v3 | vértice2 | -3.00 | 6.00 | 0.30209 | 0.13096 | 0.04057 | 0.01753 | 0.01042 |
| a1, v3, v4 | vértice3 | -3.00 | -6.00 | 0.04498 | 0.02927 | 0.01184 | 0.00551 | 0.00335 |
| a1, v1, v4 | vértice4 | -1.00 | -6.00 | -0.22581 | -0.05409 | -0.01434 | -0.00599 | -0.00353 |
| | $I_{ja}totales$ | | | 0.16624 | 0.13542 | 0.04991 | 0.02256 | 0.01361 |

**Tabla 4.20** Influencias a diferentes profundidades del centroide "a2" por carga unitaria aplicada en el área tributaria con centroide "aa"

| Triángulos | Coordenadas | "a2 (0,0)" | | Influencias en los centroides de los estratos | | | | |
|---|---|---|---|---|---|---|---|---|
| | | x(m) | y(m) | 1.50m | 5.00m | 11.00m | 17.50m | 23.00m |
| a2, $v_1$, $v_2$ | vértice1 | -3.00 | 6.00 | 0.03524 | 0.02478 | 0.01103 | 0.00533 | 0.00329 |
| a2, $v_2$, $v_3$ | vértice2 | -5.00 | 6.00 | 0.26061 | 0.15837 | 0.06071 | 0.02785 | 0.01688 |
| a2, $v_3$, $v_4$ | vértice3 | -5.00 | -6.00 | 0.03524 | 0.02478 | 0.01103 | 0.00533 | 0.00329 |
| a2, $v_1$, $v_4$ | vértice4 | -3.00 | -6.00 | -0.30209 | -0.13096 | -0.04057 | -0.01753 | -0.01042 |
| | $I_{ja}totales$ | | | 0.02901 | 0.07698 | 0.04219 | 0.02097 | 0.01303 |

**Tabla 4.21** Influencias a diferentes profundidades del centroide "a3" por carga unitaria aplicada en el área tributaria con centroide "aa"

| Triángulos | Coordenadas | "a3 (0,0)" | | Influencias en los centroides de los estratos | | | | |
|---|---|---|---|---|---|---|---|---|
| | | x(m) | y(m) | 1.50m | 5.00m | 11.00m | 17.50m | 23.00m |
| a3, $v_1$, $v_2$ | vértice1 | -5.00 | 6.00 | 0.02583 | 0.01972 | 0.00989 | 0.00505 | 0.00318 |
| a3, $v_2$, $v_3$ | vértice2 | -7.00 | 6.00 | 0.21711 | 0.15775 | 0.07370 | 0.03643 | 0.02267 |
| a3, $v_3$, $v_4$ | vértice3 | -7.00 | -6.00 | 0.02583 | 0.01972 | 0.00989 | 0.00505 | 0.00318 |
| a3, $v_1$, $v_4$ | vértice4 | -5.00 | -6.00 | -0.26061 | -0.15837 | -0.06071 | -0.02785 | -0.01688 |
| | $I_{ja}totales$ | | | 0.00816 | 0.03882 | 0.03278 | 0.01868 | 0.01214 |

**Tabla 4.22** Influencias a diferentes profundidades del centroide "a4" por carga unitaria aplicada en el área tributaria con centroide "aa"

| Triángulos | Coordenadas | "a4 (0,0)" | | Influencias en los centroides de los estratos | | | | |
|---|---|---|---|---|---|---|---|---|
| | | x(m) | y(m) | 1.50m | 5.00m | 11.00m | 17.50m | 23.00m |
| a4, $v_1$, $v_2$ | vértice1 | -7.00 | 6.00 | 0.01877 | 0.01532 | 0.00864 | 0.00470 | 0.00304 |
| a4, $v_2$, $v_3$ | vértice2 | -9.00 | 6.00 | 0.18264 | 0.14682 | 0.08052 | 0.04308 | 0.02764 |
| a4, $v_3$, $v_4$ | vértice3 | -9.00 | -6.00 | 0.01877 | 0.01532 | 0.00864 | 0.00470 | 0.00304 |
| a4, $v_1$, $v_4$ | vértice4 | -7.00 | -6.00 | -0.21711 | -0.15775 | -0.07370 | -0.03643 | -0.02267 |
| | $I_{ja}totales$ | | | 0.00307 | 0.01971 | 0.02410 | 0.01605 | 0.01105 |

**Tabla 4.23** Influencias a diferentes profundidades del centroide "a5" por carga unitaria aplicada en el área tributaria con centroide "aa"

| Triángulos | Coordenadas | "a5 (0,0)" | | Influencias en los centroides de los estratos | | | | |
|---|---|---|---|---|---|---|---|---|
| | | x(m) | y(m) | 1.50m | 5.00m | 11.00m | 17.50m | 23.00m |
| a5, $v_1$, $v_2$ | vértice1 | -9.00 | 6.00 | 0.01388 | 0.01190 | 0.00744 | 0.00432 | -0.00050 |
| a5, $v_2$, $v_3$ | vértice2 | -11.00 | 6.00 | 0.15627 | 0.13356 | 0.08285 | 0.04786 | -0.00550 |
| ab, $v_3$, $v_4$ | vértice3 | -11.00 | -6.00 | 0.01388 | 0.01190 | 0.00744 | 0.00432 | -0.00050 |
| a5, $v_1$, $v_4$ | vértice4 | -9.00 | -6.00 | -0.18264 | -0.14682 | -0.08052 | -0.04308 | -0.00587 |
| | $I_{ja}totales$ | | | 0.00139 | 0.01053 | 0.01721 | 0.01341 | -0.01236 |

**Tabla 4.24** Influencias a diferentes profundidades del centroide "a6" por carga unitaria aplicada en el área tributaria con centroide "aa"

| Triángulos | Coordenadas | "a6 (0,0)" | | Influencias en los centroides de los estratos | | | | |
|---|---|---|---|---|---|---|---|---|
| | | x(m) | y(m) | 1.50m | 5.00m | 11.00m | 17.50m | 23.00m |
| a6, $v_1$, $v_2$ | vértice1 | -11.00 | 6.00 | 0.01052 | 0.00934 | 0.00635 | 0.00393 | 0.00269 |
| a6, $v_2$, $v_3$ | vértice2 | -13.00 | 6.00 | 0.13594 | 0.12084 | 0.08231 | 0.05098 | 0.03498 |
| a6, $v_3$, $v_4$ | vértice3 | -13.00 | -6.00 | 0.01052 | 0.00934 | 0.00635 | 0.00393 | 0.00269 |
| a6, $v_1$, $v_4$ | vértice4 | -11.00 | -6.00 | -0.15627 | -0.13356 | -0.08285 | -0.04786 | -0.03174 |
| | $I_{ja}totales$ | | | 0.00071 | 0.00597 | 0.01216 | 0.01098 | 0.00862 |

**Tabla 4.25** Influencias a diferentes profundidades del centroide "a7" por carga unitaria aplicada en el área tributaria con centroide "aa"

| Triángulos | Coordenadas | "a7 (0,0)" | | Influencias en los centroides de los estratos | | | | |
|---|---|---|---|---|---|---|---|---|
| | | x(m) | y(m) | 1.50m | 5.00m | 11.00m | 17.50m | 23.00m |
| a7, v1, v2 | vértice1 | -13.00 | 6.00 | 0.00818 | 0.00745 | 0.00542 | 0.00355 | 0.00251 |
| a7, v2, v3 | vértice2 | -15.00 | 6.00 | 0.11998 | 0.10952 | 0.08009 | 0.05275 | 0.03741 |
| a7, v3, v4 | vértice3 | -15.00 | -6.00 | 0.00818 | 0.00745 | 0.00542 | 0.00355 | 0.00251 |
| a7, v1, v4 | vértice4 | -13.00 | -6.00 | -0.13594 | -0.12084 | -0.08231 | -0.05098 | -0.03498 |
| | $I_{ja}totales$ | | | 0.00040 | 0.00358 | 0.00861 | 0.00887 | 0.00745 |

**Tabla 4.26** Influencias a diferentes profundidades del centroide "a8" por carga unitaria aplicada en el área tributaria con centroide "aa"

| Triángulos | Coordenadas | "a8 (0,0)" | | Influencias en los centroides de los estratos | | | | |
|---|---|---|---|---|---|---|---|---|
| | | x(m) | y(m) | 1.50m | 5.00m | 11.00m | 17.50m | 23.00m |
| a8, $v_1$, $v_2$ | vértice1 | -15.00 | 6.00 | 0.00651 | 0.00604 | 0.00463 | 0.00319 | 0.00233 |
| a8, $v_2$, $v_3$ | vértice2 | -17.00 | 6.00 | 0.10720 | 0.09970 | 0.07699 | 0.05348 | 0.03912 |
| a8, $v_3$, $v_4$ | vértice3 | -17.00 | -6.00 | 0.00651 | 0.00604 | 0.00463 | 0.00319 | 0.00233 |
| a8, $v_1$, $v_4$ | vértice4 | -15.00 | -6.00 | -0.11998 | -0.10952 | -0.08009 | -0.05275 | -0.03741 |
| | $I_{ja}totales$ | | | 0.00024 | 0.00226 | 0.00615 | 0.00712 | 0.00637 |

**Tabla 4.27** Influencias a diferentes profundidades del centroide "a9" por carga unitaria aplicada en el área tributaria con centroide "aa"

| Triángulos | Coordenadas | "a9 (0,0)" | | Influencias en los centroides de los estratos | | | | |
|---|---|---|---|---|---|---|---|---|
| | | x(m) | y(m) | 1.50m | 5.00m | 11.00m | 17.50m | 23.00m |
| a9, $v_1$, $v_2$ | vértice1 | -17.00 | 6.00 | 0.00528 | 0.00497 | 0.00398 | 0.00287 | 0.00215 |
| a9, $v_2$, $v_3$ | vértice2 | -19.00 | 6.00 | 0.09678 | 0.09124 | 0.07349 | 0.05344 | 0.04024 |
| a9, $v_3$, $v_4$ | vértice3 | -19.00 | -6.00 | 0.00528 | 0.00497 | 0.00398 | 0.00287 | 0.00215 |
| a9, $v_1$, $v_4$ | vértice4 | -17.00 | -6.00 | -0.10720 | -0.09970 | -0.07699 | -0.05348 | -0.03912 |
| $I_{ja}$totales | | | | 0.00015 | 0.00148 | 0.00445 | 0.00569 | 0.00541 |

**Tabla 4.28** Influencias a diferentes profundidades del centroide "a10" por carga unitaria aplicada en el área tributaria con centroide "aa"

| Triángulos | Coordenadas | "a10 (0,0)" | | Influencias en los centroides de los estratos | | | | |
|---|---|---|---|---|---|---|---|---|
| | | x(m) | y(m) | 1.50m | 5.00m | 11.00m | 17.50m | 23.00m |
| a10, $v_1$, $v_2$ | vértice1 | -19.00 | 6.00 | 0.00437 | 0.00415 | 0.00343 | 0.00257 | 0.00198 |
| a10, $v_2$, $v_3$ | vértice2 | -21.00 | 6.00 | 0.08815 | 0.08395 | 0.06990 | 0.05284 | 0.04085 |
| a10, $v_3$, $v_4$ | vértice3 | -21.00 | -6.00 | 0.00437 | 0.00415 | 0.00343 | 0.00257 | 0.00198 |
| a10, $v_1$, $v_4$ | vértice4 | -19.00 | -6.00 | -0.09678 | -0.09124 | -0.07349 | -0.05344 | -0.04024 |
| $I_{ja}$totales | | | | 0.00010 | 0.00101 | 0.00327 | 0.00455 | 0.00457 |

**Tabla 4.29** Influencias a diferentes profundidades del centroide "ab" por carga unitaria aplicada en el área tributaria con centroide "aa"

| Triángulos | Coordenadas | "ab (0,0)" | | Influencias en los centroides de los estratos | | | | |
|---|---|---|---|---|---|---|---|---|
| | | x(m) | y(m) | 1.50m | 5.00m | 11.00m | 17.50m | 23.00m |
| ab, $v_1$, $v_2$ | vértice1 | -21.00 | 6.00 | 0.00366 | 0.00351 | 0.00298 | 0.00231 | 0.00182 |
| ab, $v_2$, $v_3$ | vértice2 | -23.00 | 6.00 | 0.08089 | 0.07764 | 0.06637 | 0.05185 | 0.04106 |
| ab, $v_3$, $v_4$ | vértice3 | -23.00 | -6.00 | 0.00366 | 0.00351 | 0.00298 | 0.00231 | 0.00182 |
| ab, $v_1$, $v_4$ | vértice4 | -21.00 | -6.00 | -0.08815 | -0.08395 | -0.06990 | -0.05284 | -0.04085 |
| $I_{ja}$totales | | | | 0.00007 | 0.00071 | 0.00244 | 0.00364 | 0.00385 |

Una vez calculadas las influencias en los centroides de los estratos de la masa del suelo debido a la carga unitaria en el área tributaria con centroide aa, correspondiente al plano vertical que pasa por los centroides de todas las áreas tributarias consideradas, se puede aplicar la ecuación 4.12 $\left( |\bar{\delta}_{ji}| = \left[ I_{ji}^N \right]^T \cdot |\alpha^N| \right)$ y obtener la primera columna de la matriz transpuesta de asentamientos por carga unitaria, $m^3/ton$

**Tabla 4.30** Cálculo de la primera columna de la matriz transpuesta de asentamientos $\bar{\delta}_{ji}$ por carga unitaria aplicada en la dovela con centroide "aa"

| | | | | | $\times 10^{-2}$ | $(m^3/ton) \times 10^{-2}$ |
|---|---|---|---|---|---|---|
| 0.55063 | 0.17045 | 0.05296 | 0.02313 | 0.01381 | 1.150 | 0.88376 |
| 0.16624 | 0.13542 | 0.04991 | 0.02256 | 0.01361 | 0.850 | 0.40668 |
| 0.02901 | 0.07698 | 0.04219 | 0.02097 | 0.01303 | 1.550 | 0.18578 |
| 0.00816 | 0.03882 | 0.03278 | 0.01868 | 0.01214 | 0.750 | 0.11266 |
| 0.00307 | 0.01971 | 0.02410 | 0.01605 | 0.01105 | 0.450 | 0.07465 |
| 0.00139 | 0.01053 | 0.01721 | 0.01341 | 0.00984 | | 0.05171 |
| 0.00071 | 0.00597 | 0.01216 | 0.01098 | 0.00862 | | 0.03686 |
| 0.00040 | 0.00358 | 0.00861 | 0.00887 | 0.00745 | | 0.02686 |
| 0.00024 | 0.00226 | 0.00615 | 0.00712 | 0.00637 | | 0.01993 |
| 0.00015 | 0.00148 | 0.00445 | 0.00569 | 0.00541 | | 0.01504 |
| 0.00010 | 0.00101 | 0.00327 | 0.00455 | 0.00457 | | 0.01151 |
| 0.00007 | 0.00071 | 0.00244 | 0.00364 | 0.00385 | | 0.00893 |

El análisis longitudinal de la ISE se realiza en un plano vertical de la masa de suelo que coincide con los centroides de las áreas tributarias de la losa de cimentación sin rigidez; por lo tanto, con calcular la primera columna de los asentamientos por carga unitaria, estos valores obtenidos pueden arreglarse tal como se indica en la última columna de la tabla 4.30 formando la matriz transpuesta de asentamientos por carga unitaria, $m^3/ton$, y agregando las columnas de presiones de contacto y de asentamientos totales encontramos la ecuación general 4.12 o EMA. Para este ejemplo particular arreglando los valores de la séptima columna de la tabla 4.30, la matriz transpuesta de asentamientos por carga unitaria, $m^3/ton$, quedaría:

**Tabla 4.31** Matriz transpuesta de asentamientos por carga unitaria para el ejemplo en estudio

| Matriz transpuesta de asentamientos por carga unitaria $m^3/ton$ $(10^{-2})$ | | | | | | | | | | | |
|---|---|---|---|---|---|---|---|---|---|---|---|
| 0.884 | 0.407 | 0.186 | 0.113 | 0.075 | 0.052 | 0.037 | 0.027 | 0.020 | 0.015 | 0.012 | 0.009 |
| 0.407 | 0.884 | 0.407 | 0.186 | 0.113 | 0.075 | 0.052 | 0.037 | 0.027 | 0.020 | 0.015 | 0.012 |
| 0.186 | 0.407 | 0.884 | 0.407 | 0.186 | 0.113 | 0.075 | 0.052 | 0.037 | 0.027 | 0.020 | 0.015 |
| 0.113 | 0.186 | 0.407 | 0.884 | 0.407 | 0.186 | 0.113 | 0.075 | 0.052 | 0.037 | 0.027 | 0.020 |
| 0.075 | 0.113 | 0.186 | 0.407 | 0.884 | 0.407 | 0.186 | 0.113 | 0.075 | 0.052 | 0.037 | 0.027 |
| 0.052 | 0.075 | 0.113 | 0.186 | 0.407 | 0.884 | 0.407 | 0.186 | 0.113 | 0.075 | 0.052 | 0.037 |
| 0.037 | 0.052 | 0.075 | 0.113 | 0.186 | 0.407 | 0.884 | 0.407 | 0.186 | 0.113 | 0.075 | 0.052 |
| 0.027 | 0.037 | 0.052 | 0.075 | 0.113 | 0.186 | 0.407 | 0.884 | 0.407 | 0.186 | 0.113 | 0.075 |
| 0.020 | 0.027 | 0.037 | 0.052 | 0.075 | 0.113 | 0.186 | 0.407 | 0.884 | 0.407 | 0.186 | 0.113 |
| 0.015 | 0.020 | 0.027 | 0.037 | 0.052 | 0.075 | 0.113 | 0.186 | 0.407 | 0.884 | 0.407 | 0.186 |
| 0.012 | 0.015 | 0.020 | 0.027 | 0.037 | 0.052 | 0.075 | 0.113 | 0.186 | 0.407 | 0.884 | 0.407 |
| 0.009 | 0.012 | 0.015 | 0.020 | 0.027 | 0.037 | 0.052 | 0.075 | 0.113 | 0.186 | 0.407 | 0.884 |

El arreglo con valores numéricos de la tabla 4.31 representa la matriz transpuesta de asentamientos por carga unitaria $[\delta_{ji}]^T$ en $(m^3/ton)$; la cual, sustituida en la ecuación 4.12 $\left(|\delta_i| = [\delta_{ji}]^T |q_i|\right)$ nos permite mediante el apoyo del modelo estructural de interacción (modelo desacoplado) apoyado en resortes ubicados en los centroides de las áreas tributarias o bandas, conocer las presiones de contacto en $(ton/m^2)$ y los asentamientos totales en los centroides de cada área tributaria en $(m)$.

Utilizando la relación base de EMA-modelo estructural de interacción y 20 ciclos después se encuentran los siguientes valores de las presiones de contacto y asentamientos para la ISE longitudinal.

**Tabla 4.32** Valores finales de las presiones de contacto y asentamientos medios obtenidos con la ISE longitudinal en conformidad a la figura 4.14

| Centroide | a | 1 | 2 | 3 | 4 | 5 | 6 | 7 | 8 | 9 | 10 | b |
|---|---|---|---|---|---|---|---|---|---|---|---|---|
| $q_i\ (ton/m^2)$ | 11.713 | 6.532 | 6.936 | 6.609 | 6.406 | 6.247 | 6.247 | 6.406 | 6.609 | 6.936 | 6.532 | 11.713 |
| $\delta_i\ (m)$ | 0.167 | 0.169 | 0.171 | 0.171 | 0.171 | 0.170 | 0.170 | 0.171 | 0.171 | 0.171 | 0.169 | 0.167 |

En los valores de los elementos de la matriz transpuesta de asentamientos por carga unitaria se usaron 5 decimales y en las presiones de contacto y asentamientos 3 decimales, para fines de ingeniería podrían usarse tres decimales para la matriz transpuesta y presiones de contacto y dos decimales para los asentamientos totales, reduciendo el número de ciclos.

**-Análisis de la ISE en la dirección transversal o sentido corto de la cimentación**

A continuación, se procede a determinar las presiones de contacto en la dirección transversal aplicando el análisis de la ISE según (Zeevaert, L., 1980, páginas 53, 54 y 55) y los ajustes sugeridos en el inciso 4.8 de este libro, al procedimiento original.

En primer lugar se calculan las influencias por carga unitaria aplicada en el área tributaria aa.

En la tabla 4.33, en la primera columna se muestra la asignación con literales de los vértices de cada triángulo que forman la dovela con centroide aa con carga unitaria, en la segunda columna se indican los 4 vértices en conformidad a la figura 4.17, las columnas 3 y 4 muestran las coordenadas de un sistema imaginario de referencia con origen en el centroide aa (0, 0) de la dovela cargada, la quinta, sexta, séptima , octava y novena columna muestran las profundidas a los centroides de cada estrato y el valor de las influencias $I_{ja}$ calculadas en cada triángulo con el método de Damy-Casales, el séptimo renglón muestra el valor total de las influencias por carga unitaria a diferente profundidades.

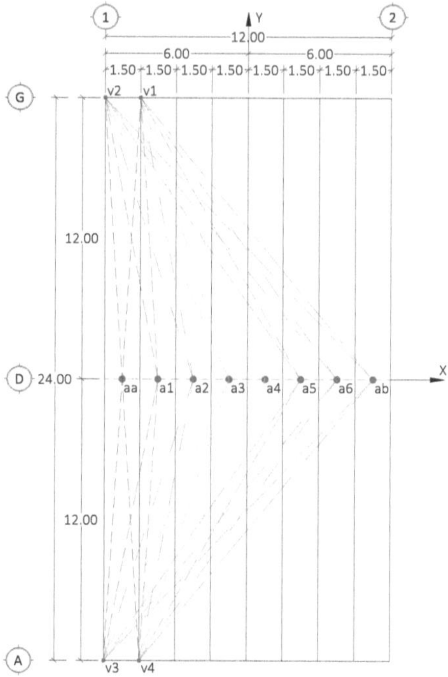

Figura 4.17 Planta de la losa de cimentación y tamaño de las áreas tributarias longitudinales para el análisis de la ISE en dirección transversal

Las tablas 4.33 a la 4.40 muestran las áreas tributarias correspondientes; en donde, en la primera columna se muestra la asignación con literales de los vértices de cada triángulo que forman la dovela con el centroide en estudio y la dovela cargada con centroide aa, en la segunda columna se indican los 4 vértices en conformidad a la figura 4.17, las columnas 3 y 4 muestran las coordenadas de un sistema imaginario de referencia con origen en el centroide correspondiente de la dovela en estudio, la quinta, sexta, séptima , octava y novena columna muestran las profundidas a los centroides de cada estrato y el valor de las influencias $I_{ja}$

calculadas en cada triángulo con el método de Damy-Casales, el séptimo renglón muestra el valor total de las influencias por carga unitaria a diferente profundidades. Las ecuaciones de Damy-Casales se utilizan considerando los vertices de cada triángulo en sentido antihorario.

**Tabla 4.33** Influencias por carga unitaria aplicado en la dovela con centroide "aa" a diferentes profundidades

| Triángulos | Coordenadas | "aa (0,0)" | | Influencias en los centroides de los estratos | | | | |
|---|---|---|---|---|---|---|---|---|
| | | x(m) | y(m) | 1.50m | 5.00m | 11.00m | 17.50m | 23.00m |
| aa, v1, v2 | vértice1 | 0.75 | 12.00 | 0.01956 | 0.01693 | 0.01080 | 0.00636 | 0.00426 |
| aa, v2, v3 | vértice2 | -0.75 | 12.00 | 0.20384 | 0.05534 | 0.01792 | 0.00819 | 0.00499 |
| aa, v3, v4 | vértice3 | -0.75 | -12.00 | 0.01956 | 0.01693 | 0.01080 | 0.00636 | 0.00426 |
| aa, v4, v1 | vértice4 | 0.75 | -12.00 | 0.20384 | 0.05534 | 0.01792 | 0.00819 | 0.00499 |
| | $I_{ja}totales$ | | | 0.44681 | 0.14455 | 0.05745 | 0.02909 | 0.01848 |

**Tabla 4.34** Influencias a diferentes profundidades del centroide de la dovela "a1" por carga unitaria aplicada en la dovela con centroide "aa"

| Triángulos | Coordenadas | "a1 (0,0)" | | Influencias en los centroides de los estratos | | | | |
|---|---|---|---|---|---|---|---|---|
| | | x(m) | y(m) | 1.50m | 5.00m | 11.00m | 17.50m | 23.00m |
| a1, v1, v2 | vértice1 | -0.75 | 12.00 | 0.01927 | 0.01671 | 0.01071 | 0.00633 | 0.00424 |
| a1, v2, v3 | vértice2 | -2.25 | 12.00 | 0.35732 | 0.14920 | 0.05222 | 0.02424 | 0.01484 |
| a1, v3, v4 | vértice3 | -2.25 | -12.00 | 0.01927 | 0.01671 | 0.01071 | 0.00633 | 0.00424 |
| a1, v1, v4 | vértice4 | -0.75 | -12.00 | -0.20384 | -0.05534 | -0.01792 | -0.00819 | -0.00499 |
| | $I_{ja}totales$ | | | 0.19202 | 0.12728 | 0.05572 | 0.02871 | 0.01834 |

**Tabla 4.35** Influencias a diferentes profundidades del centroide de la dovela "a2" por carga unitaria aplicada en la dovela con centroide "aa"

| Triángulos | Coordenadas | "a2 (0,0)" | | Influencias en los centroides de los estratos | | | | |
|---|---|---|---|---|---|---|---|---|
| | | x(m) | y(m) | 1.50m | 5.00m | 11.00m | 17.50m | 23.00m |
| a2, v1, v2 | vértice1 | -2.25 | 12.00 | 0.01844 | 0.01608 | 0.01045 | 0.00624 | 0.00420 |
| a2, v2, v3 | vértice2 | -3.75 | 12.00 | 0.36829 | 0.20829 | 0.08231 | 0.03939 | 0.02436 |
| a2, v3, v4 | vértice3 | -3.75 | -12.00 | 0.01844 | 0.01608 | 0.01045 | 0.00624 | 0.00420 |
| a2, v1, v4 | vértice4 | -2.25 | -12.00 | -0.35732 | -0.14920 | -0.05222 | -0.02424 | -0.01484 |
| | $I_{ja}totales$ | | | 0.04783 | 0.09126 | 0.05099 | 0.02762 | 0.01791 |

**Tabla 4.36** Influencias a diferentes profundidades del centroide de la dovela "a3" por carga unitaria aplicada en la dovela con centroide "aa"

| Triángulos | Coordenadas | "a3 (0,0)" | | Influencias en los centroides de los estratos | | | | |
|---|---|---|---|---|---|---|---|---|
| | | x(m) | y(m) | 1.50m | 5.00m | 11.00m | 17.50m | 23.00m |
| a3, v1, v2 | vértice1 | -3.75 | 12.00 | 0.01720 | 0.01513 | 0.01004 | 0.00609 | 0.00413 |
| a3, v2, v3 | vértice2 | -5.25 | 12.00 | 0.35007 | 0.23680 | 0.10661 | 0.05315 | 0.03333 |
| a3, v3, v4 | vértice3 | -5.25 | -12.00 | 0.01720 | 0.01513 | 0.01004 | 0.00609 | 0.00413 |
| a3, v1, v4 | vértice4 | -3.75 | -12.00 | -0.36829 | -0.20829 | -0.08231 | -0.03939 | -0.02436 |
| | $I_{ja}totales$ | | | 0.01618 | 0.05876 | 0.04438 | 0.02593 | 0.01724 |

**Tabla 4.37** Influencias a diferentes profundidades del centroide de la dovela "a4" por carga unitaria aplicada en la dovela con centroide "aa"

| Triángulos | Coordenadas | "a4 (0,0)" | | Influencias en los centroides de los estratos | | | | |
|---|---|---|---|---|---|---|---|---|
| | | x(m) | y(m) | 1.50m | 5.00m | 11.00m | 17.50m | 23.00m |
| a4, v1, v2 | vértice1 | -5.25 | 12.00 | 0.01572 | 0.01397 | 0.00951 | 0.00589 | 0.00404 |
| a4, v2, v3 | vértice2 | -6.75 | 12.00 | 0.32566 | 0.24556 | 0.12470 | 0.06520 | 0.04160 |
| a4, v3, v4 | vértice3 | -6.75 | -12.00 | 0.01572 | 0.01397 | 0.00951 | 0.00589 | 0.00404 |
| a4, v1, v4 | vértice4 | -5.25 | -12.00 | -0.35007 | -0.23680 | -0.10661 | -0.05315 | -0.03333 |
| | $I_{ja}totales$ | | | 0.00702 | 0.03671 | 0.03712 | 0.02382 | 0.01635 |

**Tabla 4.38** Influencias a diferentes profundidades del centroide de la dovela "a5" por carga unitaria aplicada en la dovela con centroide "aa"

| Triángulos | Coordenadas | "a5 (0,0)" | | Influencias en los centroides de los estratos | | | | |
|---|---|---|---|---|---|---|---|---|
| | | x(m) | y(m) | 1.50m | 5.00m | 11.00m | 17.50m | 23.00m |
| a5, v1, v2 | vértice1 | -6.750 | 12.00 | 0.01415 | 0.01272 | 0.00892 | 0.00565 | 0.00393 |
| a5, v2, v3 | vértice2 | -8.250 | 12.00 | 0.30093 | 0.24327 | 0.13704 | 0.07536 | 0.04906 |
| a5, v3, v4 | vértice3 | -8.250 | -12.00 | 0.01415 | 0.01272 | 0.00892 | 0.00565 | 0.00393 |
| a5, v1, v4 | vértice4 | -6.750 | -12.00 | -0.32566 | -0.24556 | -0.12470 | -0.06520 | -0.04160 |
| | $I_{ja}totales$ | | | 0.00357 | 0.02315 | 0.03017 | 0.02147 | 0.01531 |

**Tabla 4.39** Influencias a diferentes profundidades del centroide de la dovela "a6" por carga unitaria aplicada en la dovela con centroide "aa"

| Triángulos | Coordenadas | "a6 (0,0)" | | Influencias en los centroides de los estratos | | | | |
|---|---|---|---|---|---|---|---|---|
| | | x(m) | y(m) | 1.50m | 5.00m | 11.00m | 17.50m | 23.00m |
| a6, v1, v2 | vértice1 | -8.250 | 12.00 | 0.01261 | 0.01146 | 0.00828 | 0.00539 | 0.00380 |
| a6, v2, v3 | vértice2 | -9.750 | 12.00 | 0.27772 | 0.23531 | 0.14455 | 0.08361 | 0.05563 |
| a6, v3, v4 | vértice3 | -9.750 | -12.00 | 0.01261 | 0.01146 | 0.00828 | 0.00539 | 0.00380 |
| a6, v1, v4 | vértice4 | -8.250 | -12.00 | -0.30093 | -0.24327 | -0.13704 | -0.07536 | -0.04906 |
| | $I_{ja}totales$ | | | 0.00201 | 0.01496 | 0.02407 | 0.01904 | 0.01417 |

**Tabla 4.40** Influencias a diferentes profundidades del centroide de la dovela "ab" por carga unitaria aplicada en la dovela con centroide "aa"

| Triángulos | Coordenadas | "ab (0,0)" | | Influencias en los centroides de los estratos | | | | |
|---|---|---|---|---|---|---|---|---|
| | | x(m) | y(m) | 1.50m | 5.00m | 11.00m | 17.50m | 23.00m |
| ab, v1, v2 | vértice1 | -9.75 | 12.00 | 0.01117 | 0.01026 | 0.00764 | 0.00511 | 0.00366 |
| ab, v2, v3 | vértice2 | -11.25 | 12.00 | 0.25659 | 0.22473 | 0.14829 | 0.09006 | 0.06130 |
| ab, v3, v4 | vértice3 | -11.25 | -12.00 | 0.01117 | 0.01026 | 0.00764 | 0.00511 | 0.00366 |
| ab, v1, v4 | vértice4 | -9.75 | -12.00 | -0.27772 | -0.23531 | -0.14455 | -0.08361 | -0.05563 |
| | $I_{ja}$ totales | | | 0.00122 | 0.00995 | 0.01901 | 0.01667 | 0.01298 |

Una vez calculadas las influencias en los centroides de los estratos de la masa del suelo debido a la carga unitaria aplicada en el área tributaria con centroide aa, correspondiente al plano vertical que pasa por los centroides de todas las áreas tributarias consideradas, se puede aplicar la ecuación 4.12 $\left(|\bar{\delta}_{ji}| = [I_{ji}^N]^T \cdot |\alpha^N|\right)$ y obtener la primera columna de la matriz transpuesta de asentamientos por carga unitaria, $m^3/ton$

**Tabla 4.41** Cálculo de la primera columna de la matriz transpuesta de asentamientos $\bar{\delta}_{ji}$ por carga unitaria aplicada en la dovela con centroide "aa"

| | | | | | $\times 10^{-2}$ | $(m^3/ton) \times 10^{-2}$ |
|---|---|---|---|---|---|---|
| 0.44681 | 0.14455 | 0.05745 | 0.02909 | 0.01848 | 1.150 | 0.75588 |
| 0.19202 | 0.12728 | 0.05572 | 0.02871 | 0.01834 | 0.850 | 0.44517 |
| 0.04783 | 0.09126 | 0.05099 | 0.02762 | 0.01791 | 1.550 | 0.24039 |
| 0.01618 | 0.05876 | 0.04438 | 0.02593 | 0.01724 | 0.750 | 0.16454 |
| 0.00702 | 0.03671 | 0.03712 | 0.02382 | 0.01635 | 0.450 | 0.12203 |
| 0.00357 | 0.02315 | 0.03017 | 0.02147 | 0.01531 | | 0.09353 |
| 0.00201 | 0.01496 | 0.02407 | 0.01904 | 0.01417 | | 0.07300 |
| 0.00122 | 0.00995 | 0.01901 | 0.01667 | 0.01298 | | 0.05766 |

Para este ejemplo particular arreglando los valores de la séptima columna de la tabla 4.41, la matriz transpuesta de asentamientos por carga unitaria, $m^3/ton$, quedaría:

**Tabla 4.42** Matriz transpuesta de asentamientos por carga unitaria para el ejemplo en estudio

| Matriz transpuesta de asentamientos por carga unitaria $m^3/ton$ $(10^{-2})$ | | | | | | | |
|---|---|---|---|---|---|---|---|
| 0.75588 | 0.44517 | 0.24039 | 0.16454 | 0.12203 | 0.09353 | 0.07300 | 0.05766 |
| 0.44517 | 0.75588 | 0.44517 | 0.24039 | 0.16454 | 0.12203 | 0.09353 | 0.07300 |
| 0.24039 | 0.44517 | 0.75588 | 0.44517 | 0.24039 | 0.16454 | 0.12203 | 0.09353 |
| 0.16454 | 0.24039 | 0.44517 | 0.75588 | 0.44517 | 0.24039 | 0.16454 | 0.12203 |
| 0.12203 | 0.16454 | 0.24039 | 0.44517 | 0.75588 | 0.44517 | 0.24039 | 0.16454 |
| 0.09353 | 0.12203 | 0.16454 | 0.24039 | 0.44517 | 0.75588 | 0.44517 | 0.24039 |
| 0.07300 | 0.09353 | 0.12203 | 0.16454 | 0.24039 | 0.44517 | 0.75588 | 0.44517 |
| 0.05766 | 0.07300 | 0.09353 | 0.12203 | 0.16454 | 0.24039 | 0.44517 | 0.75588 |

El arreglo con valores numéricos de la tabla 4.42 representa la matriz transpuesta de asentamientos por carga unitaria $[\delta_{ji}]^T$ en $(m^3/ton)$; la cual, sustituida en la ecuación EMA 4.12 y utilizando el modelo estructural de interacción, se calculan los valores de presiones de contacto indicadas en la tabla 4.43. Conocidas las presiones medias de contacto $\bar{q}_i$ en $(ton/m^2)$, se calcula la presión media global $\bar{q}_m$ y el $factor = \bar{q}_i/\bar{q}_m$

**Tabla 4.43** Presiones de contacto por banda $\bar{q}_i$ , presión media global $\bar{q}_m$ y factor de presión media para el análisis de la ISE sentido transversal

| $q_i(ton/m^2)$ | $Factor = q_i/q_m$ |
|---|---|
| 14.930 | 2.01559 |
| 4.822 | 0.65098 |
| 5.298 | 0.71525 |
| 4.579 | 0.61818 |
| 4.579 | 0.61818 |
| 5.298 | 0.71525 |
| 4.822 | 0.65098 |
| 14.930 | 2.01559 |
| 59.258 | |
| $q_m(ton/m^2)$ | 7.407 |

En la tabla 4.43 se muestran los valores de presiones medias de contacto de cada banda $\bar{q}_i$, el valor de la presión media global $\bar{q}_m$ y el objetivo principal que es el factor de presiones medias.

**Tabla 4.44** Cálculo de las presiones de contacto en las dovelas de la losa de cimentación en un ambiente aparentemente tridimensional

| | | Sentido corto b=1.50m | | | | | | | |
| | | Factor = $q_i/q_m$ | | | | | | | |
| | | 2.01559 | 0.65098 | 0.71525 | 0.61818 | 0.61818 | 0.71525 | 0.65098 | 2.01559 |
| S.L. | $q_m$ | a | 1 | 2 | 3 | 4 | 5 | 6 | b |
|---|---|---|---|---|---|---|---|---|---|
| a | 11.713 | 23.609 | 7.625 | 8.378 | 7.241 | 7.241 | 8.378 | 7.625 | 23.609 |
| 1 | 6.532 | 13.166 | 4.252 | 4.672 | 4.038 | 4.038 | 4.672 | 4.252 | 13.166 |
| 2 | 6.936 | 13.980 | 4.515 | 4.961 | 4.288 | 4.288 | 4.961 | 4.515 | 13.980 |
| 3 | 6.609 | 13.321 | 4.302 | 4.727 | 4.086 | 4.086 | 4.727 | 4.302 | 13.321 |
| 4 | 6.406 | 12.912 | 4.170 | 4.582 | 3.960 | 3.960 | 4.582 | 4.170 | 12.912 |
| 5 | 6.247 | 12.591 | 4.067 | 4.468 | 3.862 | 3.862 | 4.468 | 4.067 | 12.591 |
| 6 | 6.247 | 12.591 | 4.067 | 4.468 | 3.862 | 3.862 | 4.468 | 4.067 | 12.591 |
| 7 | 6.406 | 12.912 | 4.170 | 4.582 | 3.960 | 3.960 | 4.582 | 4.170 | 12.912 |
| 8 | 6.609 | 13.321 | 4.302 | 4.727 | 4.086 | 4.086 | 4.727 | 4.302 | 13.321 |
| 9 | 6.936 | 13.980 | 4.515 | 4.961 | 4.288 | 4.288 | 4.961 | 4.515 | 13.980 |
| 10 | 6.532 | 13.166 | 4.252 | 4.672 | 4.038 | 4.038 | 4.672 | 4.252 | 13.166 |
| b | 11.713 | 23.609 | 7.625 | 8.378 | 7.241 | 7.241 | 8.378 | 7.625 | 23.609 |

En la tabla 4.44 se muestran los valores de las presiones de contacto en dovelas formada por el cruce de las áreas tributarias en las dos direcciones.

**Tabla 4.45** Presiones de contacto en cada dovela de la losa de cimentación en un ambiente aparentemente tridimensional

| | a | 1 | 2 | 3 | 4 | 5 | 6 | 7 | 8 | 9 | 10 | b |
|---|---|---|---|---|---|---|---|---|---|---|---|---|
| a | 23.609 | 13.166 | 13.98 | 13.321 | 12.912 | 12.591 | 12.591 | 12.912 | 13.321 | 13.98 | 13.166 | 23.609 |
| 1 | 7.625 | 4.252 | 4.515 | 4.302 | 4.17 | 4.067 | 4.067 | 4.17 | 4.302 | 4.515 | 4.252 | 7.625 |
| 2 | 8.378 | 4.672 | 4.961 | 4.727 | 4.582 | 4.468 | 4.468 | 4.582 | 4.727 | 4.961 | 4.672 | 8.378 |
| 3 | 7.241 | 4.038 | 4.288 | 4.086 | 3.96 | 3.862 | 3.862 | 3.96 | 4.086 | 4.288 | 4.038 | 7.241 |
| 4 | 7.241 | 4.038 | 4.288 | 4.086 | 3.96 | 3.862 | 3.862 | 3.96 | 4.086 | 4.288 | 4.038 | 7.241 |
| 5 | 8.378 | 4.672 | 4.961 | 4.727 | 4.582 | 4.468 | 4.468 | 4.582 | 4.727 | 4.961 | 4.672 | 8.378 |
| 6 | 7.625 | 4.252 | 4.515 | 4.302 | 4.17 | 4.067 | 4.067 | 4.17 | 4.302 | 4.515 | 4.252 | 7.625 |
| b | 23.609 | 13.166 | 13.98 | 13.321 | 12.912 | 12.591 | 12.591 | 12.912 | 13.321 | 13.98 | 13.166 | 23.609 |

Con los valores de las presiones de contacto de la tabla 4.45 y con las cargas verticales colectadas de la superestructura, aplicadas en la estructura de cimentación, se obtienen los elementos mecánicos en cualquier sección transversal de las losas y vigas, mediante la aplicación del MECYMCAC.

En el ejemplo resuelto en las páginas 53, 54 y 55 de Zeevacrt, L., (1980) privilegia la obtención de las presiones medias de contacto sin mencionar el cálculo de los asentamientos; lo cierto es, que en las normas de cada país deben cumplirse con la restricción impuesta a los asentamientos verticales (hundimientos o imersión), inclinación media y deformaciones diferenciales.

En este contexto se sugiere al lector que los calcule, considerando que en la ISE en el sentido corto se procede de igual manera (cimentación no rígida), que en la ISE en el sentido largo y al finalizar aplicar el concepto de presiones medias y de asentamientos medios.

En la tabla 4.46 se muestran los valores de las presiones y asentamientos medios en cada área tribuaria obtenidos con la ISE transversal, mismos que sirven para calcular las presiones y asentamientos medios; así como, los módulos de reacción en cada una de las 96 dovelas consideradas.

**Tabla 4.46** Valores finales de las presiones de contacto y asentamientos medios obtenidos con la ISE transversal en conformidad a la figura 4.17

| Centroides | a | 1 | 2 | 3 | 4 | 5 | 6 | b |
|---|---|---|---|---|---|---|---|---|
| $q_i(ton/m^2)$ | 14.93 | 4.822 | 5.298 | 4.579 | 4.579 | 5.298 | 4.822 | 14.93 |
| $\delta_i(m)$ | 0.177 | 0.167 | 0.157 | 0.154 | 0.154 | 0.157 | 0.167 | 0.177 |

## 4.11.3 Edificio con cajón de cimentación y superestructura con cargas verticales simétricas

En el ejemplo propuesto se requiere conocer los asentamientos y las presiones de contacto utilizando la ISE. Para la obtención de los asentamientos en los centroides de las dovelas supuestas se utiliza el criterio de asentamientos medios a través de la utilización del factor $f_{ase} = \bar{\delta}_i/\bar{\delta}_m$.

La propiedades mécanicas de la masa del suelo, la forma, niveles, secciones, geometría y cargas de la superestructura; así como, las dimensiones geométricas en planta de la losa de cimentación, fueron tomadas de las referencias 4.8 y 4.18. En este ejemplo, para determinar la ISET se utiliza la "Estrategia acoplada EMA-STAAD.Pro."

### 4.11.3.1 Consideraciones generales

- Se estudia un edificio de 12mx12m de área en planta y de 8 niveles, ver figuras 4.18 y 4.19, ubicado sobre un depósito de suelo arcilloso de 27.5m de espesor compuesto de cinco estratos, ver tabla 4.47.

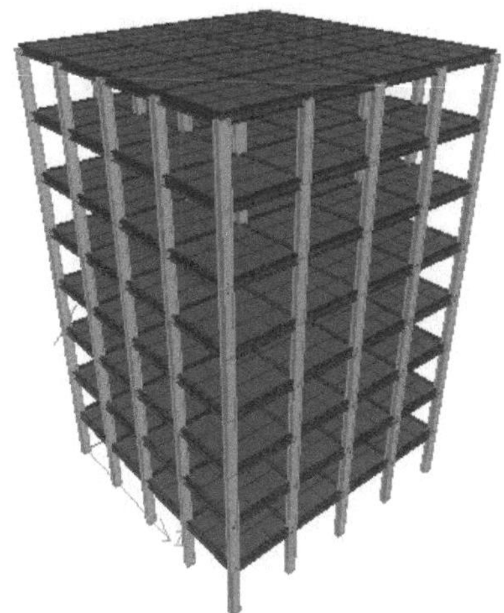

**Secciones**

| Elemento | Sección | Material |
|---|---|---|
| Columnas | HSS 14x10x0.5 | A 36 |
| Trabes | W 12x30 | A 36 |
| Losa de azotea | e=12cm | Concreto f'c=250kg/cm² |
| Losas de entrepisos | e=12cm | Concreto f'c=250kg/cm² |

**Geometría**

| Elemento | Dimensiones |
|---|---|
| Base | 12x12m |
| Altura de entrepisos | 2.5m |
| Claros | @3.0m |

**Cargas**

| Carga | kg/m² |
|---|---|
| CM Azotea | 220 |
| CV Azotea | 100 |
| CM Entrepisos | 280 |
| CV Entrepisos | 170 |

**Carga adicional**

| Carga | kg/m² |
|---|---|
| Carga de ajuste por nivel | 322.08125 |

**Figura 4.18** Edificio con columnas y vigas de acero

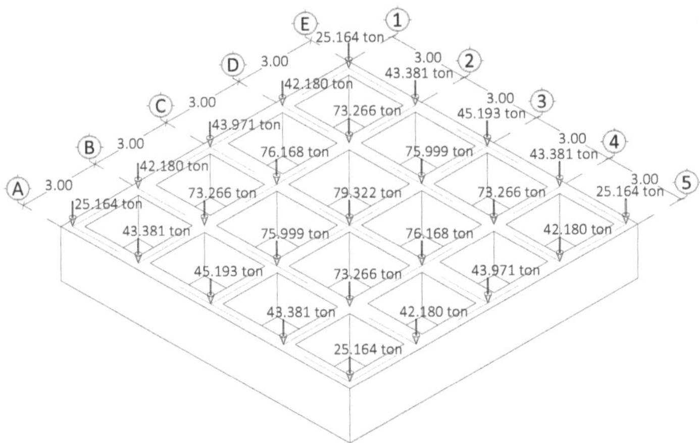


**Figura 4.19** Isométrico de la cimentación y cargas verticales actuantes del edificio

- Las cargas que actúan en en los nudos se observan en figura 4.19. El edificio es el mismo resuelto en las referencias 4.8 y 4.18; por lo tanto, las cargas verticales deberían ser las mismas, sin embargo, hubo de necesidad de ajustar las cargas por piso en el edificio con objeto de obtener las descargas en la cimentación con valores parecidos. Se realizó un cambio en la dimensiones de las dovelas que se basa en la sugerencia dada por el autor, de utilizar el número de placas en el rango $1.28 < placas/m_{losa}^2 < \infty$;

por considerar, que con el límite mínimo en el número de placas los métodos de análisis con el modelo analítico con resortes y el MECYMCAC, los valores de fuerza cortante y momentos de flexión son parecidos. En este contexto, las dimensiones de las dovelas son de $1.50m \times 1.50m$ que proporciona 64 dovelas igual a 256 placas en los $144\ m^2$ de cimentación mayor que $1.28 \times 144m^2 = 184.32\ placas\ requeridas$.

- El suelo es arcilloso y las propiedades mecánicas y estratigráficas son proporcionadas en la tabla 4.47.

**Tabla 4.47** Designación de cada estrato, profundidad al centroide de cada estrato, espesor de cada estrato y módulo de elasticidad de cada estrato

| $Estrato$ | $z_i\ (m)$ | $d_i\ (m)$ | $E_c^N\ (ton/m^2)$ |
|---|---|---|---|
| A | 1.750 | 3.50 | 600 |
| B | 7.750 | 8.50 | 229 |
| C | 13.500 | 3.00 | 500 |
| D | 18.250 | 6.50 | 457 |
| E | 24.500 | 6.00 | 1000 |

- Los desplazamientos verticales debido a las acciones de las cargas distribuidas en cada área tributaria supuesta en la cimentación flexible, se determinan con la EMA.

- Las nuevas presiones de contacto en cada área tributaria supuestas en la cimentación con rigidez diferente de cero, se determinan con el modelo estructural de interacción utilizando el programa STAAD.Pro.

- No se considera el peso propio de los componentes de la cimentación.

- Se considera la participación de la losa de fondo de la cimentación con peralte igual a $0.40m$, y una retícula de vigas con $b = 0.50m$ y $h = 2.00m$, para el concreto con $2500\ ton/m^2$ el coeficiente de Poisson $v_c = 0.2$, el módulo de Young $E_c = 2213594.36\ ton/m^2$ y el módulo elástico transversal $G_c = 922330.98\ ton/m^2$.

- Las cargas actuantes del edificio y las reacciones o presiones de contacto aplicadas sobre la cimentación son admisibles, es decir no están mayoradas por factores de cargas.

**-Análisis de la ISE en la dirección longitudinal o sentido largo de la cimentación**

Con el método de Damy, J, y Casales., (1985) se calculan las Influencias por carga unitaria aplicada en el área tributaria con centroide "aa" a diferentes profundidades, los valores obtenidos son presentados en la tabla 4.48.

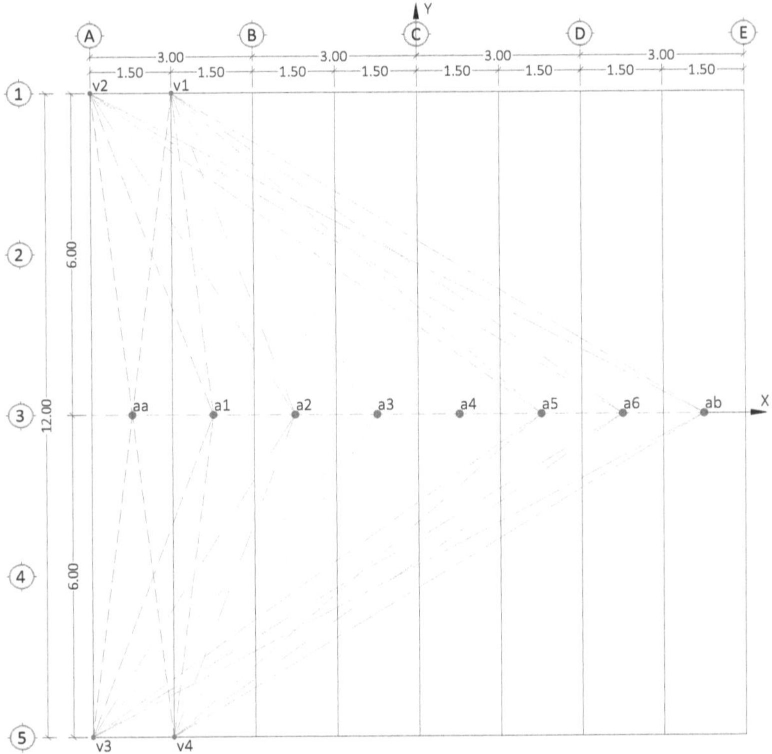


**Figura 4.20** Arreglo de los triángulos para el cálculo de las influencias debido a una carga unitaria en el área tributaria con centroide aa

**Tabla 4.48** Influencias por carga unitaria aplicada en el área tributaria con centroide "aa"

| $z_i(m)$ ↓ | a | 1 | 2 | 3 | 4 | 5 | 6 | b |
|---|---|---|---|---|---|---|---|---|
| 1.75 | 0.38985 | 0.19391 | 0.05524 | 0.01879 | 0.00782 | 0.00376 | 0.00200 | 0.00116 |
| 7.75 | 0.07003 | 0.06570 | 0.05488 | 0.04199 | 0.03041 | 0.02143 | 0.01498 | 0.01052 |
| 13.50 | 0.02786 | 0.02723 | 0.02545 | 0.02284 | 0.01982 | 0.01674 | 0.01386 | 0.01132 |
| 18.25 | 0.01605 | 0.01585 | 0.01525 | 0.01433 | 0.01317 | 0.01187 | 0.01053 | 0.00922 |
| 24.50 | 0.00918 | 0.00911 | 0.00891 | 0.00860 | 0.00819 | 0.00770 | 0.00716 | 0.00659 |

Una vez calculadas las influencias en los centroides de los estratos de la masa del suelo debido a la carga unitaria en el área tributaria con centroide aa, correspondiente al plano vertical que pasa por los centroides de todas las áreas tributarias consideradas, se puede aplicar la ecuación 4.12 $\left(|\bar{\delta}_{ji}| = [I_{ji}^{N}]^{T} \cdot |\alpha^{N}|\right)$ y obtener la primera columna de la matriz transpuesta de asentamientos por carga unitaria, $m^3/ton$.

**Tabla 4.49** Primera columna de la matriz transpuesta de asentamientos por carga unitaria $|\bar{\delta}_{ji}|$

| EMA | $[I_{ji}^{N}]^{T}$ | | | | | $|\alpha_{ij}(m^3/ton)|$ | $|\bar{\delta}_{ji}|$ |
|---|---|---|---|---|---|---|---|
| a | 0.38985 | 0.07003 | 0.02786 | 0.01605 | 0.00918 | 0.00583 | 0.00532 |
| 1 | 0.19391 | 0.06570 | 0.02723 | 0.01585 | 0.00911 | 0.03712 | 0.00401 |
| 2 | 0.05524 | 0.05488 | 0.02545 | 0.01525 | 0.00891 | 0.00600 | 0.00278 |
| 3 | 0.01879 | 0.04199 | 0.02284 | 0.01433 | 0.00860 | 0.01422 | 0.00206 |
| 4 | 0.00782 | 0.03041 | 0.01982 | 0.01317 | 0.00819 | 0.00600 | 0.00153 |
| 5 | 0.00376 | 0.02143 | 0.01674 | 0.01187 | 0.00770 | | 0.00113 |
| 6 | 0.00200 | 0.01498 | 0.01386 | 0.01053 | 0.00716 | | 0.00084 |
| b | 0.00116 | 0.01052 | 0.01132 | 0.00922 | 0.00659 | | 0.00064 |

Con los valores de la octava columna de la tabla 4.49 se pueden formar las otras siete columnas que complementan la matriz transpuesta de asentamientos por carga unitaria aplicada sucesivamente en cada área tributaria.

**Tabla 4.50** Matriz transpuesta de asentamientos por carga unitaria, $[\bar{\delta}_{ji}]^{T}$ $m^3/ton$

| $[\bar{\delta}_{ji}]^{T}$ | a | 1 | 2 | 3 | 4 | 5 | 6 | b |
|---|---|---|---|---|---|---|---|---|
| a | 0.00532 | 0.00401 | 0.00278 | 0.00206 | 0.00153 | 0.00113 | 0.00084 | 0.00064 |
| 1 | 0.00401 | 0.00532 | 0.00401 | 0.00278 | 0.00206 | 0.00153 | 0.00113 | 0.00084 |
| 2 | 0.00278 | 0.00401 | 0.00532 | 0.00401 | 0.00278 | 0.00206 | 0.00153 | 0.00113 |
| 3 | 0.00206 | 0.00278 | 0.00401 | 0.00532 | 0.00401 | 0.00278 | 0.00206 | 0.00153 |
| 4 | 0.00153 | 0.00206 | 0.00278 | 0.00401 | 0.00532 | 0.00401 | 0.00278 | 0.00206 |
| 5 | 0.00113 | 0.00153 | 0.00206 | 0.00278 | 0.00401 | 0.00532 | 0.00401 | 0.00278 |
| 6 | 0.00084 | 0.00113 | 0.00153 | 0.00206 | 0.00278 | 0.00401 | 0.00532 | 0.00401 |
| b | 0.00064 | 0.00084 | 0.00113 | 0.00153 | 0.00206 | 0.00278 | 0.00401 | 0.00532 |

Por lo tanto, se puede complementar la EMA agregando los vectores de cargas y asentamientos; tal como, lo indica la ecuación 4.16, $\left(|\delta_i| = [\bar{\delta}_{ji}]^{T} \cdot |q_i|\right)$

Utilizando la relación base de EMA-estructura de cimentación de interacción y 12 ciclos después se encuentran los siguientes valores de las presiones de contacto y asentamientos para la ISE longitudinal

**Tabla 4.51** Valores medios de las presiones de contacto y asentamientos totales obtenidos con la ISE longitudinal

| Centroides | a | 1 | 2 | 3 | 4 | 5 | 6 | b |
|---|---|---|---|---|---|---|---|---|
| $q_i(ton/m^2)$ | 18.3156 | 6.7971 | 5.6760 | 5.2655 | 5.2655 | 5.6760 | 6.7971 | 18.3156 |
| $\delta_i(m)$ | 0.1833 | 0.1898 | 0.1871 | 0.1864 | 0.1864 | 0.1871 | 0.1898 | 0.1833 |

**-Análisis de la ISE en la dirección transversal o sentido corto de la cimentación**

A continuación, se procede a determinar las presiones de contacto en la dirección transversal aplicando el análisis de la ISE según, Zeevaert, L., 1980, páginas 53, 54 y 55 y los ajustes sugeridos al procedimiento original.

Como la forma de la cimentación es cuadrada el análisis de ISE es la misma en ambas direcciones; por lo tanto, las presiones de la tabla 4.51 corresponden también a las presiones medias $\bar{q}_i$ de cada banda en la dirección transversal. Conocidas las presiones medias de contacto $\bar{q}_i$ en $(ton/m^2)$, se calcula la presión media global $\bar{q}_m$ y el $factor = \bar{q}_i/\bar{q}_m$.

En la tabla 4.52 se muestran los valores de presiones medias de contacto de cada banda $\bar{q}_i$, el valor de la presión media global $\bar{q}_m$ y el objetivo principal que es el factor de presiones medias.

**Tabla 4.52** Presiones de contacto por banda $\bar{q}_i$ , presión media global $\bar{q}_m$ y factor de presión media para el análisis de la ISE sentido transversal

| $\bar{q}_i(ton/m^2)$ | $factor = \bar{q}_i/\bar{q}_m$ |
|---|---|
| 18.316 | 2.032 |
| 6.797 | 0.754 |
| 5.676 | 0.630 |
| 5.266 | 0.584 |
| 5.266 | 0.584 |
| 5.676 | 0.630 |
| 6.797 | 0.754 |
| 18.316 | 2.032 |
| 72.108 | |
| $\bar{q}_m(ton/m^2)$ | 9.014 |

**Tabla 4.53** Cálculo de las presiones de contacto en las dovelas de la losa de cimentación en un ambiente aparentemente tridimensional

| | | Sentido corto $\lambda = 1.50m$ | | | | | | | |
|---|---|---|---|---|---|---|---|---|---|
| | | $factor = \bar{q}_i/\bar{q}_m$ | | | | | | | |
| | | 2.032 | 0.754 | 0.630 | 0.584 | 0.584 | 0.630 | 0.754 | 2.032 |
| **S.L.** | $q_m$ | **a** | **1** | **2** | **3** | **4** | **5** | **6** | **b** |
| **a** | 18.316 | 37.218 | 13.812 | 11.534 | 10.700 | 10.700 | 11.534 | 13.812 | 37.218 |
| **1** | 6.797 | 13.812 | 5.126 | 4.280 | 3.971 | 3.971 | 4.280 | 5.126 | 13.812 |
| **2** | 5.676 | 11.534 | 4.280 | 3.574 | 3.316 | 3.316 | 3.574 | 4.280 | 11.534 |
| **3** | 5.266 | 10.700 | 3.971 | 3.316 | 3.076 | 3.076 | 3.316 | 3.971 | 10.700 |
| **4** | 5.266 | 10.700 | 3.971 | 3.316 | 3.076 | 3.076 | 3.316 | 3.971 | 10.700 |
| **5** | 5.676 | 11.534 | 4.280 | 3.574 | 3.316 | 3.316 | 3.574 | 4.280 | 11.534 |
| **6** | 6.797 | 13.812 | 5.126 | 4.280 | 3.971 | 3.971 | 4.280 | 5.126 | 13.812 |
| **b** | 18.316 | 37.218 | 13.812 | 11.534 | 10.700 | 10.700 | 11.534 | 13.812 | 37.218 |

**Tabla 4.54** Asentamientos por banda $\bar{\delta}_i$, asentamiento medio global $\bar{\delta}_m$ y factor de asentamiento medio para el análisis de la ISE sentido transversal

| $\bar{\delta}_i(m)$ | $factor = \bar{\delta}_i/\bar{\delta}_m$ |
|---|---|
| 0.1833 | 0.9821 |
| 0.1898 | 1.0169 |
| 0.1871 | 1.0024 |
| 0.1864 | 0.9987 |
| 0.1864 | 0.9987 |
| 0.1871 | 1.0024 |
| 0.1898 | 1.0169 |
| 0.1833 | 0.9821 |
| 1.4932 | |
| $\bar{\delta}_m(m)$ | 0.1867 |

En la tabla 4.53 se muestran los valores de las presiones de contacto en las dovelas formada por el cruce de las áreas tributarias en las dos direcciones

En la tabla 4.54 se muestran los valores de los asentamientos medios en los centroides de cada banda $\bar{\delta}_i$, el valor del asentamiento medio global $\bar{\delta}_m$ y el objetivo principal que es el factor de asentamientos medias.

En la tabla 4.55 se muestran los valores de los asentamientos en las dovelas formada por el cruce de las áreas tributarias en las dos direcciones.

**Tabla 4.55** Cálculo de los asentamientos en los centroides de las dovelas de la losa de cimentación en un ambiente aparentemente tridimensional

| | | Sentido corto $\lambda = 1.50m$ | | | | | | | |
|---|---|---|---|---|---|---|---|---|---|
| | | $factor = \overline{\delta_i}/\overline{\delta_m}$ | | | | | | | |
| | | 0.9821 | 1.0169 | 1.0024 | 0.9987 | 0.9987 | 1.0024 | 1.0169 | 0.9821 |
| S.L. | $\delta_m$ | a | 1 | 2 | 3 | 4 | 5 | 6 | b |
| a | 0.1833 | 0.1800 | 0.1864 | 0.1837 | 0.1831 | 0.1831 | 0.1837 | 0.1864 | 0.1800 |
| 1 | 0.1898 | 0.1864 | 0.1930 | 0.1903 | 0.1895 | 0.1895 | 0.1903 | 0.1930 | 0.1864 |
| 2 | 0.1871 | 0.1837 | 0.1903 | 0.1876 | 0.1868 | 0.1868 | 0.1876 | 0.1903 | 0.1837 |
| 3 | 0.1864 | 0.1831 | 0.1895 | 0.1868 | 0.1862 | 0.1862 | 0.1868 | 0.1895 | 0.1831 |
| 4 | 0.1864 | 0.1831 | 0.1895 | 0.1868 | 0.1862 | 0.1862 | 0.1868 | 0.1895 | 0.1831 |
| 5 | 0.1871 | 0.1837 | 0.1903 | 0.1876 | 0.1868 | 0.1868 | 0.1876 | 0.1903 | 0.1837 |
| 6 | 0.1898 | 0.1864 | 0.1930 | 0.1903 | 0.1895 | 0.1895 | 0.1903 | 0.1930 | 0.1864 |
| b | 0.1833 | 0.1800 | 0.1864 | 0.1837 | 0.1831 | 0.1831 | 0.1837 | 0.1864 | 0.1800 |

En la tabla 4.56 se proporcionan los módulos de reacción $k_i(ton/m)$ con fines de ser utilizados en el análisis estructural con el método aquí denominado modelo analítico con resortes.

**Tabla 4.56** Cálculo de los módulos de cimentación por área tributaria en los centroides de las dovelas de la losa de cimentación en un ambiente aparentemente tridimensional

| Centroides | a | 1 | 2 | 3 | 4 | 5 | 6 | b |
|---|---|---|---|---|---|---|---|---|
| a | 465.199 | 166.728 | 141.239 | 131.518 | 131.518 | 141.239 | 166.728 | 465.199 |
| 1 | 166.728 | 59.758 | 50.616 | 47.138 | 47.138 | 50.616 | 59.758 | 166.728 |
| 2 | 141.239 | 50.616 | 42.876 | 39.931 | 39.931 | 42.876 | 50.616 | 141.239 |
| 3 | 131.518 | 47.138 | 39.931 | 37.180 | 37.180 | 39.931 | 47.138 | 131.518 |
| 4 | 131.518 | 47.138 | 39.931 | 37.180 | 37.180 | 39.931 | 47.138 | 131.518 |
| 5 | 141.239 | 50.616 | 42.876 | 39.931 | 39.931 | 42.876 | 50.616 | 141.239 |
| 6 | 166.728 | 59.758 | 50.616 | 47.138 | 47.138 | 50.616 | 59.758 | 166.728 |
| b | 465.199 | 166.728 | 141.239 | 131.518 | 131.518 | 141.239 | 166.728 | 465.199 |

En los ejemplos resueltos en este Capítulo se privilegia el análisis de la ISE mediante el método de Zeevaert, L., (1980), y en el Capítulo 8 el análisis estructural de la cimentación. En cualquier problema de la ingeniería práctica relacionado con este tipo de problema; sin duda alguna, el lector tendrá una buena base para resolver el análisis de la cimentación (suelo-cimentación), en lo concerniente al diseño, factores carga, estados límites, esfuerzos admisibles del suelo, control de asentamientos, etcétera, deberá realizarlo en conformidad a las normas técnicas complementarias o cualquier documento similar vigente en su país.

## 4.12 Referencias


[4.1]  Bowles J. E. (1974), "Analytical and Computer Methods in Foundation Engineering". McGraw-Hill.

[4.2]  Bowles J. E. (1977), "Foundation analysis and design". McGraw-Hill.

[4.3]  Damy, J, y Casales., (1985). Soil stresses under a polygonal area uniformly loaded. 11th International Conference on Soil Mechanics and Foundation Engineering, San Francisco (12-16 agosto 1985). Este artículo se descargó de la Biblioteca en línea de la Sociedad Internacional de Mecánica de Suelos e Ingeniería Geotécnica (ISSMGE).

[4.4]  Das B. M. (2001), "Principio de ingeniería de cimentaciones". International Thomson Editores, S.A. de C. V.

[4.5]  Deméneghi, A., (1994). Un método para el análisis tridimensional de la interacción estática suelo-estructura. Volumen II de las Memorias del IX Congreso Nacional de Ingeniería Estructural de la Sociedad Mexicana de Ingenieria Estructural SMIE. Zacatecas, Zac. 1994.

[4.6]  Deméneghi, A., Fernández, L., et al. "Curso: Interacción suelo-estructura para la práctica profesional". Sociedad Mexicana de Ingeniería Estructural, A.C., Sociedad Mexicana de Ingeniería Geotécnica, A.C., Sociedad Mexicana de Ingeniería Sísmica. Junio-Julio 2022

[4.7]  Flores V. A. (1968), "Análisis de Cimentaciones sobre suelo compresible". Instituto de Ingeniería de la UNAM, Informe 171.

[4.8]  Flores, V. A, Esteva, L. (1970), "Análisis y Diseño de Cimentaciones sobre terreno compresible", Universidad Nacional Autónoma de México.

[4.9]  Franco, C. O., Rangel, N. J. L., Fernández, S. L. R.," Análisis de interacción suelo-estructura estática empleando técnicas numéricas 3D para edificios regulares de hasta 8 pisos desplantados en suelos arcillosos del Valle de México", XXVIII Reunión Nacional de Ingeniería Geotécnica, 23 al 26 de Noviembre de 2016; Mérida, Yucatán.

[4.10] Instituto de Investigaciones Eléctricas (2008), "Manual de Diseño de Obras Civiles, Diseño por Sismo". CFE, México DF.

[4.11] Meli, R. (2001), "Diseño Estructural", Limusa.

[4.12] Memorias del simposio de Interacción suelo-estructura y Diseño estructural de cimentaciones realizado el centro de prevención de desastres, México, D.F., (1992). Sociedad Mexicana de Mecánica de Suelos.

[4.13] Morales, R. R. (2010), "Método de subestructuración iterativa para el análisis de vigas continuas", CICT-UPCH.

[4.14] Morales, R. R. (2012), "Cálculo de la distribución de presiones de contacto suelo-cimentación, para cargas gravitacionales sobre suelos compresibles", XVIII Congreso Nacional de Ingeniería Estructural de la Sociedad Mexicana de Ingenieria Estructural SMIE, Acapulco Guerrero 2012.

[4.15] Morales, R. R. (2012), "Método de equilibrio de cortantes y momentos en cimentaciones, con aplicación en computadora (MECYMCAC)", XVIII Congreso Nacional de Ingeniería Estructural de la Sociedad Mexicana de Ingenieria Estructural SMIE, Acapulco Guerrero 2012.

[4.16] Morales, R. R. (2019),"Método de equilibrio de cortantes y momentos en cimentaciones MECYMCAC", Editorial Académica Española, Febrero 2019.

[4.17] M. Gere J., Weaver W. Jr. (1976), "Análisis de estructuras reticulares". Editorial C.E.C.S.A.

[4.18] "Normas Técnicas Complementarias para Diseño y Construcción de Cimentaciones". Gaceta Oficial del Distrito Federal. Tomo II, No. 103-BIS, 6 de octubre de 2004.

[4.19] Rangel, N. J. L., Franco, C. O., Fernández, S. L. R., (2016)," Modelado de interacción suelo-estructura con métodos numéricos acoplados e integrales", XX Congreso Nacional de Ingeniería Estructural de la Sociedad Mexicana de Ingeniería Estructural SMIE, Mérida, Yucatán 2016.

[4.20] Rivera C. R., Zea C. C. (1997), "Curso-Taller". Universidad Juárez Autónoma de Tabasco, División Académica de Ingeniería y Arquitectura, Unidad Chontalpa.

[4.21] "SAP2000 Advanced". Versión 14.2.4. Structural Analysis Program, Computers and Structures. Inc. 1995 University Avc. Berkeley, CA 94704.

[4.22] "STAAD.Pro 2004", Research Engineers International,Division of NetGuru, Inc. in USA.

[4.23] Tena, C. A. (2007), "Análisis de estructuras con métodos matriciales, Editorial Limusa", S.A. de C.V.

[4.24] Zeevaert, L., (1973).Foundation Engineering for Difficult Subsoil Conditions. Editorial Limusa México. Primera Edición. Van Nostrand Reinhold Co., Nueva York.

[4.25] Zeevaert, L. (1980), "Interacción Suelo-Estructura de Cimentación", Editorial Limusa México.

## 5.1 Análisis de Interacción Suelo Estructura Tridimensional en cimentaciones superficiales

El análisis de la Interacción Suelo Estructura Tridimensional o ISET para cargas estáticas verticales actuando en cimentaciones superficiales complejas, puede resolverse de manera directa según López et al., (2011), Demeneghi, A., (1994) o de forma indirecta según (Zeevaert, 1980, página 52, ejemplo I.8.3, páginas 53. 54 y 55), Avilés, L. J., et al., (2016). Los principios del método aquí expuesto para realizar el análisis de la ISET fueron presentados por primera vez en Morales, R. R., (2014), es iterativo de aproximaciones sucesivas.

Cuando la solución de un sistema de ecuaciones se alcanza proponiendo valores iniciales a las variables, el proceso numérico para conocer los valores finales es iterativo, a está manera de proceder se le llama método indirecto. En este contexto la ISET aquí planteada, debe considerarse como un "método indirecto".

El método de Damy, J, y Casales., (1985), para el cálculo de las influencias por esfuerzo unitario $I_{ji}$ y el método de análisis estructural denominado "Método de equilibrio de cortantes y momentos en cimentaciones, con aplicación en computadora o MECYMCAC", Morales, R. R., (2012b, 2019) , hacen viable y justifican el esfuerzo para establecer de manera sistemática el análisis de la ISET en cimentaciones superficiales de cualquier forma geométrica en particular la cuadrada o rectangular. Desde que Zeevaert, L.,(1973, 1980) presentó su método de interacción suelo estructura o ISE y hasta el XVIII Congreso Nacional de Ingeniería Estructural de la Sociedad Mexicana de Ingeniería Estructural SMIE, Acapulco Guerrero 2012, no existía un método congruente de fácil aplicación para realizar el análisis estructural tridimensional con fines de obtener en cimentaciones superficiales complejas sin apoyos discretos, la configuración de asentamientos diferenciales y los elementos mecánicos, cuando está sujeta a las cargas verticales y/o laterales del edificio y a las presiones de contacto obtenidas para las mismas cargas verticales y/o laterales mediante la ISE, ISET o cualquier otro método. En Zeevaert, L., (1973, 1980) el análisis de la ISE y la determinación de los elementos mecánicos se llevan a cabo en la Viga de Cimentación Equivalente o VCE, en un ambiente bidimensional en dos direcciones de análisis.

Los conceptos y manera de operar para determinar la Ecuación Matricial de Asentamientos o EMA para el análisis de la ISE tradicional, es explicado en Zeevaert, L., (1973, 1980) y el Capítulo 4 de este libro. El cálculo de las influencias por esfuerzo unitario $I_{ji}$ y de los asentamientos por cargas unitarias en los centroides de las áreas tributarias supuestas del método tradicional se realiza en "un plano vertical" de dimensiones $L$ o $B$ de la cimentación por $d_i$ (Profundidad de los estratos blandos). El enfoque bidimensional del problema para cada dirección de análisis simplifica desde el inicio llevar a cabo arreglos matriciales para calcular los asentamientos debido a la carga unitaria en la primera área tributaria, es decir $[I_{ji}]^T \cdot |\alpha^N| = |\bar{\delta}_{ji}|$, al aplicar las otras cargas unitarias y mediante el principio de superposición se encuentra la ecuación compacta $|\delta_i| = [\bar{\delta}_{ji}]^T \cdot |q_i|$, denominada por Zeevaert, L., (1973, 1980), como EMA figuras 5.1 y 5.2.

El análisis tradicional consiste en calcular en dos planos verticales independientes la ISE, utilizando como relación base para la ISE en cada plano vertical, la EMA (suelo) y la Ecuación Matricial de Interacción o EMI (estructura) y mediante la utilización del factor de ajuste transversal de presiones medias $factor = \bar{q}_i/\bar{q}_m$, se obtienen en una cimentación supuesta rígida, las presiones de contacto en cada dovela en un ambiente aparentemente tridimensional, (Zeevaert, 1980, página 52, inciso I.8.3, página 55, figura 14.I).

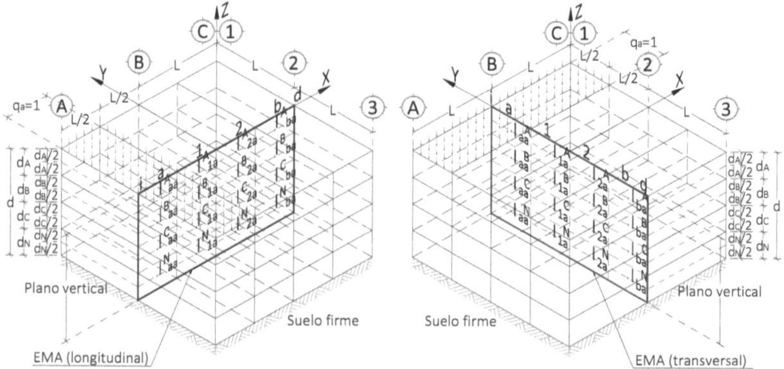

**Figura 5.1** Isométrico de las cuatro áreas tributarias y los planos verticales con los centroides de interés y la carga unitaria aplicada en el $a_a^l$ y $a_a^t$, para el cálculo de la EMA longitudinal y transversal

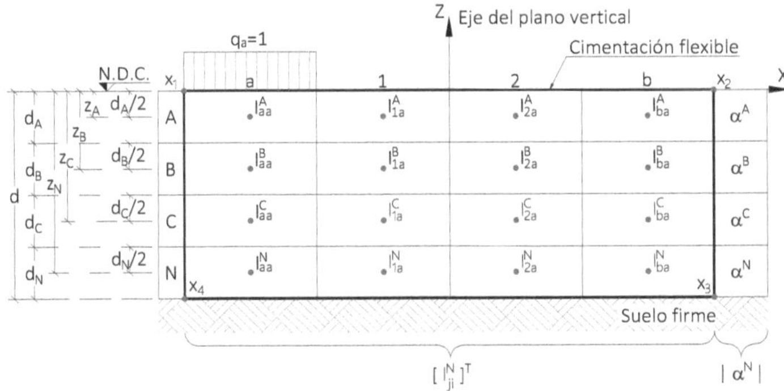



**Figura 5.2** Plano vertical $x\ vs\ z_{i,n}$ con los centroides de cada franja supuesta y de cada estrato existente, para el cálculo de la matriz $\left[I_{ji}^{N}\right]^{T}$ y $\left[I_{ji}^{N}\right]^{T}\cdot\left|\alpha^{N}\right|=\left|\bar{\delta}_{ji}\right|$ debido a la carga $q_{a}=1$

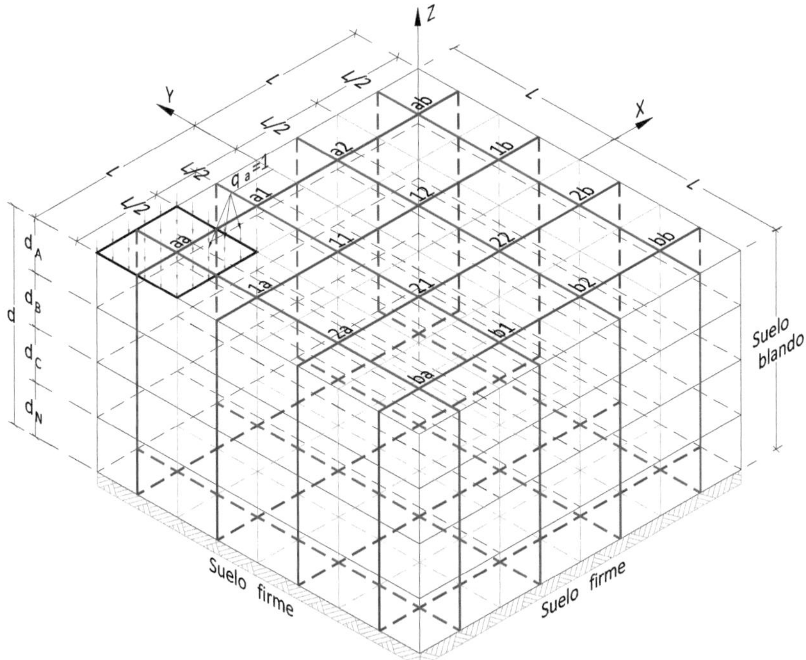



**Figura 5.3** Isométrico de los planos verticales discretos perpendiculares entre sí, en los centroides de interés para el cálculo de las $I_{ij}^{N}$ para cada $q^{nn}-1$

En cambio para el análisis de la ISET, para cimentaciones flexibles $K = 0$, elásticas $0 < K < \infty$ y rígidas $K \to \infty$, el cálculo de las influencias de esfuerzos por cargas unitarias para la obtención de la ecuación matricial de los asentamientos en los centroides de las dovelas supuestas en la interfase suelo-cimentación, se realiza en un conjunto de planos verticales discretos perpendiculares entre sí, que pasan por los centroides de cada dovela, ver figura 5.3. El número de dovelas superficiales supuestas y los planos verticales discretos dificulta desde el principio ordenar racionalmente en forma matricial los asentamientos por carga unitaria $\bar{\delta}_{ij}$ en la superficie del suelo; para su obtención, es necesario omitir un arreglo matricial como el de la ecuación 4.14 y como consecuencia el término $[\delta_{ji}]^T$ de la ecuación 4.15 o EMA del planteamiento tradicional según Zeevaert, L., (1980). En párrafos posteriores se demostrará que la Ecuación Matricial de Asentamientos Tridimensional Simétrica o EMATS obtenida es de la forma $|\delta_{ij}| = \left[\,_{\square}^{s}\delta_{ij}^{nn}\right] \cdot |q_{ij}|$

## 5.2 Determinación de la Ecuación Matricial de Asentamientos Tridimensional Simétrica *EMATS*

Una vez conocidas las propiedades esfuerzo-deformación-tiempo y la profundidad de los diferentes estratos de la masa del suelo; así como, la geometría de la cimentación, es necesario determinar los asentamientos verticales debido a presiones unitarias en puntos discretos de la superficie del suelo en términos de la expresión aquí definida y denominada como Ecuación Matricial de Asentamientos Tridimensional Simétrica o EMATS. Para el logro de este propósito se propone la geometría de la superficie del suelo que será cubierta por la losa de la cimentación y el perfil estratigráfico, ver figuras 5.4 y 5.5. Con fines didácticos se eligió un terreno cubierto por una cimentación con pocas dovelas. Para la configuración en estudio, con aplicación para cuando las cargas verticales actuantes son simétricas, las hipótesis para obtener la *EMATS* son:

a) La superficie del suelo cubierta por la cimentación rectangular o cuadrada se fracciona en elementos denominados dovelas con áreas iguales y se divide en cuatro cuadrantes con número de dovelas iguales (ver figura 5.4). Para fines de explicación del método, el número mínimo de dovelas es dos por tramo en ambas direcciones con área de igual magnitud.

b) Para el cálculo de las influencias de esfuerzos unitario $I_{ij}^{N}$ se utiliza la solución de Damy, J, y Casales., (1985), que básicamente consiste en subdividir un polígono cualquiera en áreas triangulares y aplicar fórmulas de integración obtenidas ex profeso en forma secuencial a todos los triángulos que forman el polígono en estudio, en este caso dovelas, ver Apéndice A. La carga unitaria se aplica en la primera dovela (ver figura 5.3) y se calculan las influencias de esfuerzo unitario $I_{ij}^{N}$ en todos los centroides de los estratos correspondiente con cada dovela. La designación de los vértices $v_1, v_2, v_3$ y $v_4$ es siempre en la dovela cargada con $_{ij}^{I}q^{nn} = 1$ . Para la obtención de la influencia en la dovela cargada, el valor de las coordenadas de los puntos $v_1, v_2, v_3$ y $v_4$ es medido con respecto a su centroide "$nn$", siempre en sentido contrario a las manecillas del reloj (ver figura 5.5). Cuando se quiera calcular la influencia de la dovela cargada en cualquier otra dovela, se mueve el eje de referencia de la dovela cargada a la dovela en estudio, asignándole a su centroide las coordenadas (0,0), midiendo las coordenadas de los puntos $v_1, v_2, v_3$ y $v_4$ con sus respectivos signos. La dovela es de forma rectangular o cuadrada. La utilización de hojas de cálculo hace amigable y facilita la solución empleando el método de Damy, J, y Casales., (1985).

c) La obtención de las influencias de esfuerzo unitario en todos los centroides de las dovelas, se inicia aplicando la carga unitaria en la dovela con centroide "$aa$" del cuadrante "$I$" calculando las influencias de esfuerzo unitario hasta terminar las dovelas de la fila "$a$", se continua el cálculo de las influencias de esfuerzo unitario en la dovela $1a$ hasta terminar en la dovela $1b$, continuando con el cálculo de las influencias de esfuerzo unitario en la dovela $2a$ hasta terminar en la dovela $2b$, se continua con el cálculo de las influencias de esfuerzo unitario en la dovela $ba$ hasta finalizar con la dovela con centroide "$bb$" (ver figura 5.4).

d) Se van colocando por filas las cargas unitarias en las dovelas del cuadrante "$I$" y para cada carga unitaria considerada se calculan las $I_{ij}^{N}$ en todos los centroides de los estratos correspondiente en cada dovela. Mediante la aplicación de la ecuación 5.1, se obtienen los asentamientos por carga unitaria en los centroides de la interfase de cada dovela y la superficie del suelo. Este cálculo debe realizarse para las 16 dovelas cuando cada una de las dovelas del cuadrante "$I$" está sujeta a cargas unitarias.

$$_{ij}^{I}\bar{\delta}_{ij}^{nn} = \rho_{c}^{N} \sum_{A}^{N} M_{c}^{N} \cdot d_{N} \cdot I_{ij}^{N} \tag{5.1}$$

$\overset{I}{\square}\bar{\delta}_{ij}^{nn}$ El superíndice "$I$" significa que la dovela con carga unitaria $\overset{I}{\square}q^{nn}=1$ se encuentra en el cuadrante "$I$", el superíndice $nn=aa,a1,1a,11$ ubica a la dovela cargada y los subíndices "$ij$" se refieren a la fila y columna que pasa por el centroide de la dovela de la interfase suelo y losa de fondo en estudio.

$\rho_c^N$ Factor de recompresión del estrato "$N$", ver Zeevaert, L., (1980)

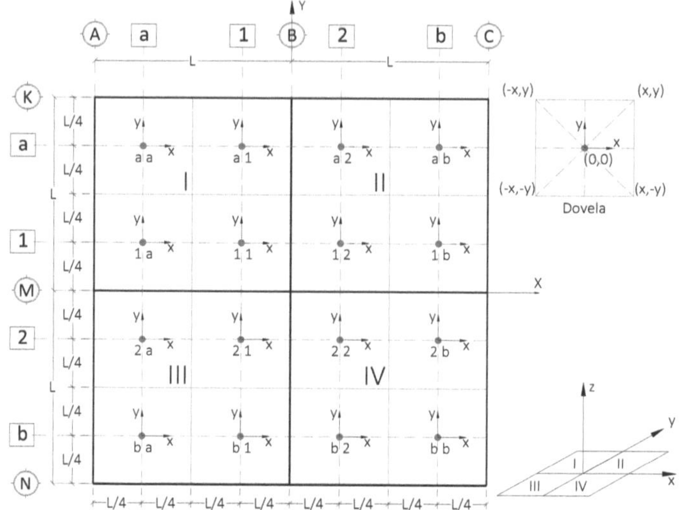

**Figura 5.4** Eje de coordenadas, cuadrantes de la superficie del suelo cubierta por la cimentación y designación de los centroides de cada dovela

**Figura 5.5** Plano vertical discreto del eje "a" con vértices $X_{1a}$, $X_{4a}$, $X_{3b}$, $X_{2b}$, suelo-cimentación 100% flexible

En las figuras 5.5 y 5.6 se muestra una dovela de cimentación de área $\bar{a}$ con centroide $aa$ sometida a una carga uniformemente distribuida $\overset{I}{\square}q^{aa}=1$, apoyada en un suelo con cuatro estratos designados como $A$, $B$, $C$ y $N$ con espesores $d_A$, $d_B$, $d_C$ y $d_N$ y con centroides medidos desde el nivel de desplante de la cimentación $z_A$

$z_B$, $z_C$ y $z_N$; además, servirán para obtener en notación simbólica mediante un análisis de ISET la *EMATS*.

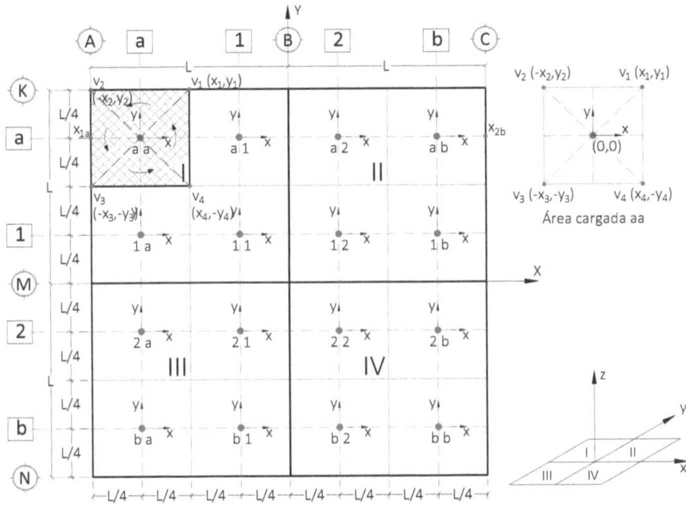



**Figura 5.6** Dovela "$aa$" con carga unitaria $^I_{\square}q^{aa} = 1$, la designación de los vértices y la de los cuatro triángulos cargados es en sentido antihorario según método de Damy-Casales

En el análisis de la ISET para determinar la Ecuación Matricial de Asentamientos Tridimensional o *EMATS*, se considera que la superficie del suelo se divide en 16 dovelas con áreas iguales y cada dovela se considera formada por cuatro placas de dimensiones $L/4$ por lado. El eje de coordenadas imaginario con origen en el centroide de la superficie de suelo cubierta por la cimentación, divide la superficie en cuatro cuadrantes con cuatro dovelas iguales cada uno. La masa de suelo se supone que contiene 4 planos verticales imaginarios en ambos sentidos, los puntos de intersección son comunes a ambos planos y en este caso particular cada plano vertical tiene 16 puntos en común que serían los centroides mostrados en la figura 5.6 para el eje "a" en planta.

En apego a las consideraciones a) hasta d) se inicia la obtención de las influencias de esfuerzo unitario $I_{aa}^N$ y de los asentamientos $^I_{\square}\bar{\delta}_{ij}^{nn}$, por claridad en el análisis se supone que el caso estudiado para valorar $\alpha$ es el de "Compresión sin expansión previa"; luego entonces, $\rho_c^N = 1$. Los datos y valores paramétricos calculados son mostrados en las tablas 5.1, 5.2, 5.3 y 5.4, la definición de la notación simbólica utilizada es explicada debajo de cada tabla.

**Tabla 5.1** Influencia de esfuerzos $I_{aa}^N$ y asentamientos $_{\square}^{I}\bar{\delta}_{aa}^{aa}$ unitarios en el centroide de la dovela "$aa$" a diferentes profundidades, debido a $_{\square}^{I}q^{aa} = 1$

| $z^N(m)$ | Vértice | Coordenadas | | Polígonos ↺ | | Influencias de esfuerzo $I_{aa}^N$ | | | $_{\square}^{I}\delta_{aa}^{aa}(m)$ |
|---|---|---|---|---|---|---|---|---|---|
| | | $x(m)$ | $y(m)$ | $_{\square}^{(+)}\Delta_c$ | $_{\square}^{(-)}\Delta_c$ | $_{\square}^{(+)}I_t^N$ | $_{\square}^{(-)}I_t^N$ | $I_{aa}^N$ | |
| $z^A$ | $aa$ | 0.00 | 0.00 | $aa, v_1, v_2$ | - | $_{\square}^{(+)}I_t^A$ | - | $I_{aa}^A$ | $M_z^A \cdot d_A \cdot I_{aa}^A$ |
| $z^B$ | $v_1$ | $L/4$ | $L/4$ | $aa, v_2, v_3$ | - | $_{\square}^{(+)}I_t^B$ | - | $I_{aa}^B$ | $M_z^B \cdot d_B \cdot I_{aa}^B$ |
| $z^C$ | $v_2$ | $-L/4$ | $L/4$ | $aa, v_3, v_4$ | - | $_{\square}^{(+)}I_t^C$ | - | $I_{aa}^C$ | $M_z^C \cdot d_C \cdot I_{aa}^C$ |
| $z^N$ | $v_3$ | $-L/4$ | $-L/4$ | $aa, v_4, v_1$ | - | $_{\square}^{(+)}I_t^N$ | - | $I_{aa}^N$ | $M_z^N \cdot d_N \cdot I_{aa}^N$ |
| | $v_4$ | $L/4$ | $-L/4$ | - | - | - | - | - | - |

Dónde:

$z^N$ = Profundidad al centroide del estrato "$N$"

$aa$ = Vértice inicial de cualquier triángulo o centroide de la dovela cargada con el esfuerzo unitario $_{\square}^{I}q^{aa} = 1$ , en donde, $v_1$, $v_2$, $v_3$ y $v_4$ son los vértices de la dovela cargada con centroide "$aa$" (ver figura 5.5), el eje de referencia o coordenadas tiene su origen en el centroide $aa$ estudiado

$_{\square}^{(+)}\Delta_c$ = Se refiere a los cuatro triángulos cargados con $_{\square}^{I}q^{aa} = 1$ cuyos vértices se indican en la columna 5 de la tabla 5.1

$_{\square}^{(-)}\Delta_c$ = Se refiere al triángulo con carga supuesta $_{\square}^{I}q^{aa} = 1$, como lo indica su definición la carga no existe

$_{\square}^{(+)}I_t^N$ = Influencia de esfuerzo unitario en el centroide "$aa$" de la dovela en estudio, debido a la aplicación de $_{\square}^{I}q^{aa} = 1$ en los cuatro triángulos cargados, el superíndice "$N$" identifica al estrato en que la influencia del esfuerzo unitario es obtenida en su centroide

$_{\square}^{(-)}I_t^N$ = Influencia de esfuerzo unitario en el triángulo con carga supuesta $_{\square}^{I}q^{aa} = 1$, que para esta condición no existe

$I_{aa}^N$ = Influencia de esfuerzo unitario en la dovela con centroide "$aa$" debido a la carga $_{\square}^{I}q^{aa} = 1$, el cual se calcula con la ecuación $I_{aa}^N = {}_{\square}^{(+)}I_t^N - {}_{\square}^{(-)}I_t^N$

Quedando el asentamiento por carga unitaria en la superficie de contacto suelo-centroide "$aa$" de la dovela como:

$$_{\square}^{I}\bar{\delta}_{aa}^{aa} = M_z^A \cdot d_A \cdot I_{aa}^A + M_z^B \cdot d_B \cdot I_{aa}^B + M_z^C \cdot d_C \cdot I_{aa}^C + M_z^N \cdot d_N \cdot I_{aa}^N (m^3/ton) \qquad (5.2)$$

**Tabla 5.2** Influencia de esfuerzos $I_{a1}^N$ y asentamientos ${}_{\square}^{I}\bar\delta_{a1}^{aa}$ unitarios en el centroide de la dovela "$a1$" a diferentes profundidades, debido a ${}_{\square}^{I}q^{aa} = 1$

| $z^N$ (m) | Vértice | Coordenadas | | Polígonos ↺ | | Influencias $I_{a1}^N$ | | | ${}_{\square}^{I}\delta_{a1}^{aa}$ |
|---|---|---|---|---|---|---|---|---|---|
| | | $x(m)$ | $y(m)$ | ${}_{\square}^{(+)}\Delta_c$ | ${}_{\square}^{(-)}\Delta_c$ | ${}_{\square}^{(+)}I_t^N$ | ${}_{\square}^{(-)}I_t^N$ | $I_{aa}^N$ | $(m^3/ton)$ |
| $z^A$ | $a1$ | 0.00 | 0.00 | $a1, v_1, v_2$ | $a1, v_1, v_4$- | ${}_{\square}^{(+)}I_t^A$ | ${}_{\square}^{(-)}I_t^A$ | $I_{a1}^A$ | $M_z^A \cdot d_A \cdot I_{a1}^A$ |
| $z^B$ | $v_1$ | $-L/4$ | $L/4$ | $a1, v_2, v_3$ | - | ${}_{\square}^{(+)}I_t^B$ | ${}_{\square}^{(-)}I_t^B$ | $I_{a1}^B$ | $M_z^B \cdot d_B \cdot I_{a1}^B$ |
| $z^C$ | $v_2$ | $-3(L/4)$ | $L/4$ | $a1, v_3, v_4$ | - | ${}_{\square}^{(+)}I_t^C$ | ${}_{\square}^{(-)}I_t^C$ | $I_{a1}^C$ | $M_z^C \cdot d_C \cdot I_{a1}^C$ |
| $z^N$ | $v_3$ | $-3(L/4)$ | $-L/4$ | | - | ${}_{\square}^{(+)}I_t^N$ | ${}_{\square}^{(-)}I_t^N$ | $I_{a1}^N$ | $M_z^N \cdot d_N \cdot I_{a1}^N$ |
| | $v_4$ | $-L/4$ | $-L/4$ | - | - | - | - | - | - |

Dónde:

$z^N=$ Profundidad al centroide del estrato "$N$"

$a1=$ Vértice inicial o centroide de la dovela en donde se calcula la influencia de esfuerzo unitario $I_{a1}^N$, en donde, $v_1$, $v_2$, $v_3$ y $v_4$ son los vértices de la dovela cargada con centroide "$aa$" (ver figura 5.5), ahora el eje de referencia tiene su origen en el centroide $a1$ estudiado

${}_{\square}^{(+)}\Delta_c=$ Se refiere a los tres triángulos cargados con ${}_{\square}^{I}q^{aa} = 1$ cuyos vértices se indican en la columna 5 de la tabla 5.2

${}_{\square}^{(-)}\Delta_c=$ Se refiere al triángulo con carga supuesta ${}_{\square}^{I}q^{aa} = 1$, como lo indica la columna 6 de la tabla 5.2.

${}_{\square}^{(+)}I_t^N=$ Influencia de esfuerzo unitario en el centroide "$a1$" de la dovela en estudio, debido a la aplicación de ${}_{\square}^{I}q^{aa} = 1$ en los tres triángulos cargados, el superíndice "$N$" identifica al estrato en que la influencia del esfuerzo unitario es obtenida en su centroide

${}_{\square}^{(-)}I_t^N=$ Influencia de esfuerzo unitario en el centroide "$a1$" debido al triángulo con carga supuesta ${}_{\square}^{I}q^{aa} = 1$

$I_{a1}^N=$ Influencia de esfuerzo unitario en la dovela con centroide "$a1$" debido a la carga ${}_{\square}^{I}q^{aa} = 1$, el cual se calcula con la ecuación $I_{a1}^N = {}_{\square}^{(+)}I_t^N - {}_{\square}^{(-)}I_t^N$

Quedando el asentamiento por carga unitaria en la superficie de contacto suelo-centroide "$a1$" de la dovela como:

$$\square^{I}\bar\delta_{a1}^{aa} = M_z^A \cdot d_A \cdot I_{a1}^A + M_z^B \cdot d_B \cdot I_{a1}^B + M_z^C \cdot d_C \cdot I_{a1}^C + M_z^N \cdot d_N \cdot I_{a1}^N (m^3/ton) \qquad (5.3)$$

**Tabla 5.3** Influencia de esfuerzos $I_{a2}^N$ y asentamientos $_{\square}^{I}\bar{\delta}_{a2}^{aa}$ unitarios en el centroide de la dovela "$a2$" a diferentes profundidades, debido a $_{\square}^{I}q^{aa}=1$

| $z^N$ (m) | Vértice | Coordenadas | | Polígonos ↺ | | Influencias $I_{a2}^N$ | | | $_{\square}^{I}\delta_{a2}^{aa}$ |
|---|---|---|---|---|---|---|---|---|---|
| | | $x(m)$ | $y(m)$ | $_{\square}^{(+)}\Delta_c$ | $_{\square}^{(-)}\Delta_c$ | $_{\square}^{(+)}I_t^N$ | $_{\square}^{(-)}I_t^N$ | $I_{aa}^N$ | $(m^3/ton)$ |
| $z^A$ | $a2$ | 0.00 | 0.00 | $a2, v_1, v_2$ | $a2, v_1, v_4$ | $_{\square}^{(+)}I_t^A$ | $_{\square}^{(-)}I_t^A$ | $I_{a2}^A$ | $M_z^A \cdot d_A \cdot I_{a2}^A$ |
| $z^B$ | $v_1$ | $-3(L/4)$ | $L/4$ | $a2, v_2, v_3$ | - | $_{\square}^{(+)}I_t^B$ | $_{\square}^{(-)}I_t^B$ | $I_{a2}^B$ | $M_z^B \cdot d_B \cdot I_{a2}^B$ |
| $z^C$ | $v_2$ | $-5(L/4)$ | $L/4$ | $a2, v_3, v_4$ | - | $_{\square}^{(+)}I_t^C$ | $_{\square}^{(-)}I_t^C$ | $I_{a2}^C$ | $M_z^C \cdot d_C \cdot I_{a2}^C$ |
| $z^N$ | $v_3$ | $-5(L/4)$ | $-L/4$ | | - | $_{\square}^{(+)}I_t^N$ | $_{\square}^{(-)}I_t^N$ | $I_{a2}^N$ | $M_z^N \cdot d_N \cdot I_{a2}^N$ |
| | $v_4$ | $-3(L/4)$ | $-L/4$ | - | - | - | - | - | - |

Dónde:

$z^N=$ Profundidad al centroide del estrato "$N$"

$a2=$ Vértice inicial o centroide de la dovela en donde se calcula la influencia de esfuerzo unitario $I_{a2}^N$, en donde, $v_1$, $v_2$, $v_3$ y $v_4$ son los vértices de la dovela cargada con centroide "$aa$" (ver figura 5.5), ahora el eje de referencia tiene su origen en el centroide $a2$ estudiado

$_{\square}^{(+)}\Delta_c=$ Se refiere a los tres triángulos cargados con $_{\square}^{I}q^{aa}=1$ cuyos vértices se indican en la columna 5 de la tabla 5.3

$_{\square}^{(-)}\Delta_c=$ Se refiere al triángulo con carga supuesta $_{\square}^{I}q^{aa}=1$, como lo indica la columna 6 de la tabla 5.3

$_{\square}^{(+)}I_t^N=$ Influencia de esfuerzo unitario en el centroide "$a2$" de la dovela en estudio, debido a la aplicación de $_{\square}^{I}q^{aa}=1$ en los tres triángulos cargados, el superíndice "$N$" identifica al estrato en que la influencia del esfuerzo unitario es obtenida en su centroide y como lo indica su definición hay triángulos donde la carga no existe

$_{\square}^{(-)}I_t^N=$ Influencia de esfuerzo unitario en el centroide "$a2$" debido al triángulo con carga supuesta $_{\square}^{I}q^{aa}=1$

$I_{a2}^N=$ Influencia de esfuerzo unitario en la dovela con centroide "$a2$" debido a la carga $_{\square}^{I}q^{aa}=1$, el cual se calcula con la ecuación $I_{a2}^N = {}_{\square}^{(+)}I_t^N - {}_{\square}^{(-)}I_t^N$

Quedando el asentamiento por carga unitaria en la superficie de contacto suelo-centroide "$a2$" de la dovela como:

$$_{\square}^{I}\bar{\delta}_{a2}^{aa} = M_z^A \cdot d_A \cdot I_{a2}^A + M_z^B \cdot d_B \cdot I_{a2}^B + M_z^C \cdot d_C \cdot I_{a2}^C + M_z^N \cdot d_N \cdot I_{a2}^N \,(m^3/ton) \qquad (5.4)$$

**Tabla 5.4** Influencia de esfuerzos $I^N_{ab}$ y asentamientos ${}^I_{\square}\bar\delta^{aa}_{ab}$ unitarios en el centroide de la dovela "$ab$" a diferentes profundidades, debido a ${}^I_{\square}q^{aa} = 1$

| $z^N$ (m) | Vértice | Coordenadas | | Polígonos ↺ | | Influencias $I^N_{ab}$ | | | ${}^I_{\square}\delta^{aa}_{ab}$ |
|---|---|---|---|---|---|---|---|---|---|
| | | $x(m)$ | $y(m)$ | ${}^{(+)}_{\square}\Delta_c$ | ${}^{(-)}_{\square}\Delta_c$ | ${}^{(+)}_{\square}I^N_t$ | ${}^{(-)}_{\square}I^N_t$ | $I^N_{aa}$ | $(m^3/ton)$ |
| $z^A$ | $ab$ | 0.00 | 0.00 | $ab, v_1, v_2$ | $ab, v_1, v_4$ | ${}^{(+)}_{\square}I^A_t$ | ${}^{(-)}_{\square}I^A_t$ | $I^A_{ab}$ | $M^A_z \cdot d_A \cdot I^A_{ab}$ |
| $z^B$ | $v_1$ | $-5(L/4)$ | $L/4$ | $ab, v_2, v_3$ | - | ${}^{(+)}_{\square}I^B_t$ | ${}^{(-)}_{\square}I^B_t$ | $I^B_{ab}$ | $M^B_z \cdot d_B \cdot I^B_{ab}$ |
| $z^C$ | $v_2$ | $-7(L/4)$ | $L/4$ | $ab, v_3, v_4$ | - | ${}^{(+)}_{\square}I^C_t$ | ${}^{(-)}_{\square}I^C_t$ | $I^C_{ab}$ | $M^C_z \cdot d_C \cdot I^C_{ab}$ |
| $z^N$ | $v_3$ | $-7(L/4)$ | $-L/4$ | | - | ${}^{(+)}_{\square}I^N_t$ | ${}^{(-)}_{\square}I^N_t$ | $I^N_{ab}$ | $M^N_z \cdot d_N \cdot I^N_{ab}$ |
| | $v_4$ | $-5(L/4)$ | $-L/4$ | - | - | - | - | - | - |

Dónde:

$z^N$ = Profundidad al centroide del estrato "$N$"

$ab$ = Vértice inicial o centroide de la dovela en donde se calcula la influencia de esfuerzo unitario $I^N_{ab}$, en donde, $v_1$, $v_2$, $v_3$ y $v_4$ son los vértices de la dovela cargada con centroide "$aa$" (ver figura 5.5), ahora el eje de referencia tiene su origen en el centroide $ab$ estudiado

${}^{(+)}_{\square}\Delta_c$ = Se refiere a los tres triángulos cargados con ${}^I_{\square}q^{aa} = 1$ cuyos vértices se indican en la columna 5 de la tabla 5.4

${}^{(-)}_{\square}\Delta_c$ = Se refiere al triángulo con carga supuesta ${}^I_{\square}q^{aa} = 1$, como lo indica la columna 6 de la tabla 5.4

${}^{(+)}_{\square}I^N_t$ = Influencia de esfuerzo unitario en el centroide "$ab$" de la dovela en estudio, debido a la aplicación de ${}^I_{\square}q^{aa} = 1$ en los tres triángulos cargados, el superíndice "$N$" identifica al estrato en que la influencia del esfuerzo unitario es obtenida en su centroide y como lo indica su definición hay triángulos donde la carga no existe

${}^{(-)}_{\square}I^N_t$ = Influencia de esfuerzo unitario en el centroide "$ab$" debido al triángulo con carga supuesta ${}^I_{\square}q^{aa} = 1$

$I^N_{a2}$ = Influencia de esfuerzo unitario en la dovela con centroide "$ab$" debido a la carga ${}^I_{\square}q^{aa} = 1$, el cual se calcula con la ecuación $I^N_{a2} = {}^{(+)}_{\square}I^N_t - {}^{(-)}_{\square}I^N_t$

Quedando el asentamiento por carga unitaria en la superficie de contacto suelo-centroide "$ab$" de la dovela como:

$$ {}^I_{\square}\bar\delta^{aa}_{ab} = M^A_z \cdot d_A \cdot I^A_{ab} + M^B_z \cdot d_B \cdot I^B_{ab} + M^C_z \cdot d_C \cdot I^C_{ab} + M^N_z \cdot d_N \cdot I^N_{ab} \, (m^3/ton) \qquad (5.5) $$

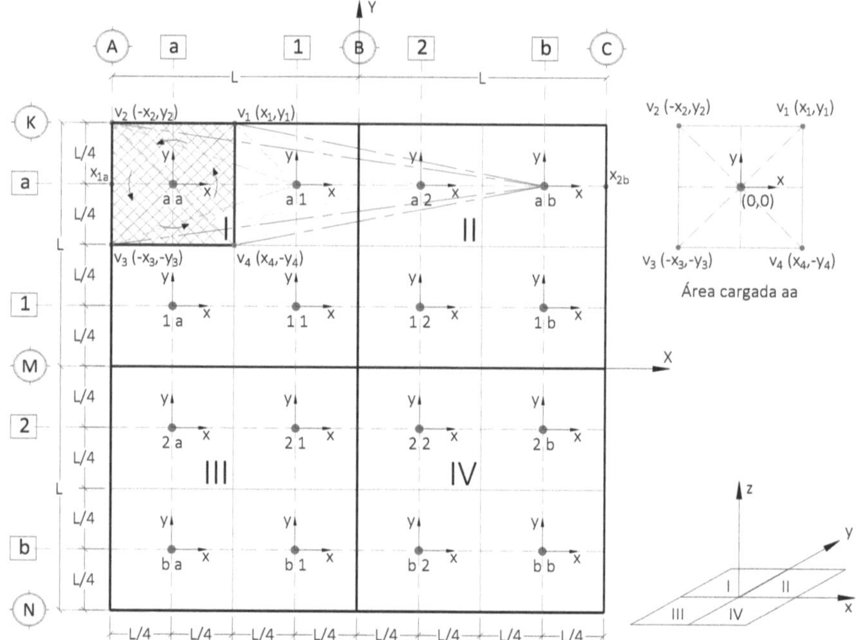



**Figura 5.7** Representación gráfica para la obtención de las influencias de esfuerzo y asentamientos unitario en las dovelas $aa, a1, a2$ y $ab$ cuando en la dovela con centroide "$aa$" se le aplica una carga unitaria denominada $_\square^I q^{aa} = 1$

Mediante un procedimiento similar se calculan los asentamientos $_\square^I \bar\delta_{ij}^{nn}$ ocasionados por la misma carga unitaria $_\square^I q^{aa} = 1$ en las filas 1, 2 y b, según la figura 5.8.

La ecuación 5.1 se formuló en notación algebraica para una dovela, de manera que para considerar filas de dovelas y ordenar los valores en forma matricial se procede a utilizar la transpuesta de las influencias $I_{ij}^N$. Llamando $\alpha^N$ a la deformación volumétrica de un estrato* $N$ para un tiempo determinado y expresado en términos del módulo de deformación unitaria ($M_n = 1/E_n$) y del espesor $d_n$ del estrato, quedaría:

$$\alpha^N = \frac{d_n}{E_n} = M_n \cdot d_n \tag{5.6}$$

Sustituyendo en la ecuación 5.1, obtendríamos

$$\square^I \bar{\delta}_{ij}^{nn} = \sum_A^N \alpha^N \cdot I_{ij}^N \tag{5.7}$$

* Zeevaert (Apéndice B, Deformación volumétrica de los estratos, página 205 hasta la 216, ED. LIMUSA, México 1980)

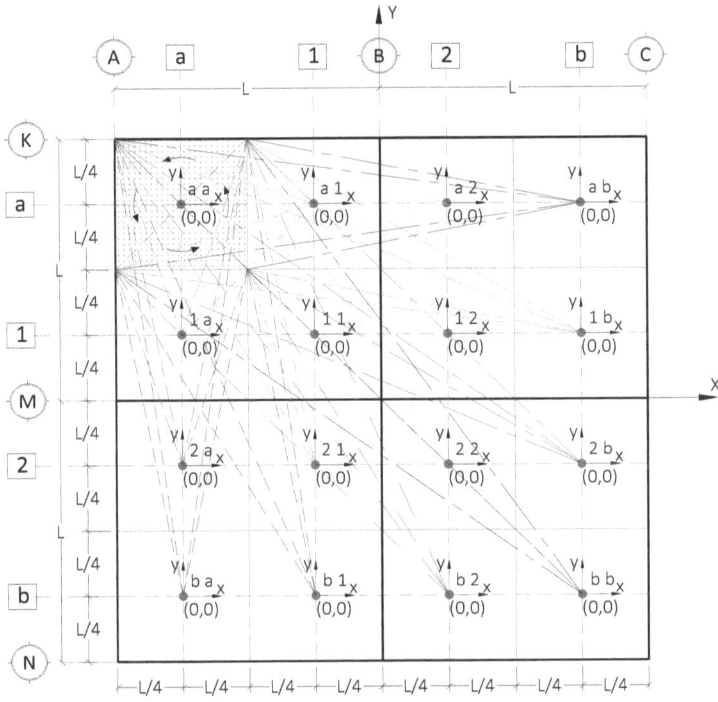



**Figura 5.8** Representación gráfica para la obtención de las influencias de esfuerzo y asentamientos unitario en todas las dovelas, cuando la dovela con centroide "$aa$" está cargada con $\square^I q^{aa} = 1$

Los asentamientos unitarios en notación simbólica observados en las tablas 5.1, 5.2, 5.3 y 5.4 están en conformidad a las figuras 5.6 y 5.7; es decir, representan los asentamientos en la primera fila de dovelas con centroide aa, a1, a2 y ab por la aplicación de la carga unitaria $\square^I q^{aa} = 1$.

El arreglo en forma de matriz que emana de la figura 5.6, no es la solución. Para resolver la ecuación deben transponerse los elementos de las influencias $\square^I I_{ij}^N$ por esfuerzos unitarios, esto es

$$
\begin{bmatrix} {}_{\square}^{I}\bar{\delta}_{aa}^{aa} \\ {}_{\square}^{I}\bar{\delta}_{a1}^{aa} \\ {}_{\square}^{I}\bar{\delta}_{a2}^{aa} \\ {}_{\square}^{I}\bar{\delta}_{ab}^{aa} \end{bmatrix} = \begin{bmatrix} {}_{\square}^{I}I_{aa}^{A} & {}_{\square}^{I}I_{a1}^{A} & {}_{\square}^{I}I_{a2}^{A} & {}_{\square}^{I}I_{ab}^{A} \\ {}_{\square}^{I}I_{aa}^{B} & {}_{\square}^{I}I_{a1}^{B} & {}_{\square}^{I}I_{a2}^{B} & {}_{\square}^{I}I_{ab}^{B} \\ {}_{\square}^{I}I_{aa}^{C} & {}_{\square}^{I}I_{a1}^{C} & {}_{\square}^{I}I_{a2}^{C} & {}_{\square}^{I}I_{ab}^{C} \\ {}_{\square}^{I}I_{aa}^{N} & {}_{\square}^{I}I_{a1}^{N} & {}_{\square}^{I}I_{a2}^{N} & {}_{\square}^{I}I_{ab}^{N} \end{bmatrix}^{T} \begin{bmatrix} \alpha^{A} \\ \alpha^{B} \\ \alpha^{C} \\ \alpha^{N} \end{bmatrix}
$$

O bien,

$$
\left| {}_{\square}^{I}\bar{\delta}_{ij}^{nn} \right| = \left[ {}_{\square}^{I}I_{ij}^{N} \right]^{T} \cdot \left| \alpha^{N} \right| \tag{5.8}
$$

Para determinar los asentamientos en las dovelas de las filas 1, 2 y b se procede de la misma manera; es decir, se obtienen los valores de los asentamientos de la segunda, tercera y cuarta columna de la matriz de asentamientos por la aplicación de la carga unitaria ${}_{\square}^{I}q^{aa} = 1$. Hay que tener presente que este arreglo matricial es parte del proceso para determinar la EMAT simétrica, general y sísmica para el análisis de la Interacción Suelo Estructura Tridimensional.

Con la misma mecánica deben calcularse los asentamientos en todas las dovelas para las cargas ${}_{\square}^{I}q^{a1} = 1$, ${}_{\square}^{I}q^{1a} = 1$ y ${}_{\square}^{I}q^{11} = 1$. Los asentamientos en notación simbólica son anotados en la tabla 5.5.

**Tabla 5.5** Arreglos matriciales de los asentamientos por carga unitaria ${}_{\square}^{I}\bar{\delta}_{ij}^{nn}$ en el centroide de las dovelas de la losa de fondo de la cimentación, obtenidos por la aplicación de cargas uniformes unitarias en el cuadrante I

| ${}_{\square}^{I}\bar{\delta}_{ij}^{nn}$ | ${}_{\square}^{I}q^{aa} = 1$ | | | | ${}_{\square}^{I}q^{a1} = 1$ | | | |
|---|---|---|---|---|---|---|---|---|
| | a | 1 | 2 | b | a | 1 | 2 | b |
| a | ${}_{\square}^{I}\bar{\delta}_{aa}^{aa}$ | ${}_{\square}^{I}\bar{\delta}_{1a}^{aa}$ | ${}_{\square}^{I}\bar{\delta}_{2a}^{aa}$ | ${}_{\square}^{I}\bar{\delta}_{ba}^{aa}$ | ${}_{\square}^{I}\bar{\delta}_{aa}^{a1}$ | ${}_{\square}^{I}\bar{\delta}_{1a}^{a1}$ | ${}_{\square}^{I}\bar{\delta}_{2a}^{a1}$ | ${}_{\square}^{I}\bar{\delta}_{ba}^{a1}$ |
| 1 | ${}_{\square}^{I}\bar{\delta}_{a1}^{aa}$ | ${}_{\square}^{I}\bar{\delta}_{11}^{aa}$ | ${}_{\square}^{I}\bar{\delta}_{21}^{aa}$ | ${}_{\square}^{I}\bar{\delta}_{b1}^{aa}$ | ${}_{\square}^{I}\bar{\delta}_{a1}^{a1}$ | ${}_{\square}^{I}\bar{\delta}_{11}^{a1}$ | ${}_{\square}^{I}\bar{\delta}_{21}^{a1}$ | ${}_{\square}^{I}\bar{\delta}_{b1}^{a1}$ |
| 2 | ${}_{\square}^{I}\bar{\delta}_{a2}^{aa}$ | ${}_{\square}^{I}\bar{\delta}_{12}^{aa}$ | ${}_{\square}^{I}\bar{\delta}_{22}^{aa}$ | ${}_{\square}^{I}\bar{\delta}_{b2}^{aa}$ | ${}_{\square}^{I}\bar{\delta}_{a2}^{a1}$ | ${}_{\square}^{I}\bar{\delta}_{12}^{a1}$ | ${}_{\square}^{I}\bar{\delta}_{22}^{a1}$ | ${}_{\square}^{I}\bar{\delta}_{b2}^{a1}$ |
| b | ${}_{\square}^{I}\bar{\delta}_{ab}^{aa}$ | ${}_{\square}^{I}\bar{\delta}_{1b}^{aa}$ | ${}_{\square}^{I}\bar{\delta}_{2b}^{aa}$ | ${}_{\square}^{I}\bar{\delta}_{bb}^{aa}$ | ${}_{\square}^{I}\bar{\delta}_{ab}^{a1}$ | ${}_{\square}^{I}\bar{\delta}_{1b}^{a1}$ | ${}_{\square}^{I}\bar{\delta}_{2b}^{a1}$ | ${}_{\square}^{I}\bar{\delta}_{bb}^{a1}$ |
| | ${}_{\square}^{I}q^{1a} = 1$ | | | | ${}_{\square}^{I}q^{11} = 1$ | | | |
| a | ${}_{\square}^{I}\bar{\delta}_{aa}^{1a}$ | ${}_{\square}^{I}\bar{\delta}_{1a}^{1a}$ | ${}_{\square}^{I}\bar{\delta}_{2a}^{1a}$ | ${}_{\square}^{I}\bar{\delta}_{ba}^{1a}$ | ${}_{\square}^{I}\bar{\delta}_{aa}^{11}$ | ${}_{\square}^{I}\bar{\delta}_{1a}^{11}$ | ${}_{\square}^{I}\bar{\delta}_{2a}^{11}$ | ${}_{\square}^{I}\bar{\delta}_{ba}^{11}$ |
| 1 | ${}_{\square}^{I}\bar{\delta}_{a1}^{1a}$ | ${}_{\square}^{I}\bar{\delta}_{11}^{1a}$ | ${}_{\square}^{I}\bar{\delta}_{21}^{1a}$ | ${}_{\square}^{I}\bar{\delta}_{b1}^{1a}$ | ${}_{\square}^{I}\bar{\delta}_{a1}^{11}$ | ${}_{\square}^{I}\bar{\delta}_{11}^{11}$ | ${}_{\square}^{I}\bar{\delta}_{21}^{11}$ | ${}_{\square}^{I}\bar{\delta}_{b1}^{11}$ |
| 2 | ${}_{\square}^{I}\bar{\delta}_{a2}^{1a}$ | ${}_{\square}^{I}\bar{\delta}_{12}^{1a}$ | ${}_{\square}^{I}\bar{\delta}_{22}^{1a}$ | ${}_{\square}^{I}\bar{\delta}_{b2}^{1a}$ | ${}_{\square}^{I}\bar{\delta}_{a2}^{11}$ | ${}_{\square}^{I}\bar{\delta}_{12}^{11}$ | ${}_{\square}^{I}\bar{\delta}_{22}^{11}$ | ${}_{\square}^{I}\bar{\delta}_{b2}^{11}$ |
| b | ${}_{\square}^{I}\bar{\delta}_{ab}^{1a}$ | ${}_{\square}^{I}\bar{\delta}_{1b}^{1a}$ | ${}_{\square}^{I}\bar{\delta}_{2b}^{1a}$ | ${}_{\square}^{I}\bar{\delta}_{bb}^{1a}$ | ${}_{\square}^{I}\bar{\delta}_{ab}^{11}$ | ${}_{\square}^{I}\bar{\delta}_{1b}^{11}$ | ${}_{\square}^{I}\bar{\delta}_{2b}^{11}$ | ${}_{\square}^{I}\bar{\delta}_{bb}^{11}$ |

En el análisis para determinar los asentamientos en la superficie del suelo o nivel de desplante considerando la cimentación 100% flexible mediante el procedimiento aquí empleado, se aprovecha la doble simetría de la forma cuadrada o rectangular de la cimentación.

La *EMATS* se utiliza cuando las cargas estáticas verticales actuantes en la cimentación son simétricas y en párrafos posteriores se explica paso a paso como obtener la expresión aquí definida y denominada como Ecuación Matricial de Asentamientos Tridimensional General o *EMATG*, para aplicación cuando las cargas del edificio son simétricas o sin simetría.

Se continúa con el proceso del análisis para obtener la ecuación matricial de asentamientos tridimensional simétrica *EMATS* en función de los asentamientos por carga unitaria, a las presiones de contacto y a los asentamientos totales en los centroides de cada dovela del primer cuadrante con centroides $aa, a1, 1a$ y $11$.

En la tabla 5.5 se muestran que por la aplicación de las cargas unitarias en cada una de las 4 dovelas del primer cuadrante se obtienen 16 valores de asentamientos $^I_{[]}\delta_{ij}^{nn}$, uno por cada dovela supuesta en la cimentación. Por conveniencia en la exposición, a los asentamientos simétricos se les designa una nueva notación simbólica. El algoritmo para la obtención de los asentamientos simétricos $^S_{[]}\delta_{ij}^{nn}$ producidos por la aplicación de la carga unitaria en cada dovela se obtiene como se muestra a continuación.

Para la condición $^I_{[]}q^{aa} = {^{II}_{[]}}q^{ab} = {^{III}_{[]}}q^{ba} = {^{IV}_{[]}}q^{bb} = 1$, los valores en notación simbólica para cada nuevo elemento de la matriz considerando los asentamientos unitarios simétricos de cada dovela (ver tabla 5.5) son:

$$^S_{[]}\bar{\delta}_{aa}^{aa} = {^I_{[]}}\bar{\delta}_{aa}^{aa} + {^I_{[]}}\bar{\delta}_{ab}^{aa} + {^I_{[]}}\bar{\delta}_{ba}^{aa} + {^I_{[]}}\bar{\delta}_{bb}^{aa} \tag{5.9}$$

$$^S_{[]}\bar{\delta}_{a1}^{aa} = {^I_{[]}}\bar{\delta}_{1a}^{aa} + {^I_{[]}}\bar{\delta}_{1b}^{aa} + {^I_{[]}}\bar{\delta}_{2a}^{aa} + {^I_{[]}}\bar{\delta}_{2b}^{aa} \tag{5.10}$$

$$^S_{[]}\bar{\delta}_{1a}^{aa} = {^I_{[]}}\bar{\delta}_{a1}^{aa} + {^I_{[]}}\bar{\delta}_{a2}^{aa} + {^I_{[]}}\bar{\delta}_{b1}^{aa} + {^I_{[]}}\bar{\delta}_{b2}^{aa} \tag{5.11}$$

$$^S_{[]}\bar{\delta}_{11}^{aa} = {^I_{[]}}\bar{\delta}_{11}^{aa} + {^I_{[]}}\bar{\delta}_{12}^{aa} + {^I_{[]}}\bar{\delta}_{21}^{aa} + {^I_{[]}}\bar{\delta}_{22}^{aa} \tag{5.12}$$

La colocación de los asentamientos simétricos $^S_{[]}\bar{\delta}_{ij}^{nn}$ en el nuevo arreglo matricial se ordenan tal como se indica en la tabla 5.6, consta de cuatro términos; los cuales, para el ejemplo en estudio proporcionan la primera columna de la matriz de asentamientos por carga unitaria $^I_{[]}q^{aa} = 1$, ver tabla 5.10.

**Tabla 5.6** Asentamientos ${}_{\square}^{S}\bar{\delta}_{ij}^{nn}$ en el centroide de las dovelas de la losa del primer cuadrante para la condición por carga unitaria ${}_{\square}^{I}q^{aa} = {}_{\square}^{II}q^{ab} = {}_{\square}^{III}q^{ba} = {}_{\square}^{IV}q^{bb} = 1$

| ${}_{\square}^{S}\bar{\delta}_{ij}^{nn}$ | a | 1 |
|---|---|---|
| **a** | ${}_{\square}^{S}\bar{\delta}_{aa}^{aa}$ | ${}_{\square}^{S}\bar{\delta}_{a1}^{aa}$ |
| **1** | ${}_{\square}^{S}\bar{\delta}_{1a}^{aa}$ | ${}_{\square}^{S}\bar{\delta}_{11}^{aa}$ |

Por lo tanto, la columna "a" de la matriz de asentamientos unitarios queda como:

| Centroides | Columna a |
|---|---|
| **a** | ${}_{\square}^{S}\bar{\delta}_{aa}^{aa}$ |
| **1** | ${}_{\square}^{S}\bar{\delta}_{1a}^{aa}$ |
| **2** | ${}_{\square}^{S}\bar{\delta}_{a1}^{aa}$ |
| **b** | ${}_{\square}^{S}\bar{\delta}_{11}^{aa}$ |

Para la condición ${}_{\square}^{I}q^{a1} = {}_{\square}^{II}q^{a2} = {}_{\square}^{III}q^{b1} = {}_{\square}^{IV}q^{b2} = 1$, los valores en notación simbólica para cada nuevo elemento de la matriz considerando los asentamientos unitarios simétricos de cada dovela (ver tabla 5.5) son:

$$ {}_{\square}^{S}\bar{\delta}_{aa}^{a1} = {}_{\square}^{I}\bar{\delta}_{aa}^{a1} + {}_{\square}^{I}\bar{\delta}_{ab}^{a1} + {}_{\square}^{I}\bar{\delta}_{ba}^{a1} + {}_{\square}^{I}\bar{\delta}_{bb}^{a1} \tag{5.13}$$

$$ {}_{\square}^{S}\bar{\delta}_{a1}^{a1} = {}_{\square}^{I}\bar{\delta}_{1a}^{a1} + {}_{\square}^{I}\bar{\delta}_{1b}^{a1} + {}_{\square}^{I}\bar{\delta}_{2a}^{a1} + {}_{\square}^{I}\bar{\delta}_{2b}^{a1} \tag{5.14}$$

$$ {}_{\square}^{S}\bar{\delta}_{1a}^{a1} = {}_{\square}^{I}\bar{\delta}_{a1}^{a1} + {}_{\square}^{I}\bar{\delta}_{a2}^{a1} + {}_{\square}^{I}\bar{\delta}_{b1}^{a1} + {}_{\square}^{I}\bar{\delta}_{b2}^{a1} \tag{5.15}$$

$$ {}_{\square}^{S}\bar{\delta}_{11}^{a1} = {}_{\square}^{I}\bar{\delta}_{11}^{a1} + {}_{\square}^{I}\bar{\delta}_{12}^{a1} + {}_{\square}^{I}\bar{\delta}_{21}^{a1} + {}_{\square}^{I}\bar{\delta}_{22}^{a1} \tag{5.16}$$

La colocación de los asentamientos simétricos ${}_{\square}^{S}\bar{\delta}_{ij}^{nn}$ en el nuevo arreglo matricial se ordenan tal como se indica en la tabla 5.7, consta de cuatro términos; los cuales, para el ejemplo en estudio proporcionan la segunda columna de la matriz de asentamientos por carga unitaria ${}_{\square}^{I}q^{a1} = 1$, ver tabla 5.10.

**Tabla 5.7** Asentamientos ${}_{\square}^{S}\bar{\delta}_{ij}^{nn}$ en el centroide de las dovelas de la losa del primer cuadrante para la condición por carga unitaria ${}_{\square}^{I}q^{a1} = {}_{\square}^{II}q^{a2} = {}_{\square}^{III}q^{b1} = {}_{\square}^{IV}q^{b2} = 1$

| ${}_{\square}^{S}\bar{\delta}_{ij}^{nn}$ | a | 1 |
|---|---|---|
| **a** | ${}_{\square}^{S}\bar{\delta}_{aa}^{a1}$ | ${}_{\square}^{S}\bar{\delta}_{a1}^{a1}$ |
| **1** | ${}_{\square}^{S}\bar{\delta}_{1a}^{a1}$ | ${}_{\square}^{S}\bar{\delta}_{11}^{a1}$ |

Por lo tanto, la columna "1" de la matriz de asentamientos por carga unitaria queda como:

| Centroides | Columna 1 |
|---|---|
| a | ${}_{\square}^{S}\bar{\delta}_{aa}^{a1}$ |
| 1 | ${}_{\square}^{S}\bar{\delta}_{1a}^{a1}$ |
| 2 | ${}_{\square}^{S}\bar{\delta}_{a1}^{a1}$ |
| b | ${}_{\square}^{S}\bar{\delta}_{11}^{a1}$ |

Para la condición ${}_{\square}^{I}q^{1a} = {}_{\square}^{II}q^{1b} = {}_{\square}^{III}q^{2a} = {}_{\square}^{IV}q^{2b} = 1$, los valores en notación simbólica para cada nuevo elemento de la matriz considerando los asentamientos por carga unitaria simétricos de cada dovela (ver tabla 5.5) son:

$$ {}_{\square}^{S}\bar{\delta}_{aa}^{1a} = {}_{\square}^{I}\bar{\delta}_{aa}^{1a} + {}_{\square}^{I}\bar{\delta}_{ab}^{1a} + {}_{\square}^{I}\bar{\delta}_{ba}^{1a} + {}_{\square}^{I}\bar{\delta}_{bb}^{1a} \qquad (5.17)$$

$$ {}_{\square}^{S}\bar{\delta}_{a1}^{1a} = {}_{\square}^{I}\bar{\delta}_{a1}^{1a} + {}_{\square}^{I}\bar{\delta}_{a2}^{1a} + {}_{\square}^{I}\bar{\delta}_{b1}^{1a} + {}_{\square}^{I}\bar{\delta}_{b2}^{1a} \qquad (5.18)$$

$$ {}_{\square}^{S}\bar{\delta}_{1a}^{1a} = {}_{\square}^{I}\bar{\delta}_{1a}^{1a} + {}_{\square}^{I}\bar{\delta}_{1b}^{1a} + {}_{\square}^{I}\bar{\delta}_{2a}^{1a} + {}_{\square}^{I}\bar{\delta}_{2b}^{1a} \qquad (5.19)$$

$$ {}_{\square}^{S}\bar{\delta}_{11}^{1a} = {}_{\square}^{I}\bar{\delta}_{11}^{1a} + {}_{\square}^{I}\bar{\delta}_{12}^{1a} + {}_{\square}^{I}\bar{\delta}_{21}^{1a} + {}_{\square}^{I}\bar{\delta}_{22}^{1a} \qquad (5.20)$$

La colocación de los asentamientos por carga unitaria simétricos ${}_{\square}^{S}\bar{\delta}_{ij}^{nn}$ en el nuevo arreglo matricial se ordenan tal como se indica en la tabla 5.8, consta de cuatro términos; los cuales, para el ejemplo en estudio proporcionan la tercera columna de la matriz de asentamientos por carga unitaria ${}_{\square}^{I}q^{1a} = 1$, ver tabla 5.10.

**Tabla 5.8** Asentamientos ${}_{\square}^{S}\bar{\delta}_{ij}^{nn}$ en el centroide de las dovelas de la losa del primer cuadrante para la condición por carga unitaria ${}_{\square}^{I}q^{1a} = {}_{\square}^{II}q^{1b} = {}_{\square}^{III}q^{2a} = {}_{\square}^{IV}q^{2b} = 1$

| ${}_{\square}^{S}\bar{\delta}_{ij}^{nn}$ | a | 1 |
|---|---|---|
| a | ${}_{\square}^{S}\bar{\delta}_{aa}^{1a}$ | ${}_{\square}^{S}\bar{\delta}_{1a}^{1a}$ |
| 1 | ${}_{\square}^{S}\bar{\delta}_{a1}^{1a}$ | ${}_{\square}^{S}\bar{\delta}_{11}^{1a}$ |

Por lo tanto, la columna "2" de la matriz de asentamientos por carga unitaria queda como:

| Centroides | Columna 2 |
|---|---|
| a | ${}_{\square}^{S}\bar{\delta}_{aa}^{1a}$ |
| 1 | ${}_{\square}^{S}\bar{\delta}_{a1}^{1a}$ |
| 2 | ${}_{\square}^{S}\bar{\delta}_{1a}^{1a}$ |
| b | ${}_{\square}^{S}\bar{\delta}_{11}^{1a}$ |

Para la condición ${}_{\square}^{I}q^{11} = {}_{\square}^{II}q^{12} = {}_{\square}^{III}q^{21} = {}_{\square}^{IV}q^{22} = 1$, los valores en notación simbólica para cada nuevo elemento de la matriz considerando los asentamientos unitarios simétricos de cada dovela (ver tabla 5.5) son:

$$\square^{S}\bar{\delta}_{aa}^{11} = \square^{I}\bar{\delta}_{aa}^{11} + \square^{I}\bar{\delta}_{ab}^{11} + \square^{I}\bar{\delta}_{ba}^{11} + \square^{I}\bar{\delta}_{bb}^{11} \tag{5.21}$$

$$\square^{S}\bar{\delta}_{a1}^{11} = \square^{I}\bar{\delta}_{1a}^{11} + \square^{I}\bar{\delta}_{1b}^{11} + \square^{I}\bar{\delta}_{2a}^{11} + \square^{I}\bar{\delta}_{2b}^{11} \tag{5.22}$$

$$\square^{S}\bar{\delta}_{1a}^{11} = \square^{I}\bar{\delta}_{a1}^{11} + \square^{I}\bar{\delta}_{a2}^{11} + \square^{I}\bar{\delta}_{b1}^{11} + \square^{I}\bar{\delta}_{b2}^{11} \tag{5.23}$$

$$\square^{S}\bar{\delta}_{11}^{11} = \square^{I}\bar{\delta}_{11}^{11} + \square^{I}\bar{\delta}_{12}^{11} + \square^{I}\bar{\delta}_{21}^{11} + \square^{I}\bar{\delta}_{22}^{11} \tag{5.24}$$

La colocación de los asentamientos simétricos $\square^{S}\bar{\delta}_{ij}^{nn}$ en el nuevo arreglo matricial se ordenan tal como se indica en la tabla 5.9, consta de cuatro términos; los cuales, para el ejemplo en estudio proporcionan la cuarta columna de la matriz de asentamientos por carga unitaria $\square^{I}q^{11} = 1$, ver tabla 5.10.

**Tabla 5.9** Asentamientos $\square^{S}\bar{\delta}_{ij}^{nn}$ en el centroide de las dovelas de la losa del primer cuadrante para la condición por carga unitaria $\square^{I}q^{11} = \square^{II}q^{12} = \square^{III}q^{21} = \square^{IV}q^{22} = 1$

| $\square^{S}\bar{\delta}_{ij}^{nn}$ | a | 1 |
|---|---|---|
| a | $\square^{S}\bar{\delta}_{aa}^{11}$ | $\square^{S}\bar{\delta}_{a1}^{11}$ |
| 1 | $\square^{S}\bar{\delta}_{1a}^{11}$ | $\square^{S}\bar{\delta}_{11}^{11}$ |

Por lo tanto, la columna "b" de la matriz de asentamientos por carga unitaria queda como:

| Centroides | Columna b |
|---|---|
| a | $\square^{S}\bar{\delta}_{aa}^{11}$ |
| 1 | $\square^{S}\bar{\delta}_{1a}^{11}$ |
| 2 | $\square^{S}\bar{\delta}_{a1}^{11}$ |
| b | $\square^{S}\bar{\delta}_{11}^{11}$ |

Los asentamientos simétricos por carga unitaria calculados debido al mismo tamaño de las dovelas y a la forma cuadrada o rectangular que ocupará la losa de cimentación, deben arreglarse de tal manera, que se puedan calcular los asentamientos totales $|\delta_{ij}|$ en cada centroide de las dovelas consideradas. Para este fin se acomodan los valores de los elementos de la tabla 5.6 hasta la 5.9 en un solo arreglo matricial; tal como, se observa en la tabla 5.10.

**Tabla 5.10** Matriz de Asentamientos por carga unitaria $^{s}_{\square}\bar{\delta}^{nn}_{ij}$ en el centroide de las dovelas de la losa de fondo, obtenidos por la aplicación de cargas uniformes unitarias en el cuadrante I, en conformidad al principio de superposición.

| Dovelas | $^{I}_{\square}q^{aa}=1$ | $^{I}_{\square}q^{a1}=1$ | $^{I}_{\square}q^{1a}=1$ | $^{I}_{\square}q^{11}$ |
|---------|--------------------------|--------------------------|--------------------------|------------------------|
| $aa$ | $^{s}_{\square}\bar{\delta}^{aa}_{aa}$ | $^{s}_{\square}\bar{\delta}^{a1}_{aa}$ | $^{s}_{\square}\bar{\delta}^{1a}_{aa}$ | $^{s}_{\square}\bar{\delta}^{11}_{aa}$ |
| $a1$ | $^{s}_{\square}\bar{\delta}^{aa}_{1a}$ | $^{s}_{\square}\bar{\delta}^{a1}_{1a}$ | $^{s}_{\square}\bar{\delta}^{1a}_{a1}$ | $^{s}_{\square}\bar{\delta}^{11}_{1a}$ |
| $1a$ | $^{s}_{\square}\bar{\delta}^{aa}_{a1}$ | $^{s}_{\square}\bar{\delta}^{a1}_{a1}$ | $^{s}_{\square}\bar{\delta}^{1a}_{1a}$ | $^{s}_{\square}\bar{\delta}^{11}_{a1}$ |
| $11$ | $^{s}_{\square}\bar{\delta}^{aa}_{11}$ | $^{s}_{\square}\bar{\delta}^{a1}_{11}$ | $^{s}_{\square}\bar{\delta}^{1a}_{11}$ | $^{s}_{\square}\bar{\delta}^{11}_{11}$ |

Los valores en notación simbólica de los elementos de la matriz de asentamientos unitarios de la tabla 5.10, fueron obtenidos del ordenamiento de los elementos de la tabla 5.5 aprovechando la condición de doble simetría; por lo tanto, únicamente se cargaron las 4 dovelas del cuadrante I con $^{I}_{\square}q^{aa}=1$, $^{I}_{\square}q^{a1}=1$, $^{I}_{\square}q^{1a}=1$ y $^{I}_{\square}q^{11}=1$. Por cada carga unitaria aplicada en las dovelas con centroides aa, a1, 1a y 11, se obtuvieron 16 valores que representan el asentamiento unitario de cada dovela de la cimentación; de tal manera, que después de la simplificación por la doble simetría para cada carga unitaria se obtiene una columna de asentamientos unitarios; con lo cual; se obtiene la matriz de asentamientos unitarios de 4x4 cuyo objetivo es formar la ecuación matricial de asentamientos tridimensional simétrica o *EMATS* para determinar los asentamientos totales y presiones de contacto en el centroide de las 4 dovelas del Cuadrante I.

Finalmente, con la matriz de asentamientos por carga unitaria de la tabla 5.10 multiplicado por la matriz columna de presiones de contacto aplicadas en cada dovela, se obtienen los asentamientos en los centroides de las dovelas estudiadas; por lo tanto, la ecuación matricial de asentamientos tridimensional quedaría:

$$\begin{bmatrix} ^{s}_{\square}\bar{\delta}^{aa}_{aa} & ^{s}_{\square}\bar{\delta}^{a1}_{aa} & ^{s}_{\square}\bar{\delta}^{1a}_{aa} & ^{s}_{\square}\bar{\delta}^{11}_{aa} \\ ^{s}_{\square}\bar{\delta}^{aa}_{1a} & ^{s}_{\square}\bar{\delta}^{a1}_{1a} & ^{s}_{\square}\bar{\delta}^{1a}_{1a} & ^{s}_{\square}\bar{\delta}^{11}_{1a} \\ ^{s}_{\square}\bar{\delta}^{aa}_{a1} & ^{s}_{\square}\bar{\delta}^{a1}_{a1} & ^{s}_{\square}\bar{\delta}^{1a}_{a1} & ^{s}_{\square}\bar{\delta}^{11}_{a1} \\ ^{s}_{\square}\bar{\delta}^{aa}_{11} & ^{s}_{\square}\bar{\delta}^{a1}_{11} & ^{s}_{\square}\bar{\delta}^{1a}_{11} & ^{s}_{\square}\bar{\delta}^{11}_{11} \end{bmatrix} \begin{vmatrix} q_{aa} \\ q_{a1} \\ q_{1a} \\ q_{11} \end{vmatrix} = \begin{vmatrix} \delta_{aa} \\ \delta_{a1} \\ \delta_{1a} \\ \delta_{11} \end{vmatrix} \tag{5.25}$$

En forma compacta queda expresada como:

$$\left|\delta_{ij}\right| = \left[^{s}_{\square}\delta^{nn}_{ij}\right] \cdot \left|q_{ij}\right| \tag{5.26}$$

$\left[^{s}_{\square}\delta^{nn}_{ij}\right]$ Matriz de asentamientos por carga unitaria, $m^3/ton$

$\left|q_{ij}\right|$ Vector de cargas, correspondiente a la presión de contacto en cada dovela, $ton/m^2$

$|\delta_{ij}|$ Vector de asentamientos tridimensional en los centroides de cada dovela del Cuadrante I, $m$

En este ejemplo, la ecuación matricial para calcular mediante un proceso iterativo los asentamientos totales y presiones de contacto, es designada por la ecuación 5.25, la metodología con la que se calcula es de carácter general por lo que a la ecuación 5.26 se le denominará como Ecuación Matricial de Asentamientos Tridimensional Simétrica o ($EMATS$).

Para el caso particular en estudio y considerando que las cargas verticales son simétricas, las presiones de contacto y los asentamientos en cada dovela se obtienen mediante la iteración de la ecuación 5.25 y el modelo estructural de interacción apoyada en resortes; tal como, se explica en el ejemplo resuelto. Cuando las cargas estáticas verticales actuantes no sean simétricas entonces debe utilizarse la denominada Ecuación Matricial de Asentamientos Tridimensional General ($EMATG$). Para el caso particular en estudio las matrices tendrían las siguientes dimensiones $\left[{}^{s}_{\square}\delta^{nn}_{ij}\right] = [16 \times 16]$, $|q_{ij}| = |16 \times 1|$ y $|\delta_{ij}| = |16 \times 1|$.

En los arreglos particulares de las cuatro columnas el asentamiento en la dovela 1a toma el lugar del asentamiento del asentamiento de la dovela a1, esta consideración es válida por la simetría en los valores de los elementos ubicados por arriba y debajo de la diagonal principal. El operar de esta manera hace amigable resolver el análisis de la ISET.

Los valores de los elementos de la matriz de asentamientos por cargas unitarias de la tabla 5.10 y ecuación 5.25 ubicados simétricamente por arriba y debajo de la diagonal principal son iguales:

$${}^{s}_{\square}\bar\delta^{aa}_{1a} = {}^{s}_{\square}\bar\delta^{a1}_{aa}, \quad {}^{s}_{\square}\bar\delta^{aa}_{a1} = {}^{s}_{\square}\bar\delta^{1a}_{aa}, \quad {}^{s}_{\square}\bar\delta^{aa}_{11} = {}^{s}_{\square}\bar\delta^{11}_{aa}, \quad {}^{s}_{\square}\bar\delta^{a1}_{a1} = {}^{s}_{\square}\bar\delta^{1a}_{1a}, \quad {}^{s}_{\square}\bar\delta^{a1}_{11} = {}^{s}_{\square}\bar\delta^{11}_{1a} \text{ y } {}^{s}_{\square}\bar\delta^{1a}_{11} = {}^{s}_{\square}\bar\delta^{11}_{a1}$$

En general los elementos de la diagonal principal de la matriz de asentamientos por carga unitaria para determinar la $EMATS$, tienen valores diferentes.

$${}^{s}_{\square}\bar\delta^{aa}_{aa} \neq {}^{s}_{\square}\bar\delta^{a1}_{1a} \neq {}^{s}_{\square}\bar\delta^{1a}_{a1} \neq {}^{s}_{\square}\bar\delta^{11}_{11}$$

## 5.3 Determinación de la Ecuación Matricial de Asentamientos Tridimensional General o *EMATG*

En problemas de edificios apoyados en losas de cimentación flexible, semirrígida o rígida como los cajones de cimentación, la carga vertical suele no ser simétrica. En cambio la ecuación matricial de asentamientos tridimensional o EMAT como la del ejemplo en estudio sigue conservando la doble simetría, este hecho afortunado facilita la obtención de la *EMATG*.

Para problemas de análisis de ISET con cualquier número de dovelas conviene recordar los siguientes conceptos:

- Para cimentaciones de forma rectangular o cuadrada los valores calculados de la matriz de los asentamientos por carga unitaria $\left[{}^{s}\bar\delta_{ij}^{nn}\right](m^3/ton)$ será una cuarta parte del total de dovelas consideradas para el análisis.

- La carga vertical estática que transmite la estructura generalmente no es simétrica

- Cuando la carga que se transmite a la cimentación no es simétrica, la *EMATS* no es aplicable y el análisis de la ISET debe efectuarse con la *EMATG*; en donde, la matriz $\left|{}^{g}\bar\delta_{ij}^{nn}\right|(m^3/ton)$ es mayor en 16 veces a la matriz de los asentamientos por carga unitaria de la *EMATS*.

- Como la matriz $\left[{}^{g}\delta_{ij}^{nn}\right](m^3/ton)$ de la *EMATG* se obtiene a partir de los valores calculados para las dovelas del primer cuadrante (asignado arbitrariamente), conviene establecer el proceso para la determinación de la *EMATG*.

En este contexto para toda losa de cimentación con doble eje de simetría como la del ejemplo, en la que se desea obtener la matriz de asentamiento general, basta con calcular las submatrices que componen (tabla 5.5) la matriz de asentamientos simétrica por la aplicación de una carga unitaria en cada dovela del cuadrante I; ahora bien, para obtener los valores de las submatrices que forman la matriz de asentamientos general por la aplicación de una carga unitaria en cada dovela de los cuadrantes II, III y IV, se puede proceder de dos maneras diferentes denominadas alternativas, a saber

**a) Alternativa 1**

En este ejemplo en particular los asentamientos por la aplicación de la carga uniforme unitaria en las dovelas con centroides *a2, ab*, 12 y 1*b* ubicadas en el cuadrante II, son los mismos valores calculados en las dovelas del cuadrante I, el arreglo puede verse en la tabla 5.11 y se procede de la siguiente manera:

- Los valores de los asentamientos por carga unitarias calculadas en las dovelas $aa$, $a1$, $1a$ y $11$ del cuadrante 1 se colocan a manera de espejo para ubicarlos como elementos de cada matriz del cuadrante II.

**Tabla 5.11** Arreglos matriciales en el cuadrante II.

| $^I_\square\bar{\delta}^{nn}_{ij}$ | $^{II}_\square q^{a2} = {}^I_\square q^{a1} = 1$ | | | | $^{II}_\square q^{ab} = {}^I_\square q^{aa} = 1$ | | | |
|---|---|---|---|---|---|---|---|---|
| | **a** | **1** | **2** | **b** | **a** | **1** | **2** | **b** |
| **a** | $^I_\square\bar{\delta}^{a1}_{ab}$ | $^I_\square\bar{\delta}^{a1}_{1b}$ | $^I_\square\bar{\delta}^{a1}_{2b}$ | $^I_\square\bar{\delta}^{a1}_{bb}$ | $^I_\square\bar{\delta}^{aa}_{ab}$ | $^I_\square\bar{\delta}^{aa}_{1b}$ | $^I_\square\bar{\delta}^{aa}_{2b}$ | $^I_\square\bar{\delta}^{aa}_{bb}$ |
| **1** | $^I_\square\bar{\delta}^{a1}_{a2}$ | $^I_\square\bar{\delta}^{a1}_{12}$ | $^I_\square\bar{\delta}^{a1}_{22}$ | $^I_\square\bar{\delta}^{a1}_{b2}$ | $^I_\square\bar{\delta}^{aa}_{a2}$ | $^I_\square\bar{\delta}^{aa}_{12}$ | $^I_\square\bar{\delta}^{aa}_{22}$ | $^I_\square\bar{\delta}^{aa}_{b2}$ |
| **2** | $^I_\square\bar{\delta}^{a1}_{a1}$ | $^I_\square\bar{\delta}^{a1}_{11}$ | $^I_\square\bar{\delta}^{a1}_{21}$ | $^I_\square\bar{\delta}^{a1}_{b1}$ | $^I_\square\bar{\delta}^{aa}_{a1}$ | $^I_\square\bar{\delta}^{aa}_{11}$ | $^I_\square\bar{\delta}^{aa}_{21}$ | $^I_\square\bar{\delta}^{aa}_{b1}$ |
| **b** | $^I_\square\bar{\delta}^{a1}_{aa}$ | $^I_\square\bar{\delta}^{a1}_{1a}$ | $^I_\square\bar{\delta}^{a1}_{2a}$ | $^I_\square\bar{\delta}^{a1}_{ba}$ | $^I_\square\bar{\delta}^{aa}_{aa}$ | $^I_\square\bar{\delta}^{aa}_{1a}$ | $^I_\square\bar{\delta}^{aa}_{2a}$ | $^I_\square\bar{\delta}^{aa}_{ba}$ |
| | $^{II}_\square q^{12} = {}^I_\square q^{11} = 1$ | | | | $^{II}_\square q^{1b} = {}^I_\square q^{1a} = 1$ | | | |
| **a** | $^I_\square\bar{\delta}^{11}_{ab}$ | $^I_\square\bar{\delta}^{11}_{1b}$ | $^I_\square\bar{\delta}^{11}_{2b}$ | $^I_\square\bar{\delta}^{11}_{bb}$ | $^I_\square\bar{\delta}^{1a}_{ab}$ | $^I_\square\bar{\delta}^{1a}_{1b}$ | $^I_\square\bar{\delta}^{1a}_{2b}$ | $^I_\square\bar{\delta}^{1a}_{bb}$ |
| **1** | $^I_\square\bar{\delta}^{11}_{a2}$ | $^I_\square\bar{\delta}^{11}_{12}$ | $^I_\square\bar{\delta}^{11}_{22}$ | $^I_\square\bar{\delta}^{11}_{b2}$ | $^I_\square\bar{\delta}^{1a}_{a2}$ | $^I_\square\bar{\delta}^{1a}_{12}$ | $^I_\square\bar{\delta}^{1a}_{22}$ | $^I_\square\bar{\delta}^{1a}_{b2}$ |
| **2** | $^I_\square\bar{\delta}^{11}_{a1}$ | $^I_\square\bar{\delta}^{11}_{11}$ | $^I_\square\bar{\delta}^{11}_{21}$ | $^I_\square\bar{\delta}^{11}_{b1}$ | $^I_\square\bar{\delta}^{1a}_{a1}$ | $^I_\square\bar{\delta}^{1a}_{11}$ | $^I_\square\bar{\delta}^{1a}_{21}$ | $^I_\square\bar{\delta}^{1a}_{b1}$ |
| **b** | $^I_\square\bar{\delta}^{11}_{aa}$ | $^I_\square\bar{\delta}^{11}_{1a}$ | $^I_\square\bar{\delta}^{11}_{2a}$ | $^I_\square\bar{\delta}^{11}_{ba}$ | $^I_\square\bar{\delta}^{1a}_{aa}$ | $^I_\square\bar{\delta}^{1a}_{1a}$ | $^I_\square\bar{\delta}^{1a}_{2a}$ | $^I_\square\bar{\delta}^{1a}_{ba}$ |

- Cuando $^{II}_\square q^{a2} = {}^I_\square q^{a1} = 1$, los valores de las columna "a" de la dovela $^{II}_\square q^{a2} = 1$ son los mismos valores de la columna "a" de la dovela $^I_\square q^{a1} = 1$ pero colocados de manera inversa; así mismo, el valor de la columna 1 cuando la dovela a $^{II}_\square q^{a2} = 1$ son los mismos valores de la columna "1" cuando la dovela $^I_\square q^{a1} = 1$, pero colocados de manera inversa, la misma secuencia sería para las columnas 2, y b.

- Cuando $^{II}_\square q^{ab} = {}^I_\square q^{aa} = 1$, los valores de las columna "a" de la dovela $^{II}_\square q^{ab} = 1$ son los mismos valores de la columna "a" de la dovela $^I_\square q^{aa} = 1$ pero colocados de manera inversa; así mismo, el valor de la columna 1 cuando la dovela a $^{II}_\square q^{ab} = 1$ son los mismos valores de la columna "1" cuando la dovela $^I_\square q^{aa} = 1$, pero colocados de manera inversa, la misma secuencia sería para las columnas 2, y b.

- Cuando $^{II}_\square q^{12} = {}^I_\square q^{11} = 1$, los valores de las columna "a" de la dovela $^{II}_\square q^{12} = 1$ son los mismos valores de la columna "a" de la dovela $^I_\square q^{11} = 1$ pero colocados de manera inversa; así mismo, el valor de la columna 1 cuando la dovela a $^{II}_\square q^{12} = 1$ son los mismos valores de la columna "1" cuando la dovela $^I_\square q^{11} = 1$, pero colocados de manera inversa, la misma secuencia sería para las columnas 2, y b.

- Cuando ${}^{II}_{\square}q^{1a} = {}^{I}_{\square}q^{1b} = 1$, los valores de las columna "$a$" de la dovela ${}^{II}_{\square}q^{1a} = 1$ son los mismos valores de la columna "a" de la dovela ${}^{I}_{\square}q^{aa} = 1$ pero colocados de manera inversa; así mismo, el valor de la columna 1 cuando la dovela a ${}^{II}_{\square}q^{1a} = 1$ son los mismos valores de la columna "1" cuando la dovela ${}^{I}_{\square}q^{1b} = 1$, pero colocados de manera inversa, la misma secuencia sería para las columnas 2, y b.

Para el cálculo de asentamientos por la aplicación de la carga uniforme unitaria en las dovelas con centroides $2a$, $21$, $ba$ y $b1$ ubicadas en el cuadrante III son los mismos valores calculados en las dovelas del cuadrante I, el arreglo en notación simbólica puede verse en la tabla 5.12.

**Tabla 5.12** Arreglos matriciales en el cuadrante III.

| ${}^{I}_{\square}\bar{\delta}^{nn}_{ij}$ | ${}^{III}_{\square}q^{2a} = {}^{I}_{\square}q^{1a} = 1$ | | | | ${}^{III}_{\square}q^{21} = {}^{I}_{\square}q^{11} = 1$ | | | |
|---|---|---|---|---|---|---|---|---|
| | **a** | **1** | **2** | **b** | **a** | **1** | **2** | **b** |
| **a** | ${}^{I}_{\square}\bar{\delta}^{1a}_{ba}$ | ${}^{I}_{\square}\bar{\delta}^{1a}_{2a}$ | ${}^{I}_{\square}\bar{\delta}^{1a}_{1a}$ | ${}^{I}_{\square}\bar{\delta}^{1a}_{aa}$ | ${}^{I}_{\square}\bar{\delta}^{11}_{ba}$ | ${}^{I}_{\square}\bar{\delta}^{11}_{2a}$ | ${}^{I}_{\square}\bar{\delta}^{11}_{1a}$ | ${}^{I}_{\square}\bar{\delta}^{11}_{aa}$ |
| **1** | ${}^{I}_{\square}\bar{\delta}^{1a}_{b1}$ | ${}^{I}_{\square}\bar{\delta}^{1a}_{21}$ | ${}^{I}_{\square}\bar{\delta}^{1a}_{11}$ | ${}^{I}_{\square}\bar{\delta}^{1a}_{a1}$ | ${}^{I}_{\square}\bar{\delta}^{11}_{b1}$ | ${}^{I}_{\square}\bar{\delta}^{11}_{21}$ | ${}^{I}_{\square}\bar{\delta}^{11}_{11}$ | ${}^{I}_{\square}\bar{\delta}^{11}_{a1}$ |
| **2** | ${}^{I}_{\square}\bar{\delta}^{1a}_{b2}$ | ${}^{I}_{\square}\bar{\delta}^{1a}_{22}$ | ${}^{I}_{\square}\bar{\delta}^{1a}_{12}$ | ${}^{I}_{\square}\bar{\delta}^{1a}_{a2}$ | ${}^{I}_{\square}\bar{\delta}^{11}_{b2}$ | ${}^{I}_{\square}\bar{\delta}^{11}_{22}$ | ${}^{I}_{\square}\bar{\delta}^{11}_{12}$ | ${}^{I}_{\square}\bar{\delta}^{11}_{a2}$ |
| **b** | ${}^{I}_{\square}\bar{\delta}^{1a}_{bb}$ | ${}^{I}_{\square}\bar{\delta}^{1a}_{2b}$ | ${}^{I}_{\square}\bar{\delta}^{1a}_{1b}$ | ${}^{I}_{\square}\bar{\delta}^{1a}_{ab}$ | ${}^{I}_{\square}\bar{\delta}^{11}_{bb}$ | ${}^{I}_{\square}\bar{\delta}^{11}_{2b}$ | ${}^{I}_{\square}\bar{\delta}^{11}_{1b}$ | ${}^{I}_{\square}\bar{\delta}^{11}_{ab}$ |
| | ${}^{III}_{\square}q^{ba} = {}^{I}_{\square}q^{aa} = 1$ | | | | ${}^{III}_{\square}q^{b1} = {}^{I}_{\square}q^{a1} = 1$ | | | |
| **a** | ${}^{I}_{\square}\bar{\delta}^{aa}_{ba}$ | ${}^{I}_{\square}\bar{\delta}^{aa}_{2a}$ | ${}^{I}_{\square}\bar{\delta}^{aa}_{1a}$ | ${}^{I}_{\square}\bar{\delta}^{aa}_{aa}$ | ${}^{I}_{\square}\bar{\delta}^{a1}_{ba}$ | ${}^{I}_{\square}\bar{\delta}^{a1}_{2a}$ | ${}^{I}_{\square}\bar{\delta}^{a1}_{1a}$ | ${}^{I}_{\square}\bar{\delta}^{a1}_{aa}$ |
| **1** | ${}^{I}_{\square}\bar{\delta}^{aa}_{b1}$ | ${}^{I}_{\square}\bar{\delta}^{aa}_{21}$ | ${}^{I}_{\square}\bar{\delta}^{aa}_{11}$ | ${}^{I}_{\square}\bar{\delta}^{aa}_{a1}$ | ${}^{I}_{\square}\bar{\delta}^{a1}_{b1}$ | ${}^{I}_{\square}\bar{\delta}^{a1}_{21}$ | ${}^{I}_{\square}\bar{\delta}^{a1}_{11}$ | ${}^{I}_{\square}\bar{\delta}^{a1}_{a1}$ |
| **2** | ${}^{I}_{\square}\bar{\delta}^{aa}_{b2}$ | ${}^{I}_{\square}\bar{\delta}^{aa}_{22}$ | ${}^{I}_{\square}\bar{\delta}^{aa}_{12}$ | ${}^{I}_{\square}\bar{\delta}^{aa}_{a2}$ | ${}^{I}_{\square}\bar{\delta}^{a1}_{b2}$ | ${}^{I}_{\square}\bar{\delta}^{a1}_{22}$ | ${}^{I}_{\square}\bar{\delta}^{a1}_{12}$ | ${}^{I}_{\square}\bar{\delta}^{a1}_{a2}$ |
| **b** | ${}^{I}_{\square}\bar{\delta}^{aa}_{bb}$ | ${}^{I}_{\square}\bar{\delta}^{aa}_{2b}$ | ${}^{I}_{\square}\bar{\delta}^{aa}_{1b}$ | ${}^{I}_{\square}\bar{\delta}^{aa}_{ab}$ | ${}^{I}_{\square}\bar{\delta}^{a1}_{bb}$ | ${}^{I}_{\square}\bar{\delta}^{a1}_{2b}$ | ${}^{I}_{\square}\bar{\delta}^{a1}_{1b}$ | ${}^{I}_{\square}\bar{\delta}^{a1}_{ab}$ |

Una manera de proceder es la siguiente:

- Los valores de los asentamientos por carga unitarias calculadas en las dovelas $aa$, $a1$, $1a$ y $11$ del cuadrante I se colocan a manera de espejo para ubicarlos como elementos de cada matriz del del cuadrante III.

- Cuando ${}^{III}_{\square}q^{2a} = {}^{I}_{\square}q^{1a} = 1$, los valores de las columna "$a$" de la dovela ${}^{III}_{\square}q^{2a} = 1$ son los mismos valores de la columna "b" de la dovela ${}^{I}_{\square}q^{1a} = 1$ colocados tal cual; así mismo, el valor de la columna 1 cuando la dovela a ${}^{III}_{\square}q^{2a} = 1$ son los mismos valores de la columna "2" cuando la dovela ${}^{I}_{\square}q^{1a} = 1$, colocados tal cual, la misma secuencia sería para las columnas 2, y b para cuando ${}^{III}_{\square}q^{2a} = 1$.

- Cuando $^{III}_{\square}q^{21} = {}^{I}_{\square}q^{11} = 1$, los valores de las columna "$a$" de la dovela $^{III}_{\square}q^{21} = 1$ son los mismos valores de la columna "b" de la dovela $^{I}_{\square}q^{11} = 1$ colocados tal cual; así mismo, el valor de la columna 1 cuando la dovela a $^{III}_{\square}q^{21} = 1$ son los mismos valores de la columna "2" cuando la dovela $^{II}_{\square}q^{12} = 1$, colocados tal cual, la misma secuencia sería para las columnas 2, y b para cuando $^{III}_{\square}q^{21} = 1$

- Cuando $^{III}_{\square}q^{ba} = {}^{I}_{\square}q^{aa} = 1$, los valores de las columna "$a$" de la dovela $^{III}_{\square}q^{ba} = 1$ son los mismos valores de la columna "b" de la dovela $^{I}_{\square}q^{aa} = 1$ colocados tal cual; así mismo, el valor de la columna 1 cuando la dovela a $^{III}_{\square}q^{ba} = 1$ son los mismos valores de la columna "2" cuando la dovela $^{I}_{\square}q^{aa} = 1$ , colocados tal cual, la misma secuencia sería para las columnas 2, y b para cuando $^{III}_{\square}q^{ba} = 1$

- Cuando $^{III}_{\square}q^{b1} = {}^{I}_{\square}q^{a1} = 1$, los valores de las columna "$a$" de la dovela $^{III}_{\square}q^{b1} = 1$ son los mismos valores de la columna "b" de la dovela $^{I}_{\square}q^{a1} = 1$ colocados tal cual; así mismo, el valor de la columna 1 cuando la dovela a $^{III}_{\square}q^{b1} = 1$ son los mismos valores de la columna "2" cuando la dovela $^{I}_{\square}q^{a1} = 1$, colocados tal cual, , la misma secuencia sería para las columnas 2, y b para cuando $^{III}_{\square}q^{b1} = 1$

Ahora bien, en este ejemplo en particular los asentamientos por la aplicación de la carga uniforme unitaria en las dovelas con centroides 22, 2b, b2 y bb ubicadas en el cuadrante IV (espejo del cuadrante II) son los mismos valores calculados en las dovelas del cuadrante II, el arreglo en notación simbólica puede verse en la tabla 5.13.

**Tabla 5.13** Arreglos matriciales en el cuadrante IV.

| $^{I}_{\square}\bar{\delta}^{nn}_{ij}$ | $^{IV}_{\square}q^{22} = {}^{II}_{\square}q^{12} = 1$ | | | | $^{IV}_{\square}q^{2b} = {}^{II}_{\square}q^{1b} = 1$ | | | |
|---|---|---|---|---|---|---|---|---|
| | **a** | **1** | **2** | **b** | **a** | **1** | **2** | **b** |
| **a** | $^{I}_{\square}\bar{\delta}^{11}_{bb}$ | $^{I}_{\square}\bar{\delta}^{11}_{2b}$ | $^{I}_{\square}\bar{\delta}^{11}_{1b}$ | $^{I}_{\square}\bar{\delta}^{11}_{ab}$ | $^{I}_{\square}\bar{\delta}^{1a}_{bb}$ | $^{I}_{\square}\bar{\delta}^{1a}_{2b}$ | $^{I}_{\square}\bar{\delta}^{1a}_{1b}$ | $^{I}_{\square}\bar{\delta}^{1a}_{ab}$ |
| **1** | $^{I}_{\square}\bar{\delta}^{11}_{b2}$ | $^{I}_{\square}\bar{\delta}^{11}_{22}$ | $^{I}_{\square}\bar{\delta}^{11}_{12}$ | $^{I}_{\square}\bar{\delta}^{11}_{a2}$ | $^{I}_{\square}\bar{\delta}^{1a}_{b2}$ | $^{I}_{\square}\bar{\delta}^{1a}_{22}$ | $^{I}_{\square}\bar{\delta}^{1a}_{12}$ | $^{I}_{\square}\bar{\delta}^{1a}_{a2}$ |
| **2** | $^{I}_{\square}\bar{\delta}^{11}_{b1}$ | $^{I}_{\square}\bar{\delta}^{11}_{21}$ | $^{I}_{\square}\bar{\delta}^{11}_{11}$ | $^{I}_{\square}\bar{\delta}^{11}_{a1}$ | $^{I}_{\square}\bar{\delta}^{1a}_{b1}$ | $^{I}_{\square}\bar{\delta}^{1a}_{21}$ | $^{I}_{\square}\bar{\delta}^{1a}_{11}$ | $^{I}_{\square}\bar{\delta}^{1a}_{a1}$ |
| **b** | $^{I}_{\square}\bar{\delta}^{11}_{ba}$ | $^{I}_{\square}\bar{\delta}^{11}_{2a}$ | $^{I}_{\square}\bar{\delta}^{11}_{1a}$ | $^{I}_{\square}\bar{\delta}^{11}_{aa}$ | $^{I}_{\square}\bar{\delta}^{1a}_{ba}$ | $^{I}_{\square}\bar{\delta}^{1a}_{2a}$ | $^{I}_{\square}\bar{\delta}^{1a}_{1a}$ | $^{I}_{\square}\bar{\delta}^{1a}_{aa}$ |
| | $^{IV}_{\square}q^{b2} = {}^{II}_{\square}q^{a2} = 1$ | | | | $^{IV}_{\square}q^{bb} = {}^{II}_{\square}q^{ab} = 1$ | | | |
| **a** | $^{I}_{\square}\bar{\delta}^{a1}_{bb}$ | $^{I}_{\square}\bar{\delta}^{a1}_{2b}$ | $^{I}_{\square}\bar{\delta}^{a1}_{1b}$ | $^{I}_{\square}\bar{\delta}^{a1}_{ab}$ | $^{I}_{\square}\bar{\delta}^{aa}_{bb}$ | $^{I}_{\square}\bar{\delta}^{aa}_{2b}$ | $^{I}_{\square}\bar{\delta}^{aa}_{1b}$ | $^{I}_{\square}\bar{\delta}^{aa}_{ab}$ |
| **1** | $^{I}_{\square}\bar{\delta}^{a1}_{b2}$ | $^{I}_{\square}\bar{\delta}^{a1}_{22}$ | $^{I}_{\square}\bar{\delta}^{a1}_{12}$ | $^{I}_{\square}\bar{\delta}^{a1}_{a2}$ | $^{I}_{\square}\bar{\delta}^{aa}_{b2}$ | $^{I}_{\square}\bar{\delta}^{aa}_{22}$ | $^{I}_{\square}\bar{\delta}^{aa}_{12}$ | $^{I}_{\square}\bar{\delta}^{aa}_{a2}$ |
| **2** | $^{I}_{\square}\bar{\delta}^{a1}_{b1}$ | $^{I}_{\square}\bar{\delta}^{a1}_{21}$ | $^{I}_{\square}\bar{\delta}^{a1}_{11}$ | $^{I}_{\square}\bar{\delta}^{a1}_{a1}$ | $^{I}_{\square}\bar{\delta}^{aa}_{b1}$ | $^{I}_{\square}\bar{\delta}^{aa}_{21}$ | $^{I}_{\square}\bar{\delta}^{aa}_{11}$ | $^{I}_{\square}\bar{\delta}^{aa}_{a1}$ |
| **b** | $^{I}_{\square}\bar{\delta}^{a1}_{ba}$ | $^{I}_{\square}\bar{\delta}^{a1}_{2b}$ | $^{I}_{\square}\bar{\delta}^{a1}_{1a}$ | $^{I}_{\square}\bar{\delta}^{a1}_{aa}$ | $^{I}_{\square}\bar{\delta}^{aa}_{ba}$ | $^{I}_{\square}\bar{\delta}^{aa}_{2a}$ | $^{I}_{\square}\bar{\delta}^{aa}_{1a}$ | $^{I}_{\square}\bar{\delta}^{aa}_{aa}$ |

Se procede de la siguiente manera:

- Cuando ${}^{IV}_{\square}q^{22} = {}^{II}_{\square}q^{12} = 1$, los valores de la columna "$a$" de las dovelas ${}^{IV}_{\square}q^{22}$ son los mismos valores de la columna "$b$" de las dovelas ${}^{II}_{\square}q^{12} = 1$, colocados tal cual, los valores de la columna "1" de las dovelas ${}^{IV}_{\square}q^{22} = 1$ son los mismos valores de la columna "2" de las dovelas ${}^{II}_{\square}q^{12} = 1$, colocados tal cual, la misma secuencia de ubicación de los valores de asentamientos unitarios aplica para las columnas 2 y $b$ de las dovelas ${}^{IV}_{\square}q^{22} = 1$.

- Cuando ${}^{IV}_{\square}q^{2b} = {}^{II}_{\square}q^{1b} = 1$, los valores de la columna "$a$" de las dovelas ${}^{IV}_{\square}q^{2b}$ son los mismos valores de la columna "$b$" de las dovelas ${}^{II}_{\square}q^{1b} = 1$, colocados tal cual, los valores de la columna "1" de las dovelas ${}^{IV}_{\square}q^{2b} = 1$ son los mismos valores de la columna "2" de las dovelas ${}^{II}_{\square}q^{1b} = 1$, colocados tal cual, la misma secuencia de ubicación de los valores de asentamientos unitarios aplica para las columnas 2 y $b$ de las dovelas ${}^{IV}_{\square}q^{2b} = 1$.

- Cuando ${}^{IV}_{\square}q^{b2} = {}^{II}_{\square}q^{a2} = 1$, los valores de la columna "$a$" de las dovelas ${}^{IV}_{\square}q^{b2}$ son los mismos valores de la columna "$b$" de las dovelas ${}^{II}_{\square}q^{a2}$, colocados tal cual, los valores de la columna "1" de las dovelas ${}^{IV}_{\square}q^{b2} = 1$ son los mismos valores de la columna "2" de las dovelas ${}^{II}_{\square}q^{a2} = 1$, colocados tal cual, la misma secuencia de ubicación de los valores de asentamientos unitarios aplica para las columnas 2 y $b$ de las dovelas ${}^{IV}_{\square}q^{b2} = 1$.

- Cuando ${}^{IV}_{\square}q^{bb} = {}^{II}_{\square}q^{ab} = 1$, los valores de la columna "$a$" de las dovelas ${}^{IV}_{\square}q^{bb}$ son los mismos valores de la columna "$b$" de las dovelas ${}^{II}_{\square}q^{ab}$, colocados tal cual, los valores de la columna "1" de las dovelas ${}^{IV}_{\square}q^{bb} = 1$ son los mismos valores de la columna "2" de las dovelas ${}^{II}_{\square}q^{ab} = 1$, colocados tal cual, la misma secuencia de ubicación de los valores de asentamientos unitarios aplica para las columnas 2 y $b$ de las dovelas ${}^{IV}_{\square}q^{bb} = 1$.

Los valores de los asentamientos unitarios en los centroide de cada dovela se obtuvieron considerando la aplicación de una carga unitaria ${}^{I}_{\square}q^{aa} = 1$, ${}^{I}_{\square}q^{a1} = 1$, ${}^{I}_{\square}q^{1a} = 1$ y ${}^{I}_{\square}q^{11} = 1$ y se calcularon los valores de cuatro arreglos matriciales; es decir, uno por cada dovela del cuadrante I.

Para formar la matriz de los asentamientos unitarios que complementa la *EMATG* mediante la alternativa 1, se utilizan los valores de los asentamientos unitarios calculados en la tabla 5.5, obteniéndose los valores de la tablas 5.11, 5.12 y 5.13

correspondiente a los cuadrantes II, III y IV. Para lograr este propósito se aprovecha la doble simetría de la cimentación.

$$_{\square}^{I}q^{aa} = {_{\square}^{II}}q^{ab} = {_{\square}^{III}}q^{ba} = {_{\square}^{IV}}q^{bb} = 1$$

$$_{\square}^{I}q^{a1} = {_{\square}^{II}}q^{a2} = {_{\square}^{III}}q^{b1} = {_{\square}^{IV}}q^{b2} = 1$$

$$_{\square}^{I}q^{1a} = {_{\square}^{II}}q^{1b} = {_{\square}^{III}}q^{2a} = {_{\square}^{IV}}q^{2b} = 1$$

$$_{\square}^{I}q^{11} = {_{\square}^{II}}q^{12} = {_{\square}^{III}}q^{21} = {_{\square}^{IV}}q^{22} = 1$$

Con los valores de los asentamientos debidos a la aplicación de esfuerzo unitario en las dovelas de cada cuadrante, se procede a formar la matriz de asentamientos por carga unitaria completa teniendo en cuenta lo siguiente:

- Los 16 valores de influencia de cada dovela representa una columna de la matriz de asentamientos por carga unitaria $[\bar{\delta}_{ij}]$

- En este ejemplo particular cada cuadrante tiene cuatro dovelas; en donde, los valores de cada arreglo matricial representan una columna de la matriz de asentamientos por carga unitaria

- Para cada dovela con carga unitaria, la columna correspondiente se forma iniciando en la columna $a$ y los valores de la columna 1 se colocan debajo, después los de la columna 2 y finalmente los de la columna $b$.

- En general se inicia el ordenamiento de las columnas completas en la dovela $aa$ hasta la dovela $ab$, se continua con la dovela $1a$ hasta la dovela $1b$, se continua con la dovela $2a$ hasta la dovela $2b$, se continua con la dovela $ba$ y se finaliza con la dovela $bb$, el resultado son 16 columnas y cada columna tiene 16 filas, obteniéndose un arreglo matricial de $16x16$.

**b) Alternativa 2**

Otra manera más fácil de formar la *EMATG*, es conociendo los valores de los asentamientos por carga unitaria en las dovelas de los cuadrantes I y II, tal como ya fue explicado en párrafos anteriores. Cuando la matriz de asentamientos por carga unitaria es grande conviene formar la matriz con este procedimiento; a saber

- Primero se calculan los asentamientos debido a cargas unitarias en la superficie de cada dovela del cuadrante I.

- Se procede a obtener los asentamientos por cargas unitarias en la superficie de cada dovela en el cuadrante II que estarán en función de los valores calculados para el cuadrante I, tal como se explicó en la tabla 5.11.

Con los valores de las influencias de esfuerzo unitario en los cuadrantes I y II, se procede a formar la matriz de asentamientos por carga unitaria completa teniendo en cuenta lo siguiente:

- Los 16 valores de influencia de cada dovela de los cuadrantes I y II representan una columna de la matriz de asentamientos por carga unitaria $[\bar{\delta}_{ij}]$; es decir, el cuadrante I aporta 4 columnas y el cuadrante II aporta también 4 columnas.

- Para cada dovela, la columna correspondiente se forma iniciando en la columna $a$ y los valores de la columna 1 se colocan debajo, después los de la columna 2 y finalmente los de la columna $b$.

- Los valores de las primeras 4 columnas (aa, a1, 1a y 11) de la matriz de asentamientos unitarios se obtienen con los valores de las dovelas del cuadrante I y los valores de las columnas a2, ab, 12 y 1b, se obtienen con los valores de las dovelas del cuadrante II; es decir, el arreglo de las primeras 8 columnas es  aa, a1, a2, ab, 1a, 11, 12 y 1b.

- Las siguientes columnas de la matriz de asentamientos son espejos de cabeza de las columnas de los cuadrantes I y II; es decir, los valores ↑ de la última columna del cuadrante II serán los valores ↓ colocados al revés de la primera columna del inicio de la segunda mitad de la matriz de asentamientos unitarios corresponderían al cuadrante III y así sucesivamente con las otras columnas hasta finalizar con los valores ↑ de la primera columna del cuadrante I con los valores ↓ de la última columna de la matriz de asentamientos unitarios corresponderían al cuadrante IV.

- En los ejemplos resueltos se procede de esta manera

Un comentario que puede servir de guía en la verificación de la EMAT en la ingeniería práctica es que la *EMATS* y *EMATG* son simétricas, la característica que las hace diferente es que los valores de la diagonal principal de la *EMATS* son diferentes y los valores de la diagonal principal de la *EMATG* de asentamientos por carga unitaria completa son iguales. La aplicación de la *EMATS* queda restringida para cuando actúan cargas estáticas verticales simétricas en el edificio y cimentación, la *EMATG* es de aplicación general.

En general, para comprobar que la matriz de asentamientos por carga unitaria $\left[{}^{s,g}_{\square}\delta^{nn}_{ij}\right]$ ($m^3/ton$) que forma parte de la EMAT simétrica, general o sísmica es correcta, se procede de la siguiente manera: "Se suman los valores de todos los coeficientes de todas las fila i y todos los de la columna j por separado, procediéndose a restar las sumas obtenidas por fila con las de columnas, el resultado debe ser cero o dividir las sumas obtenidas por fila con las de columnas, el resultado debe ser 1".

## 5.4 Modelo estructural de interacción

Una vez obtenida la ecuación matricial de asentamientos o EMAT del suelo, es necesario definir el modelo estructural de interacción, que aquí, se define como la estructura de cimentación con rigidez $EI \neq 0$ apoyada en resortes ubicados en los centroides de las dovelas consideradas mostrados en la figura 5.9. A la estructura de cimentación puede agregársele la superestructura dando como resultado el denominado modelo acoplado de interacción.

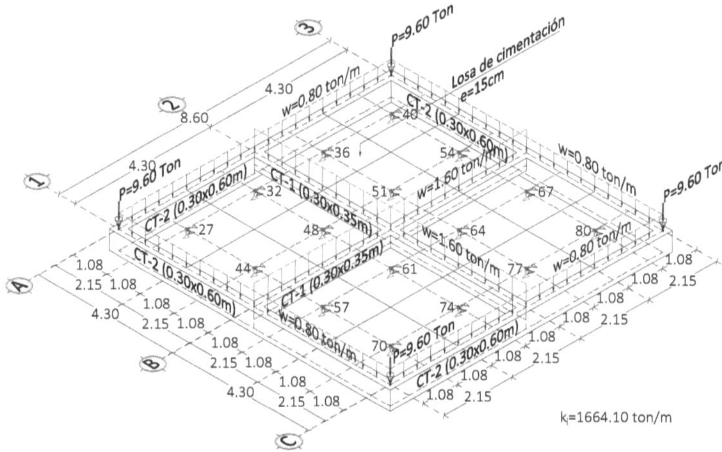


**Figura 5.9** Modelo estructural de interacción o MEI no acoplado, resortes, losa de fondo, retícula de trabes, cargas verticales y apoyos elásticos.

## 5.5 Cálculo de los elementos mecánicos: El dilema de emplear presiones de contacto o los valores finales de los módulos de reacción o resortes de la ISET

El proceso iterativo para la determinación de la ISET se lleva a cabo entre la EMAT y el modelo estructural de interacción apoyado en los módulos de reacción o resortes, los cuáles deben satisfacer ambas expresiones, estos tendrán un valor definido y solo uno para cada centroide de las dovelas consideradas.

Las configuraciones de esfuerzos y asentamientos calculadas con el análisis de la ISE o la ISET en la superficie de contacto dependerán de la rigidez de la estructura de la cimentación, de la deformabilidad del subsuelo y de la distribución de las cargas que se apliquen sobre la estructura de la cimentación.

Una vez obtenido la configuración de los esfuerzos o presiones de contacto, deben determinarse la fuerza cortante y el momento de flexión en cualquier sección transversal de los componentes resistentes de la cimentación; tales como, losa de fondo y contratrabes.

En la actualidad muchos diseñadores de cimentaciones superficiales obtienen fácilmente los elementos mecánicos, utilizando como apoyos discretos en la losa de cimentación resortes que denominan de Winkler. El hecho de que utilicen apoyos continuos o cama de resortes hace inferir que los resultados son los correctos desde el punto de vista de la ingeniería práctica. La breve explicación que se da a continuación no lleva como fin interferir en el uso de este tipo de proceder; sino más bien, el de exponer un punto de vista que pueda servir como conocimiento adicional en la comprensión de este tipo de problemas.

Con el advenimiento del MECYMCAC, Morales, R. R., (2012b, 2019), también se obtienen fácilmente los elementos mecánicos en cimentaciones superficiales complejas, utilizando presiones de contacto calculadas con alguno de los métodos explicados en este libro.

A la designación de una carga por unidad de área se le denomina presión de contacto que significa que es una distribución del esfuerzo normal sobre la superficie de contacto de dos cuerpos. Con esto en mente y teniendo a la disposición el MECYMCAC se puede pensar que la elección de las presiones de contacto para calcular los elementos mecánicos es el procedimiento correcto; es decir, la masa del suelo responde en términos de presiones de contacto, no de resortes.

Luego entonces, el considerar que las presiones de contacto es la forma correcta de proceder para calcular los elementos mecánicos en cualquier tipo de cimentación superficial, esta aseveración queda confirmada del análisis cualitativo a zapatas aisladas, zapatas corridas, retícula de zapatas corridas, losas de cimentación con volados y losas de fondo del cajón de cimentación con volados; es decir, el colocar resortes en el extremo de los elementos finitos del volado, estos toman fuerza cortante y alteran las condiciones de frontera; ya que, su valor debe ser cero y desde el punto de vista teórico modifica los valores de la fuerza cortante y del momento de flexión. Sin embargo, en losas de fondo de cajones de cimentación sin volado, es correcto utilizar presiones de contacto o resortes para la obtención de los elementos mecánicos. Cabe aclarar, que existe otro inconveniente en el uso con el modelo analitico de resortes cuando se requiere emplearlo para cargas sísmicas; ya que, se necesita cambiar el valor del módulo de reacción y como consecuencia se tiene que calcular un nuevo valor del módulo de reacción en $(ton/m)$ que resulta de la combinación de carga vertical más sísmica, necesario para dar congruencia a la obtención de los elementos mecánicos. En general para los resortes obtenidos de un análisis de ISE o ISET esta operación puede resultar más laboriosa.

En contexto con las losas de fondo de cajones de cimentación sin volados y con fines de la eliminación del dilema se necesita determinar el número mínimo de dovelas que deben utilizarse, para que los valores de los elementos mecánicos sean parecidos independientemente de utilizar presiones de contacto o resortes. Adicionalmente, puede considerarse que la solución a este dilema es otro criterio de aceptación del MECYMCAC.

En la definición de la elección del número de dovelas se procede con el criterio dado en (Morales, R. R. 2019, Capítulo 6, ejemplo 6.2.5, página 228, párrafo 4); en donde, se sugiere utilizar como mínimo $1.28 placas/m_{losa}^2$, que bien puede ajustarse a un rango de $1.28 < placas/m_{losa}^2 < \infty$, recordando que 4 placas forman una dovela; es decir, el análisis de la ISE o ISET deben seguir estas recomendaciones para que al finalizar se utilicen las presiones de contacto o los resortes para la obtención más realista de los elementos mecánicos en cada componente resistente de la cimentación. La comprobación de que los valores en los elementos mecánicos son casi iguales, utilizando: a) las presiones de contacto de cada dovela considerada en la losa de cimentación, como respuesta del suelo y utilizando el MECYMCAC o b) el modelo analítico con resortes colaborando como apoyos discretos aplicados en los centroides de las dovelas consideradas en la losa de cimentación, sirve como un criterio de aceptación del MECYMCAC. En otras palabras, existen programas de análisis estructural que sugieren utilizar un número determinado de dovelas en arreglo especial, al utilizar los resortes se obtienen resultados que son considerados válidos porque se calculan correctamente con el método de rigideces, si a este número de dovelas se le colocan las presiones de contacto correspondientes, los valores de los elementos mecánicos son también, bien calculados con el MECYMCAC (método de rigideces) y sus valores difieren a los obtenidos con el modelo con resortes, la no coincidencia de resultados se debe al número y arreglo de las placas consideradas. Es decir, lo que finalmente tendríamos serían resultados erróneos, bien calculados con la utilización de resortes como apoyos discretos y con el MECYMCAC cuando se utilizan presiones de contacto.

Luego entonces de los conceptos ya mencionados que influyen en los resultados de los análisis de la ISE o la ISET y estructural, habría que agregarle el arreglo y número de dovelas, que se necesitan para la determinación correcta de los valores de los elementos mecánicos en los componentes resistentes de la cimentación. Estos conceptos fueron indirectamente considerados al formular la hipótesis "a" en que se basa la obtención de la *EMATS* y en la definición de la elección del número de dovelas

## 5.6 Ejemplo numérico con cargas estáticas verticales simétricas

En el ejemplo propuesto se requiere conocer la configuración de asentamientos y las presiones de contacto utilizando la ISET. Para la obtención de la matriz de asentamientos por carga unitaria, $m^3/ton$, se utilizan hojas de cálculo con las ecuaciones Damy-Casales utilizando Fröhlich para $\chi = 2$ y el análisis con la estructura de la cimentación para la interacción, se lleva a cabo con el programa STAAD.Pro.

Las propiedades mecánicas de la masa del suelo; así como la información de las secciones transversales y las dimensiones geométricas en planta de la cimentación, fueron tomados de Demeneghi (1994) y de Avilés, L. J., et al. (2016).

## Consideraciones generales

- La superficie del suelo cubierta por la cimentación se divide en 16 dovelas con áreas iguales. El eje de coordenadas imaginario con origen en el centroide de la superficie de suelo cubierta por la cimentación, divide la superficie en cuatro cuadrantes con cuatro dovelas cada uno.

- Las propiedades mecánicas y estratigráficas de la masa del suelo son proporcionadas en la tabla 5.14.

**Tabla 5.14** Valores del módulo de deformación unitaria, espesor de cada estrato y profundidad al centroide de cada estrato

| Estrato | $M_c^N$ ($m^2/ton$) | $H(m)$ | $z^N(m)$ |
|---------|---------------------|--------|----------|
| 1 | 0.0154 | 2.40 | 1.20 |
| 2 | 0.0222 | 2.00 | 3.40 |

- Los desplazamientos verticales se determinan estimando el cambio de esfuerzos por medio de soluciones aproximadas de la Teoría de Elasticidad (Zeevaert, 1973, Capítulo III.2.2).

La deformación o asentamiento del estrato $N$ en el centroide $ij$ de la dovela en el cuadrante I es

$$\Delta_\square^I \delta_{ij}^{nn} = \alpha^N \cdot \Delta\sigma_{ij}^N \tag{5.27}$$

$\Delta\sigma_{ij}^N$.-Incremento medio de esfuerzos

La deformación o asentamiento de todos los estratos en el centroide $ij$ de la dovela en el cuadrante I es

$$\square^I \delta_{ij}^{nn} = \sum_A^N \alpha^N \cdot \Delta\sigma_{ij}^N \tag{5.28}$$

, pero $\alpha^N = M_z^N \cdot d_N$ y $\Delta\sigma_{ij}^N = I_{ij}^N \cdot q_{ij}$

Con $q_{ij} = 1$ quedaría,

$$\square^I \delta_{ij}^{nn} = \sum_A^N M_c^N \cdot d_N \cdot I_{ij}^N \tag{5.29}$$

- Se considera la participación de la losa de fondo de la cimentación con peralte igual a $0.15m$

- La sección transversal de las vigas exteriores es $b = 0.30m$ y $h = 0.60m$ e interiores $b = 0.30m$ y $h = 0.35m$, el coeficiente de Poisson $v_c = 0.2$, el módulo de Young $E_c = 2214000\,ton/m^2$ y el módulo elástico transversal $G_c = 922500\,ton/m^2$.

- El valor de las cargas uniformes exteriores es $w_e = 0.80\,ton/m$ e interiores $w_i = 1.60\,ton/m$, y el valor de las carga puntual de las esquinas es $P_{esq} = 9.60ton$

- Las cargas actuantes del edificio y las reacciones o presiones de contacto aplicadas sobre la cimentación son admisibles, es decir no están mayoradas por factores de cargas.

## EMATS: Cimentación 100% flexible

La determinación de la EMAT simétrica inicia con el cálculo de las $I_{ij}^N$ y continua con la aplicación de la ecuación general (5.26). En la figura 5.10, se muestran las dovelas cargadas con $_{\square}^{I}q^{nn}=1$ y los triángulos que deben considerarse para el cálculo de las influencias en cada centroide de las otras dovelas.

Auxiliándose en hojas de cálculo pueden generarse fácilmente las plantillas con las ecuaciones de Damy-Casales para calcular las influencias $I_{ij}^N$ a diferentes profundidades por la aplicación de las cargas unitarias y el asentamiento en cada centroide de la dovela con la ecuación de $_{\square}^{I}\bar{\delta}_{ij}^{nn}$, el resultado que se obtiene se muestra en la tabla 5.15. Por el tipo de suelo se utilizó $Frohlich\ \chi = 2$.

**Tabla 5.15** Asentamientos en el centroide de las dovelas del cuadrante I de la losa de fondo

| $_{\square}^{I}\bar{\delta}_{ij}^{nn}$ | $_{\square}^{I}q^{aa} = 1$ | | | | $_{\square}^{I}q^{a1} = 1$ | | | |
|---|---|---|---|---|---|---|---|---|
| | a | 1 | 2 | b | a | 1 | 2 | b |
| a | 0.02347 | 0.00563 | 0.00110 | 0.00032 | 0.00563 | 0.00267 | 0.00080 | 0.00027 |
| 1 | 0.00563 | 0.00267 | 0.00080 | 0.00027 | 0.02347 | 0.00563 | 0.00110 | 0.00032 |
| 2 | 0.00110 | 0.00080 | 0.00039 | 0.00017 | 0.00563 | 0.00267 | 0.00080 | 0.00027 |
| b | 0.00032 | 0.00027 | 0.00017 | 0.00010 | 0.00110 | 0.00080 | 0.00039 | 0.00017 |
| | $_{\square}^{I}q^{1a} = 1$ | | | | $_{\square}^{I}q^{11} = 1$ | | | |
| a | 0.00563 | 0.02347 | 0.00563 | 0.00110 | 0.00267 | 0.00563 | 0.00267 | 0.00080 |
| 1 | 0.00267 | 0.00563 | 0.00267 | 0.00080 | 0.00563 | 0.02347 | 0.00563 | 0.00110 |
| 2 | 0.00080 | 0.00110 | 0.00080 | 0.00039 | 0.00267 | 0.00563 | 0.00267 | 0.00080 |
| b | 0.00027 | 0.00032 | 0.00027 | 0.00017 | 0.00080 | 0.00110 | 0.00080 | 0.00039 |

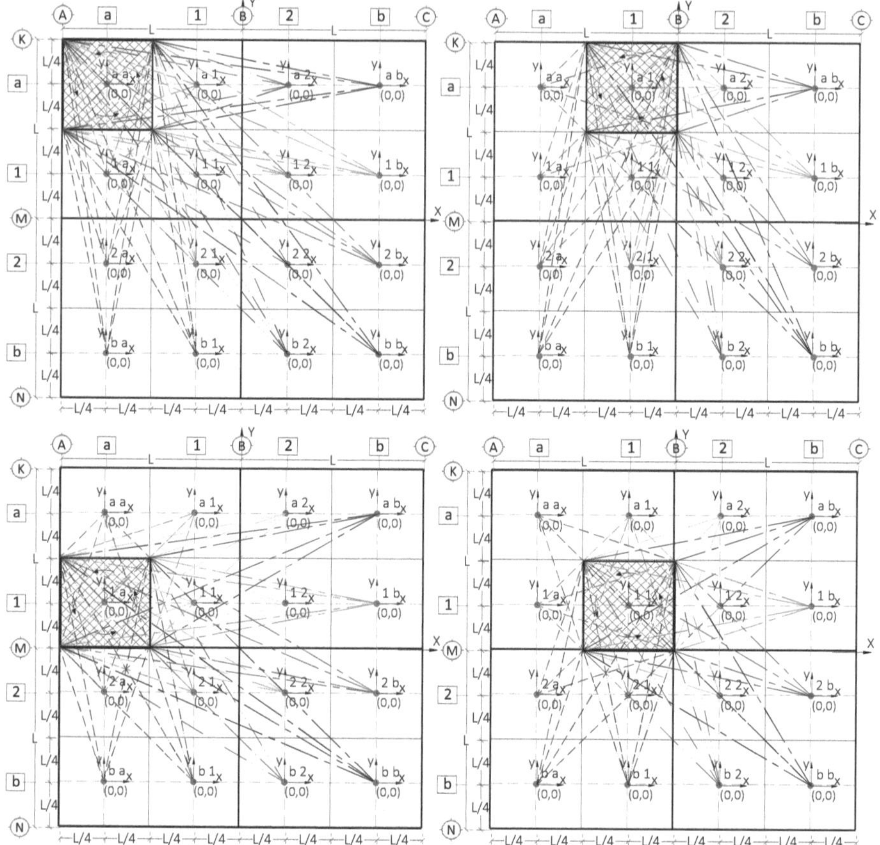

**Figura 5.10** Notación simbólica en la interfase suelo-dovela de la losa de fondo de la cimentación considerada, para el estudio de la ISET cuando $_{\square}^{I}q^{aa} = 1$, $_{\square}^{I}q^{a1} = 1$, $_{\square}^{I}q^{1a} = 1$ y $_{\square}^{I}q^{11} = 1$

Para la condición $_{\square}^{I}q^{aa} = {_{\square}^{II}q^{ab}} = {_{\square}^{III}q^{ba}} = {_{\square}^{IV}q^{bb}} = 1$, los términos de la primera y segunda fila del arreglo matricial parcial para los asentamientos por carga unitaria en cada dovela, según la tabla 5.15 y la aplicación de la ecuaciones 5.9, 5.10, 5.11 y 5.12 son:

$$_{\square}^{S}\delta_{aa}^{aa} = 0.02347 + 0.00032 + 0.00032 + 0.00010 = 0.02421$$

$$_{\square}^{S}\delta_{a1}^{aa} = 0.00563 + 0.00110 + 0.00027 + 0.00017 = 0.00717$$

$$_{\square}^{S}\delta_{1a}^{aa} = 0.00563 + 0.00110 + 0.00027 + 0.00017 = 0.00717$$

177

$${}_{\square}^{S}\delta_{11}^{aa} = 0.00267 + 0.00080 + 0.00080 + 0.00039 = 0.00467$$

El arreglo matricial parcial, quedaría:

| ${}_{\square}^{I}\bar{\delta}_{ij}^{nn}$ | a | 1 |
|---|---|---|
| a | 0.02421 | 0.00717 |
| 1 | 0.00717 | 0.00467 |

Para la condición ${}_{\square}^{I}q^{a1} = {}_{\square}^{II}q^{a2} = {}_{\square}^{III}q^{b1} = {}_{\square}^{IV}q^{b2} = 1$, los términos de la primera y segunda fila del arreglo matricial parcial para los asentamientos por carga unitaria en cada dovela, según la tabla 5.15 y la aplicación de las ecuaciones 5.13, 5.14, 5.15 y 5.16 son:

$${}_{\square}^{S}\delta_{aa}^{a1} = 0.00563 + 0.00027 + 0.0011 + 0.00017 = 0.00717$$

$${}_{\square}^{S}\delta_{a1}^{a1} = 0.00267 + 0.00080 + 0.00080 + 0.00039 = 0.00467$$

$${}_{\square}^{S}\delta_{1a}^{a1} = 0.02347 + 0.00563 + 0.00032 + 0.00027 = 0.02969$$

$${}_{\square}^{S}\delta_{11}^{a1} = 0.00563 + 0.00267 + 0.00110 + 0.00080 = 0.01020$$

El arreglo matricial parcial, quedaría:

| ${}_{\square}^{I}\bar{\delta}_{ij}^{nn}$ | a | 1 |
|---|---|---|
| a | 0.00717 | 0.00467 |
| 1 | 0.02969 | 0.01020 |

Para la condición ${}_{\square}^{I}q^{1a} = {}_{\square}^{II}q^{1b} = {}_{\square}^{III}q^{2a} = {}_{\square}^{IV}q^{2b} = 1$, los términos de la primera y segunda fila del arreglo matricial parcial para los asentamientos por carga unitaria en cada dovela, según la tabla 5.15 y la aplicación de las ecuaciones 5.17, 5.18, 5.19 y 5.20 son:

$${}_{\square}^{S}\delta_{aa}^{1a} = 0.00563 + 0.00110 + 0.00027 + 0.00017 = 0.00717$$

$${}_{\square}^{S}\delta_{a1}^{1a} = 0.02347 + 0.00563 + 0.00032 + 0.00027 = 0.02969$$

$${}_{\square}^{S}\delta_{1a}^{1a} = 0.00267 + 0.00080 + 0.000807 + 0.00039 = 0.00467$$

$${}_{\square}^{S}\delta_{11}^{1a} = 0.00563 + 0.00267 + 0.00110 + 0.00080 = 0.01020$$

El arreglo matricial parcial, quedaría:

| ${}_{\square}^{I}\bar{\delta}_{ij}^{nn}$ | a | 1 |
|---|---|---|
| a | 0.00717 | 0.02969 |
| 1 | 0.00467 | 0.01020 |

Para la condición ${}^{I}_{\square}q^{11} = {}^{II}_{\square}q^{12} = {}^{III}_{\square}q^{21} = {}^{IV}_{\square}q^{22} = 1$, los términos de la primera y segunda fila del arreglo matricial parcial para los asentamientos por carga unitaria en cada dovela, según la tabla 5.15 y la aplicación de las ecuaciones 5.21, 5.22, 5.23 y 5.24 son:

$${}^{s}_{\square}\delta^{11}_{aa} = 0.00267 + 0.00080 + 0.00080 + 0.00039 = 0.00467$$

$${}^{s}_{\square}\delta^{11}_{a1} = 0.00563 + 0.00267 + 0.00110 + 0.00080 = 0.01020$$

$${}^{s}_{\square}\delta^{11}_{1a} = 0.00563 + 0.00267 + 0.00110 + 0.00080 = 0.01020$$

$${}^{s}_{\square}\delta^{11}_{11} = 0.02347 + 0.00563 + 0.00563 + 0.00267 = 0.03739$$

El arreglo matricial parcial, quedaría:

| ${}^{I}_{\square}\bar{\delta}^{nn}_{ij}$ | a | 1 |
|---|---|---|
| a | 0.00467 | 0.01020 |
| 1 | 0.01020 | 0.03739 |

Arreglando cada uno de los términos de cada matriz parcial en forma de columnas, se integra finalmente la matriz de asentamientos por carga unitaria $[{}^{s}_{\square}\delta^{nn}_{ij}]$, la cual forma parte de la EMAT simétrica para calcular los asentamientos totales $\delta_{ij}$ en cada centroide de las dovelas consideradas, acomodando cada elemento la matriz quedaría,

$$[{}^{s}_{\square}\delta^{nn}_{ij}] = \begin{bmatrix} 0.02421 & 0.00717 & 0.00717 & 0.00467 \\ 0.00717 & 0.02969 & 0.00467 & 0.01020 \\ 0.00717 & 0.00467 & 0.02969 & 0.01020 \\ 0.00467 & 0.01020 & 0.01020 & 0.03739 \end{bmatrix} \qquad (5.30)$$

Se procede a comprobar que la matriz de asentamientos por carga unitaria $[{}^{s}_{\square}\delta^{nn}_{ij}]$, fue calculada correctamente.

**Tabla 5.16** En la tabla se muestra cómo se suman los valores de todos los coeficientes de todas las filas i ($\Sigma$horizontales) y todos los de la columna j ($\Sigma$verticales) por separado.

| Comprobación | a | 1 | 2 | b | $\Sigma$horizontales |
|---|---|---|---|---|---|
| a | 0.02421 | 0.00717 | 0.00717 | 0.00467 | 0.04322 |
| 1 | 0.00717 | 0.02969 | 0.00467 | 0.01020 | 0.05173 |
| 2 | 0.00717 | 0.00467 | 0.02969 | 0.01020 | 0.05173 |
| b | 0.00467 | 0.01020 | 0.01020 | 0.03739 | 0.06246 |
| $\Sigma$verticales | 0.04322 | 0.05173 | 0.05173 | 0.06246 | |
| $\Sigma$horizontales | 0.04322 | 0.05173 | 0.05173 | 0.06246 | |
| Correcto → | 0.00000 | 0.00000 | 0.00000 | 0.00000 | |

Con la matriz de asentamientos por carga unitaria multiplicada por la matriz columna de presiones de contacto aplicadas en cada dovela, se obtienen los asentamientos en los centroides de las dovelas estudiadas; por lo tanto, la Ecuación Matricial de Asentamientos Tridimensional simétrica o *EMATS* para este problema quedaría:

$$\begin{bmatrix} 0.02421 & 0.00717 & 0.00717 & 0.00467 \\ 0.00717 & 0.02969 & 0.00467 & 0.01020 \\ 0.00717 & 0.00467 & 0.02969 & 0.01020 \\ 0.00467 & 0.01020 & 0.01020 & 0.03739 \end{bmatrix} \begin{vmatrix} q_{aa} \\ q_{a1} \\ q_{1a} \\ q_{1a} \end{vmatrix} = \begin{vmatrix} \delta_{aa} \\ \delta_{a1} \\ \delta_{1a} \\ \delta_{11} \end{vmatrix} \qquad (5.31)$$

Para iniciar el proceso iterativo, al formato de la *EMATS* en hoja de cálculo se le agregan tres columnas independientes, quedando el esquema de trabajo como se muestra en la tabla 5.16:

Dónde:

$$F_{dov} = q_{dov} \times A_{dov} \text{ y } k_{dov} = F_{dov}/\delta_{dovela}$$

En la columna 5 de la tabla 5.17 se inicia el proceso iterativo asignando un valor inicial constante a las presiones de contacto $q_{ij}$ y por multiplicación de matrices se obtienen los valores de los asentamientos $\delta_{ij}$ anotados en la columna 6, en la columna 7 se anota el área de cada dovela, en la columna 8 se calculan las fuerzas concentradas de cada dovela y finalmente en la columna 9 se calculan el valor del módulo de reacción del suelo en función de las condiciones iniciales.

En la tabla 5.17 se propone el formato para llevar a cabo el proceso iterativo con fines de calcular las presiones de contacto y los asentamientos $\delta_{ij}$ mediante la aplicación de un análisis de ISET.

**Tabla 5.17** Se observa los valores de la matriz de flexibilidad del suelo o *EMATS*, el área de cada dovela, la fuerza de respuesta del suelo en cada dovela y los valores del módulo de reacción del suelo

| Ecuación matricial de asentamientos tridimensional o EMATS | | | | | | $A_d$ $(m^2)$ | $F_{ds}$ $(ton)$ | $k_{ds}$ $(ton/m)$ |
|---|---|---|---|---|---|---|---|---|
| $[\overline{\delta_{ij}}](m^3/ton)$ | | | | $\lvert q_{ij}\rvert(ton/m^2)$ | $\lvert\delta_{ij}\rvert(m)$ | | | |
| 0.02421 | 0.00717 | 0.00717 | 0.00467 | 1.263 | 0.05458 | 4.6225 | 5.838 | 106.953 |
| 0.00717 | 0.02969 | 0.00467 | 0.01020 | 1.263 | 0.06532 | 4.6225 | 5.838 | 89.379 |
| 0.00717 | 0.00467 | 0.02969 | 0.01020 | 1.263 | 0.06532 | 4.6225 | 5.838 | 89.379 |
| 0.00467 | 0.01020 | 0.01020 | 0.03739 | 1.263 | 0.07888 | 4.6225 | 5.838 | 74.014 |

## Análisis de la *ISET* con la relación base de interacción *EMATS − CC*

En esta etapa se complementa lo que se le denomina ciclo del análisis de la ISET, la masa del suelo es caracterizada por resortes (módulo de reacción del suelo) ubicados en los centroides de cada dovela, los valores se muestran en la última columna de la tabla 5.17. El medio estructural de interacción adaptado al ejemplo se muestra en la figura 5.11.

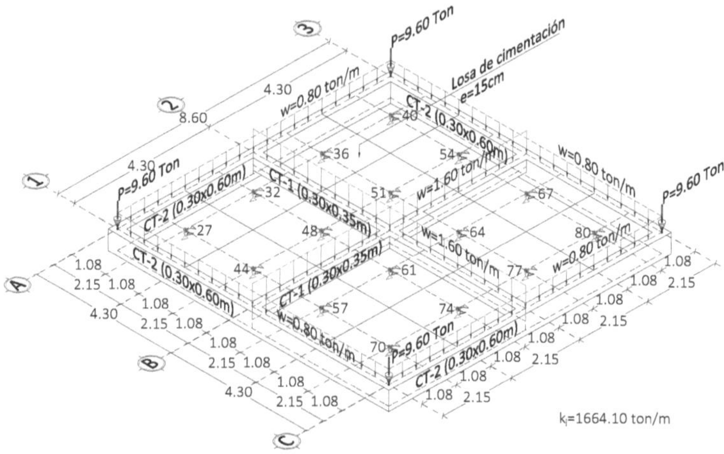


**Figura 5.11** Modelo analítico con la relación base de interacción $EMATS − CC$, mediante el proceso iterativo se obtiene la ISET

Para llevar a cabo la ISET es necesario apoyarse en un programa de análisis estructural, los valores de los módulos de reacción del suelo $k_{ds}(ton/m)$ calculados en la tabla 5.17 son utilizados como apoyos elásticos de inicio en el modelo analítico de la figura 5.11. Nos interesa saber el nuevo valor de las reacciones en cada resorte denominadas como $F_{de}(ton)$ para distinguirlas de las $F_{ds}$ calculadas con la EMATS. Las nuevas presiones de cada dovela para utilizarlas en la EMATS se calculan con la expresión $q_{ij} = F_{de}/A_d$.

Una vez aprendida la mecánica de operación del primer ciclo, se continúa de la misma manera hasta encontrar que los valores numéricos de las presiones de contacto y de los asentamientos totales en dos ciclos consecutivos sean iguales, con lo cual se finaliza el proceso. En la tabla 5.17 se observan los valores encontrados en diferentes ciclos para el problema particular estudiado.

La primera columna indica los ciclos de cálculo para obtener las presiones de contacto y los asentamientos totales mediante la interacción suelo estructura tridimensional o ISET, la segunda y tercera columna indican los medios de interacción que participan en cada ciclo, por un lado el suelo a través de la EMATS y por el otro la cimentación utilizando un programa de análisis estructural o PAE, el contenido de las otras columnas son axiomáticas.

**Tabla 5.18** Resumen de los valores de las presiones de contacto y de los asentamientos totales; así como, de las reacciones del suelo utilizadas durante los ciclos de cálculo.

| Ciclo | Medio | ISET | Presiones (ton/m²) | | | | Asentamientos (m) | | | | M. Reacción del suelo ton/m | | | |
|---|---|---|---|---|---|---|---|---|---|---|---|---|---|---|
| | | | $q_{aa}$ | $q_{a1}$ | $q_{1a}$ | $q_{11}$ | $\delta_{aa}$ | $\delta_{a1}$ | $\delta_{1a}$ | $\delta_{11}$ | $k_{aa}$ | $k_{a1}$ | $k_{1a}$ | $k_{11}$ |
| 1 | Suelo | $EMAT^s$ | 1.263 | 1.263 | 1.263 | 1.263 | 0.054 | 0.065 | 0.065 | 0.079 | 106.953 | 89.379 | 89.379 | 74.014 |
| | Cimentación | PAE | | | | | | | | | 106.953 | 89.341 | 89.341 | 73.984 |
| 2 | Suelo | $EMAT^s$ | | | | | | | | | | | | |
| | Cimentación | PAE | | | | | | | | | | | | |
| 3 | Suelo | $EMAT^s$ | | | | | | | | | | | | |
| | Cimentación | PAE | | | | | | | | | | | | |

Con la *EMATS* y el modelo analítico de interacción de la figura 5.11, se realiza el proceso iterativo y se termina el análisis de la ISET para este ejemplo particular, cuando después de 15 ciclos se encuentran los valores de asentamientos totales, módulos de reacción y presiones de contacto. Considerando una aproximación con tres cifras los ciclos de análisis pueden reducirse drásticamente.

**Tabla 5.19** Asentamientos totales $\delta_{ij}$ en $(m)$, en cada centroide de las dovelas supuestas

| $\delta_{ij}$ | a | 1 | 2 | b |
|---|---|---|---|---|
| a | 0.06619 | 0.06335 | 0.06335 | 0.06619 |
| 1 | 0.06335 | 0.06010 | 0.06010 | 0.06335 |
| 2 | 0.06335 | 0.06010 | 0.06010 | 0.06335 |
| b | 0.06619 | 0.06335 | 0.06335 | 0.06619 |

**Tabla 5.20** Módulos de reacción $k_{ij}$ en $(ton/m)$, en cada centroide de las dovelas supuestas

| $k_{ij}$ | a | 1 | 2 | b |
|---|---|---|---|---|
| a | 129.893 | 91.203 | 91.203 | 129.893 |
| 1 | 91.203 | 53.303 | 53.303 | 91.203 |
| 2 | 91.203 | 53.303 | 53.303 | 91.203 |
| b | 129.893 | 91.203 | 91.203 | 129.893 |

Con los valores de los módulos de reacción de la tabla 5.20, y con las cargas verticales colectadas de la superestructura aplicadas en la estructura de cimentación, se calculan mediante la aplicación del modelo analítico con resortes los elementos mecánicos de los componentes resistentes de la figura 5.11.

**Tabla 5.21** Presiones de contacto $q_{ij}$ en $(ton/m^2)$, en cada dovela supuesta

| $q_{ij}$ | a | 1 | 2 | b |
|---|---|---|---|---|
| **a** | 1.8600 | 1.2500 | 1.2500 | 1.8600 |
| **1** | 1.2500 | 0.6930 | 0.6930 | 1.2500 |
| **2** | 1.2500 | 0.6930 | 0.6930 | 1.2500 |
| **b** | 1.8600 | 1.2500 | 1.2500 | 1.8600 |

Con los valores de las presiones de contacto de la tabla 5.21 y con las cargas verticales colectadas de la superestructura aplicadas en la estructura de cimentación, se obtienen los elementos mecánicos en cualquier sección transversal de las losas y vigas, mediante la aplicación del MECYMCAC, en el Capítulo 8 se resuelve el problema.

## 5.7 Ejemplo: Losa de cimentación con retícula de vigas apoyada en suelo blando

En la figura 5.12, se requiere determinar los asentamientos totales, las presiones de contacto y los módulos de reacción en cada dovela supuesta aplicando un análisis de ISET, las cargas del edificio pueden visualizarse en la figura 5.13.

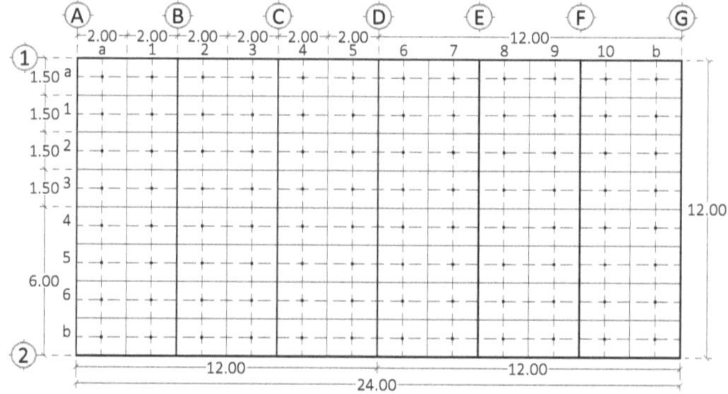

**Figura 5.12** Planta de la losa de cimentación y tamaño de las dovelas para el análisis de la ISET

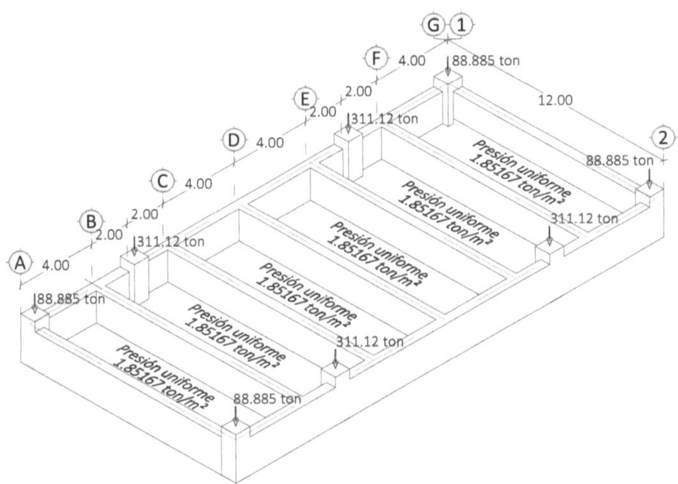


**Figura 5.13** Isométrico de la subestructura con las cargas concentradas aplicadas en los nudos columnas y peso propio de la cimentación de 22.22 $ton/m$ o 1.85167 $ton/m^2$

- La superficie del suelo cubierta por la cimentación se divide en 96 dovelas con áreas iguales de 1.50mx2.0m. Se cumple con la condición de utilizar como mínimo 1.28$placas/m_{losa}^2$

- Las propiedades mecánicas y estratigráficas de la masa del suelo fueron tomadas de (Zeevaert, L., 1980, Parte I, numeral I.8, ejemplo I.8.1, página 47) y son proporcionadas en la tabla 5.22.

- Los desplazamientos verticales se determinan estimando el cambio de esfuerzos por medio de soluciones aproximadas de la Teoría de Elasticidad (Zeevaert, 1973, capítulo III).

- Se considera la participación de la losa de fondo de la cimentación con peralte igual a 0.30$m$

- La sección transversal de las vigas exteriores e interiores son $b = 0.60m$ y $h = 1.40m$ el coeficiente de Poisson del concreto es $v = 0.20$, el módulo de Young $E_c = 2213594.36\, ton/m^2$ y el módulo elástico transversal $G_c = 922330.984\ ton/m^2$. Está sección transversal se deduce aproximadamente del valor dado de $EI = 6 \times 10^5\ ton - m^2$ en (Zeevaert, L., 1980, Parte I, numeral I.8, ejemplo I.8.6, página 61).

- No se considera el peso propio de los componentes del cajón de cimentación

En la tabla 5.22, la primera columna proporciona la distancia a los centroides de cada estrato medidos desde el nivel de desplante de la losa de cimentación, la columna 2 muestra el espesor de cada estrato, la tercera columna proporciona los valores módulo secante de deformación unitaria para la recompresión del estrato investigado $M_{ej}^{N} = (1/E_{ej}^{N}) \cdot 10^{-2}(m^2/ton)$, en la cuarta columna se proporcionan los valores de la deformación volumétrica de los estratos $\alpha^{N} = M_{ej}^{N} \cdot d_i \cdot 10^{-2}(m^3/ton)$ y en la quinta columna se proporcionan los valores de la deformación volumétrica de los estratos con los valores utilizados en la obtención de la matriz asentamientos por carga unitaria por $10^{-1}$ $(m^3/ton)$.

**Tabla 5.22** Información geotécnica para el análisis de ISET para aplicación en la cimentación del ejemplo

| $z_i(m)$ | $d_i(m)$ | $M_{ej}(m^2/ton)$ | $\alpha_c^{N}(m^3/ton)$ | $\alpha_c^{N}(m^3/ton)$ |
|---|---|---|---|---|
| 1.50 | 3 | 0.383 | 1.149 | 0.1149 |
| 5.00 | 4 | 0.213 | 0.852 | 0.0852 |
| 11.00 | 8 | 0.194 | 1.552 | 0.1552 |
| 17.50 | 5 | 0.150 | 0.750 | 0.075 |
| 23.00 | 6 | 0.075 | 0.450 | 0.045 |
| | | | x10² | x10⁻¹ |

Mediante el proceso de análisis de la ISET explicado en páginas anteriores se determina la ecuación  matricial de asentamientos tridimensionales simétrica 5.26 para este ejemplo en particular, a continuación se proporporciona los valores calculados de la matriz de asentamientos por carga unitaria $[{}^{s}_{\square}\delta_{ij}^{nn}](m^3/ton)$, la dimensión es de 24x24 elementos, para su determinación se pueden utilizar las tablas dadas para este ejemplo en el Apéndice C.

Una vez que se calculó la *EMATS* y con el apoyo del modelo estructural de interacción, se procede a realizar el proceso iterativo con el que se determinan los asentamientos totales, las presiones de contacto y los módulos de reacción. En las tablas 5.24, 5.25 y 5.26, se muestran estos valores para las dovelas del cuadrante I y por doble simetría se obtienen los valores en las dovelas de los cuadrantes II, III y IV.

**Tabla 5.23** Matriz de asentamientos por carga unitaria simétrica $\left[{}^{S}_{\square}\delta^{nn}_{ij}\right] m^3/ton$

| $\times 10^{-2}$ | aa | a1 | a2 | a3 | a4 | a5 | 1a | 11 | 12 | 13 | 14 | 15 | 2a | 21 | 22 | 23 | 24 | 25 | 3a | 31 | 32 | 33 | 34 | 35 |
|---|---|---|---|---|---|---|---|---|---|---|---|---|---|---|---|---|---|---|---|---|---|---|---|---|
| aa | 3.9 | 1.2 | 0.4 | 0.3 | 0.2 | 0.2 | 1.7 | 0.9 | 0.4 | 0.3 | 0.2 | 0.2 | 0.7 | 0.5 | 0.4 | 0.3 | 0.2 | 0.2 | 0.5 | 0.4 | 0.3 | 0.3 | 0.2 | 0.2 |
| a1 | 1.2 | 3.9 | 1.3 | 0.4 | 0.3 | 0.3 | 0.9 | 1.7 | 0.9 | 0.4 | 0.3 | 0.3 | 0.5 | 0.7 | 0.5 | 0.4 | 0.3 | 0.3 | 0.4 | 0.5 | 0.4 | 0.4 | 0.3 | 0.3 |
| a2 | 0.4 | 1.3 | 3.9 | 1.3 | 0.5 | 0.4 | 0.4 | 0.9 | 1.8 | 0.9 | 0.5 | 0.4 | 0.4 | 0.5 | 0.7 | 0.6 | 0.4 | 0.4 | 0.3 | 0.4 | 0.5 | 0.5 | 0.4 | 0.4 |
| a3 | 0.3 | 0.4 | 1.3 | 4.0 | 1.4 | 0.6 | 0.3 | 0.4 | 0.9 | 1.8 | 1.0 | 0.6 | 0.3 | 0.4 | 0.6 | 0.7 | 0.7 | 0.5 | 0.3 | 0.4 | 0.5 | 0.6 | 0.5 | 0.5 |
| a4 | 0.2 | 0.3 | 0.5 | 1.4 | 4.1 | 1.6 | 0.2 | 0.3 | 0.5 | 1.0 | 1.9 | 1.2 | 0.2 | 0.3 | 0.4 | 0.7 | 0.9 | 0.8 | 0.2 | 0.3 | 0.4 | 0.5 | 0.7 | 0.7 |
| a5 | 0.2 | 0.3 | 0.4 | 0.6 | 1.6 | 5.1 | 0.2 | 0.3 | 0.4 | 0.6 | 1.2 | 2.5 | 0.2 | 0.3 | 0.4 | 0.5 | 0.8 | 1.1 | 0.2 | 0.3 | 0.4 | 0.5 | 0.7 | 0.8 |
| 1a | 1.7 | 0.9 | 0.4 | 0.3 | 0.2 | 0.2 | 4.0 | 1.3 | 0.5 | 0.3 | 0.2 | 0.2 | 1.8 | 0.9 | 0.5 | 0.3 | 0.2 | 0.2 | 0.8 | 0.6 | 0.4 | 0.3 | 0.2 | 0.2 |
| 11 | 0.9 | 1.7 | 0.9 | 0.4 | 0.3 | 0.3 | 1.3 | 4.0 | 1.3 | 0.5 | 0.3 | 0.3 | 0.9 | 1.8 | 1.0 | 0.5 | 0.3 | 0.3 | 0.6 | 0.8 | 0.7 | 0.5 | 0.4 | 0.3 |
| 12 | 0.4 | 0.9 | 1.8 | 0.9 | 0.5 | 0.4 | 0.5 | 1.3 | 4.0 | 1.4 | 0.5 | 0.4 | 0.5 | 1.0 | 1.9 | 1.0 | 0.5 | 0.4 | 0.4 | 0.7 | 0.8 | 0.7 | 0.5 | 0.4 |
| 13 | 0.3 | 0.4 | 0.9 | 1.8 | 1.0 | 0.6 | 0.3 | 0.5 | 1.4 | 4.1 | 1.4 | 0.7 | 0.3 | 0.5 | 1.0 | 1.9 | 1.1 | 0.7 | 0.3 | 0.5 | 0.7 | 0.9 | 0.8 | 0.7 |
| 14 | 0.2 | 0.3 | 0.5 | 1.0 | 1.9 | 1.2 | 0.2 | 0.3 | 0.5 | 1.4 | 4.2 | 1.7 | 0.2 | 0.3 | 0.5 | 1.1 | 2.1 | 1.3 | 0.2 | 0.4 | 0.5 | 0.8 | 1.0 | 1.0 |
| 15 | 0.2 | 0.3 | 0.4 | 0.6 | 1.2 | 2.5 | 0.2 | 0.3 | 0.4 | 0.7 | 1.7 | 5.2 | 0.2 | 0.3 | 0.4 | 0.7 | 1.3 | 2.7 | 0.2 | 0.3 | 0.4 | 0.7 | 1.0 | 1.4 |
| 2a | 0.7 | 0.5 | 0.4 | 0.3 | 0.2 | 0.2 | 1.8 | 0.9 | 0.5 | 0.3 | 0.2 | 0.2 | 4.1 | 1.4 | 0.5 | 0.3 | 0.3 | 0.2 | 2.2 | 1.2 | 0.6 | 0.4 | 0.3 | 0.2 |
| 21 | 0.5 | 0.7 | 0.5 | 0.4 | 0.3 | 0.3 | 0.9 | 1.8 | 1.0 | 0.5 | 0.3 | 0.3 | 1.4 | 4.1 | 1.4 | 0.6 | 0.4 | 0.3 | 1.2 | 2.2 | 1.2 | 0.6 | 0.4 | 0.3 |
| 22 | 0.4 | 0.5 | 0.7 | 0.6 | 0.4 | 0.4 | 0.5 | 1.0 | 1.9 | 1.0 | 0.5 | 0.4 | 0.5 | 1.4 | 4.2 | 1.5 | 0.6 | 0.5 | 0.6 | 1.2 | 2.2 | 1.2 | 0.7 | 0.5 |
| 23 | 0.3 | 0.4 | 0.6 | 0.7 | 0.7 | 0.5 | 0.3 | 0.5 | 1.0 | 1.9 | 1.1 | 0.7 | 0.3 | 0.6 | 1.5 | 4.2 | 1.6 | 0.8 | 0.4 | 0.6 | 1.2 | 2.3 | 1.3 | 0.8 |
| 24 | 0.2 | 0.3 | 0.4 | 0.7 | 0.9 | 0.8 | 0.2 | 0.3 | 0.5 | 1.1 | 2.1 | 1.3 | 0.3 | 0.4 | 0.6 | 1.6 | 4.4 | 1.9 | 0.3 | 0.4 | 0.7 | 1.3 | 2.5 | 1.7 |
| 25 | 0.2 | 0.3 | 0.4 | 0.5 | 0.8 | 1.1 | 0.2 | 0.3 | 0.4 | 0.7 | 1.3 | 2.7 | 0.2 | 0.3 | 0.5 | 0.8 | 1.9 | 5.5 | 0.2 | 0.3 | 0.5 | 0.8 | 1.7 | 3.3 |
| 3a | 0.5 | 0.4 | 0.3 | 0.3 | 0.2 | 0.2 | 0.8 | 0.6 | 0.4 | 0.3 | 0.2 | 0.2 | 2.2 | 1.2 | 0.6 | 0.4 | 0.3 | 0.2 | 5.5 | 1.9 | 0.7 | 0.4 | 0.3 | 0.2 |
| 31 | 0.4 | 0.5 | 0.4 | 0.4 | 0.3 | 0.3 | 0.6 | 0.8 | 0.7 | 0.5 | 0.4 | 0.3 | 1.2 | 2.2 | 1.2 | 0.6 | 0.4 | 0.3 | 1.9 | 5.5 | 2.0 | 0.7 | 0.4 | 0.4 |
| 32 | 0.3 | 0.4 | 0.5 | 0.5 | 0.4 | 0.4 | 0.4 | 0.7 | 0.8 | 0.7 | 0.5 | 0.4 | 0.6 | 1.2 | 2.2 | 1.2 | 0.7 | 0.5 | 0.7 | 2.0 | 5.5 | 2.0 | 0.8 | 0.5 |
| 33 | 0.3 | 0.4 | 0.5 | 0.6 | 0.5 | 0.5 | 0.3 | 0.5 | 0.7 | 0.9 | 0.8 | 0.7 | 0.4 | 0.6 | 1.2 | 2.3 | 1.3 | 0.8 | 0.4 | 0.7 | 2.0 | 5.6 | 2.1 | 1.0 |
| 34 | 0.2 | 0.3 | 0.4 | 0.5 | 0.7 | 0.7 | 0.2 | 0.4 | 0.5 | 0.8 | 1.0 | 1.0 | 0.3 | 0.4 | 0.7 | 1.3 | 2.5 | 1.7 | 0.3 | 0.4 | 0.8 | 2.1 | 5.8 | 2.5 |
| 35 | 0.2 | 0.3 | 0.4 | 0.5 | 0.7 | 0.8 | 0.2 | 0.3 | 0.4 | 0.7 | 1.0 | 1.4 | 0.2 | 0.3 | 0.5 | 0.8 | 1.7 | 3.3 | 0.2 | 0.4 | 0.5 | 1.0 | 2.5 | 7.4 |

**Tabla 5.24** Asentamientos totales $\delta_{ij}$ en $(m)$ de las dovelas del cuadrante I

| $\delta_{ij}$ | a | 1 | 2 | 3 | 4 | 5 |
|---|---|---|---|---|---|---|
| a | 0.150325 | 0.151242 | 0.152318 | 0.151941 | 0.150184 | 0.148862 |
| 1 | 0.147306 | 0.148756 | 0.149726 | 0.149647 | 0.148332 | 0.147148 |
| 2 | 0.144935 | 0.145973 | 0.147136 | 0.147174 | 0.146052 | 0.144954 |
| 3 | 0.143883 | 0.145143 | 0.146396 | 0.146537 | 0.145507 | 0.144471 |

**Tabla 5.25** Presiones de contacto $q_{ij}$ en $(ton/m^2)$ de las dovelas del cuadrante I

| $q_{ij}$ | a | 1 | 2 | 3 | 4 | 5 |
|---|---|---|---|---|---|---|
| a | 18.60733 | 12.12667 | 12.50567 | 11.93800 | 11.42033 | 11.12367 |
| 1 | 8.71600 | 4.45267 | 4.74967 | 4.47267 | 4.30700 | 4.16467 |
| 2 | 10.02867 | 5.34833 | 5.64533 | 5.28767 | 5.06200 | 4.88567 |
| 3 | 9.22367 | 4.83200 | 5.09967 | 4.77867 | 4.57767 | 4.42133 |

**Tabla 5.26** Módulos de reacción en $k_{ij}$ en $(ton/m)$ de las dovelas del cuadrante I

| $k_{ij}$ | a | 1 | 2 | 3 | 4 | 5 |
|---|---|---|---|---|---|---|
| a | 371.3156 | 240.4359 | 246.2276 | 235.6182 | 228.0336 | 224.0802 |
| 1 | 177.5626 | 90.0470 | 95.3474 | 89.8783 | 87.3174 | 85.1250 |
| 2 | 207.4935 | 109.7802 | 114.9142 | 107.6280 | 103.8055 | 100.9493 |
| 3 | 192.3439 | 99.9425 | 104.5386 | 97.9002 | 94.4286 | 91.8590 |

Se deja al lector la obtención de la *EMATG* y con el apoyo del modelo estructural de interacción obtenga los valores de los asentamientos totales, las presiones de contacto y los módulos de reacción, que obviamente serán iguales a los valores dados en las tablas 5.24, 5.25 y 5.26.

## 5.8 Edificio con cajón de cimentación y superestructura con cargas verticales simétricas

En el ejemplo propuesto se requiere conocer los asentamientos y las presiones de contacto utilizando la ISET. Se deja al lector la comprobación de los valores de la matriz de asentamientos por carga unitaria, $m^3/ton$, dados en la tabla 5.27; así como, las presiones de contacto y asentamientos dados en las tablas 5.28 y 5.29.

Las propiedades mecánicas de la masa del suelo; así como la información de la forma y las dimensiones geométricas en planta de la losa de cimentación, fueron tomados de las referencias 5.7 y 5.19. En este ejemplo, para determinar la ISET se utiliza la "Estrategia acoplada EMATG-STAAD.Pro."

**Consideraciones generales**

- Se estudia un edificio de 12mx12m de área en planta y de 8 niveles, ver figuras 5.14 y 5.15, ubicado sobre un depósito de suelo arcilloso de 27.5m de espesor compuesto de cinco estratos, ver tabla 5.27.

- Las cargas que actúan en en los nudos se observan en figura 5.15. El edificio es el mismo resuelto en las referencias 5.7 y 5.19; por lo tanto, las cargas verticales deberían ser las mismas, sin embargo, hubo de necesidad de ajustar las cargas por piso en el edificio con objeto de obtener las descargas en la cimentación con valores parecidos. Se realizó un cambio en la dimensiones de las dovelas que se basa en la sugerencia dada por el autor, de utilizar el número de placas en el rango $1.28 < placas/m^2_{losa} < \infty$; por considerar, que con el límite mínimo los métodos de análisis con el modelo analítico de resortes y el MECYMCAC sus valores de cortante y flexión son parecidos. En este contexto, las dimensiones de las dovelas son de $1.50m \times 1.50m$ que proporciona 64 dovelas en los $144\,m^2$ de cimentación igual a 256 placas, mayor que $1.28 \times 144 = 184.32\,placas$.

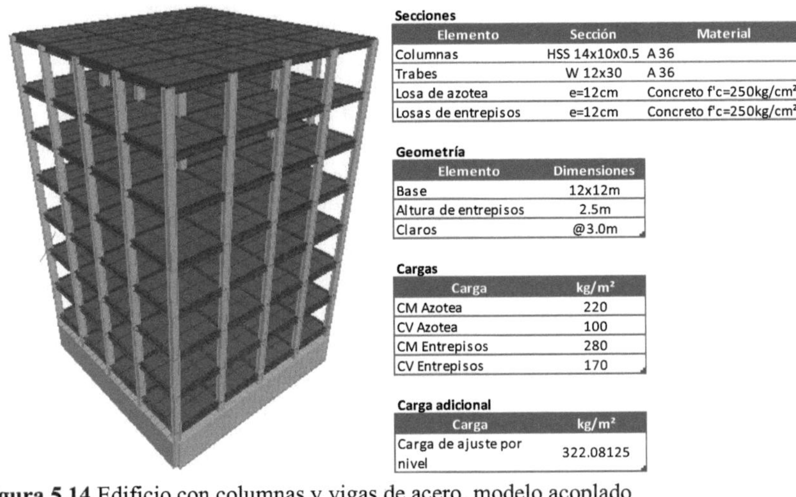

**Secciones**

| Elemento | Sección | Material |
|---|---|---|
| Columnas | HSS 14x10x0.5 | A 36 |
| Trabes | W 12x30 | A 36 |
| Losa de azotea | e=12cm | Concreto f'c=250kg/cm² |
| Losas de entrepisos | e=12cm | Concreto f'c=250kg/cm² |

**Geometría**

| Elemento | Dimensiones |
|---|---|
| Base | 12x12m |
| Altura de entrepisos | 2.5m |
| Claros | @3.0m |

**Cargas**

| Carga | kg/m² |
|---|---|
| CM Azotea | 220 |
| CV Azotea | 100 |
| CM Entrepisos | 280 |
| CV Entrepisos | 170 |

**Carga adicional**

| Carga | kg/m² |
|---|---|
| Carga de ajuste por nivel | 322.08125 |

**Figura 5.14** Edificio con columnas y vigas de acero, modelo acoplado

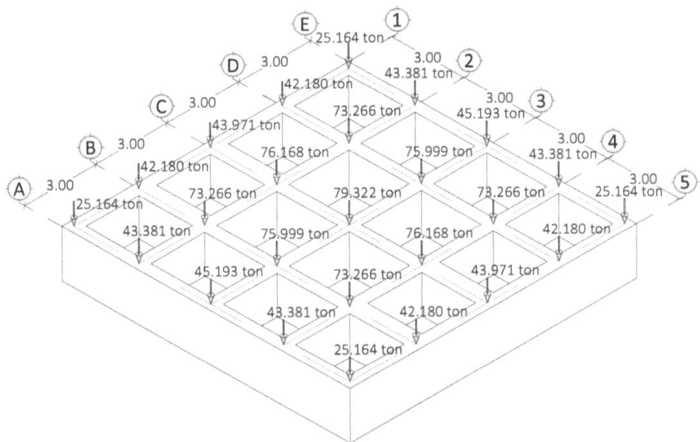


**Figura 5.15** Isométrico de la cimentación y cargas verticales actuantes del edificio, modelo desacoplado con fines de visualizar las cargas verticales

- El suelo es arcilloso y las propiedades mecánicas y estratigráficas se encuentran en la tabla 5.27.

- Los desplazamientos verticales debido a las acciones de las cargas distribuidas en cada área tributaria supuesta en la cimentación flexible, se determinan con la EMAT simétrica y general.

- Las nuevas presiones de contacto en cada área tributaria supuestas en la cimentación con rigidez diferente de cero, se determinan con el modelo estructural de interacción utilizando el programa STAAD.Pro.

**Tabla 5.27** Designación de cada estrato, profundidad al centroide de cada estrato, espesor de cada estrato y módulo de elasticidad de cada estrato, módulo secante de deformación unitaria para la recompresión del estrato y la deformación volumétrica de los estratos

| *Estrato* | $z_i$ $(m)$ | $d_i$ $(m)$ | $E\ (ton/m^2)$ | $M_c^N\ (m^2/ton)$ | $\alpha_c^N\ (m^3/ton)$ |
|---|---|---|---|---|---|
| A | 1.750 | 3.50 | 600 | 0.00167 | 0.00583 |
| B | 7.750 | 8.50 | 229 | 0.00437 | 0.03712 |
| C | 13.500 | 3.00 | 500 | 0.00200 | 0.00600 |
| D | 18.250 | 6.50 | 457 | 0.00219 | 0.01422 |
| E | 24.500 | 6.00 | 1000 | 0.00100 | 0.00600 |

- No se considera el peso propio de los componentes de la cimentación

- Se considera la participación de la losa de fondo de la cimentación con peralte igual a $0.40m$, y una retícula de vigas con $b = 0.50m$ y $h = 2.00m$, para el concreto con $2500\ ton/m^2$ el coeficiente de Poisson $v_c = 0.2$, el módulo de Young $E_c = 2213594.36\ ton/m^2$ y el módulo elástico transversal $G_c = 922330.98\ ton/m^2$.

- Las cargas actuantes del edificio y las reacciones o presiones de contacto aplicadas sobre la cimentación son admisibles, es decir no están mayoradas por factores de cargas.

A continuación, se proporciona en la tabla 5.28 los valores que forman la matriz de asentamientos simétrica de 16 x 16 elementos con tres decimales de aproximación, la matriz de asentamientos por carga unitaria general es de 64 x 64 elementos, se deja al lector que forme la matriz simétrica y general de asentamientos por carga unitaria a partir de los valores dados para este ejemplo en las tablas del Apéndice C.

**Tabla 5.28** Matriz de asentamientos por carga unitaria simétrica $\left[_{\square}^{S}\delta_{ij}^{nn}\right]m^3/ton$

| $\times 10^{-2}$ | aa | a1 | a2 | a3 | 1a | 11 | 12 | 13 | 2a | 21 | 22 | 23 | 3a | 31 | 32 | 33 |
|---|---|---|---|---|---|---|---|---|---|---|---|---|---|---|---|---|
| aa | 0.20 | 0.10 | 0.10 | 0.10 | 0.10 | 0.10 | 0.10 | 0.10 | 0.10 | 0.10 | 0.10 | 0.10 | 0.10 | 0.10 | 0.10 | 0.10 |
| a1 | 0.10 | 0.20 | 0.10 | 0.10 | 0.10 | 0.10 | 0.10 | 0.10 | 0.10 | 0.10 | 0.10 | 0.10 | 0.10 | 0.10 | 0.10 | 0.10 |
| a2 | 0.10 | 0.10 | 0.20 | 0.20 | 0.10 | 0.10 | 0.10 | 0.10 | 0.10 | 0.10 | 0.10 | 0.10 | 0.10 | 0.10 | 0.10 | 0.10 |
| a3 | 0.10 | 0.10 | 0.20 | 0.30 | 0.10 | 0.10 | 0.10 | 0.20 | 0.10 | 0.10 | 0.10 | 0.10 | 0.10 | 0.10 | 0.10 | 0.10 |
| 1a | 0.10 | 0.10 | 0.10 | 0.10 | 0.20 | 0.10 | 0.10 | 0.10 | 0.10 | 0.10 | 0.10 | 0.10 | 0.10 | 0.10 | 0.10 | 0.10 |
| 11 | 0.10 | 0.10 | 0.10 | 0.10 | 0.10 | 0.20 | 0.10 | 0.10 | 0.10 | 0.10 | 0.10 | 0.10 | 0.10 | 0.10 | 0.10 | 0.10 |
| 12 | 0.10 | 0.10 | 0.10 | 0.10 | 0.10 | 0.10 | 0.20 | 0.20 | 0.10 | 0.10 | 0.20 | 0.20 | 0.10 | 0.10 | 0.10 | 0.10 |
| 13 | 0.10 | 0.10 | 0.10 | 0.20 | 0.10 | 0.10 | 0.20 | 0.30 | 0.10 | 0.10 | 0.20 | 0.20 | 0.10 | 0.10 | 0.10 | 0.20 |
| 2a | 0.10 | 0.10 | 0.10 | 0.10 | 0.10 | 0.10 | 0.10 | 0.10 | 0.20 | 0.10 | 0.10 | 0.10 | 0.20 | 0.10 | 0.10 | 0.10 |
| 21 | 0.10 | 0.10 | 0.10 | 0.10 | 0.10 | 0.10 | 0.10 | 0.10 | 0.10 | 0.20 | 0.20 | 0.10 | 0.10 | 0.20 | 0.20 | 0.10 |
| 22 | 0.10 | 0.10 | 0.10 | 0.10 | 0.10 | 0.10 | 0.20 | 0.20 | 0.10 | 0.20 | 0.20 | 0.20 | 0.10 | 0.20 | 0.20 | 0.20 |
| 23 | 0.10 | 0.10 | 0.10 | 0.10 | 0.10 | 0.10 | 0.20 | 0.20 | 0.10 | 0.10 | 0.20 | 0.30 | 0.10 | 0.10 | 0.20 | 0.30 |
| 3a | 0.10 | 0.10 | 0.10 | 0.10 | 0.10 | 0.10 | 0.10 | 0.10 | 0.20 | 0.10 | 0.10 | 0.10 | 0.30 | 0.20 | 0.10 | 0.10 |
| 31 | 0.10 | 0.10 | 0.10 | 0.10 | 0.10 | 0.10 | 0.10 | 0.10 | 0.10 | 0.20 | 0.20 | 0.10 | 0.20 | 0.30 | 0.20 | 0.20 |
| 32 | 0.10 | 0.10 | 0.10 | 0.10 | 0.10 | 0.10 | 0.10 | 0.10 | 0.10 | 0.20 | 0.20 | 0.20 | 0.10 | 0.20 | 0.30 | 0.30 |
| 33 | 0.10 | 0.10 | 0.10 | 0.10 | 0.10 | 0.10 | 0.10 | 0.20 | 0.10 | 0.10 | 0.20 | 0.30 | 0.10 | 0.20 | 0.30 | 0.40 |

Aplicando la ecuación $|\delta_{ij}| = \left[_{\square}^{S}\delta_{ij}^{nn}\right] \cdot |q_{ij}|$ y utilizando el modelo estructural de interacción se calculan iterativamente las presiones de contacto, los asentamientos totales y los módulos de reacción en cada dovela, son proporcionados en las tablas 5.29, 5.30 y 5.31. Presiones de contacto $(ton/m^2)$ en el Cuadrante I de la losa de cimentación ocasionadas por cargas verticales simétricas

**Tabla 5.29** Presiones de contacto en $(ton/m^2)$ de las dovelas del cuadrante I

| $q_{ij}$ | a | 1 | 2 | 3 |
|---|---|---|---|---|
| a | 35.309778 | 12.124000 | 15.340000 | 13.852889 |
| 1 | 12.132000 | 2.553778 | 3.037333 | 2.780444 |
| 2 | 15.349778 | 3.037778 | 3.310222 | 3.002667 |
| 3 | 13.864000 | 2.780889 | 3.003556 | 2.738222 |

**Tabla 5.30** Asentamientos totales $(m)$ en los centroides de cada dovela del Cuadrante I de la losa de cimentación ocasionadas por cargas verticales simétricas

| $\delta_{ij}$ | a | 1 | 2 | 3 |
|---|---|---|---|---|
| a | 0.155439 | 0.156169 | 0.155572 | 0.156090 |
| 1 | 0.156185 | 0.158756 | 0.157571 | 0.158038 |
| 2 | 0.155600 | 0.157584 | 0.155945 | 0.156281 |
| 3 | 0.156124 | 0.158057 | 0.156287 | 0.156537 |

**Tabla 5.31** Módulos de reacción ($ton/m$) en los centroides de cada dovela del Cuadrante I de la losa de cimentación ocasionadas por cargas verticales simétricas

| $k_{ij}$ | a | 1 | 2 | 3 |
|---|---|---|---|---|
| a | 510.733962 | 174.977194 | 221.157707 | 199.570810 |
| 1 | 175.074702 | 36.779784 | 43.688182 | 39.965143 |
| 2 | 221.259079 | 43.690858 | 47.542279 | 43.089149 |
| 3 | 199.687204 | 39.966599 | 43.100189 | 39.255855 |

A continuación, en las tablas 5.32, 5.33 y 5.34 se proporcionan los resultados finales obtenidas con la EMAT general, pudiendo constatarse que los valores numéricos son casi similares (teóricamente deberían ser iguales) a los obtenidos utilizando la EMAT simétrica, según tablas 5.29, 5.30 y 5.31.

**Tabla 5.32** Presiones de contacto ($ton/m^2$) en los Cuadrantes I, II, III y IV de la losa de cimentación ocasionadas por cargas verticales simétricas

| $q_{ij}$ | a | 1 | 2 | 3 | 4 | 5 | 6 | b |
|---|---|---|---|---|---|---|---|---|
| a | 35.37911 | 12.06933 | 15.47289 | 13.87156 | 13.87156 | 15.47289 | 12.06933 | 35.37911 |
| 1 | 12.07733 | 2.43867 | 2.97556 | 2.70578 | 2.70578 | 2.97556 | 2.43867 | 12.07733 |
| 2 | 15.48267 | 2.97600 | 3.35778 | 3.03200 | 3.03200 | 3.35778 | 2.97600 | 15.48267 |
| 3 | 13.88222 | 2.70622 | 3.03289 | 2.75689 | 2.75689 | 3.03289 | 2.70622 | 13.88222 |
| 4 | 13.88222 | 2.70622 | 3.03289 | 2.75689 | 2.75689 | 3.03289 | 2.70622 | 13.88222 |
| 5 | 15.48267 | 2.97600 | 3.35778 | 3.03200 | 3.03200 | 3.35778 | 2.97600 | 15.48267 |
| 6 | 12.07733 | 2.43867 | 2.97556 | 2.70578 | 2.70578 | 2.97556 | 2.43867 | 12.07733 |
| b | 35.37911 | 12.06933 | 15.47289 | 13.87156 | 13.87156 | 15.47289 | 12.06933 | 35.37911 |

**Tabla 5.33** Asentamientos totales ($m$) en los centroides de cada dovela en los Cuadrantes I, II, III y IV de la losa de cimentación ocasionadas por cargas verticales simétricas

| $\delta_{ij}$ | a | 1 | 2 | 3 | 4 | 5 | 6 | b |
|---|---|---|---|---|---|---|---|---|
| a | 0.155445 | 0.156108 | 0.155624 | 0.156106 | 0.156106 | 0.155624 | 0.156108 | 0.155445 |
| 1 | 0.156123 | 0.158578 | 0.157461 | 0.157935 | 0.157935 | 0.157461 | 0.158578 | 0.156123 |
| 2 | 0.155652 | 0.157474 | 0.155901 | 0.156275 | 0.156275 | 0.155901 | 0.157474 | 0.155652 |
| 3 | 0.156139 | 0.157954 | 0.156281 | 0.156586 | 0.156586 | 0.156281 | 0.157954 | 0.156139 |
| 4 | 0.156139 | 0.157954 | 0.156281 | 0.156586 | 0.156586 | 0.156281 | 0.157954 | 0.156139 |
| 5 | 0.155652 | 0.157474 | 0.155901 | 0.156275 | 0.156275 | 0.155901 | 0.157474 | 0.155652 |
| 6 | 0.156123 | 0.158578 | 0.157461 | 0.157935 | 0.157935 | 0.157461 | 0.158578 | 0.156123 |
| b | 0.155445 | 0.156108 | 0.155624 | 0.156106 | 0.156106 | 0.155624 | 0.156108 | 0.155445 |

**Tabla 5.34** Módulos de reacción ($ton/m$) en los centroides de cada dovela en los Cuadrantes I, II, III y IV de la losa de cimentación ocasionadas por cargas verticales simétricas

| $k_{ij}$ | a | 1 | 2 | 3 | 4 | 5 | 6 | b |
|---|---|---|---|---|---|---|---|---|
| a | 511.78080 | 174.20017 | 223.09477 | 199.85766 | 199.85766 | 223.09477 | 174.20017 | 511.78080 |
| 1 | 174.29792 | 35.12463 | 42.80421 | 38.88946 | 38.88946 | 42.80421 | 35.12463 | 174.29792 |
| 2 | 223.19633 | 42.80702 | 48.22921 | 43.51309 | 43.51309 | 48.22921 | 42.80702 | 223.19633 |
| 3 | 199.96873 | 38.89116 | 43.52415 | 39.53095 | 39.53095 | 43.52415 | 38.89116 | 199.96873 |
| 4 | 199.96873 | 38.89116 | 43.52415 | 39.53095 | 39.53095 | 43.52415 | 38.89116 | 199.96873 |
| 5 | 223.19633 | 42.80702 | 48.22921 | 43.51309 | 43.51309 | 48.22921 | 42.80702 | 223.19633 |
| 6 | 174.29792 | 35.12463 | 42.80421 | 38.88946 | 38.88946 | 42.80421 | 35.12463 | 174.29792 |
| b | 511.78080 | 174.20017 | 223.09477 | 199.85766 | 199.85766 | 223.09477 | 174.20017 | 511.78080 |

En el análisis de la ISET en este ejemplo particular se realiza mediante la aplicación de las EMAT simétrica y general, los valores de las presiones de contacto pueden compararse en las tablas 5.29 y 5.32, los valores de los asentamientos se dan en las tablas 5.30 y 5.33 y los valores de los módulos de reacción se proporcionan en las tablas 5.31 y 5.34, observando magnitudes similares en cada uno de los valores. En cuanto a las presiones de contacto se hace evidente que la masa de suelo de las dovelas de esquina son las más fatigadas, alcanzando valores de más del doble con respecto a las dovelas de las orillas, siendo las menos fatigadas las dovelas del centro; ahora bien, para alcanzar esta configuración se requiere de realizar muchos ciclos de análisis de la ISET.

Como corolario, se puede agregar que el método de la ISET propuesto por el autor, podría considerarse como la generalización al método de la ISE presentado en Zeevaert, L., (1973, 1980, 1983). Para el lector ávido de aprender sobre el análisis estructural de cimentaciones superficiales, los temas tratados en este libro, muy en especial el análisis de la ISET, deberá considerarlos como una herramienta del conocimiento que le servirá para la comprensión de la interacción suelo-cimentación-estructura y por ende para resolver problemas de la ingeniería práctica.

## 5.9 Análisis de la ISET estática para cargas laterales ocasionadas por sismo

Para el análisis de ISET con cargas sísmicas actuantes, se le sugiere al lector estudiar las variantes del método para determinar las presiones de contacto debidas al fenómeno de volteo. Con la ayuda del Capítulo 6 encontrará la manera de obtener los asentamientos de cuerpo rígido por rotación y  las presiones de contacto en losas y cajones de cimentación debidas al momento de volteo sísmico utilizando la variante directa en la losa de fondo del cajón de cimentación, en el entendido de que la variante indirecta es realizar las iteraciones de la ISE, con fines académicos se le deja al lector su estudio.

## 5.10 Referencias

[5.1]   Avilés, L. J., Demeneghi, C. A., López, R. G., Pérez, R. L. E., Sánchez, S. F. J., Suárez, L. M. M., Trigos, S. J. L., (2016), "Interacción Suelo-Estructura, Estática y Dinámica", Sociedad Mexicana de Ingeniería Geotécnica, A.C.

[5.2]   Damy, J, y Casales., (1985). Soil stresses under a polygonal area uniformly loaded. 11th International Conference on Soil Mechanics and Foundation Engineering, San Francisco (12-16 agosto 1985). Este artículo se descargó de la Biblioteca en línea de la Sociedad Internacional de Mecánica de Suelos e Ingeniería Geotécnica (ISSMGE).

[5.3]   Deméneghi, A., (1994). Un método para el análisis tridimensional de la interacción estática suelo-estructura. Volumen II de las Memorias del IX Congreso Nacional de Ingeniería Estructural de la Sociedad Mexicana de Ingenieria Estructural SMIE. Zacatecas, Zac. 1994.

[5.4]   Deméneghi, A., Fernández, L., et al. "Curso: Interacción suelo-estructura para la práctica profesional". Sociedad Mexicana de Ingeniería Estructural, A.C., Sociedad Mexicana de Ingeniería Geotécnica, A.C., Sociedad Mexicana de Ingeniería Sísmica. Junio-Julio 2022

[5.5]   Flores V. A., (1968).Análisis de Cimentaciones sobre suelo compresible. Instituto de Ingeniería de la UNAM, Informe 171.

[5.6]   Flores, V. A, Esteva, L., (1970).Análisis y Diseño de Cimentaciones sobre terreno compresible. Universidad Nacional Autónoma de México.

[5.7]   Franco, C. O., Rangel, N. J. L., Fernández, S. L. R.," Análisis de interacción suelo-estructura estática empleando técnicas numéricas 3D para edificios regulares de hasta 8 pisos desplantados en suelos arcillosos del Valle de México", XXVIII Reunión Nacional de Ingeniería Geotécnica, 23 al 26 de Noviembre de 2016; Mérida, Yucatán.

[5.8]   Instituto de Investigaciones Eléctricas (2015).Manual de Diseño de Obras Civiles, Diseño por Sismo". CFE, México DF.

[5.9]   López, R. G, Zea, C. C , Rivera, C. R., (2011).Una solución directa al problema de interacción suelo-estructura. Departamento de Geotecnia, F. I, UNAM, México, D.F., México

[5.10]  Meli, R., (2001).Diseño Estructural. Editorial Limusa, S.A de C.V.

[5.11]  Memorias del simposio realizado el 18 de septiembre de 1991, en el Centro Nacional de Prevención de Desastres México, D.F. Interacción Suelo-Estructura y Diseño Estructural de Cimentaciones. Sociedad Mexicana de Mecánica de Suelo, (1992).

[5.12]  Morales, R. R., (2010).Método de subestructuración iterativa para el análisis de vigas continuas. CICT-UPCH.

[5.13]  Morales, R. R., (2012a).Cálculo de la distribución de presiones de contacto suelo-cimentación, para cargas gravitacionales sobre suelos compresibles. XVIII Congreso Nacional de Ingeniería Estructural de la Sociedad Mexicana de Ingenieria Estructural SMIE. Acapulco Guerrero 2012.

[5.14]  Morales, R. R., (2012b).Método de equilibrio de cortantes y momentos en cimentaciones, con aplicación en computadora (MECYMCAC). XVIII Congreso Nacional de Ingeniería Estructural de la Sociedad Mexicana de Ingenieria Estructural SMIE. Acapulco Guerrero 2012.

[5.15]  Morales, R. R., (2014). Interacción Suelo Estructura Tridimensional para cargas estáticas verticales sobre suelos compresibles. XIX Congreso Nacional de Ingeniería Estructural de la Sociedad Mexicana de Ingenieria Estructural SMIE. Puerto Vallarta, Jalisco 2014.

[5.16]  Morales, R. R. (2019),"Método de equilibrio de cortantes y momentos en cimentaciones MECYMCAC", Editorial Académica Española, Febrero 2019.

[5.17]  M. Gere J., Weaver W. Jr., (1976).Análisis de estructuras reticulares. Editorial C.E.C.S.A.

[5.18] Normas Técnicas Complementarias para Diseño y Construcción de Cimentaciones. Gaceta Oficial del Distrito Federal. No. 220-BIS, 15 de diciembre de 2017.

[5.19] Rangel, N. J. L., Franco, C. O., Fernández, S. L. R., (2016),″ Modelado de interacción suelo-estructura con métodos numéricos acoplados e integrales″, XX Congreso Nacional de Ingeniería Estructural de la Sociedad Mexicana de Ingeniería Estructural SMIE, Mérida, Yucatán 2016.

[5.20] Rivera, C. R., Zea, C. C., (1997).Curso-Taller. Universidad Juárez Autónoma de Tabasco, División Académica de Ingeniería y Arquitectura, Unidad Chontalpa.

[5.21] SAP2000 Advanced. Versión 14.2.4. Structural Analysis Program, Computers and Structures. Inc. 1995 University Avc. Berkeley, CA 94704.

[5.22] STAAD.Pro 2004.Research Engineers International,Division of NetGuru, Inc. in USA.

[5.23] Tena, C. A., (2007).Análisis de estructuras con métodos matriciales. Editorial Limusa, S.A. de C.V.

[5.24] Zeevaert, L., (1973).Foundation Engineering for Difficult Subsoil Conditions. Editorial Limusa México. Primera Edición. Van Nostrand Reinhold Co., Nueva York.

[5.25] Zeevaert, L., (1980).Interacción Suelo-Estructura de Cimentación. Editorial Limusa México.

# Capítulo 6

# Presiones de contacto por sismo en cajones de cimentación

## 6.1 Cálculo de presiones de contacto por sismo en cajones de cimentación

En edificios con cimentaciones superficiales tipo cajón, la dimensión y los efectos del movimiento sísmico son de vital importancia cuantificarlos mediante un análisis de IDSE; ya que, uno de los objetivos en la ingeniería práctica es conocer con fines de diseño, los valores numéricos de las presiones de contacto en los muros laterales y la losa de fondo obtenidos mediante un análisis de IESE; así como, los elementos mecánicos en las secciones transversales de cada componente resistente; tales como, fuerzas cortantes y momentos de flexión. En la figura 6.1 se muestra un cajón de cimentación y los componentes resistentes que lo forman: losa tapa, losa de fondo, muros laterales y trabes de cimentación; se incluyen, las presiones de contacto y la acción del momento de volteo. Luego entonces, poniéndonos en contexto, el objetivo principal de este capítulo es determinar las presiones de contacto en los muros y losa de fondo de cajones de cimentación debido al fenómeno de volteo producidos por la acción de la carga sísmica. Con el valor numérico de las presiones de contacto, obtenidas mediante un análisis de interacción estática suelo estructura bidimensional o tridimensional (IESE o IESET), considerando las cargas actuantes y el momento de volteo resultado de un análisis estructural estático o dinámico, finalmente se obtienen los elementos mecánicos en un ambiente tridimensional utilizando el MECYMCAC, Morales, R. R. (2019).

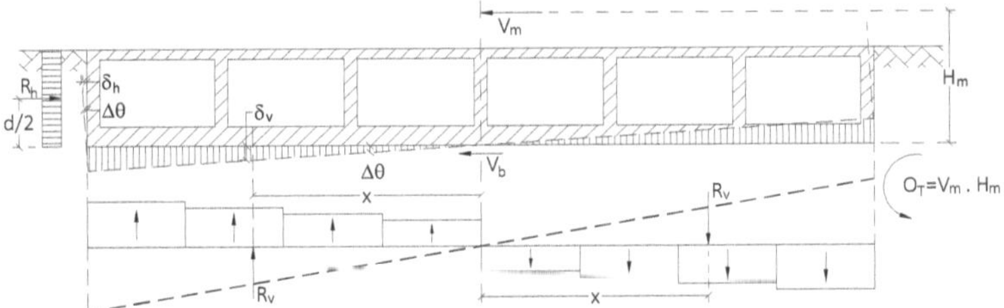


**Figura 6.1** Caracterización de un cajón de cimentación con su distribución de presiones de contacto en el muro y la losa calculadas con la IESE o IESET

La denominación dada de IESE o IESET para el cálculo de las presiones de contacto debidas al sismo es convencional, cuyo fin, es el de diferenciarla de la IDSE que tiene como objetivo desde el punto de vista de la ingeniería práctica el de obtener los periodos y amortiguamientos efectivos que servirán para ajustar el espectro de diseño, mediante el cual, se evalúan las cargas sísmicas que deberá soportar el edificio en estudio y por ende realizar el análisis de IESE o IESET.

## 6.2 Interacción Dinámica Suelo Estructura

El procedimiento tradicional para evaluar la carga sísmica es utilizar los espectros de diseño regional propuestos por las normas de cada país, considerando que la cimentación está apoyada en una masa de suelo ubicada en la zona I, en otras palabras, que la base es rígida. Cuando la masa de suelo es medianamente firme o blanda según la zona geotécnica de suelo definida como II y III, se deben primero, considerar los efectos de interacción cinemáticos e inerciales ocasionados por el sismo en la superestructura-subestructura (cimentación)-suelo; lo cual, modifica el espectro de diseño regional obtenido con las ecuaciones características de cada país. Los efectos cinemáticos e inerciales ocasionados por el sismo se estudian con la denominada Interacción Dinámica Suelo Estructura (IDSE).

La interacción dinámica suelo-estructura se debe entender como la modificación que sufre el movimiento del terreno por la presencia de la estructura que responde a una excitación dinámica que el mismo suelo le transmite. Tres conceptos básicos dados en Bazán, Z, E., Meli, P., R., (2021), se mencionan a continuación.

a) Movimiento de campo libre. - es aquel que ocurre en ausencia de la estructura,

b) Interacción cinemática. – estudia las diferencias en el movimiento del terreno que provienen de la rigidez del sistema estructura-cimentación como si no tuvieran masa; esto es así, porque lo causa fundamentalmente la geometría de la cimentación rígida.

c) Interacción inercial. - en este fenómeno se consideran las fuerzas de inercia originadas por la vibración de las masas de la superestructura y la cimentación. Considerando la cimentación rígida, en la base se generan tres fuerzas y tres momentos referidos a dos ejes horizontales y uno vertical, los cuales producen deformaciones en el suelo que modifican adicionalmente el movimiento en la cimentación.

La interacción cinemática refleja cambios a la excitación sísmica. Esto se considera en la mayor parte de los reglamentos mediante modificaciones de ordenadas espectrales o coeficientes sísmicos.

Para la interacción suelo estructura inercial los reglamentos de construcción permiten utilizar constantes de rigidez y de amortiguamiento que representan la deformabilidad y disipación de energía del sistema suelo-cimentación.

En este capítulo se consideran los efectos de interacción inercial y se desprecian los de la interacción cinemática.

El tema de IDSE es bastante complejo; por lo tanto, lo general queda fuera del alcance de este trabajo, y en el interés particular de este capítulo se mencionarán de manera directa los parámetros dinámicos de la estructura, cimentación y suelo; así como, las ecuaciones de las rigideces estáticas, rigideces dinámicas de la cimentación que sirven de base para el cálculo del periodo y amortiguamiento efectivo, necesarios para utilizarlos como ajuste del espectro de diseño elástico, el formato de presentación de esta información es tomado de las páginas 210 y 211 de la referencia 6.1.

### 6.2.1 Cálculo del periodo y amortiguamiento efectivos

Parámetros dinámicos de la estructura: $W_e$, $T_e$, $\zeta_e$, $H_e$, $Q_e$

Parámetros de la cimentación: $L_x$, $L_y$, $D$, $R_h$, $R_r$, $H_t$

$$R_h = (A/\pi)^{0.5} \tag{6.1}$$

$$R_r = (4I/\pi)^{0.25} \tag{6.2}$$

$$H_t = H_e + D \tag{6.3}$$

Parámetros del suelo: $T_s$, $H_s$, $\gamma_s$, $\zeta_s$, $v_s$, $V_s$, $G_s$, $\rho_s$

$$V_s = 4H_s/T_s \tag{6.4}$$

$$G_s = \rho_s \times V_s^2 \tag{6.5}$$

$$\rho_s = \gamma_s/9.81 \tag{6.6}$$

Rigideces estáticas de la cimentación:

$$K_h^o = [8G_s R_h/(2 - v_s)](1 + 0.5\,R_h/H_s)(1 + 0.67\,D/R_h)(1 + 1.25D/H_s) \qquad (6.7)$$

$$K_r^o = [8G_s R_r^3/3(1 - v_s)](1 + 0.17\,R_r/H_s)(1 + 2\,D/R_r)(1 + 0.71D/H_s) \qquad (6.8)$$

Rigideces dinámicas de la cimentación:

$$T_{efe}\,inicial = T_e$$

$$\eta_s = \pi\,R_h/2H_s \qquad (6.9)$$

$$\eta_p = (\pi R_r/2H_s)[2\,(1 - v_s)/(1 - 2v_s)]^{1/2} \qquad (6.10)$$

$$\omega = 2\pi/T_{efe} \qquad (6.11)$$

$$\eta_h = \omega R_h/V_s \qquad (6.12)$$

$$\eta_{hs} = \eta_h/\eta_s \qquad (6.13)$$

$$\eta_r = \omega R_r/V_s \qquad (6.14)$$

$$\eta_{rp} = \eta_r/\eta_p \qquad (6.15)$$

$$k_h = 1$$

$$k_r = 1 - 0.2\eta_r\,(v_s \geq 0.45) \qquad (6.16)$$

*Si* $\eta_{hs} \leq 1$, *entonces* $c_h = 0.65\zeta_s\eta_{hs}/(1 - (1 - 2\zeta_s)\eta_{hs}^2)$, *además* $c_h = 0.576$

*Si* $n_{rp} \leq 1$, *entonces* $c_r = 0.5\zeta_s\eta_{rp}/(1 - (1 - 2\zeta_s)\eta_{rp}^2)$, *además* $c_r = 0.3\eta_r^2/(1 + \eta_r^2)$

$$K_h = K_h^o(k_h - 2\zeta_s\eta_h c_h) \qquad (6.17)$$

$$K_r = K_r^o(k_r - 2\zeta_s\eta_r c_r) \qquad (6.18)$$

Periodo y amortiguamiento efectivos:

$$T_h = 2\pi(M_e/K_h)^{1/2} \qquad (6.19)$$

$$T_r = 2\pi(M_e H_t^2/K_r)^{1/2} \qquad (6.20)$$

$$\tilde{T}_e = T_{efe} = (T_e^2 + T_h^2 + T_r^2)^{1/2} \qquad (6.21)$$

$T_{efe}$ , es el nuevo valor del periodo efectivo que es diferente al valor de $T_{efe}\,inicial$; por lo tanto, este valor se considera el nuevo valor del periodo efectivo inicial, el proceso iterativo termina cuando $T_{efe} = T_{efe}\,inicial$.

$$\omega C_h = K_h^o(\eta_h c_h + 2\zeta_s k_h) \qquad (6.22)$$

$$\omega C_r = K_r^o(\eta_r c_r + 2\zeta_s k_r) \qquad (6.23)$$

$$\zeta_h = \omega C_h/2K_h \qquad (6.24)$$

$$\zeta_r = \omega C_r / 2K_r \tag{6.25}$$

$$\tilde{\zeta}_e = \zeta_{efe} = \zeta_e (T_e/T_{efe})^2 + \zeta_h/(1 + 2\zeta_h^2) \times (T_h/T_{efe})^2 + \zeta_r/(1 + 2\zeta_r^2) \times (T_r/T_{efe})^2 \tag{6.26}$$

El periodo y amortiguamiento efectivo $T_{efe}$ y $\zeta_{efe}$ del sistema suelo-estructura se obtienen de forma iterativa, ya que los valores de $K_h$ y $K_r$ así como de $C_h$ y $C_r$, cambian con la frecuencia. Las iteraciones necesarias para resolver las ecuaciones correspondientes generalmente no son más de tres.

Dónde:

$c_h$ , coeficiente de amortiguamiento horizontal

$c_r$ , coeficiente de amortiguamiento de rotación o cabeceo

$C_h, C_r$ , fuerza y momento necesarios para producir velocidades unitarias de la cimentación en traslación horizontal y rotación

$D$ , profundidad de desplante

$H_e$ , altura efectiva que se tomará como 0.7 de la altura total, excepto para estructuras de un solo nivel, en que será igual a la altura total.

$Q_e$ , factor de comportamiento sísmico

$R_h$ , radio del círculo equivalente en traslación

$R_r$ , radio del círculo equivalente en rotación

$\tilde{\beta}$ , factor $\beta$ evaluado con efectos de interacción

$\zeta_e$ , fracción de amortiguamiento crítico para una estructura con base rígida

$\tilde{\zeta}_e$ , fracción de amortiguamiento crítico para una estructura con base flexible

$\zeta_h$ , coeficiente de amortiguamiento del suelo en el modo de traslación horizontal

$\zeta_r$ , coeficiente de amortiguamiento del suelo en el modo de rotación

$\zeta_s$ , fracción de amortiguamiento crítico del suelo.

$\eta_h$ , frecuencia adimensional normalizada respecto a $R_h$

$\eta_p$ , frecuencia fundamental adimensional del estrato en vibración vertical

$\eta_r$ , frecuencia adimensional normalizada respecto a $R_r$

$\eta_s$ , frecuencia fundamental adimensional del estrato en vibración horizontal

$\lambda$ , parámetro usado para el cálculo de $\beta$

$v_s$ , coeficiente de Poisson del suelo

$\omega$ Frecuencia

El uso de estas recomendaciones incrementará o reducirá las fuerzas de diseño con respecto a los valores de base rígida, dependiendo del periodo y amortiguamiento efectivos del sistema y de la forma del espectro de diseño. Los desplazamientos laterales sufrirán cambios adicionales debido a la contribución del corrimiento y rotación de la cimentación, Avilés, L. J., Demeneghi, C. A., et al (2016).

## 6.3 Espectro para diseño sísmico

### 6.3.1 Espectros obtenidos con los parámetros básicos

El espectro de diseño aquí propuesto sigue el formato tomado de las páginas 212 hasta la 214 de la referencia 6.1, mismo que se seguirá para construir los espectros de sitio y los que se requieren cuando se toma en cuenta la interacción suelo-estructura.

Espectro de diseño elástico efectivo:

$$A_e = \frac{S_a}{g} = \begin{cases} a_o + (\beta c - a_o)\,T_e/T_a\,; & si \ \ T_e < T_a \\ \beta c; & si \ \ T_a \leq T_e < T_b \\ \beta cp(T_b/T_e)^2; & si \ \ T_e \geq T_b \end{cases} \tag{6.27}$$

$$\beta = [0.05/\zeta_e]^\lambda; \lambda = \begin{cases} 0.45; & si \ \ T_e < T_b \\ 0.45\,T_b/T_e\,; & si \ \ T_e \geq T_b \end{cases} \tag{6.28}$$

$$p = k + (1 - k)(T_b/T_e)^2 \tag{6.29}$$

Parámetros del espectro de sitio:

Aceleración máxima del terreno:

$$a_o = \begin{cases} 0.1 + 0.15(T_s - 0.5), & si \ \ 0.5 < T_s \leq 1.5 seg \\ 0.25, & si \ \ T_s > 1.50 seg \end{cases} \tag{6.30}$$

Aceleración máxima de la estructura:

$$c = \begin{cases} 0.28 + 0.92(T_s - 0.5), & si \ \ 0.5 < T_s \leq 1.5 seg \\ 1.2, & si \ \ 1.5 < T_s \leq 2.5 seg \\ 1.2 - 0.5(T_s - 2.5), & si \ \ 2.5 < T_s \leq 3.5 seg \\ 0.7, & si \ \ T_s > 3.5 seg \end{cases} \tag{6.31}$$

Periodo inicial de la meseta espectral:

$$T_a(seg) = \begin{cases} 0.2 + 0.65(T_s - 0.5), & si \ \ 0.5 < T_s \leq 2.5 seg \\ 1.5, & si \ \ 2.5 < T_s \leq 3.25 seg \\ 4.75 - T_s, & si \ \ 3.25 < T_s \leq 3.90 seg \\ 0.85, & si \ \ T_s > 3.9 seg \end{cases} \tag{6.32}$$

Periodo final de la meseta espectral:

$$T_b(seg) = \begin{cases} 1.35, & si \ \ T_s \leq 1.125 \ seg \\ 1.2 T_s, & si \ \ 1.125 < T_s \leq 3.5 seg \\ 4.2, & si \ \ T_s > 3.5 seg \end{cases} \tag{6.33}$$

Cociente de desplazamientos:

$$k = \begin{cases} 2 - T_s, & si \quad 0.5 < T_s \leq 1.65seg \\ 0.35, & si \quad T_s > 1.65seg \end{cases} \tag{6.34}$$

Factor de reducción de las ordenadas espectrales por ductilidad sin interacción:

$$Q' = \begin{cases} 1 + (Q-1)\sqrt{\beta/k}\,T/T_a; & si \quad T \leq T_a \\ 1 + (Q-1)\sqrt{\beta/k}; & si \quad T_a < T \leq T_b \\ 1 + (Q-1)\sqrt{\beta p/k}; & si \quad T > T_b \end{cases} \tag{6.35}$$

Factor de reducción de las ordenadas espectrales por ductilidad con interacción:

$$\tilde{Q}'_e = \begin{cases} 1 + \left(\tilde{Q}_e - 1\right)\tilde{T}_e/T_e\sqrt{\beta/k}\,T_e/T_a; & si \quad T_e \leq T_a \\ 1 + \left(\tilde{Q}_e - 1\right)\tilde{T}_e/T_e\sqrt{\beta/k}; & si \quad T_a < T_e \leq T_b \\ 1 + \left(\tilde{Q}_e - 1\right)\tilde{T}_e/T_e\sqrt{\beta p/k}; & si \quad T_e > T_b \end{cases} \tag{6.36}$$

Dónde:

$\tilde{\beta} = \beta(\tilde{T}_e, \zeta_e)$

$\tilde{p} = p(\tilde{T}_e)$

$$\tilde{Q}_e = 1 + (Q_e - 1)\,T_e^2/\tilde{T}_e^2 \tag{6.37}$$

Para la evaluación de $\tilde{p}$ y $\tilde{\beta}$ se usan las ecuaciones 6.28 y 6.29, respectivamente. Las fuerzas laterales, momentos torsionantes y momentos de volteo calculados para la estructura con base rígida se multiplicarán por el factor $\tilde{V}_o/V_o$ a fin de incluir los efectos de interacción suelo-estructura, siendo $V_o = a' \cdot W_o$ la fuerza cortante basal de la estructura con base rígida. El valor de este factor no se tomará menor que 0.75, ni mayor que 1.25. En general, la primera condición ocurre cuando el periodo de la estructura es mayor que el periodo del sitio y la segunda, en caso contrario.

## 6.4 Cortante basal modificado

En la página 71 de las NTC-Sismo-2017 puede leerse: Estas cláusulas pueden usarse con los métodos de análisis estático o dinámico modal. Cuando se aplique el análisis estático, la fuerza cortante basal en la dirección de análisis se corregirá por interacción con la expresión:

$$\tilde{V}_o = a'W_o - (a' - \tilde{a}')W_e \tag{6.38}$$

$W_o$ , peso total de la estructura, incluyendo cargas muertas y vivas

$W_e$ , peso efectivo de la estructura, igual a $0.7W_o$, excepto para estructuras de un solo nivel, en que será igual a $W_o$.

Las ordenadas espectrales de diseño $a'$ y $\tilde{a}'$, sin y con efectos de interacción, respectivamente, se determinarán como sigue:

$$a' = a/RQ' \tag{6.39}$$

$$\tilde{a}' = \tilde{a}/R\tilde{Q}' \tag{6.40}$$

$a$ , ordenada espectral elástica para el periodo $T_e$ y el amortiguamiento $\zeta_e$ (5 por ciento) de la estructura con base rígida

$\tilde{a}$ , ordenada espectral elástica para el periodo $\tilde{T}_e$ y amortiguamiento $\tilde{\zeta}_e$ de la estructura con base flexible

$Q'$ y $\tilde{Q}'$ factores de reducción por comportamiento sísmico sin y con efectos de interacción, respectivamente

$\tilde{T}_e$ y $\tilde{\zeta}_e$ se calcularán con las ecuaciones 6.21 y 6.26

El factor de sobre-resistencia $R$ es independiente de la interacción suelo-estructura. El factor de reducción por comportamiento sísmico, $Q'$ y $\tilde{Q}'$, se calcularán con las ecuaciones 6.35 y 6.36.

## 6.5 Fuerza de inercia en el centro de masa, Zeevaert, L., (1980)

Según página 104 de Zeevaert, L., (1980), la respuesta máxima de un sistema de un grado de libertad expuesto al movimiento sísmico representado por el acelerograma puede expresarse integrando todos los impulsos por medio de la siguiente expresión (Biot 1943 y Hudson 1962)

$$R_v = \int_0^t a(\tau)\, e^{-\zeta\omega(t-\tau)} \cdot sen\,\omega_d(t-\tau)d\tau \Big/ máx \tag{6.41}$$

La fórmula anterior proporciona la respuesta sísmica máxima en términos de la seudo velocidad relativa como función de la frecuencia circular libre $\omega$ equivalente a un sistema de un grado de libertada, aquí $\omega_d$ es la frecuencia circular amortiguada y $\zeta$ una fracción del amortiguamiento crítico del sistema. Así pues, la respuesta de la aceleración será

$$R_a = \cdot\, \omega \cdot R_v \tag{6.42}$$

La fuerza sísmica horizontal en el centro de masa de la estructura es:

$$V_m = M \cdot R_a \tag{6.43}$$

En particular, para un espectro de respuesta de aceleración se registra una aceleración máxima de la superficie del suelo $a_m$ por consiguiente se puede escribir

$$V_m = M \cdot (R_a/a_m) \cdot a_m \tag{6.44}$$

, llamando

$$f_a = R_a/a_m \tag{6.45}$$

, la fuerza de inercia en el centro de masa del edificio será:

$$V_m = f_a \cdot M \cdot a_m \tag{6.46}$$

Dónde:

$R_v$ , pseudo velocidad relativa

$R_a$ , pseudo aceleración

$f_a$ , factor de amplificación de la aceleración

$M$ , masa del edificio, $ton - seg^2/m$

$a_m$ , es la aceleración máxima asignada a la superficie del suelo.

## 6.6 Periodo dominante del terreno y velocidad efectiva de propagación de ondas de corte

Los parámetros que caracterizan el terreno de cimentación, son: a) el período dominante $T_s$ y b) la velocidad efectiva de propagación del sitio "$v_s$".

a) El período dominante del sitio se determinará según el Instituto de Investigaciones Eléctricas (2015), con la siguiente ecuación:

$$T_s = \frac{4}{\sqrt{g}} \sqrt{\left[\sum_{n=1}^{N} \frac{h_n}{G_n}\right]\left[\sum_{n=1}^{N} \gamma_n \cdot h_n \left(w_n^2 + w_n w_{n-1} + w_{n-1}^2\right)\right]} \tag{6.47}$$

Donde

$\gamma_n$     Es el peso volumétrico del n-ésimo estrato

$G_n$     Es el módulo de rigidez en cortante del n-ésimo estrato, igual a $\gamma_n v_s^2/g$

$h_n$     Es el espesor del n-ésimo estrato

$N$     Es el número de estratos

Con

$w_o = 0$ En la roca basal

$w_N = 1$ En el estrato superficial

Y en los estratos intermedios

$$w_n = \sum_{i=1}^{n}\left(\frac{h_i}{\gamma_i v_i^2}\right)\bigg/\sum_{i=1}^{N}\left(\frac{h_i}{\gamma_i v_i^2}\right) \tag{6.48}$$

$v_i$     Es la velocidad de propagación de ondas de corte del i-ésimo estrato

b) La velocidad efectiva de propagación de ondas de corte se determinará con la siguiente ecuación:

$$V_s = v_s = \frac{4H_s}{T_s} \tag{6.49}$$

$T_s$     Es el período dominante del estrato equivalente (período del sitio)
$H_s$     Es el espesor total del estrato del terreno
$V_s$     Es la velocidad efectiva de propagación de ondas de corte en el estrato

## 6.7 Fenómeno de volteo por Carga Sísmica

Los efectos principales producido por las cargas sísmicas en la cimentación de un edificio es de traslación y de rotación o giro, el primer efecto es producido por la fuerza cortante en la base y el segundo por el momento de volteo. En cajones de cimentación es de interés el estudio del efecto de rotación, por ser el que produce presiones en la interfase suelo-cimentación, las cuales son determinadas mediante la IESE o la IESET. Es muy importante evaluar las presiones de contacto debido al sismo, porque sumadas a las presiones de contacto por cargas gravitacionales, no deben producir tensiones en la masa de suelo, además de que, sus valores numéricos no deben exceder los esfuerzos admisibles para cada suelo en particular, ni producir asentamientos totales inadmisibles, asegurándose la estabilidad, resistencia y rigidez de la cimentación.

Considere que se requiere estimar la distribución de presiones inducidas por un momento de volteo. La fuerza horizontal resultante que produce esta condición se aplica a la altura $H_t$ de la losa de cimentación. Al nivel de desplante de la cimentación esta fuerza produce un cortante $V_B$ en la base y un momento de volteo $0_T$, ver figura 6.2 acoplada. Bajo este estado de carga, se puede analizar la mecánica del problema con las siguientes suposiciones de trabajo.

I.     El cajón de cimentación es rígido.

II. La fuerza cortante en la base es resistido por la fricción en la interfase suelo-losa de cimentación con un factor de seguridad amplio. Por lo tanto, no se lleva a cabo el deslizamiento entre el suelo y la losa de cimentación.

III. La respuesta del suelo se considera elástica.

IV. La rotación del cajón de cimentación se lleva a cabo en torno al centroide, en el nivel de desplante de la losa de cimentación.

V. El suelo es comprimido en un lado del muro de contención con una distribución de presión uniforme, según figura 6.2.

VI. Los muros y la losa de cimentación del cajón de cimentación se comportan como resortes en paralelo.

VII. El incremento en la presión vertical del suelo inducida por el momento de volteo en la base de la estructura de la cimentación tiene una variación en línea recta, en la IESE o la IESET se discretiza dicha distribución y debe ser adicionada a la distribución de presiones debido a cargas verticales

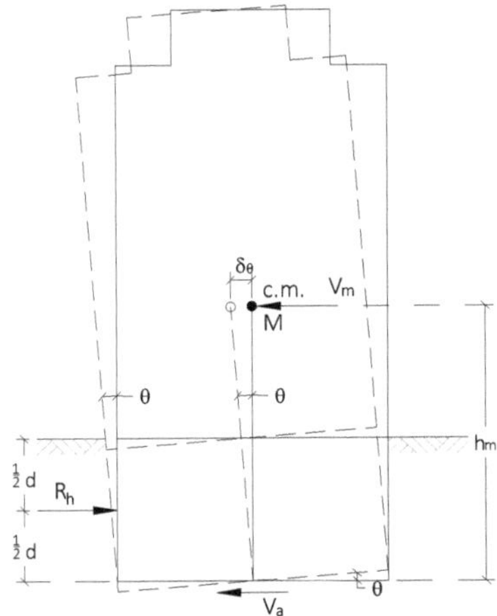



**Figura 6.2** Rotación de un edificio, según Zeevaert, L., (1980)

La rotación en la estructura de cimentación es ocasionado por el fenómeno de volteo, el cual es producido por la acción de fuerzas horizontales, en particular, por eventos sísmicos o por similitud del efecto, también puede considerarse producido por cargas gravitacionales excéntricas actuando en el edificio:

Superestructura y Subestructura. El momento de volteo, es transmitido al suelo por el cajón de cimentación a través de los muros y la losa de cimentación. Si el momento de volteo es ocasionado por sismo se utiliza la ecuación matricial de desplazamientos horizontales HEMAS (condiciones dinámicas, $v = 0.50$), si el momento de volteo tiene su origen en la excentricidad de las cargas verticales o empujes se emplea la ecuación matricial de asentamientos HEMA. Este fenómeno puede escribirse en notación algebraica en términos del módulo de cimentación, Zeevaert, L, (1980), de la siguiente manera:

Por definición

$$K_\theta = \frac{O_T}{\theta} \tag{6.50}$$

$$K_{\theta W} = \frac{O_{TW}}{\theta} \tag{6.51}$$

$$K_{\theta B} = \frac{O_{TB}}{\theta} \tag{6.52}$$

De las suposiciones de trabajo:

$$O_T = O_{TW} + O_{TB} \tag{6.53}$$

Luego entonces, resulta que

$$K_\theta = K_{\theta W} + K_{\theta B} \tag{6.54}$$

Dónde:

$O_T$     Momento de volteo de la cimentación rígida
$\theta$     Amplitud del ángulo del movimiento de rotación
$K_\theta$     Módulo de rotación de la cimentación o rigidez del sistema muro-losa de cimentación o base en paralelo, juntos forman el cajón de cimentación
$K_{\theta W}$     Módulo de cimentación por rotación del muro
$K_{\theta B}$     Módulo de cimentación por rotación de la base

Para la determinación de la magnitud del momento de volteo se emplea el espectro de diseño ajustado por considerar el edificio con base flexible considerando el periodo y amortiguamiento efectivos calculados con la IDSE, a continuación, se calcula el cortante basal modificado con el criterio de Zeevaert, L., (1980) o el de las NTC-2017. Con la fuerza de inercia de inercia o el cortante basal modificado (sin muro) multiplicado por la altura $H_t$, se obtiene el momento de volteo.

## 6.8 Interacción Estática Suelo Estructura para carga sísmica en cajones de cimentación

En la búsqueda para conocer los valores numéricos de las presiones de contacto con fines de diseño, debido al fenómeno de volteo por sismo, se hace evidente que el análisis de IESE en el muro y la base, se realizan de manera independiente.

Partiendo de este enunciado, establecemos la continuidad de este numeral; es decir, para determinar las presiones de contacto en el muro se seguirán los principios básicos del método dado en Zeevaert, L., (1980) y para calcular las presiones de contacto en la losa de fondo del cajón de cimentación se utilizará la ISE, siendo válido de utilizar también la ISET con la EMAT explicada en el Capítulo 5 de este libro.

### 6.8.1 IESE por carga sísmica en el muro

En (Zeevaert, L., 1980, página 113, párrafo 2) considera en la deducción de las ecuaciones de interacción, que el muro es desplantado a poca profundidad y en (Zeevaert, L., 1980, página 114, párrafo 5) establece las ecuaciones generales de interacción considerando que la cimentación rígida es desplantada profunda. Sin embargo, no establece claramente cuáles son los límites para hacer esta consideración; por lo tanto, debe inferirse que esta condición es establecida por la función que desempeñan las presiones de contacto para cada ejemplo particular; es decir, si existen presiones y tracciones en el mismo muro, entonces convencionalmente establecemos que está desplantado profundo y en caso de que el muro este sujeto a puras presiones se considerará desplantado poco profundo. Por esta razón, en este numeral solo se consideran las expresiones generales de la IESE para muros de cajones de cimentación desplantados profundo en conformidad a Zeevaert, L., (1980).

Para determinar la ecuación matricial para desplazamientos horizontales HEMAS o HEMA, la superficie de contacto vertical suelo-muro se divide en áreas tributarias $a_i$ horizontales perpendiculares a los esfuerzos unitarios de reacción con longitudes según la profundidad "$d_i$" de cada uno de los estratos considerados, el área tributaria es $a_i = d_i \times L$. Similar a las cargas verticales actuantes, se aplica una carga horizontal unitaria en un punto cualquiera i y se investigan los esfuerzos y desplazamientos horizontales inducidos en la masa del suelo en otros puntos, figura 6.3.

La distancia horizontal a la cual el incremento de esfuerzo en cada estrato ya no tiene importancia práctica, se investiga y se usa para integrar los desplazamientos diferenciales. Los desplazamientos horizontales totales en cualquier punto debido a la carga unitaria aplicada al centro de la sección i es:

$$\bar{\delta}_{ji} = M_{ej}\Delta x \sum_{1}^{n} I_{ii}^{n} \qquad (6.55)$$

En donde $I_{ji}$ son los valores de los coeficientes de influencia debido a la carga unitaria aplicada en i, el valor $M_{ej}$ es el módulo dinámico medio de deformación unitaria para el estrato de suelo considerado, y $\Delta x$ es el incremento de distancia en dirección horizontal desde el muro, elegido para llevar a cabo la integración de $\bar{\delta}_{ji}$, (Zeevaert, L. 1980, páginas 79 y 80).

| Estrato | $d_i$ | a | $\delta_{ji}$ | I<br>$\Delta x$ | II<br>$\Delta x$ | III<br>$\Delta x$ | ...n<br>$\Delta x$ | $\sum_{1}^{n} I_{ji}$ | $M_i$ | $\alpha_i$ | $\bar{\delta}_{ji}$ |
|---|---|---|---|---|---|---|---|---|---|---|---|
| A | $d_1$ | 1 | $\delta_{1i}$ | $I_{1i}^{I}$ | $I_{1i}^{II}$ | $I_{1i}^{III}$ | $I_{1i}^{...n}$ | $\bar{I}_{1i}$ | $M_1$ | $\alpha_1$ | $\bar{\delta}_{1i}$ |
| B | $d_2$ | 2 | $\delta_{2i}$ | $I_{2i}^{I}$ | $I_{2i}^{II}$ | $I_{2i}^{III}$ | $I_{2i}^{...n}$ | $\bar{I}_{2i}$ | $M_2$ | $\alpha_2$ | $\bar{\delta}_{2i}$ |
| C | $d_i$ | i | $\delta_{ii}$ | $I_{ii}^{I}$ | $I_{ii}^{II}$ | $I_{ii}^{III}$ | $I_{ii}^{...n}$ | $\bar{I}_{ii}$ | $M_i$ | $\alpha_i$ | $\bar{\delta}_{ii}$ |
| D | $d_4$ | 4 | $\delta_{4i}$ | $I_{4i}^{I}$ | $I_{4i}^{II}$ | $I_{4i}^{III}$ | $I_{4i}^{...n}$ | $\bar{I}_{4i}$ | $M_4$ | $\alpha_4$ | $\bar{\delta}_{4i}$ |
| E | $d_n$ | n | $\delta_{ni}$ | $I_{ni}^{I}$ | $I_{ni}^{II}$ | $I_{ni}^{III}$ | $I_{ni}^{...n}$ | $\bar{I}_{ni}$ | $M_n$ | $\alpha_n$ | $\bar{\delta}_{ni}$ |

**Figura 6.3** Esquema ajustado con factores de influencia y formación de la matriz de los desplazamientos horizontales por la aplicación de carga unitaria en áreas tributarias $a_i$, Zeevaert, L., (1980)

Según la figura 6.3, estos desplazamientos quedarían:

$$\bar{\delta}_{1i} = M_1 \Delta x \sum_{1}^{n} I_{1i}^{n}$$

$$\bar{\delta}_{2i} = M_2 \Delta x \sum_{1}^{n} I_{2i}^{n}$$

$$\bar{\delta}_{ii} = M_i \Delta x \sum_{1}^{n} I_{ii}^{n} \qquad (6.56)$$

$$\bar{\delta}_{4i} = M_4 \Delta x \sum_{1}^{n} I_{4i}^{n}$$

$$\bar{\delta}_{ni} = M_n \Delta x \sum_{1}^{n} I_{ni}^{n}$$

Llamando $\alpha_j = M_j \Delta x$ y generalizando se escribe

$$\bar{\delta}_{ji} = \alpha_j \bar{I}_{ji} \qquad (6.57)$$

En esta forma se obtienen los valores $\bar{\delta}_{ji}$ para todos los puntos donde quedan aplicadas las reacciones incógnitas pudiendo formar la matriz de desplazamientos horizontales unitarios figura 6.3, la cual se puede reducir en la mayoría de los casos a una matriz de banda despreciando las influencias muy pequeñas.

$$[\bar{\delta}_{ji}] = \begin{bmatrix} \bar{\delta}_{11} & \bar{\delta}_{12} & \bar{\delta}_{1i} & \cdot & \cdot \\ \bar{\delta}_{21} & \bar{\delta}_{22} & \bar{\delta}_{2i} & \bar{\delta}_{24} & \cdot \\ \bar{\delta}_{i1} & \bar{\delta}_{i2} & \bar{\delta}_{ii} & \bar{\delta}_{i4} & \bar{\delta}_{in} \\ \cdot & \bar{\delta}_{42} & \bar{\delta}_{4i} & \bar{\delta}_{44} & \bar{\delta}_{4n} \\ \cdot & \cdot & \bar{\delta}_{ni} & \bar{\delta}_{n4} & \bar{\delta}_{nn} \end{bmatrix} \qquad (6.58)$$

Los desplazamientos horizontales al aplicar las reacciones o presiones $\Delta_{p1}, \Delta_{p2}, \Delta_{pi}, \Delta_{p4}$ y $\Delta_{pn}$ serán:

$$|\delta_i| = [\bar{\delta}_{ji}]|\Delta p_i| \qquad (6.59)$$

Nótese que los espesores $d_i$ de los estratos considerados en general no son iguales, además los valores de $M_j$ varían entre estratos, por consiguiente aquí $\bar{\delta}_{ji} \neq \bar{\delta}_{ij}$. La forma de cálculo para las influencias por esfuerzos horizontales $\bar{I}_{ji}$ se establece en apéndice B. La ecuación matricial (6.59) para desplazamientos horizontales sísmicos se llamará HEMAS.

Los valores de $\alpha_j = M_j \Delta x$ se calculan con el módulo dinámico de deformación unitaria expresado por

$$M_j = \frac{1}{2(1+v)\mu} \tag{6.60}$$

Cuando el muro gira rígidamente un ángulo $\theta$ los desplazamientos horizontales se expresan en función de este giro, figura 6.4

$$
\begin{aligned}
\delta_1 &= \theta z_1 \\
\delta_2 &= \theta z_2 \\
\delta_3 &= \theta z_3 \\
&\;\;\cdots \\
\delta_i &= \theta z_i
\end{aligned} \tag{6.61}
$$

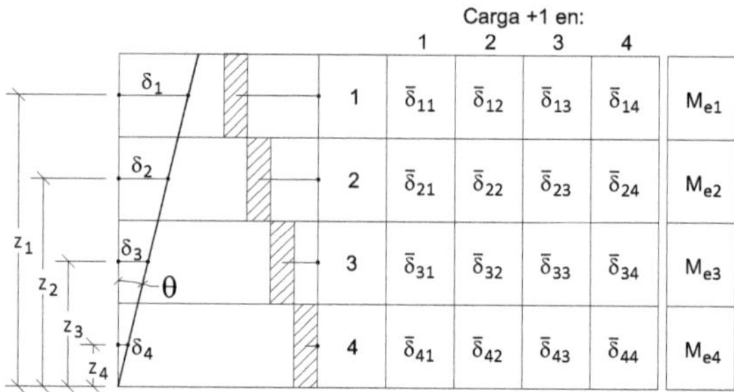


**Figura 6.4** Giro del muro de cimentación

Sustituyendo las ecuaciones 6.61 en la 6.59

$$[\bar{\delta}_{ji}]|\Delta p_i| = \theta|z_i| \tag{6.62}$$

O bien

$$[\bar{\delta}_{ji}]\left|\frac{\Delta p_i}{\theta}\right| = |z_i| \tag{6.63}$$

Resolviendo la ecuación 6.63 obtenemos $\Delta p_i/\theta$, para calcular la rigidez del muro, primero se busca momento de las fuerzas resultantes de las presiones $\Delta p_i$ con respecto al vértice inferior del muro, quedando de la siguiente manera:

$$O_{Tw} = \sum_{i=1}^{i=n} \Delta p_i \times \bar{a}_i \times z_i (ton-m) \tag{6.64}$$

A continuación, se calcula el módulo de cimentación por rotación del muro,

Por definición: $K_{\theta w} = O_{Tw}/\theta$

$$K_{\theta w} = \sum_{i=1}^{i=n} \frac{\Delta p_i}{\theta} \times \bar{a}_i \times z_i \ (ton - m/rad) \tag{6.65}$$

Pero $\Delta p_i = valor\ numérico \times \theta$ , obtenido de la ecuación (6.62), quedando la ecuación 6.65 como,

$$K_{\theta w} = \sum_{i=1}^{i=n} valor\ numérico \times \bar{a}_i \times z_i \ (ton - m/rad) \tag{6.66}$$

### 6.8.2 IESE por carga sísmica en la base

A continuación, se explica brevemente el análisis de ISE bidimensional y tridimensional cuando la losa de cimentación esta sujeta a carga sísmica.

### 6.8.2.1 ISE bidimensional en la base, Zeevaert, L., (1980)

Para determinar la ecuación matricial de asentamientos sísmicos bidimensional, se procede según el Capítulo 4 de este libro, en el entendido, que los valores de $\alpha_d^N = M_d^N \Delta x$, se calculan con el módulo dinámico de deformación unitaria expresado por

$$M_d^N = \frac{1}{2(1+v)\mu_d^N} \tag{6.67}$$

El valor de $\alpha_d^N$ representa la deformación dinámica elástica unitaria del estrato N de espesor $d$, esto es, el cambio de espesor del estrato debido a un esfuerzo unitario.

Para estudiar la compatibilidad de deformación en la interfase de la estructura de cimentación y el suelo, la superficie de contacto se divide en áreas tributarias iguales; de tal manera, que las áreas tributarias perpendiculares nos permitan formar dovelas con 4 placas cumpliendo como mínimo con $1.28 placas/m_{losa}^2$. Esta recomendación es para que al finalizar la ISE se utilicen las presiones de contacto o el modelo analítico con resortes para la obtención más realista de los elementos mecánicos en cada componente resistente de la cimentación, en (Zeevaert, L., (1980), parrafo 2, página 116) menciona utilizar tantas como se requiera, pero no define un número.

Suponiendo que mediante el análisis de la ISE, se requiere determinar las presiones de contacto en las seis áreas tributarias consideradas en la interfase suelo-cimentación y varios estratos subyacentes al desplante de la cimentación, ocasionadas por el momento de volteo $O_T = M_v$ $(ton - m)$, tal como indica la figura 6.5.

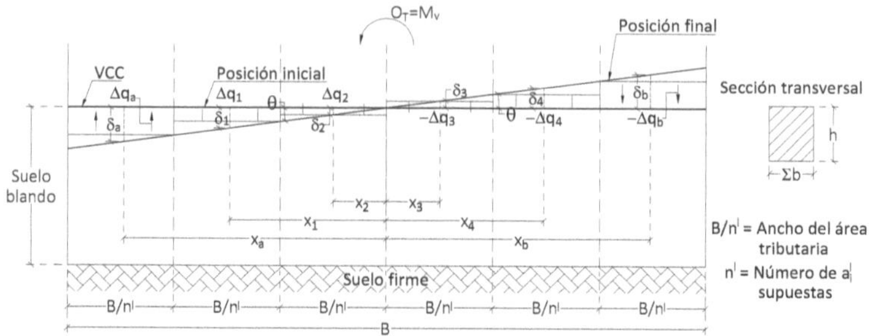


**Figura 6.5** Losa de cimentación simétrica sin rigidez a flexión y corte, en su posición inicial y final debido al fenómeno de rotación ocasionado por el momento de volteo $M_v$ en la dirección transversal,

Los desplazamientos verticales en el centroide del área tributaria $\bar{a}$ cargada con un esfurzo unitario $q = +1$, es

$$\left|\bar{\delta}_{ji}\right| = \left[I_{ji}\right]^{T} \cdot \left|\alpha_d^N\right| \tag{6.68}$$

La ecuación matricial de asentamientos verticales para el caso de movimiento sísmico $|\delta_i| = \left[\bar{\delta}_{ji}\right]^{T} \cdot |q_i|$ que Zeevaert, L., (1980) le denomina EMAS en la masa de suelo cubierta por la cimentación, para la figura 6.5, quedaría:

$$\begin{bmatrix} \bar{\delta}_{aa} & \bar{\delta}_{a1} & \bar{\delta}_{a2} & \bar{\delta}_{a3} & \bar{\delta}_{a4} & \bar{\delta}_{ab} \\ \bar{\delta}_{1a} & \bar{\delta}_{11} & \bar{\delta}_{12} & \bar{\delta}_{13} & \bar{\delta}_{14} & \bar{\delta}_{1b} \\ \bar{\delta}_{2a} & \bar{\delta}_{21} & \bar{\delta}_{22} & \bar{\delta}_{23} & \bar{\delta}_{24} & \bar{\delta}_{2b} \\ \bar{\delta}_{3a} & \bar{\delta}_{31} & \bar{\delta}_{32} & \bar{\delta}_{33} & \bar{\delta}_{34} & \bar{\delta}_{3b} \\ \bar{\delta}_{4a} & \bar{\delta}_{41} & \bar{\delta}_{42} & \bar{\delta}_{43} & \bar{\delta}_{44} & \bar{\delta}_{4b} \\ \bar{\delta}_{ba} & \bar{\delta}_{b1} & \bar{\delta}_{b2} & \bar{\delta}_{b3} & \bar{\delta}_{b4} & \bar{\delta}_{bb} \end{bmatrix} \cdot \begin{vmatrix} \Delta q_a \\ \Delta q_1 \\ \Delta q_2 \\ -\Delta q_3 \\ -\Delta q_4 \\ -\Delta q_b \end{vmatrix} = \begin{vmatrix} \delta_a \\ \delta_1 \\ \delta_2 \\ -\delta_3 \\ -\delta_4 \\ -\delta_b \end{vmatrix} \tag{6.69}$$

Por asimetría se tiene:

$$\begin{aligned} \Delta q_a &= -\Delta q_b & \delta_a &= -\delta_b = \theta . x_a \\ \Delta q_1 &= -\Delta q_4 & \delta_1 &= -\delta_4 = \theta . x_1 \\ \Delta q_2 &= -\Delta q_3 & \delta_2 &= -\delta_3 = \theta . x_2 \end{aligned} \tag{6.70}$$

Por rotación simétrica la ecuación matricial EMAS se reduce y dividiendo por $\theta$ queda como sigue:

$$\begin{bmatrix} \bar{\delta}_{aa} - \bar{\delta}_{ab} & \bar{\delta}_{a1} - \bar{\delta}_{a4} & \bar{\delta}_{a2} - \bar{\delta}_{a3} \\ \bar{\delta}_{1a} - \bar{\delta}_{1b} & \bar{\delta}_{11} - \bar{\delta}_{14} & \bar{\delta}_{12} - \bar{\delta}_{13} \\ \bar{\delta}_{2a} - \bar{\delta}_{2b} & \bar{\delta}_{21} - \bar{\delta}_{24} & \bar{\delta}_{22} - \bar{\delta}_{23} \end{bmatrix} \cdot \overbrace{\begin{vmatrix} \Delta q_a/\theta \\ \Delta q_1/\theta \\ \Delta q_2/\theta \end{vmatrix}}^{v_{nci}} = \begin{vmatrix} x_a \\ x_1 \\ x_2 \end{vmatrix} \qquad (6.71)$$

Resolviendo la ecuación matricial (6.67) mediante Gauss triangularización o cualquier otro método, se obtienen los valores numéricos de $(\Delta q_i/\theta)\, ton/m^2 - rad$, llamando $v_{nci}$ al valor numérico calculado, tendríamos $\Delta_{qi} = v_{nci}.\theta$.

El momento de volteo $M_v$ $(ton - m)$ en la superficie de desplante de la cimentación en "términos de las presiones medias de contacto es",

$$O_{TB} = \bar{a}. \sum_{1}^{n} \Delta q_i . x_i \qquad (6.72)$$

A continuación, se calcula el módulo de cimentación por rotación de la base,

Por definición: $K_{\theta B} = O_{TB}/\theta$

$$K_{\theta B} = \sum_{i=1}^{i=n} \frac{\Delta_{qi}}{\theta} \times \bar{a}_i \times x_i\ (ton - m/rad) \qquad (6.73)$$

Pero $\Delta q_i = valor\ numérico \times \theta$, obtenido de la ecuación (6.71), quedando la ecuación 6.73 como,

$$K_{\theta B} = \sum_{i=1}^{i=n} valor\ numérico \times \bar{a}_i \times x_i\ (ton - m/rad) \qquad (6.74)$$

## 6.8.2.2 IESE tridimensional en la base, Morales, R, R., (2014)

Para la obtención de la matriz de asentamientos por carga unitaria, $m^3/ton$ tridimensional por sismo, se procede tal como se explica en el Capítulo 5, considerando que los valores de $\alpha_j = M_j \Delta x$ para cada estrato se calculan con el módulo dinámico de deformación unitaria expresado por la ecuación 6.67. El vector de cargas $|q_{ij}/\theta|$, correspondiente a la presión de contacto en cada dovela, $ton/m^2 - rad$, está formado por elementos positivos de compresión y negativos de tensión. El vector de asentamientos tridimensional en los centroides de cada dovela están en función de la distancia horizontal en la dirección de análisis al eje perpendicular horizontal que pasa por el centroide de la cimentación.

Ahora bien, al final del análisis de la IESET para obtener el momento de volteo, se utiliza el valor promedio de presiones de contacto para cada fila de dovelas.

En la definición de la elección del número de dovelas se procede con el criterio dado en (Morales, R. R. 2019, Capítulo 6, ejemplo 6.2.5, página 228, párrafo 4); en donde, se sugiere utilizar como mínimo $1.28 placas/m^2_{losa}$, que bien puede ajustarse a un rango de $1.28 < placas/m^2_{losa} < \infty$, recordando que 4 placas forman una dovela; es decir, el análisis de la ISE o ISET deben seguir estas recomendaciones para que al finalizar se utilicen las presiones de contacto o los resortes para la obtención más realista de los elementos mecánicos en cada componente resistente de la cimentación. La comprobación de que los valores en los elementos mecánicos son casi iguales, utilizando: a) las presiones de contacto como respuesta del suelo actuando en la losa de cimentación o b) resortes como apoyos discretos aplicados en la losa de cimentación, sirve como un criterio de aceptación del MECYMCAC. En otras palabras, existen programas de análisis estructural que sugieren utilizar un número determinado de dovelas en arreglo especial, al utilizar los resortes se obtienen resultados que son considerados válidos porque se calculan correctamente con el método de rigideces, si a este número de dovelas se le colocan las presiones de contacto correspondientes, los valores de los elementos mecánicos son también, bien calculados con el MECYMCAC; ahora bien, los valores calculados difieren a los obtenidos con el modelo con resortes, la no coincidencia de resultados se debe al número y arreglo de las placas consideradas. Es decir, lo que finalmente tendríamos serían resultados erróneos, bien calculados con la utilización de resortes como apoyos discretos y con el MECYMCAC cuando se utilizan presiones de contacto.

## 6.9 Resumen del procedimiento de cálculo para obtener las presiones de contacto en los muros laterales y la base (losa de fondo) de un cajón de cimentación sometido a un movimiento sísmico

I. Se calcula el periodo dominante del sitio con la expresión 6.47

II. Mediante la aplicación de las fórmulas básicas dadas en el numeral 6.2.1 del método de la Interacción Dinámica Suelo Estructura para este tipo de cimentaciones, se calculan el periodo y el amortiguamiento efectivo.

III. Se calculan las ordenadas del espectro de diseño sísmico dado en el numeral 6.3 empleando la formulación dada, y considerando que no existe IDSE y que existe IDSE.

IV. Se calcula la fuerza de inercia en el centro de masa, con el criterio del numeral 6.4 o del 6.5 o con los dos criterios para verificar resultados.

V. Se calcula el momento de volteo $O_T = V_m \times H_t$

VI. Se determinan las presiones de contacto en el muro-suelo, utilizando la ISE bidimensional, Zeevaert, L., (1980) y empleando la ecuación matricial $[\bar{\delta}_{ji}]|\Delta p_i/\theta| = |z_i|$, se obtiene $|\Delta p_i/\theta|$, información necesaria para calcular la rigidez del muro $K_{\theta w}$, en conformidad a la ecuación 6.65. Para el cálculo de la matriz de influencias por carga unitaria horizontal se emplea la solución de Mindlin (1936).

VII. Se determinan las presiones de contacto en la base-suelo, utilizando la ISE bidimensional, Zeevaert, L., (1980) o la ISE tridimensional, Morales, R, R., (2014) y empleando la ecuación matricial $|\delta_{ji}| = [I_{ji}]^T \cdot |\alpha_d^N|$ o la $EMAT^g$, según si el análisis de ISE es bidimensional o tridimensional, en ambas se obtiene $|\Delta q_i/\theta|$, información necesaria para calcular la rigidez de la base $K_{\theta B}$, en conformidad a la ecuación 6.74. Para el cálculo de la matriz de influencias por carga unitaria vertical se emplea la solución de Damy, J, y Casales., (1985).

VIII. Cálculo de la rigidez del cajón de cimentación $K_\theta = K_{\theta w} + K_{\theta B}$

IX. Cálculo del ángulo de rotación, por definición $\theta = O_T/K_\theta$

X. Calculo de las presiones de contacto finales en el muro y la base:

Muro: $\Delta p_i/\theta = $ *valor numérico*, de donde, $\Delta p_i = $ *valor numérico* $\times \theta$

Base: $\Delta q_i/\theta = $ *valor numérico*, de donde, $\Delta q_i = $ *valor numérico* $\times \theta$

XI. Finalmente, deben sumarse las presiones por cargas verticales con las presiones sísmicas, el resultado debe dar presiones positivas en las dovelas supuestas, utilizando como minimo el criterio de $1.28 placas/m_{losa}^2$.

## 6.10 Ejemplo: Respuesta sísmica de una cimentación compensada en suelo cohesivo

Se requiere encontrar la respuesta sísmica de la cimentación de un edificio con periodo fundamental de $T_o = 0.30seg$ y amortiguamiento crítico del 5%. El periodo de resonancia del suelo es de $T_s = 2.27seg$, la aceleración máxima de la superficie del suelo se obtendrá (ajuste al Ejemplo (1.III) aplicando la ecuación 6.30 del Espectro de diseño elástico efectivo y el amortiguamiento crítico del suelo es de 15%, (Zeevaert, L., 1980., numeral III.13.1, Ejemplo (1.III), página 147).

La información geometrica y valores del módulo de rigidez se proporcionan en la figura 32.III.

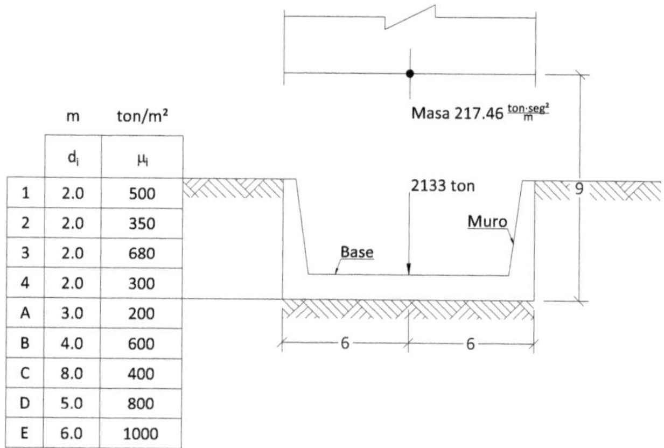



**Figura 6.6** Profundidad de desplante igual a 8.0m, espesores en metros de los 5 estratos blandos y módulos dinámicos de rigidez del suelo $\mu(ton/m^2)$. Corte transversal del cajón de cimentación y la masa del edificio, según Zeevaert, L., (1980).

Respuestas siguiendo el resumen del procedimiento de cálculo del numeral 6.8

**I.** El periodo dominante del sitio es dado e igual a $T_s = 2.27seg$

**II.** Cálculo del periodo y el amortiguamiento efectivo.

**II.1** Parámetros de la estructura: $W_e$, $T_e$, $\zeta_e$, $H_e$, $Q_e$

$W_e = 2133.28 \, ton$
$T_e = 0.3 \, seg$
$\zeta_e = 5.0\%$
$H_e = 1 \, m$

$$Q_e = 2$$

**II.2** Parámetros de la cimentación: $L_x, \ L_y, D, \ R_h, \ R_r, \ H_t$

$$L_x = 12 \ m, \qquad R_h = (A/\pi)^{0.50} = 9.57 \ m$$
$$L_y = 24 \ m, \qquad R_r = (4I/\pi)^{0.25} = 11.52 \ m$$
$$D = 8 \ m, \qquad H_t = H_e + D = 9.00 \ m$$

**II.3** Parámetros del suelo: $T_s, \ H_s, \ \gamma_s, \ \zeta_s, \ v_s, \ V_s, \ G_s, \ \rho_s$

$$T_s = 2.27 \ seg \qquad\qquad V_s = 4H_s/T_s = 45.81 \ m/seg$$
$$H_s = 26m \qquad\qquad G_s = \rho_s V_s^2 = 320.95 \ ton/m^2$$
$$\gamma_s = 1.5 ton/m^3 \qquad\qquad \rho_s = \gamma_s/9.81 = 0.15 \ t - seg^2/m^4$$
$$\zeta_s = 0.15$$
$$v_s \geq 0.45 = 0.45$$

**II.4** Rigideces estáticas de la cimentación:

$$K_h{}^o = [8G_s R_h/(2 - v_s)](1 + 0.5R_h/H_s)(1 + 0.67D/R_h)(1 + 1.25D/H_s)$$
$$= 40{,}489.36 ton/m$$
$$K_r{}^o = \left[8G_s R_r{}^3/3(1 - v_s)\right](1 + 0.17R_r/H_s)(1 + 2D/R_r)(1 + 0.71D/H_s)$$
$$= 7{,}433{,}358.58 ton - m$$

II.5 Rigideces dinámicas de la cimentación:

$$T_{efe}inicial = T_e$$

$$\eta_s = \pi R_h/2H_s = 0.578$$
$$\eta_p = (\pi R_r/2H_s)[2(1 - v_s)/(1 - 2v_s)]^{1/2} = 2.308$$
$$\omega = 2\pi/T_{efe} = 8.267 rad/seg$$
$$\eta_h = \omega R_h/V_s = 1.728$$
$$\eta_{hs} = \eta_h/\eta_s = 2.987$$
$$\eta_r = \omega R_r/V_s = 2.078$$
$$\eta_{rp} = \eta_r/\eta_p = 0.901$$
$$k_h = 1$$
$$k_r = 1 - 0.2\eta_r(v_s \geq 0.45) = 0.584$$
$$Si \eta_{hs} \leq 1, entonces c_h = 0.65\zeta_s\eta_{hs}/\left(1 - (1 - 2\zeta_s)\eta^2{}_{hs}\right), además \, c_h = 0.576 = 0.576$$
$$Si \eta_{rp} \leq 1, entonces c_r = 0.5\zeta_s\eta_{rp}/\left(1 - (1 - 2\zeta_s)\eta^2{}_{rp}\right), además \, c_r = 0.3\eta^2{}_r/(1 + \eta^2{}_r)$$
$$= 0.156$$
$$K_h = K^o{}_h(k_h - 2\zeta_s\eta_h c_h) = 28{,}401.07 ton/m$$
$$K_r = K^o{}_r(k_r - 2\zeta_s\eta_r c_r) = 3{,}619{,}150.68 ton - m$$

**II.6** Periodo y amortiguamiento efectivos:

$$T_h = 2\pi(M_e/K_h)^{1/2} = 0.550 \; seg$$

$$T_r = 2\pi\left(M_e H_t{}^2/K_r\right)^{1/2} = 0.438 \; seg$$

$$T_{efe} = \left(T_e{}^2 + T_h{}^2 + T_r{}^2\right)^{1/2} = 0.76 \; seg \quad T_{efe} \; final$$

$$\omega C_h = K^o{}_h(\eta_h c_h + 2\zeta_s k_h) = 52{,}441.09 \, ton/m$$

$$\omega C_r = K^o{}_r(\eta_r c_r + 2\zeta_s k_r) = 3{,}716{,}998.88 \, ton - m$$

$$\zeta_h = \omega C_h/2K_h = 0.923$$

$$\zeta_r = \omega C_r/2K_r = 0.514$$

$$\zeta_{efe} = \zeta_e\left(T_e/T_{efe}\right)^2 + \zeta_h/\left(1 + 2\zeta^2{}_h\right) \times \left(T_h/T_{efe}\right)^2 + \zeta_r/\left(1 + 2\zeta^2{}_r\right) \times \left(T_r/T_{efe}\right)^2$$

$$= 29.5\% \, \zeta_{efe} final$$

El periodo y amortiguamiento efectivo $T_{efe}$ y $\zeta_{efe}$ del sistema suelo-estructura se obtienen de forma iterativa, ya que los valores de $K_h$ y $K_r$ así como de $C_h$ y $C_r$, cambian con la frecuencia. Las iteraciones necesarias para resolver las ecuaciones correspondientes generalmente no son más de tres.

**III.** Se calculan las ordenadas del espectro de diseño sísmico según el numeral 6.3 empleando la formulación dada, y considerando que no existe IDSE y que existe IDSE.

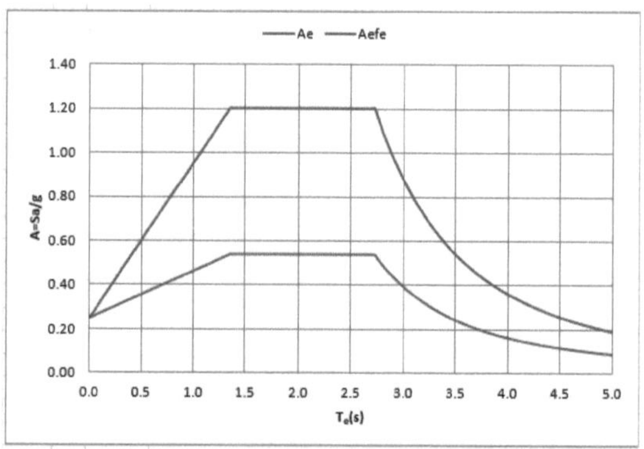


**Figura 6.7** Espectro de diseño sísmico sin y con interacción dinámica suelo-estructura

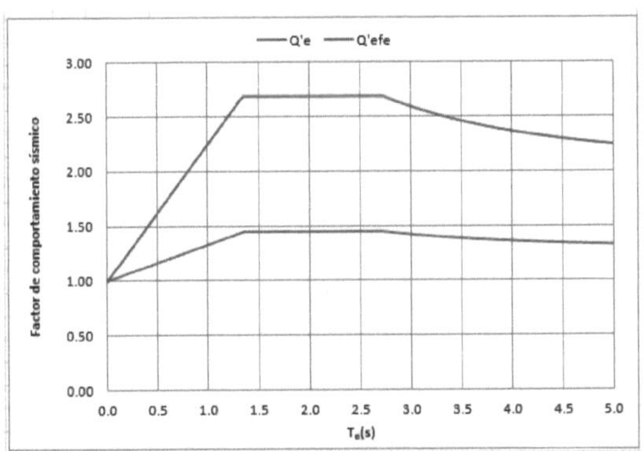


**Figura 6.8** Factor de comportamiento sísmico sin y con interacción dinámica suelo-estructura

| $T_e$ (s) | $A_e$ | $A_{efe}$ | $Q'_e$ | $Q'_{efe}$ | $A_e/Q'_e$ | $A_{efe}/Q'_{efe}$ |
|---|---|---|---|---|---|---|
| 0.000 | 0.250 | 0.250 | 1.000 | 1.000 | 0.250 | 0.250 |
| 0.025 | 0.268 | 0.255 | 1.031 | 1.008 | 0.259 | 0.253 |
| 0.050 | 0.285 | 0.261 | 1.063 | 1.016 | 0.268 | 0.257 |
| 0.075 | 0.303 | 0.266 | 1.094 | 1.025 | 0.277 | 0.260 |
| 0.100 | 0.320 | 0.271 | 1.125 | 1.033 | 0.285 | 0.263 |
| 0.125 | 0.338 | 0.277 | 1.156 | 1.041 | 0.292 | 0.266 |
| 0.150 | 0.356 | 0.282 | 1.188 | 1.049 | 0.299 | 0.269 |
| 0.175 | 0.373 | 0.288 | 1.219 | 1.058 | 0.306 | 0.272 |
| 0.200 | 0.391 | 0.293 | 1.250 | 1.066 | 0.312 | 0.275 |
| 0.225 | 0.408 | 0.298 | 1.282 | 1.074 | 0.319 | 0.278 |
| 0.250 | 0.426 | 0.304 | 1.313 | 1.082 | 0.324 | 0.281 |
| 0.275 | 0.443 | 0.309 | 1.344 | 1.091 | 0.330 | 0.283 |
| 0.300 | 0.461 | 0.314 | 1.375 | 1.099 | 0.335 | 0.286 |
| 0.325 | 0.479 | 0.320 | 1.407 | 1.107 | 0.340 | 0.289 |
| 0.350 | 0.496 | 0.325 | 1.438 | 1.115 | 0.345 | 0.292 |
| 0.375 | 0.514 | 0.331 | 1.469 | 1.124 | 0.350 | 0.294 |
| 0.400 | 0.531 | 0.336 | 1.501 | 1.132 | 0.354 | 0.297 |
| 0.425 | 0.549 | 0.341 | 1.532 | 1.140 | 0.358 | 0.299 |
| 0.450 | 0.567 | 0.347 | 1.563 | 1.148 | 0.362 | 0.302 |
| 0.475 | 0.584 | 0.352 | 1.595 | 1.157 | 0.366 | 0.304 |
| 0.500 | 0.602 | 0.357 | 1.626 | 1.165 | 0.370 | 0.307 |
| 0.525 | 0.619 | 0.363 | 1.657 | 1.173 | 0.374 | 0.309 |
| 0.550 | 0.637 | 0.368 | 1.688 | 1.181 | 0.377 | 0.312 |
| 0.575 | 0.654 | 0.373 | 1.720 | 1.189 | 0.381 | 0.314 |
| 0.600 | 0.672 | 0.379 | 1.751 | 1.198 | 0.384 | 0.316 |
| 0.625 | 0.690 | 0.384 | 1.782 | 1.206 | 0.387 | 0.319 |
| 0.650 | 0.707 | 0.390 | 1.814 | 1.214 | 0.390 | 0.321 |
| 0.675 | 0.725 | 0.395 | 1.845 | 1.222 | 0.393 | 0.323 |
| 0.700 | 0.742 | 0.400 | 1.876 | 1.231 | 0.396 | 0.325 |
| 0.725 | 0.760 | 0.406 | 1.907 | 1.239 | 0.398 | 0.327 |
| 0.750 | 0.778 | 0.411 | 1.939 | 1.247 | 0.401 | 0.330 |
| 0.775 | 0.795 | 0.416 | 1.970 | 1.255 | 0.404 | 0.332 |
| 0.800 | 0.813 | 0.422 | 2.001 | 1.264 | 0.406 | 0.334 |

**IV.** Se calcula la fuerza de inercia en el centro de masa, con el criterio del numeral 6.4 o del 6.5 o con los dos criterios para verificar resultados.

**IV.1** Cortante basal modificado

Con el apoyo de los resultados obtenidos en los numerales II.6 y III y resolviendo para el periodo con base fija de 0.30 seg y periodo efectivo de 0.76 seg mediante interpolación lineal, y ajustando las nomenclaturas $a = A_e$, $Q' = Q'_e$, $\bar{a} = A_{efe}$ y $\bar{Q}' = Q'_{efe}$ obtenemos:

$$a' = \frac{A_e}{Q'_e} \qquad y \qquad \tilde{a}' = \frac{A_{efe}}{Q'_{efe}}$$

$$a' = \frac{a}{RQ'} = 0.335 \qquad considerando \qquad R = 1$$

$$\tilde{a}' = \frac{\tilde{a}}{R\bar{Q}'} = 0.330 \qquad considerando \qquad R = 1$$

Fuerza cortante basal:

$$\tilde{V}_o = a'W_o - (a' - \tilde{a}')W_e = 0.335 \times 2133.28 - (0.335 - 0.330) \times 0.7 \times 2133.28$$
$$= 707.18\, ton$$

**IV.2** Fuerza de inercia en el centro de masa, Zeevaert, L., (1980)

Para el ejemplo particular resuelto

$$S_a = a_m = 0.25 \times 9.81 = 2.45\, \frac{m}{seg^2}$$

$$M = 217.46 \frac{ton - seg^2}{m}$$

$$\frac{A_{efe}}{Q'_{efe}} = 0.33$$

$$f_a = \frac{A_{efe}}{Q'_{efe} \cdot a_m} = \frac{0.33}{0.25} = 1.322$$

$$V_m = f_a \cdot M \cdot a_m = 1.322 \times 217.46 \times 2.45 = 704.33\, ton$$

$$H_t = 9.0\, m$$

**V.** Se calcula el momento de volteo $O_T = V_m \times H_t$

**V.1** Cortante basal modificado, Página 71 de las NTC-2017

Momento de volteo:

$$O_T = 707.18ton \times 9m = 6364.64ton - m$$

**V.2** Fuerza de inercia en el centro de masa, Zeevaert, L., (1980)

Momento de volteo:

$$O_T = V_m \times h_m = 704.33 \times 9.0 = 6338.97\ ton - m$$

El valor del momento de volteo calculado por los dos criterios de análisis es parecido, por lo que se concluye que es indiferente utilizar el criterio de Zeevaert, L., (1980) o el de las NTC-2017

$$M_{volteo}(NTC - 2017) = 6364.64\ ton - m$$

$$M_{volteo}(Zeevaert) = 6338.97\ ton - m$$

**VI.** Cálculo de las presiones de contacto en el muro-suelo, utilizando la ISE bidimensional

**Tabla 6.1** Obtención de las influencias por esfuerzos unitarios horizontales utilizando las ecuaciones de Mindlin

$$n = 10 \qquad \Delta_x(m) = 4.00 \qquad r_o(m) = 12.00 \qquad \lambda_v(m) = 2.00$$

| $n$ | 1 | 2 | 3 | 4 | 5 | 6 | 7 | 8 | 9 | 10 | | |
|---|---|---|---|---|---|---|---|---|---|---|---|---|
| $\Delta_x(m)$ | 4.00 | 4.00 | 4.00 | 4.00 | 4.00 | 4.00 | 4.00 | 4.00 | 4.00 | 4.00 | | |
| **Cent** $(\Delta_x)$ | 2.00 | 6.00 | 10.00 | 14.00 | 18.00 | 22.00 | 26.00 | 30.00 | 34.00 | 38.00 | $\sum I_{ji}^m$ | $M_{ej}$ $(m^2/ton)$ |
| 1 | 0.734 | 0.372 | 0.225 | 0.149 | 0.104 | 0.076 | 0.058 | 0.045 | 0.036 | 0.029 | 1.828 | |
| 2 | 0.213 | 0.267 | 0.194 | 0.137 | 0.099 | 0.073 | 0.056 | 0.044 | 0.035 | 0.029 | 1.147 | $6.67 \times 10^{-4}$ |
| 3 | 0.035 | 0.151 | 0.148 | 0.117 | 0.089 | 0.068 | 0.053 | 0.042 | 0.034 | 0.028 | 0.765 | |
| 4 | 0.009 | 0.077 | 0.103 | 0.093 | 0.077 | 0.061 | 0.049 | 0.040 | 0.033 | 0.027 | 0.568 | |
| 1 | 0.213 | 0.267 | 0.194 | 0.137 | 0.099 | 0.073 | 0.056 | 0.044 | 0.035 | 0.029 | 1.147 | |
| 2 | 0.556 | 0.256 | 0.179 | 0.129 | 0.094 | 0.071 | 0.055 | 0.043 | 0.035 | 0.028 | 1.446 | $9.52 \times 10^{-4}$ |
| 3 | 0.187 | 0.193 | 0.149 | 0.114 | 0.086 | 0.066 | 0.052 | 0.041 | 0.034 | 0.028 | 0.950 | |
| 4 | 0.030 | 0.113 | 0.113 | 0.095 | 0.076 | 0.060 | 0.048 | 0.039 | 0.032 | 0.027 | 0.633 | |
| 1 | 0.035 | 0.151 | 0.148 | 0.117 | 0.089 | 0.068 | 0.053 | 0.042 | 0.034 | 0.028 | 0.765 | |
| 2 | 0.187 | 0.193 | 0.149 | 0.114 | 0.086 | 0.066 | 0.052 | 0.041 | 0.034 | 0.028 | 0.950 | $4.90 \times 10^{-4}$ |
| 3 | 0.551 | 0.218 | 0.144 | 0.107 | 0.081 | 0.063 | 0.050 | 0.040 | 0.033 | 0.027 | 1.314 | |
| 4 | 0.185 | 0.175 | 0.125 | 0.095 | 0.074 | 0.059 | 0.047 | 0.038 | 0.031 | 0.026 | 0.855 | |
| 1 | 0.009 | 0.079 | 0.109 | 0.105 | 0.091 | 0.078 | 0.067 | 0.058 | 0.050 | 0.045 | 0.691 | |
| 2 | 0.030 | 0.113 | 0.113 | 0.095 | 0.076 | 0.060 | 0.048 | 0.039 | 0.032 | 0.027 | 0.633 | $11.11 \times 10^{-4}$ |
| 3 | 0.185 | 0.175 | 0.125 | 0.095 | 0.074 | 0.059 | 0.047 | 0.038 | 0.031 | 0.026 | 0.855 | |
| 4 | 0.550 | 0.209 | 0.128 | 0.092 | 0.071 | 0.056 | 0.045 | 0.037 | 0.030 | 0.025 | 1.243 | |

En la tabla 6.1 se muestran en los renglones 1, 2 y 3 el número de franjas horizontales consideradas en donde el incremento de esfuerzo ya no tiene importancia $n = 10$, el incremento de distancia en dirección horizontal $\Delta x = 4.0m$, la distancia a los centroides de cada franja a partir del borde del paño vertical exterior del muro, los valores de los coeficientes de influencia $I_{ji}^{n}$ en cualquier estrato $n$ debido a la carga unitaria aplicada en $i$ y el valor del módulo dinámico medio $M_{ej}$ de deformación unitaria para el estrato de suelo considerado.

Obtención de los elementos de la matriz de asentamientos por carga unitaria horizontales, aplicando la ecuación 6.55

$$\bar{\delta}_{ji} = M_j \Delta x \sum_{1}^{n} I_{ji}^{n}$$

, y generalizando para nuestro ejemplo particular se aplican las ecuaciones 6.57.

**Tabla 6.2** Elementos de la matriz de desplazamientos horizontales por carga unitaria $[\bar{\delta}_{ji}]$

| Renglones | $M_{ej}\ (m^2/ton) \times 10^{-4}$ | $\Delta_x(m)$ | $\sum I_{ji}^{n}$ | $\bar{\delta}_{ji}(m^3/ton) \times 10^{-4}$ |
|---|---|---|---|---|
| $\bar{\delta}_{11}$ | 6.67 | 4.000 | 1.82790 | 48.768 |
| $\bar{\delta}_{21}$ | 6.67 | 4.000 | 1.14710 | 30.605 |
| $\bar{\delta}_{31}$ | 6.67 | 4.000 | 0.76510 | 20.413 |
| $\bar{\delta}_{41}$ | 6.67 | 4.000 | 0.56843 | 15.166 |
| $\bar{\delta}_{12}$ | 9.52 | 4.000 | 1.14710 | 43.682 |
| $\bar{\delta}_{22}$ | 9.52 | 4.000 | 1.44590 | 55.060 |
| $\bar{\delta}_{32}$ | 9.52 | 4.000 | 0.95043 | 36.192 |
| $\bar{\delta}_{42}$ | 9.52 | 4.000 | 0.63281 | 24.097 |
| $\bar{\delta}_{13}$ | 4.90 | 4.000 | 0.76510 | 14.996 |
| $\bar{\delta}_{23}$ | 4.90 | 4.000 | 0.95043 | 18.628 |
| $\bar{\delta}_{33}$ | 4.90 | 4.000 | 1.31361 | 25.747 |
| $\bar{\delta}_{43}$ | 4.90 | 4.000 | 0.85529 | 16.764 |
| $\bar{\delta}_{14}$ | 11.11 | 4.000 | 0.69076 | 30.697 |
| $\bar{\delta}_{24}$ | 11.11 | 4.000 | 0.63281 | 28.122 |
| $\bar{\delta}_{34}$ | 11.11 | 4.000 | 0.85529 | 38.009 |
| $\bar{\delta}_{44}$ | 11.11 | 4.000 | 1.24284 | 55.232 |

Por lo tanto, la ecuación matricial de desplazamientos horizontales quedaría:

$$|\delta_i| = [\bar{\delta}_{ji}]|\Delta p_i|$$

Ecuación matricial de desplazamientos horizontales

$$
\begin{array}{cc}
(m^3/ton) \times 10^{-4} & \\
\end{array}
$$

$$
\begin{bmatrix}
48.768 & 30.605 & 20.413 & 15.166 \\
43.682 & 55.060 & 36.192 & 24.097 \\
14.996 & 18.628 & 25.747 & 16.764 \\
30.697 & 28.122 & 38.009 & 55.232
\end{bmatrix}
\begin{Bmatrix}
\Delta p_1 \\
\Delta p_2 \\
\Delta p_3 \\
\Delta p_4
\end{Bmatrix}
=
\begin{Bmatrix}
\delta_1 \\
\delta_2 \\
\delta_3 \\
\delta_4
\end{Bmatrix}
$$

| Coord | |
|---|---|
| 1.0 | $\delta_1$ |
| 7.0 | |
| 3.0 | $\delta_2$ |
| 5.0 | |
| 5.0 | $\delta_3$ |
| 3.0 | |
| 7.0 | $\delta_4$ |
| 1.0 | |

**Figura 6.9** Perfil de desplazamientos horizontales en el muro en función del giro $\theta$

De la figura 6.9 tenemos: $\delta_1 = 7\theta$, $\delta_2 = 5\theta$, $\delta_3 = 3\theta$ y $\delta_4 = 1 \cdot \theta$

La ecuación matricial de desplazamientos horizontales es:

$$
|\bar{\delta}_{ji}| \cdot
\begin{vmatrix}
\Delta p_1/\theta \\
\Delta p_2/\theta \\
\Delta p_3/\theta \\
\Delta p_4/\theta
\end{vmatrix}
=
\begin{vmatrix}
7 \\
5 \\
3 \\
1
\end{vmatrix}
\times 10^4 m
$$

Resolviendo el sistema de ecuaciones obtenemos:

$$
\left( \frac{\Delta p_1}{\theta} = 0.18, \frac{\Delta p_2}{\theta} = -0.114, \frac{\Delta p_3}{\theta} = 0.182, \frac{\Delta p_4}{\theta} = -0.131 \right) \times 10^4
$$

Los valores negativos no son admisibles porque no puede existir tracción entre el muro y el suelo. Por lo tanto, únicamente los estratos 1 y 3 tomarán el giro del muro. Para encontrar esta contribución se reordena la matriz de desplazamientos horizontales, eliminado los renglones y columnas 2 y 4. Vale mencionar que con estas evidencias el cajón debe considerarse desplantado profundo, cuando las presiones de contacto todas sean positivas entonces se considera al cajón de cimentación desplantado poco profundo, Zeevaert, L., (1980). La nueva ecuación matricial de desplazamientos horizontales, queda:

$$\begin{bmatrix} 48.768 & 20.413 \\ 14.682 & 25.747 \end{bmatrix} \cdot \begin{vmatrix} \Delta p_1/\theta \\ \Delta p_3/\theta \end{vmatrix} = \begin{vmatrix} 7 \\ 3 \end{vmatrix} \times 10^4$$

Resolviendo el sistema de ecuaciones: $\Delta p_1/\theta = 0.125 \times 10^4$, y $\Delta p_3/\theta = 0.0455 \times 10^4$, con área tributaria $\bar{a} = 48m^2$

$$K_{\theta w} = 48(0.125 \times 7 + 0.0455 \times 3)10^4 = 4.855 \times 10^5 \; ton \times m/rad$$

**VII** Se determinan las presiones de contacto en la base del cajón de cimentación

**VII.1** Cálculo de las presiones de contacto en la base, con el análisis de la ISE bidimensional

Para cumplir con la sugerencia de que el área tributaria con fines de que el análisis estructural en un ambiente tridimensional proporcione resultados racionales, se debe utilizar como mínimo $1.28 placas/m^2_{losa}$. Por tal motivo se eligió el tamaño de las áreas tributarias con $b = 1.50m$ y $l = 24m$. En el Capítulo 4 la misma cimentación-suelo fue resuelto para cargas verticales, ver tabla 4.41.

Los valores de $\alpha_e$ para condiciones dinámicas son:

$$\alpha_e = \frac{d_i}{3\mu_i}$$

Se consideran en la matriz columnar $|\alpha_e^N|$ por consiguiente

$$\left[I_{ji}\right]^T \cdot |\alpha_e^N| = |\bar{\delta}_{ji}|$$

| $[I_{ji}]^T$ | | | | | $|\alpha_e^N| \times 10^{-3}$ | $|\bar{\delta}_{ji}| \times 10^{-3}$ |
|---|---|---|---|---|---|---|
| 0.44681 | 0.14455 | 0.05745 | 0.02909 | 0.01848 | 5.000 | 3.03583 |
| 0.19202 | 0.12728 | 0.05572 | 0.02871 | 0.01834 | 2.222 | 1.71092 |
| 0.04783 | 0.09126 | 0.05099 | 0.02762 | 0.01791 | 6.667 | 0.87529 |
| 0.01618 | 0.05876 | 0.04438 | 0.02593 | 0.01724 | 2.083 | 0.59581 |
| 0.00702 | 0.03671 | 0.03712 | 0.02382 | 0.01635 | 2.000 | 0.44646 |
| 0.00357 | 0.02315 | 0.03017 | 0.02147 | 0.01531 | $\square$ | 0.34576 |
| 0.00201 | 0.01496 | 0.02407 | 0.01904 | 0.01417 | $\square$ | 0.27180 |
| 0.00122 | 0.00995 | 0.01901 | 0.01667 | 0.01298 | $\square$ | 0.21561 |

La ecuación matricial de deformaciones sísmicas EMAS queda como sigue

$$\left[\bar{\delta}_{ji}\right]^T \times 10^{-3} \cdot |q_i| = |\delta_i|$$

$$[\bar{\delta}_{ji}]^{T} \times 10^{-3}$$

$$
\begin{bmatrix}
3.03583 & 1.71092 & 0.87529 & 0.59581 & 0.44646 & 0.34576 & 0.27180 & 0.21561 \\
1.71092 & 3.03583 & 1.71092 & 0.87529 & 0.59581 & 0.44646 & 0.34576 & 0.27180 \\
0.87529 & 1.71092 & 3.03583 & 1.71092 & 0.87529 & 0.59581 & 0.44646 & 0.34576 \\
0.59581 & 0.87529 & 1.71092 & 3.03583 & 1.71092 & 0.87529 & 0.59581 & 0.44646 \\
0.44646 & 0.59581 & 0.87529 & 1.71092 & 3.03583 & 1.71092 & 0.87529 & 0.59581 \\
0.34576 & 0.44646 & 0.59581 & 0.87529 & 1.71092 & 3.03583 & 1.71092 & 0.87529 \\
0.27180 & 0.34576 & 0.44646 & 0.59581 & 0.87529 & 1.71092 & 3.03583 & 1.71092 \\
0.21561 & 0.27180 & 0.34576 & 0.44646 & 0.59581 & 0.87529 & 1.71092 & 3.03583
\end{bmatrix}
\cdot
\begin{Bmatrix}
+X_1 \\ +X_2 \\ +X_3 \\ +X_4 \\ -X_4 \\ -X_3 \\ -X_2 \\ -X_1
\end{Bmatrix}
=
\begin{Bmatrix}
5.25 \\ 3.75 \\ 2.25 \\ 0.75 \\ -0.75 \\ -2.25 \\ -3.75 \\ -5.25
\end{Bmatrix}
$$

Resolviendo el sistema de ecuaciones obtenemos las $X_i = \Delta q_i/\theta$

$$\Delta q_1/\theta = 1.6080 \times 10^3, \qquad \Delta q_2/\theta = 0.3557 \times 10^3, \qquad \Delta q_3/\theta = 0.3606 \times 10^3,$$
$$\Delta q_4/\theta = 0.0823 \times 10^3$$

Cálculo de la rigidez de la base:

$$K_{\theta B} = 2 \times \bar{a} \times \sum_{i=1}^{4} (q_i/\theta)\, x_i$$

$$K_{\theta B} = 2 \times 36 \times (1.6080 \times 5.25 + 0.3557 \times 3.75 + 0.3606 \times 2.25 + 0.0823 \times 0.75) \times 10^3$$

$$K_{\theta B} = 7.67 \times 10^5 (ton - m/rad)$$

Dónde:

$\bar{a}$ , área tributaria de la franja considerada

$x_i$ , distancia horizontal del centroide de la base al centroide $\bar{a}_i$

$q_i$ , presión de contacto base-suelo aplicada en $\bar{a}_i$

La rigidez del muro y la losa del cajón de cimentación, se calculan en términos de las presiones de contacto y de manera independiente; por lo tanto, las presiones sísmicas de la base o losa de fondo pueden obtenerse con la ISET. Las relaciones para calcular la rigidez del muro y la losa son bastantes sencillas; pero sin duda alguna, es una genialidad por la utilización del principio de los resortes en paralelo por considerar rígido el cajón de cimentación, cuya aplicación se muestra en Zeevaert, L., (1980) y van en conformidad a la naturaleza del fenómeno.

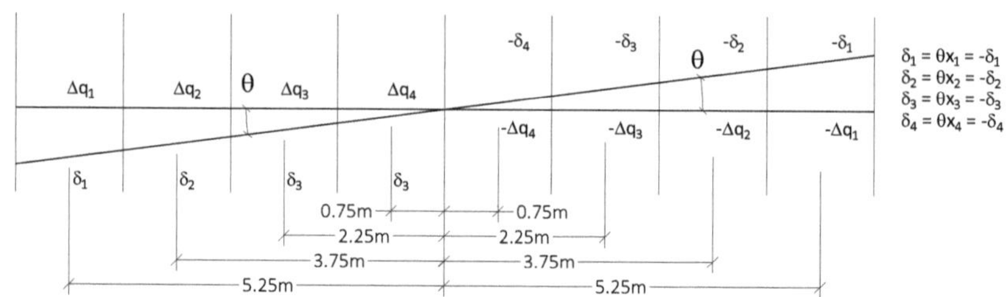


**Figura 6.10** Perfil de asentamientos verticales en la base o losa del cajón de cimentación en función del giro $\theta$

## VII.2 Cálculo de las presiones de contacto en la base, con el análisis de la ISE tridimensional

Se debe cumplir con el número de placas a utilizar con fines de que el análisis estructural en un ambiente tridimensional proporcione resultados racionales, por lo tanto, debe utilizarse como mínimo $1.28\,placas/m_{losa}^2$. Por tal motivo se eligió el tamaño de las áreas tributarias con $b = 1.50m$ y $l = 24m$. En el Capítulo 5 la misma cimentación-suelo fue resuelto para cargas verticales.

Los valores de $\alpha_e$ para condiciones dinámicas son:

$$\alpha_e = \frac{d_i}{3\mu_i}$$

Se deja al lector la solución del problema, en el entendido que la matriz por cargas unitarias es de $96 \times 96$, el vector de presiones $q_i/\theta$ es de 96 elementos y el vector de asentamientos también esta formado por 96 elementos. En la tabla 6.3 se proporciona el valor de las presiones $\Delta q_i/\theta = valor\ numérico$.

**Tabla 6.3** Presiones de contacto en función del ángulo $\theta$ en $ton/(m^2 \cdot rad)$

|  | a | 1 | 2 | 3 | 4 | 5 | 6 | 7 | 8 | 9 | 10 | b |
|---|---|---|---|---|---|---|---|---|---|---|---|---|
| a | 2.1936 | 1.5987 | 1.6445 | 1.6119 | 1.6072 | 1.6018 | 1.6058 | 1.6044 | 1.6111 | 1.6439 | 1.5981 | 2.1938 |
| 1 | 0.7891 | 0.3282 | 0.3721 | 0.3555 | 0.3460 | 0.3516 | 0.3504 | 0.3470 | 0.3560 | 0.3725 | 0.3285 | 0.7892 |
| 2 | 0.1613 | 0.4274 | 0.3649 | 0.3598 | 0.3805 | 0.3557 | 0.3560 | 0.3803 | 0.3597 | 0.3648 | 0.4273 | 0.1611 |
| 3 | 0.3197 | 0.0690 | 0.0847 | 0.0815 | 0.0715 | 0.0803 | 0.0802 | 0.0715 | 0.0815 | 0.0847 | 0.0690 | 0.3198 |
| 4 | -0.3198 | -0.0690 | -0.0847 | -0.0815 | -0.0715 | -0.0802 | -0.0803 | -0.0715 | -0.0815 | -0.0847 | -0.0690 | -0.3197 |
| 5 | -0.1611 | -0.4273 | -0.3648 | -0.3597 | -0.3803 | -0.3560 | -0.3557 | -0.3805 | -0.3598 | -0.3649 | -0.4274 | -0.1613 |
| 6 | -0.7892 | -0.3285 | -0.3725 | -0.3560 | -0.3470 | -0.3504 | -0.3516 | -0.3460 | -0.3555 | -0.3721 | -0.3282 | -0.7891 |
| b | -2.1938 | -1.5981 | -1.6439 | -1.6111 | -1.6044 | -1.6058 | -1.6018 | -1.6072 | -1.6119 | -1.6445 | -1.5987 | -2.1936 |

En la tabla 6.4 se calcula la rigidez de la base, dando como resultado $8.22 \times 10^5 \, ton - m/rad$

**Tabla 6.4** Cálculo de la rigidez de la losa base o losa de fondo del cajón

| $\sum q_{ij}/\theta \times 10^3$ | $A_{dov}(m^2)$ | $F(ton - \theta)$ | $x_{cg}(m)$ | $K_{\theta Base} \, (ton - m) \times 10^3$ |
|---|---|---|---|---|
| 20.51471 | 3.00 | 61.544 | 5.25 | 646.21 |
| 5.08607 | 3.00 | 15.258 | 3.75 | 114.44 |
| 4.09865 | 3.00 | 12.296 | 2.25 | 55.33 |
| 1.41333 | 3.00 | 4.240 | 0.75 | 6.36 |
| -1.41333 | 3.00 | | | 822.34 |
| -4.09865 | 3.00 | | | |
| -5.08607 | 3.00 | | | |
| -20.51471 | 3.00 | | | |

**VIII.** Cálculo de la rigidez del cajón de cimentación $K_\theta = K_{\theta w} + K_{\theta B}$

A continuación, se calcula la rigidez del sistema o cajón de cimentación:

| $K_{\theta Base} \, (ton - m) \times 10^5$ | $K_{\theta Muro} \, (ton - m) \times 10^5$ | $K_\theta \, (ton - m) \times 10^6$ |
|---|---|---|
| 8.22 | 4.855 | 1.308 |

**IX.** Cálculo del ángulo de rotación, por definición $\theta = O_T/K_\theta$

Con el momento de volteo $O_T$ calculado previamente, se obtiene el ángulo de rotación del cajón de cimentación.

$$\theta = \frac{6364.64}{1.308 \times 10^6} \approx 0.0049 rad$$

**X.** Cálculo de las presiones de contacto finales en el muro y la base:

Muro: $\Delta p_i/\theta = valor \, numérico$, de donde, $\Delta p_i = valor \, numérico \times \theta$

Resolviendo el sistema de ecuaciones: $\Delta p_1/\theta = 0.125 \times 10^4$, y $\Delta p_3/\theta = 0.0455 \times 10^4$, con área tributaria $\bar{a} = 48m^2$

$$\Delta p_1 = 0.125 \times 10^4 \times 0.0049 = 6.125 \frac{ton}{m^2}$$

$$\Delta p_3 = 0.0455 \times 10^4 \times 0.0049 = 2.229 \frac{ton}{m^2}$$

Base: $\Delta q_i/\theta = valor \, numérico$, de donde, $\Delta q_i = valor \, numérico \times \theta$

Por último multiplicando cada celda de la tabla 6.3 por el ángulo de rotación obtenemos las presiones de contacto $q_i(ton/m^2)$ en la base, la cuales se anotan en la tabla 6.5.

**Tabla 6.5** Presiones de contacto en la losa de fondo del cajón en $ton/m^2$

| $q_i$ | a | 1 | 2 | 3 | 4 | 5 | 6 | 7 | 8 | 9 | 10 | b |
|---|---|---|---|---|---|---|---|---|---|---|---|---|
| a | 10.747 | 7.832 | 8.057 | 7.897 | 7.874 | 7.848 | 7.867 | 7.861 | 7.893 | 8.054 | 7.830 | 10.748 |
| 1 | 3.866 | 1.608 | 1.823 | 1.742 | 1.695 | 1.723 | 1.717 | 1.700 | 1.744 | 1.825 | 1.609 | 3.866 |
| 2 | 0.790 | 2.094 | 1.788 | 1.763 | 1.864 | 1.743 | 1.744 | 1.863 | 1.762 | 1.787 | 2.094 | 0.789 |
| 3 | 1.566 | 0.338 | 0.415 | 0.399 | 0.350 | 0.393 | 0.393 | 0.350 | 0.399 | 0.415 | 0.338 | 1.567 |
| 4 | -1.567 | -0.338 | -0.415 | -0.399 | -0.350 | -0.393 | -0.393 | -0.350 | -0.399 | -0.415 | -0.338 | -1.566 |
| 5 | -0.789 | -2.094 | -1.787 | -1.762 | -1.863 | -1.744 | -1.743 | -1.864 | -1.763 | -1.788 | -2.094 | -0.790 |
| 6 | -3.866 | -1.609 | -1.825 | -1.744 | -1.700 | -1.717 | -1.723 | -1.695 | -1.742 | -1.823 | -1.608 | -3.866 |
| b | -10.748 | -7.830 | -8.054 | -7.893 | -7.861 | -7.867 | -7.848 | -7.874 | -7.897 | -8.057 | -7.832 | -10.747 |

$\Delta q_{aa} = 2.19361 \times 0.0049 \times 10^3 = 10.747\ ton/m^2$, de manera similar se obtienen los valores de las presiones de contacto de la tabla 6.5.

**XI.** Finalmente, deben sumarse las presiones por cargas verticales con las presiones sísmicas, el resultado debe dar puras presiones positivas.

Se deja al lector la solución del punto XI y la comprobación de que el momento de volteo ocasionado por las fuerzas inerciales sea igual a la suma de los momentos de volteo de la pared vertical y la base del cajón de cimentación; es decir,

$$O_T = O_{TW} + O_{TB}$$

## 6.11 Referencias


[6.1] Avilés, L. J., Demeneghi, C. A., López, R. G., Pérez, R. L. E., Sánchez, S. F. J., Suárez, L. M. M., Trigos, S. J. L., (2016), "Interacción Suelo-Estructura, Estática y Dinámica", Sociedad Mexicana de Ingeniería Geotécnica, A.C.

[6.2] Bazán, Z, E., Meli, P. R., (2021). Diseño Sísmico de Estructuras. Editorial, LIMUSA, Sociedad Mexicana de Ingenieria Estructural,A.C.

[6.3] Damy, J, y Casales., (1985). Soil stresses under a polygonal area uniformly loaded. 11th International Conference on Soil Mechanics and Foundation Engineering, San Francisco (12-16 agosto 1985). Este artículo se descargó de la Biblioteca en línea de la Sociedad Internacional de Mecánica de Suelos e Ingeniería Geotécnica (ISSMGE).

[6.4] Deméneghi, A., (1994). Un método para el análisis tridimensional de la interacción estática suelo-estructura. Volumen II de las Memorias del IX Congreso Nacional de Ingeniería Estructural de la Sociedad Mexicana de Ingenieria Estructural SMIE. Zacatecas, Zac. 1994.

[6.5] Deméneghi, A., Fernández, L., et al. "Curso: Interacción suelo-estructura para la práctica profesional". Sociedad Mexicana de Ingeniería Estructural, A.C., Sociedad Mexicana de Ingeniería Geotécnica, A.C., Sociedad Mexicana de Ingeniería Sísmica. Junio-Julio 2022

[6.6] Flores V. A., (1968).Análisis de Cimentaciones sobre suelo compresible. Instituto de Ingeniería de la UNAM, Informe 171.

[6.7] Flores, V. A, Esteva, L., (1970).Análisis y Diseño de Cimentaciones sobre terreno compresible. Universidad Nacional Autónoma de México.

[6.8] Franco, C. O., Rangel, N. J. L., Fernández, S. L. R.," Análisis de interacción suelo-estructura estática empleando técnicas numéricas 3D para edificios regulares de hasta 8 pisos desplantados en suelos arcillosos del Valle de México", XXVIII Reunión Nacional de Ingeniería Geotécnica, 23 al 26 de Noviembre de 2016; Mérida, Yucatán.

[6.9] Instituto de Investigaciones Eléctricas (2015).Manual de Diseño de Obras Civiles, Diseño por Sismo". CFE, México DF.

[6.10] López, R. G, Zea, C. C , Rivera, C. R., (2011).Una solución directa al problema de interacción suelo-estructura. Departamento de Geotecnia, F. I, UNAM, México, D.F., México

[6.11] Meli, R., (2001).Diseño Estructural. Editorial Limusa, S.A de C.V.

[6.12] Memorias del simposio realizado el 18 de septiembre de 1991, en el Centro Nacional de Prevención de Desastres México, D.F. Interacción

Suelo-Estructura y Diseño Estructural de Cimentaciones. Sociedad Mexicana de Mecánica de Suelo, (1992).

[6.13] Morales, R. R., (2010).Método de subestructuración iterativa para el análisis de vigas continuas. CICT-UPCH.

[6.14] Morales, R. R., (2012a).Cálculo de la distribución de presiones de contacto suelo-cimentación, para cargas gravitacionales sobre suelos compresibles. XVIII Congreso Nacional de Ingeniería Estructural de la Sociedad Mexicana de Ingenieria Estructural SMIE. Acapulco Guerrero 2012.

[6.15] Morales, R. R., (2012b).Método de equilibrio de cortantes y momentos en cimentaciones, con aplicación en computadora (MECYMCAC). XVIII Congreso Nacional de Ingeniería Estructural de la Sociedad Mexicana de Ingenieria Estructural SMIE. Acapulco Guerrero 2012.

[6.16] Morales, R. R., (2014). Interacción Suelo Estructura Tridimensional para cargas estáticas verticales sobre suelos compresibles. XIX Congreso Nacional de Ingeniería Estructural de la Sociedad Mexicana de Ingenieria Estructural SMIE. Puerto Vallarta, Jalisco 2014.

[6.17] Morales, R. R. (2019),"Método de equilibrio de cortantes y momentos en cimentaciones MECYMCAC", Editorial Académica Española, Febrero 2019.

[6.18] M. Gere J., Weaver W. Jr., (1976).Análisis de estructuras reticulares. Editorial C.E.C.S.A.

[6.19] Normas Técnicas Complementarias para Diseño y Construcción de Cimentaciones. Gaceta Oficial del Distrito Federal. No. 220-BIS, 15 de diciembre de 2017.

[6.20] Rangel, N. J. L., Franco, C. O., Fernández, S. L. R., (2016)," Modelado de interacción suelo-estructura con métodos numéricos acoplados e integrales", XX Congreso Nacional de Ingeniería Estructural de la Sociedad Mexicana de Ingeniería Estructural SMIE, Mérida, Yucatán 2016.

[6.21] Rivera, C. R., Zea, C. C., (1997).Curso-Taller. Universidad Juárez Autónoma de Tabasco, División Académica de Ingeniería y Arquitectura, Unidad Chontalpa.

[6.22] SAP2000 Advanced. Versión 14.2.4. Structural Analysis Program, Computers and Structures. Inc. 1995 University Avc. Berkeley, CA 94704.

[6.23] STAAD.Pro 2004.Research Engineers International,Division of NetGuru, Inc. in USA.

[6.24] Tena, C. A., (2007).Análisis de estructuras con métodos matriciales. Editorial Limusa, S.A. de C.V.

[6.25] Wolf, J. P. (1985), Dynamic Soil- Structure Interaction, Prentice-Hall, Nueva Jersey.

[6.26] Zeevaert, L., (1973).Foundation Engineering for Difficult Subsoil Conditions. Editorial Limusa México. Primera Edición. Van Nostrand Reinhold Co., Nueva York.

[6.27] Zeevaert, L., (1980).Interacción Suelo-Estructura de Cimentación. Editorial Limusa México.

# Capítulo 7

# Análisis de ISET mediante la colaboración Geotécnico-Estructural

## 7.1 Aplicación del análisis de ISET

Un nuevo método de análisis para resolver la interacción suelo estructura tridimensional en losas sin contratrabes y losas de fondo de cajones de cimentación de forma rectangular o cuadrada fue desarrollado en el Capítulo 5. En este Capítulo se estudia la ISET siguiendo la misma metodología, pero utilizando para la masa del suelo un software geotécnico en lugar de las EMAT simétrica, general y sísmica, y agregando la participación del Ingeniero en Geotecnia; por lo tanto, la determinación de las presiones de contacto y de los asentamientos totales se logra mediante iteraciones, asociadas a suelos aquí definidos como pertenecientes a las zonas II y III. El suelo aquí definido como perteneciente a la Categoría o zona I corresponde la caracterización de los apoyos elásticos tipo Winkler; es decir, en este modelo en el ciclo 1 se obtienen las presiones de contacto y asentamientos totales.

Con el advenimiento en la implementación de programas con modelos numéricos para la solución de problemas geotécnicos es posible en la actualidad resolver la Interacción Suelo Estructura Tridimensional o ISET para cargas estáticas verticales o sísmicas en cimentaciones superficiales complejas; tal como losas sin contratrabes y losas de fondo de los cajones de cimentación, mediante la colaboración profesional de los Ingenieros Geotécnico y Estructural.

En este contexto, las referencias 7.9 y 7.21 muestran un punto de vista interesante en términos de clasificar y nombrar el análisis tridimensional de interacción suelo estructura estática para cargas gravitacionales, empleando como software de trabajo por parte de los Ingenieros Geotécnico y Estructural, programas convencionales geotécnicos y estructurales.

Para el logro de este fin, cuando en el análisis de la ISET se emplean programas de diferente familia como por ejemplo el Settle 3D para aplicación geotécnica y STAAD.Pro para el análisis de la subestructura y superestructura, le denominan

"Estrategia acoplada, Settle 3D-STAAD.Pro." y para cuando se emplean programas de la misma familia como el Midas para aplicación geotécnica y estructural, le denominan "Estrategia integral, GTS-NX y GEN". Habría otra alternativa cuando se utilicen programas de diferentes familias como por ejemplo el Settle 3D para aplicación geotécnica y STAAD.Pro para el análisis de la subestructura (cimentación) y que se puede denominar "Estrategia desacoplada Settle 3D-STAAD.Pro." En los ejemplos resueltos es la denominación que se utilizará.

Una vez conocidas las propiedades esfuerzo-deformación-tiempo y la profundidad de los diferentes estratos de la masa del suelo; así como, la geometría de la cimentación y las cargas actuantes, es necesario determinar los asentamientos verticales en puntos discretos de la superficie del suelo y las presiones de contacto en las dovelas supuestas, mediante el análisis de ISET. Para el logro de este propósito se realizan las siguientes hipótesis:

a) La superficie del suelo cubierta por la cimentación rectangular o cuadrada se fracciona en elementos denominados dovelas $(a_{ij})$ formada por cuatro placas con áreas iguales y se divide en cuatro cuadrantes imaginarios con número de dovelas iguales (ver figura 7.1).

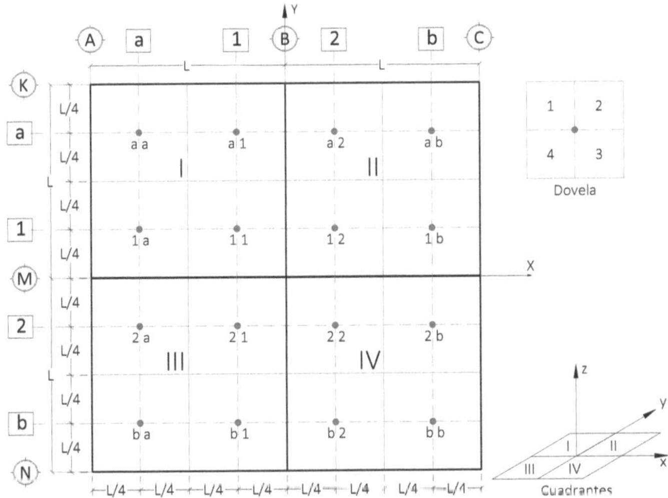


**Figura 7.1** Eje de coordenadas, cuadrantes de la superficie del suelo cubierta por la cimentación y designación de los centroides de cada dovela

b) Los centroides de cada fila y columnas de las dovelas; así como, los centroides correspondientes de los estratos estudiados se consideran vinculados por planos verticales discretos en toda la profundidad hasta el estrato resistente (ver figuras 7.1 y 7.2).

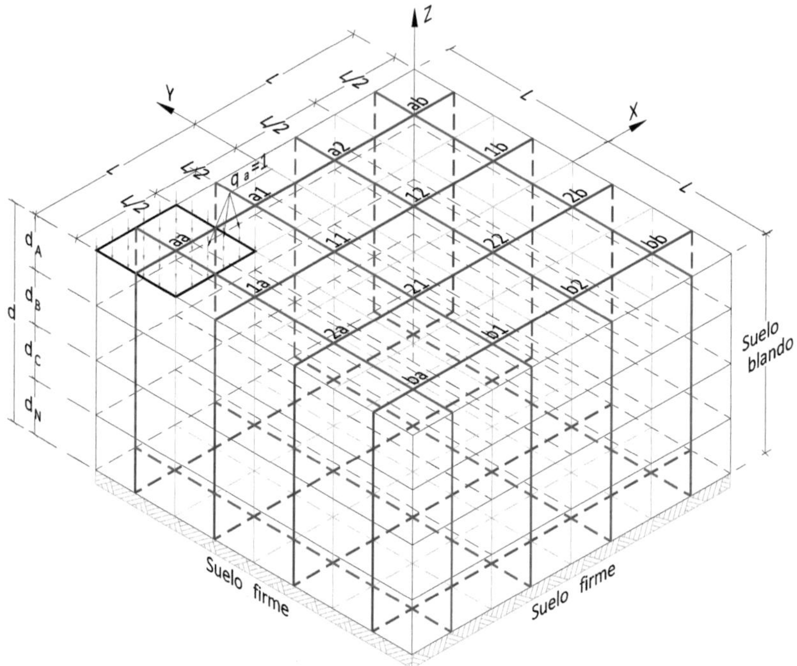

Figura 7.2 Isométrico de los planos verticales perpendiculares con los centroides de interés para el análisis de la ISET

c) La superficie del suelo tiene la forma de la estructura de cimentación, pero durante el análisis de la ISET se considera flexible; es decir, $K_{suelo} = 0$. En el ejemplo aquí resuelto se utiliza el programa Settle 3D. Las presiones que actúan en cada dovela para iniciar el ciclo 1 son uniformes e igual a $q_{ij}^1 = \sum F_v/A_t (ton/m^2)$, con esta distribución de cargas se calculan los asentamientos totales $\delta_{ij}^1(m)$ en cada dovela. En el capítulo 5 de este libro, para el cálculo de los asentamientos totales se utiliza la denominada EMAT en vez del programa Settle 3D.

235

d) El siguiente paso es considerar la rigidez de la estructura de cimentación, asignando en los centroides de cada dovela de la losa de fondo un apoyo elástico. En los ejemplos aquí propuestos se utiliza para su análisis el programa STAAD.Pro. Los módulos de reacción para apoyo elástico se calculan con la expresión $k_{ij} = q_{ij}^1 \cdot a_{ij}/\delta_{ij}^1$ $(ton/m)$, en donde el superíndice 1 se refiere al ciclo 1, $a_{ij}$ el área de cada dovela. Se corre el modelo de cimentación por resolver y se obtienen valores de cada reacción en los apoyos elásticos, con las cuales se calculan las nuevas presiones de contacto en cada dovela de la siguiente manera, $q_{ij} = R_{ij}/a_{ij}$ $(ton/m^2)$, con estos nuevos valores iniciamos el Ciclo 2 en conformidad al punto c) y se repite el punto d) hasta encontrar que en dos ciclos sucesivos se repiten los mismos valores; con lo que, se da por finalizado el análisis de la ISET, mediante la "Estrategia desacoplada Settle 3D-STAAD.Pro."

e) Si al paso d) se le agrega la superestructura del edificio, entonces el análisis de la ISET se realiza utilizando la "Estrategia acoplada, Settle 3D-STAAD.Pro."

En el diseño final es necesario conocer los elementos mecánicos en las secciones transversales de cada componente resistente que forman la cimentación; por lo tanto, la determinación de las presiones de contacto en cada dovela supuesta y de los asentamientos totales en los centroides de las mismas, nos permiten caracterizar a la masa del suelo en estos puntos mediante apoyos elásticos, con este modelo analítico de resortes se determinan la fuerza cortante y los momentos de flexión en cualquier sección transversal de los componentes resistentes de la cimentación. En otras palabras, los apoyos elásticos cumplen una doble función; a saber, a) obtención de los asentamientos totales y las presiones de contacto y b) determinación de los elementos mecánicos.

En Morales, R. R., (2012b, 2019), se propone un método denominado MECYMCAC cuyo objetivo es la obtención de los elementos mecánicos en cada componente resistente de la cimentación. El "Método de Equilibrio de Cortantes y Momentos en Cimentaciones con Aplicación en Computadora" o MECYMCAC, resuelve de manera sencilla el difícil problema de obtener las deformaciones diferenciales y los elementos mecánicos en cimentaciones superficiales complejas, sujeta a cargas estáticas verticales y/o laterales del edificio, el peso propio de la cimentación y la distribución de presiones de contacto del suelo.

La creación de este método proporciona otra alternativa para calcular los elementos mecánicos en cimentaciones superficiales, por lo tanto, es conveniente aclarar la diferencia con el modelo analítico de resortes.

La caracterización de la masa de suelo en presiones de contacto, se justifica porque su uso proporciona resultados congruentes en términos de los elementos mecánicos calculados en losas de cimentación independientemente del tipo de apoyo; es decir, simplemente apoyadas, continuas, perimetrales y en volado. En la otra dirección, el utilizar el modelo analítico de resortes para calcular las presiones de contacto es indiscutible, pero volverlos a utilizar para calcular los elementos mecánicos de los componentes resistentes de la cimentación es cuestionable por los resultados incongruentes que se encuentran en los volados de las losas; tales como, zapatas corridas y losas de cimentación. Además, para la obtención de presiones sísmicas deben cambiarse los módulos de cimentación por área tributaria $k_{sismo} = R_{sismo}/\delta_{sismo}(ton/m)$ y como consecuencia para el análisis estructural deben calcularse los nuevos valores de los módulos de cimentación por área tributaria (módulos de reacción) $k_{cv+sismo} = F_{cv+sismo}/\delta_{cv+sismo}$, tambien se puede operar por separado y al final superponer resultados con la laboriosidad que esto implica.

El método de análisis estructural denominado "Método de Equilibrio de Cortantes y Momentos en Cimentaciones con Aplicación en Computadora o MECYMCAC"; hace viable y justifica el esfuerzo para lograr establecer de manera sistemática el análisis de la Interacción Suelo Estructura Tridimensional en cimentaciones superficiales complejas, con la colaboración de los Ingenieros en Geotecnia y Estructuras.

Cuando se analizan losas de cimentación y losas de cajones de cimentación sin volados, los dos métodos de análisis estructural deben dar resultados de fuerzas cortantes y momentos de flexión en cada sección transversal de los componentes resistentes de la cimentación para las Estrategias acoplada y desacoplada, próximos entre sí.

Para investigar y comprobar la aseveración anterior se parte de la siguiente conjetura: supongamos que para un cajón de cimentación modelamos de dos formas una misma losa de cimentación con un número de elementos placas diferentes para la aplicación del análisis estructural con el modelo analítico con resorte, el resultado obtenido es que los elementos mecánicos en cada sección transversal de los componentes resistentes encontrados son diferentes; aun cuando, el método de rigideces es el utilizado en el análisis con el modelo analítico con resorte para las dos suposiciones de un mismo ejemplo. Está observación nos lleva a pensar que debe existir una forma y un número mínimo de placas para la losa de cimentación en estudio, a partir del cual, el análisis estructural proporcione valores parecidos de los elementos mecánicos indiferentemente del método de análisis estructural utilizado.

En (Morales, R. R. 2019, Capítulo 6, ejemplo 6.2.5, página 228, párrafo 4) se sugiere utilizar como mínimo $1.28\ placas/m_{losa}^2$, que bien puede ajustarse a un rango de $1.28 < placas/m_{losa}^2 < \infty$, recordando que 4 placas forman una dovela; es decir, en el análisis de la ISE o ISET deben también seguir estas recomendaciones para que al finalizar se utilicen las presiones de contacto o los resortes para la obtención más realista de los elementos mecánicos en cada componente resistente de la cimentación. Por ejemplo para un área de losa de cimentación de $1000m^2$, se requiere como mínimo suponer 1280 placas equivalente a 320 dovelas que distribuidas en 4 cuadrantes darían un arreglo de 80 dovelas; por lo tanto, para el modelo estructural de interacción desacoplado o acoplado con apoyos elásticos se tendrían al final de la ISET 320 resortes pero no de Winkler, la solución se encuentra utilizando el MECYMCAC.

En (Zeevaert, L. 1980, Introducción, página 11, párrafo 1), se transcribe la última parte del párrafo 1, tal cual: "La configuración de esfuerzos y deformaciones en la superficie de contacto dependerá de la rigidez de la estructura de la cimentación, de la deformabilidad del subsuelo y de la distribución de cargas que se apliquen sobre la estructura de cimentación", habría que agregarle la rigidez de la superestructura para el caso de la Estrategia acoplada; más todavía, en el análisis de la ISET el objetivo principal es el cálculo de las presiones de contacto y los asentamientos totales, con esta información se pueden determinar mediante un análisis estructural, los valores de los elementos mecánicos en cualquier sección transversal para realizar finalmente el diseño. Por lo tanto, para el análisis de la ISE o ISET debe agregarse una hipótesis que sería:

f) Para el análisis de la ISET y con fines de asegurar valores más realistas en los elementos mecánicos de losas de cimentación y losas de cajones de cimentación, se deben considerar como mínimo $1.28\ placas/m_{losa}^2$

En lo concerniente a los ejemplos resueltos mediante la colaboración de los Ingenieros en Geotecnia y Estructuras, se considera conocida la información geotécnica básica, las características geométricas y propiedades mecánicas de los componentes de la estructura de cimentación; es decir, no se estudian conceptos geotécnicos.

Se le da énfasis a la mecánica de solución de la ISET, por lo que no se emiten comentarios sobre el uso del software empleado por el binomio Geotécnico-Estructural, en otras palabras, la información básica requerida y la manipulación del programa para el cálculo de los desplazamientos en los centroides de cada dovela considerada es dominio del Geotécnico y la definición de las propiedades geométricas, mecánicas, cargas estáticas verticales, sísmicas y el empleo del programa para el cálculo de las reacciones en los apoyos elásticos en los centroides de las dovelas en el cajón de cimentación sin losa tapa o CC; así como, el cálculo de los elementos mecánicos es del dominio del Estructural.

## 7.2 Análisis numérico por parte del Ingeniero Geotécnico

El análisis numérico realizado por el Ingeniero Geotécnico tiene como fin determinar los desplazamientos; que en nuestro estudio son los asentamientos en los centroides de las dovelas consideradas en la masa de suelo, cuando actúan las acciones de las cargas estáticas verticales en el edificio (superestructura y subestructura), pero en términos de presiones de contacto $ton/m^2$.

Como el procedimiento de cálculo es de aproximaciones sucesivas, este comienza asignando un valor arbitrario a las presiones de contacto en cada dovela. El Ingeniero Geotécnico en función de la cimentación por resolver define el modelo analítico en el programa geotécnico, por ejemplo, el Settle 3D, calculando los asentamientos en los centroides de las dovelas.

Las cargas estáticas verticales $\sum F_v$ del edificio son proporcionadas por el Ingeniero Estructurista, las presiones de contacto iniciales para cada dovela se obtienen con la expresión $q_{ij}^{1s} = \sum F_v/a_t (ton/m^2)$, donde $a_t$ es el área total de la cimentación. Cuando se asignan valores iniciales de $q_{ij}^{1s}$ se realiza el primer ciclo de análisis en la superficie de la masa de suelo utilizando Settle 3D y se obtienen los asentamientos $\delta_{ij}^{1s}$.

El análisis numérico para determinar los asentamientos verticales en los centroides de cada dovela supuesta debido a las cargas verticales estáticas del edificio; se realiza considerando que la superficie del suelo cubierta por la cimentación es 100% flexible.

## 7.3 Análisis por parte del Ingeniero Estructural

Las cargas verticales que actúan en la cimentación para el caso de la Estrategia desacoplada se calculan considerando empotradas las columnas o muros del edificio. Para iniciar el primer ciclo de análisis en el medio estructural de interacción es necesario considerar la rigidez a flexión ($EI \neq 0$) y corte ($AG \neq 0$) de la estructura de cimentación y conociendo los deformaciones $\delta_{ij}^{is}$ proporcionados por el Ingeniero Geotécnico se procede a determinar el valor de los módulos de reacción o módulos de cimentación por área tributaria $k_{ij}^{1s} = A_{ij}^{1s}/\delta_{ij}^{is}(ton/m)$ de cada dovela, donde $A_{ij}^{1s} = q_{ij}^{1s} \cdot a_{ij}$. Con la cimentación apoyada en resortes y las cargas actuantes se procede a su análisis estructural mediante la utilización de un programa comercial.

Interesa principalmente conocer el valor de las reacciones $R_{ij}^{1c}(ton/m)$ en los resortes, con estos valores calculados se determinan las presiones de contacto $q_{ij}^{1c} = R_{ij}^{1c}/a_{ij}\ (ton/m^2)$ en cada área $a_{ij}$ de las dovelas supuestas.

Las presiones de contacto $q_{ij}^{1c}(ton/m^2)$ recién calculadas son consideradas como los nuevos valores de $q_{ij}^{2s}(ton/m^2)$ a utilizar en el programa de geotecnia.

, donde

$q_{ij}^{1s}$ Presión en la superficie de contacto de cada dovela en la cimentación 100% flexible, en el ciclo inicial puede asignársele cualquier valor, el superíndice $1s$ significa primer ciclo en la masa del suelo.

$\delta_{ij}^{1s}$ Deformaciones en la superficie de contacto de cada dovela en la cimentación 100% flexible, se calcula con el programa de geotecnia.

$A_{ij}^{1s}$ Acción en la superficie de contacto de cada dovela en la cimentación 100% flexible, se obtiene con la expresión: $A_{ij}^{1s} = q_{ij}^{1s} \cdot a_{ij}(ton)$.

$k_{ij}^{1s}$ Módulo de cimentación por área tributaria, se define por la relación $k_{ij}^{1s} = A_{ij}^{1s}/\delta_{ij}^{1s}\ (ton/m)$.

$R_{ij}^{1c}$ Reacción en los apoyos elásticos de cada dovela en el medio estructural de interacción, se obtiene del análisis estructural en el STAAD.Pro o cualquier otro programa.

$q_{ij}^{1c}$ Presión en la superficie de contacto de cada dovela en el medio estructural de interacción, se obtiene con la expresión: $q_{ij}^{1c} = R_{ij}^{1c}/a_{ij}$ $(ton/m^2)$, el superíndice $1c$ significa primer ciclo en la estructura de cimentación

Esta secuencia se repite hasta lograr que los valores de las reacciones en los apoyos elásticos del medio estructural de interacción coinciden en dos ciclos consecutivos; solo entonces, se habrá terminado el proceso de análisis de la ISET y como consecuencia se obtiene la respuesta del suelo en términos de la distribución de presiones medias de contacto y de las deformaciones totales discretas.

## 7.4 Análisis de la ISET obteniendo mediante el programa Settle 3D, la Ecuación Matricial de Asentamientos Tridimensional Simétrica o *EMATS*

El método del análisis de ISET propuesto en Morales, R. R. (2014) y ajustado en el Capítulo 5 es de aplicación general en losas sin contratrabes y losas de fondo de cajones de cimentación. Los cálculos de las influencias por esfuerzos unitarios son obtenidos con el método de Damy, J, y Casales., (1985) y para los asentamientos verticales se determinan estimando el cambio de esfuerzos por medio de soluciones aproximadas de la Teoría de Elasticidad (Zeevaert, 1973, Capítulo III.2.2). Siguiendo el procedimiento de cálculo del método propuesto, finalmente se obtiene la Ecuación Matricial de Asentamientos Tridimensional Simétrica o (*EMATS*), definida por las ecuaciones 5.25 y 5.26 y aquí reasignadas por 7.1 y 7.2.

$$\begin{bmatrix} {}^{s}_{\square}\bar{\delta}^{aa}_{aa} & {}^{s}_{\square}\bar{\delta}^{a1}_{aa} & {}^{s}_{\square}\bar{\delta}^{1a}_{aa} & {}^{s}_{\square}\bar{\delta}^{11}_{aa} \\ {}^{s}_{\square}\bar{\delta}^{aa}_{1a} & {}^{s}_{\square}\bar{\delta}^{a1}_{1a} & {}^{s}_{\square}\bar{\delta}^{1a}_{1a} & {}^{s}_{\square}\bar{\delta}^{11}_{1a} \\ {}^{s}_{\square}\bar{\delta}^{aa}_{a1} & {}^{s}_{\square}\bar{\delta}^{a1}_{a1} & {}^{s}_{\square}\bar{\delta}^{1a}_{a1} & {}^{s}_{\square}\bar{\delta}^{11}_{a1} \\ {}^{s}_{\square}\bar{\delta}^{aa}_{11} & {}^{s}_{\square}\bar{\delta}^{a1}_{11} & {}^{s}_{\square}\bar{\delta}^{1a}_{11} & {}^{s}_{\square}\bar{\delta}^{11}_{11} \end{bmatrix} \begin{vmatrix} q_{aa} \\ q_{a1} \\ q_{1a} \\ q_{11} \end{vmatrix} = \begin{vmatrix} \delta_{aa} \\ \delta_{a1} \\ \delta_{1a} \\ \delta_{11} \end{vmatrix} \tag{7.1}$$

En forma compacta queda expresada como:

$$\left| \delta_{ij} \right| = \left[ {}^{s}_{\square}\delta^{nn}_{ij} \right] \cdot \left| q_{ij} \right| \tag{7.2}$$

$\left[ {}^{s}_{\square}\delta^{nn}_{ij} \right]$ Matriz de asentamientos por carga unitaria, $m^3/ton$

$\left| q_{ij} \right|$ Vector de cargas, correspondiente a la presión de contacto en cada dovela, $ton/m^2$

$\left| \delta_{ij} \right|$ Vector de asentamientos tridimensional en los centroides de cada dovela del Cuadrante I, $m$

El complemento para realizar el análisis de ISET es el modelo estructural de interacción, el cual es diferente para cada problema en estudio resuelto en computadora. Los valores finales encontrados serán congruentes con los dos conceptos utilizados para encontrar la ecuación 7.2; es decir, las influencias por esfuerzo unitario y los asentamientos verticales en cada centroide de las dovelas.

Luego entonces, y debido a que, cada programa comercial geotécnico utiliza técnicas numéricas diferentes para el cálculo de las influencias por esfuerzo unitario y los asentamientos verticales en los centroides de la superficie de cada dovela, a las utilizadas por el método propuesto de la ISET; que además, se basa en la determinación de la matriz de flexibilidad del suelo denominada Ecuación Matricial de Asentamientos Tridimensionales o EMAT, los valores numéricos de los asentamientos totales y de las presiones de contacto calculados con cualquier programa geotécnico serán parecidos entre sí, al igual que, si se emplea la ecuación matricial de asentamientos tridimensional simétrica o la EMAT general.

En otras palabras, una manera de verificar que el método del análisis de ISET propuesto en Morales, R. R. (2014) y ajustado en el Capítulo 5, es de aplicación general en losas sin vigas y losas de fondo en cajones de cimentación, es demostrar que en cada programa geotécnico existe la posibilidad de obtener la ecuación matricial de asentamientos tridimensional simétrica o la EMAT general, por lo tanto, está aseveración se demuestra en  un problema particular; en donde, con el programa geotécnico Settle 3D se encontrará la EMATS y posteriormente con el auxilio del modelo estructural de interacción se realiza el análisis de ISET. El mismo problema de ISET será resuelto utilizando el programa Settle 3D, ya sea, aplicando la EMATG o directamente utilizando el programa geotécnico y el modelo estructural de interacción; en donde, al comparar los resultados numéricos de estas dos maneras diferentes de proceder, por razones obvias, estos deberán ser los mismos. La comprobación de la igualdad de estos resultados deberá interpretarse como el criterio de aceptación del método de la Interacción Suelo Estructura Tridimensional o ISET propuesto y desarrollado en el Capítulo 5 y en Morales, R. R. (2014).

## 7.5 Ejemplos resueltos con el método interacción suelo estructura tridimensional con la colaboración Geotécnico-Estructural

El primero de los ejemplos 7.5.1 se resuelve de dos maneras diferentes, a) con la Ecuación Matricial de Asentamientos Tridimensional simétrica, obtenida con el programa geotécnico Settle 3D y el modelo estructural de interacción con el programa STAAD.Pro y b) con el programa geotécnico Settle 3D y el modelo estructural de interacción con el programa STAAD.Pro

A continuación, en el ejemplo 7.5.2 se resuelve el análisis de ISET de un mismo edificio-suelo utilizando la "Estrategia desacoplada Settle 3D-STAAD.Pro." considerando una retícula de vigas y en el ejemplo 7.5.3 se emplea la "Estrategia acoplada, Settle 3D-STAAD.Pro." para la misma cimentación del ejemplo 7.5.2. El edificio-suelo es tomado de las referencias 7.9 y 7.21. Se utiliza la sugerencia dada en (Morales, 2019, Capítulo 6, ejemplo 6.2.5, página 228, párrafo 5), en este Capítulo se define en la hipótesis f).

En los ejemplos resueltos simplemente se obtienen los asentamientos totales, módulos de reacción y las presiones de contacto con la colaboración de los Ingenieros Geotécnico-Estructural; con las cargas actuantes en el edificio. La filosofía de análisis va en conformidad al método de la ISET explicado en el Capítulo 5 pero con la utilización de diferentes criterios de cálculo en la masa de suelo; es decir, en lugar de la EMAT se utilizará por parte del Geotécnico el programa Settle 3D.

En el capítulo 8, se calculan los elementos mecánicos de estos ejemplos en cada sección transversal de los componentes resistentes de la cimentación, empleando el Modelo analítico con Resortes y el MECYMCAC con sus modelos MEPRI y MEPRII.

### 7.5.1 Losa de cimentación con retícula de vigas y cargas estáticas verticales simétricas

En el ejemplo propuesto se requiere conocer los asentamientos totales en $(m)$, los módulos de reacción en $(ton/m)$ y las presiones de contacto en $ton/m^2$ en un ambiente tridimensional, utilizando la ISET. El ejemplo se resolverá utilizando el programa geotécnico Settle 3D y el programa de análisis estructural STAAD.Pro., de la siguiente manera:

a) Utilizando el programa geotécnico Settle 3D, obtener la Matriz de asentamientos por carga unitaria $\left[ {}^{s}_{\square}\delta^{nn}_{ij} \right] m^3/ton$ y por consecuencia la ecuación matricial de asentamientos tridimensional simétrica. El modelo estructural de interacción se analiza utilizando el STAAD.Pro y mediante el proceso iterativo obtener los asentamientos totales en $(m)$, los módulos de reacción en $(ton/m)$ y las presiones de contacto en $ton/m^2$ en un ambiente tridimensional.

b) Utilizando el programa geotécnico Settle 3D (modelo del suelo) en combinación con el STAAD.Pro (modelo estructural) se procede directamente con el proceso iterativo obteniendo los asentamientos totales en $(m)$, los módulos de reacción en $(ton/m)$ y las presiones de contacto en $ton/m^2$ en un ambiente tridimensional.

c) Comparar los valores numéricos de presiones de contacto y los asentamientos totales en un ambiente tridimensional, obtenidos en a) y b).

Las propiedades mecánicas de la masa del suelo; así como la información de las secciones transversales de vigas y las dimensiones geométricas en planta de la cimentación, fueron tomados de Deméneghi, A., (1994) y de Avilés, L. J., et al. (2016).

**Consideraciones generales**

- La superficie del suelo cubierta por la cimentación se divide en 4 áreas tributarias iguales, ver figura 7.3.

- Las propiedades mecánicas y estratigráficas de la masa del suelo son proporcionadas en la tabla 7.1.

**Tabla 7.1** Valores del módulo de deformación unitaria, espesor de cada estrato, y profundidad al centroide de cada estrato

| Estrato | $M_z(m^2/ton)$ | $H(m)$ | $z^N(m)$ |
|---------|----------------|--------|----------|
| 1 | 0.0154 | 2.40 | 1.20 |
| 2 | 0.0222 | 2.00 | 3.40 |

- Los desplazamientos verticales se determinan estimando el cambio de esfuerzos y los asentamientos por medio de la opción multi-estratos del programa Settle 3D y coeficiente de Poisson igual a cero.

- No se considera el peso propio de los componentes de la cimentación

- Se considera la participación de la losa de fondo de la cimentación con peralte igual a $0.15m$

- La sección transversal de las vigas exteriores es $b = 0.30m$ y $h = 0.60m$ e interiores $b = 0.30m$ y $h = 0.35m$, el coeficiente de Poisson $v_c = 0.2$, el módulo de Young $E_c = 2214000\,ton/m^2$ y el módulo elástico transversal $G_c = 922500\,ton/m^2$.

- El valor de las cargas uniformes exteriores es $w_e = 0.80\,ton/m$ e interiores $w_i = 1.60\,ton/m$, y el valor de las carga puntual de las esquinas es $P_{esq} = 9.60ton$

- Las cargas actuantes del edificio y las reacciones o presiones de contacto aplicadas sobre la cimentación son admisibles, es decir no están mayoradas por factores de cargas.

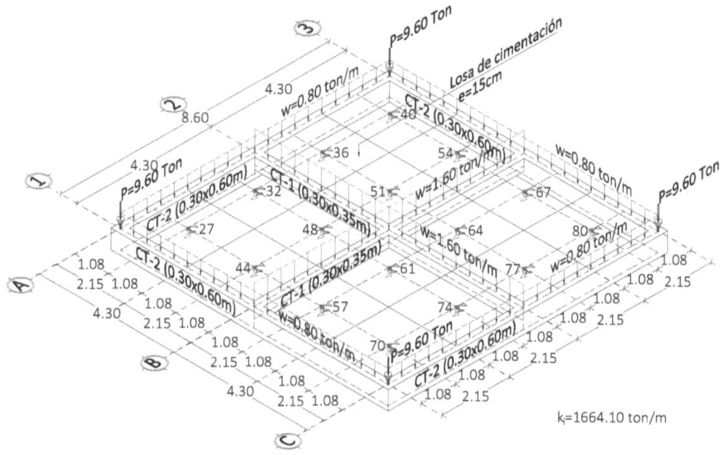


Figura 7.3 Modelo estructural de interacción o MEI no acoplado, losa de fondo, retícula de trabes, cargas verticales y apoyos elásticos.

**Solución al punto a)**

Lo primero que se le sugiere hacer al analista, es determinar el número de placas supuestas en la losa y su arreglo en conformidad a las hipótesis a), b) y f),

Hipótesis:

f) Para el análisis de la ISET y con fines de asegurar valores más realistas en los elementos mecánicos de losas de cimentación y losas de cajones de cimentación, se deben considerar como mínimo $1.28\,placas/m^2_{losa}$

Luego entonces, se necesitarían como mínimo $1.28 \times 8.60 \times 8.60 = 94.67\ placas,$ como se utilizan 16 dovelas el número de placas es 4x16=64 placas. En este ejemplo se privilegia la obtención de la ecuación matricial de asentamientos tridimensional simétrica utilizando el menor número de dovelas (4) por tablero, omitiendo para este ejemplo particular el cumplimiento de utilizar como mínimo $1.28\ placas/m_{losa}^2$ .

**Secuela general de cálculo**

I.   Se inicia la obtención de la matriz de asentamientos por carga unitaria $\left[{}_{\square}^{s}\delta_{ij}^{nn}\right]\ m^3/ton$, colocando la carga unitaria ${}_{\square}^{l}q^{aa} = 1$ en la dovela con centroide aa en el cuadrante $I$ y con la ayuda del programa geotécnico Settle 3D con la opción de multi-estratos y coeficiente de Poisson igual a cero, obtenemos la primera matriz de asentamientos por carga unitaria mostrada en la tabla 7.2, se continua con la colocación sucesiva de la carga unitaria en las dovelas con centroides a1, 1a y a11, obteniéndose los arreglos matriciales mostrados en la tabla 7.2.

Los resultados obtenidos son los desplazamientos unitarios en los centroides de cada dovela para cada carga unitaria aplicada, por esta razón, es necesario "transponer" cada matriz para cada carga unitaria aplicada, obteniendo las matrices parciales del cuadrante I. Si se opta por este camino de utilizar las transpuestas, para calcular las matrices complementarias de los cuadrantes II, III y IV se procede tal, como se explicó en las alternativas 1 y 2 del Capítulo 5.

Si el lector está ávido de explorar el calcular las matrices parciales de los cuadrantes II, III y IV de manera directa (tabla 7.2), para obtener la denominada ecuación matricial de asentamientos tridimensional general, es válido hacerlo, pero una vez obtenidas estas matrices deberá a cada una calcularle su transpuesta y ordenarlas; tal como, se indica en el Capítulo 5 o en los ejemplos resueltos en este Capítulo. Se deja como ejercicio al lector encontrar mediante esta opción, la secuela correcta.

**Tabla 7.2** Arreglos matriciales de los asentamientos por carga unitaria en el centroide de las dovelas de la losa de fondo de la cimentación, obtenidos por la aplicación de cargas uniformes unitarias en el cuadrante I

| $^{s}_{\square}\delta^{nn}_{ij}$ | $^{I}_{\square}q^{aa} = 1$ | | | | $^{I}_{\square}q^{a1} = 1$ | | | |
|---|---|---|---|---|---|---|---|---|
| | **a** | **1** | **2** | **b** | **a** | **1** | **2** | **b** |
| **a** | 0.03155 | 0.00528 | 0.00072 | 0.00010 | 0.00528 | 0.03155 | 0.00528 | 0.00072 |
| **1** | 0.00528 | 0.00229 | 0.00046 | 0.00008 | 0.00229 | 0.00528 | 0.00229 | 0.00046 |
| **2** | 0.00072 | 0.00046 | 0.00015 | 0.00003 | 0.00046 | 0.00072 | 0.00046 | 0.00015 |
| **b** | 0.00010 | 0.00008 | 0.00003 | 0.00001 | 0.00008 | 0.00010 | 0.00008 | 0.00003 |
| | $^{I}_{\square}q^{1a} = 1$ | | | | $^{I}_{\square}q^{11} = 1$ | | | |
| **a** | 0.00528 | 0.00229 | 0.00046 | 0.00008 | 0.00229 | 0.00528 | 0.00229 | 0.00046 |
| **1** | 0.03155 | 0.00528 | 0.00072 | 0.00010 | 0.00528 | 0.03155 | 0.00528 | 0.00072 |
| **2** | 0.00528 | 0.00229 | 0.00046 | 0.00008 | 0.00229 | 0.00528 | 0.00229 | 0.00046 |
| **b** | 0.00072 | 0.00046 | 0.00015 | 0.00003 | 0.00046 | 0.00072 | 0.00046 | 0.00015 |

II.      A cada una de las matrices de la tabla 7.2 se le obtiene su transpuesta, que para este ejemplo particular quedaría como se muestra en la tabla 7.3.

**Tabla 7.3** Matrices transpuestas de los asentamientos $^{I}_{\square}\bar{\delta}^{nn}_{ij}$ en el centroide de las dovelas de la losa de fondo de la cimentación, obtenidos por la aplicación de cargas uniformes unitarias en las dovelas del cuadrante I

| $^{I}_{\square}\bar{\delta}^{nn}_{ij}$ | $^{I}_{\square}q^{aa} = 1$ | | | | $^{I}_{\square}q^{a1} = 1$ | | | |
|---|---|---|---|---|---|---|---|---|
| | **a** | **1** | **2** | **b** | **a** | **1** | **2** | **b** |
| **a** | 0.03155 | 0.00528 | 0.00072 | 0.00010 | 0.00528 | 0.00229 | 0.00046 | 0.00008 |
| **1** | 0.00528 | 0.00229 | 0.00046 | 0.00008 | 0.03155 | 0.00528 | 0.00072 | 0.0001 |
| **2** | 0.00072 | 0.00046 | 0.00015 | 0.00003 | 0.00528 | 0.00229 | 0.00046 | 0.00008 |
| **b** | 0.00010 | 0.00008 | 0.00003 | 0.00001 | 0.00072 | 0.00046 | 0.00015 | 0.00003 |
| | $^{I}_{\square}q^{1a} = 1$ | | | | $^{I}_{\square}q^{11} = 1$ | | | |
| **a** | 0.00528 | 0.03155 | 0.00528 | 0.00072 | 0.00229 | 0.00528 | 0.00229 | 0.00046 |
| **1** | 0.00229 | 0.00528 | 0.00229 | 0.00046 | 0.00528 | 0.03155 | 0.00528 | 0.00072 |
| **2** | 0.00046 | 0.00072 | 0.00046 | 0.00015 | 0.00229 | 0.00528 | 0.00229 | 0.00046 |
| **b** | 0.00008 | 0.0001 | 0.00008 | 0.00003 | 0.00046 | 0.00072 | 0.00046 | 0.00015 |

III.      A continuación, aprovechando la doble simetría se procede a reducir la transpuesta de cada arreglo matricial de la tabla 7.3, obteniéndose cuatro matrices reducidas indicadas en la tabla 7.4. Cada una de estas matrices forman una columna de la matriz de asentamientos por carga unitaria, $m^{3}/ton$.

**Tabla 7.4** Arreglos matriciales parciales aprovechando la doble simetría por la forma rectangular de la losa

| $^{s}_{\square}\delta^{nn}_{ij}$ | $^{I}_{\square}q^{aa} = 1$ | | $^{I}_{\square}q^{a1} = 1$ | |
|---|---|---|---|---|
| | a | 1 | a | 1 |
| a | 0.03176 | 0.00611 | 0.00611 | 0.00336 |
| 1 | 0.00611 | 0.00336 | 0.03701 | 0.00875 |
| | $^{I}_{\square}q^{1a} = 1$ | | $^{I}_{\square}q^{11} = 1$ | |
| a | 0.00611 | 0.03701 | 0.00336 | 0.00875 |
| 1 | 0.00336 | 0.00875 | 0.00875 | 0.0444 |

IV.   Por lo tanto, en conformidad al método propuesto y utilizando el programa de geotecnia Settle 3D, la matriz de asentamientos por carga unitaria, $m^3/ton$ quedaría de la siguiente manera:

**Tabla 7.5** Matriz simétrica de asentamientos por carga unitaria $\left[^{s}_{\square}\delta^{nn}_{ij}\right]$, resultante por ordenar en columnas las matrices de la tabla 7.4

| $^{s}_{\square}\delta^{nn}_{ij}$ | a | 1 | 2 | b |
|---|---|---|---|---|
| a | 0.03176 | 0.00611 | 0.00611 | 0.00336 |
| 1 | 0.00611 | 0.03701 | 0.00336 | 0.00875 |
| 2 | 0.00611 | 0.00336 | 0.03701 | 0.00875 |
| b | 0.00336 | 0.00875 | 0.00875 | 0.04440 |

Se procede a comprobar que la matriz de asentamientos por carga unitaria $\left[^{s}_{\square}\delta^{nn}_{ij}\right]$, fue calculada correctamente.

**Tabla 7.6** En la tabla se muestra cómo se suman los valores de todos los coeficientes de todas las filas i ($\Sigma$horizontales) y todos los de la columna j ($\Sigma$verticales) por separado.

| *Comprobación* | a | 1 | 2 | b | *$\Sigma$horizontales* |
|---|---|---|---|---|---|
| a | 0.03176 | 0.00611 | 0.00611 | 0.00336 | 0.04734 |
| 1 | 0.00611 | 0.03701 | 0.00336 | 0.00875 | 0.05523 |
| 2 | 0.00611 | 0.00336 | 0.03701 | 0.00875 | 0.05523 |
| b | 0.00336 | 0.00875 | 0.00875 | 0.0444 | 0.06526 |
| *$\Sigma$verticales* | 0.04734 | 0.05523 | 0.05523 | 0.06526 | |
| *$\Sigma$horizontales* | 0.04734 | 0.05523 | 0.05523 | 0.06526 | |
| *Correcto* → | 0.00000 | 0.00000 | 0.00000 | 0.00000 | |

V.   Finalmente la ecuación 7.2 o Ecuación Matricial de Asentamientos Tridimensional simétrica o EMATS, sería para este problema particular:

$$\begin{bmatrix} {}^s_\square\delta^{nn}_{ij} \end{bmatrix} \qquad\qquad q_{ij}(ton/m^2) \qquad \delta_{ij}(m)$$

$$\begin{bmatrix} 0.03176 & 0.00611 & 0.00611 & 0.00336 \\ 0.00611 & 0.03701 & 0.00336 & 0.00875 \\ 0.00611 & 0.00336 & 0.03701 & 0.00875 \\ 0.00336 & 0.00875 & 0.00875 & 0.0444 \end{bmatrix} \begin{Bmatrix} q_{aa} \\ q_{a1} \\ q_{1a} \\ q_{11} \end{Bmatrix} = \begin{Bmatrix} \delta_{aa} \\ \delta_{a1} \\ \delta_{1a} \\ \delta_{11} \end{Bmatrix}$$

VI. Con la EMATS y el modelo estructural de interacción de la figura 7.3 se lleva a cabo el proceso iterativo para el análisis de la interacción estática suelo estructura tridimensional, que después de 16 ciclos con 5 cifras de aproximación, se encuentran los valores de asentamientos totales, módulos de reacción y presiones de contacto. Considerando una aproximación con tres cifras los ciclos de análisis para este ejemplo en particular, pueden reducirse drásticamente.

**Tabla 7.7** Asentamientos totales $\delta_{ij}$ en $(m)$, en cada centroide de las dovelas supuestas

| $\delta_{ij}$ | a | 1 | 2 | b |
|---|---|---|---|---|
| a | 0.07207 | 0.06884 | 0.06884 | 0.07207 |
| 1 | 0.06884 | 0.06495 | 0.06495 | 0.06884 |
| 2 | 0.06884 | 0.06495 | 0.06495 | 0.06884 |
| b | 0.07207 | 0.06884 | 0.06884 | 0.07207 |

**Tabla 7.8** Módulos de reacción $k_{ij}$ en $(ton/m)$, en cada centroide de las dovelas supuestas

| $k_{ij}$ | a | 1 | 2 | b |
|---|---|---|---|---|
| a | 108.587 | 85.145 | 85.145 | 108.587 |
| 1 | 85.145 | 59.425 | 59.425 | 85.145 |
| 2 | 85.145 | 59.425 | 59.425 | 85.145 |
| b | 108.587 | 85.145 | 85.145 | 108.587 |

Con los valores de los módulos de reacción de la tabla 7.8, se calculan mediante la aplicación del modelo analítico con resortes, los elementos mecánicos de los componentes resistentes de la figura 7.3.

**Tabla 7.9** Presiones de contacto $q_{ij}$ en $(ton/m^2)$, en cada dovela supuesta

| $q_{ij}$ | a | 1 | 2 | b |
|---|---|---|---|---|
| a | 1.69300 | 1.26800 | 1.26800 | 1.69300 |
| 1 | 1.26800 | 0.83500 | 0.83500 | 1.26800 |
| 2 | 1.26800 | 0.83500 | 0.83500 | 1.26800 |
| b | 1.69300 | 1.26800 | 1.26800 | 1.69300 |

Con los valores de las presiones de contacto de la tabla 7.9 y con las cargas verticales colectadas de la superestructura aplicadas en la estructura de cimentación, se obtienen los elementos mecánicos en cualquier sección transversal de las losas y vigas, mediante la aplicación del MECYMCAC.

**Solución al punto b)**

Para el análisis de la ISET en este ejemplo particular se acepta el mismo número de dovelas consideradas en la solución del punto a.

Se inicia el análisis de la ISET siguiendo las recomendaciones dadas en las hipótesis establecidas; por lo tanto, se acepta el arreglo y número de dovelas de la solución al punto a).

Las cargas estáticas verticales $\sum F_v$ del edificio son proporcionadas por el Ingeniero Estructurista, las presiones de contacto iniciales para cada dovela se obtienen con la expresión $q_{ij}^{1s} = \sum F_v/a_t (ton/m^2)$, donde $a_t$ es el área total de la cimentación. Cuando se asignan valores iniciales de $q_{ij}^{1s}$ se realiza el primer ciclo de análisis en la superficie de la masa de suelo utilizando Settle 3D y se obtienen los asentamientos $\delta_{ij}^{1s}$.

El Ingeniero Estructurista, procede a determinar el valor de los módulos de reacción o módulos de cimentación por área tributaria $k_{ij}^{1s} = A_{ij}^{1s}/\delta_{ij}^{is}(ton/m)$ de cada dovela, donde $A_{ij}^{1s} = q_{ij}^{1s} \cdot a_{ij}$. Con la cimentación apoyada en resortes y las cargas actuantes se procede a su análisis estructural mediante la utilización de un programa comercial. El proceso iterativo se continúa hasta encontrar valores iguales en dos ciclos consecutivos.

Con el programa geotécnico Settle 3D y el modelo estructural de interacción de la figura 7.3 se lleva a cabo el proceso iterativo para el análisis de la interacción estática suelo estructura tridimensional, que después de 7 ciclos con 3 cifras de aproximación, se encuentran los valores de asentamientos totales, módulos de reacción y presiones de contacto.

Con los valores de los módulos de reacción de la tabla 7.11, se calculan mediante la aplicación del modelo analítico con resortes los elementos mecánicos de los componentes resistentes de la figura 7.3.

**Tabla 7.10** Asentamientos totales $\delta_{ij}$ en $(m)$, en cada centroide de las dovelas supuestas

| $\delta_{ij}$ | a | 1 | 2 | b |
|---|---|---|---|---|
| a | 0.072 | 0.069 | 0.069 | 0.072 |
| 1 | 0.069 | 0.065 | 0.065 | 0.069 |
| 2 | 0.069 | 0.065 | 0.065 | 0.069 |
| b | 0.072 | 0.069 | 0.069 | 0.072 |

**Tabla 7.11** Módulos de reacción $k_{ij}$ en $(ton/m)$, en cada centroide de las dovelas supuestas

| $k_{ij}$ | a | 1 | 2 | b |
|---|---|---|---|---|
| a | 108.648 | 85.176 | 85.176 | 108.648 |
| 1 | 85.176 | 59.638 | 59.638 | 85.176 |
| 2 | 85.176 | 59.638 | 59.638 | 85.176 |
| b | 108.648 | 85.176 | 85.176 | 108.648 |

**Tabla 7.12** Presiones de contacto $q_{ij}$ en $(ton/m^2)$, en cada dovela supuesta

| $q_{ij}$ | a | 1 | 2 | b |
|---|---|---|---|---|
| a | 1.69300 | 1.26700 | 1.26700 | 1.69300 |
| 1 | 1.26700 | 0.83900 | 0.83900 | 1.26700 |
| 2 | 1.26700 | 0.83900 | 0.83900 | 1.26700 |
| b | 1.69300 | 1.26700 | 1.26700 | 1.69300 |

Con los valores de las presiones de contacto de la tabla 7.12 y con las cargas verticales colectadas de la superestructura aplicadas en la estructura de cimentación, se obtienen los elementos mecánicos en cualquier sección transversal de las losas y vigas, mediante la aplicación del MECYMCAC.

**Solución al punto c)**

Comparando los valores para cada dovela de las tablas 7.7 con 7.10, 7.8 con 7.11 y 7.9 con 7.12 se observan que son casi idénticos, por lo tanto, se puede aseverar que el método denominado Interacción Suelo Estructura Tridimensional o ISET es de aplicación general en losas de cimentaciones superficiales de edificios, indiferentemente se aplique la Ecuación Matricial de Asentamientos Tridimensional simétrica o general o algún programa de análisis geotécnico.

**7.5.2 Edificio con cajón de cimentación y cargas verticales simétricas**

En el ejemplo propuesto se requiere conocer los asentamientos totales en $(m)$, los módulos de reacción en $(ton/m)$ y las presiones de contacto en $ton/m^2$ en un ambiente tridimensional, utilizando la ISET. El ejemplo se resolverá utilizando el programa geotécnico Settle 3D y el programa de análisis estructural STAAD.Pro., de la siguiente manera:

a) Utilizando el programa geotécnico Settle 3D, obtener la Matriz de asentamientos por carga unitaria $\left[{}^s_{\square}\delta^{nn}_{ij}\right] m^3/ton$ y por consecuencia la ecuación matricial de asentamientos tridimensional simétrica o EMATS. El modelo estructural de interacción se analiza utilizando el STAAD.Pro y mediante el proceso iterativo obtener los asentamientos totales en $(m)$, los módulos de reacción en $(ton/m)$ y las presiones de contacto en $ton/m^2$ en un ambiente tridimensional.

b) Utilizando el programa geotécnico Settle 3D (modelo del suelo) en combinación con el STAAD.Pro (modelo estructural) se procede directamente con el proceso iterativo obteniendo los asentamientos totales en $(m)$, los módulos de reacción en $(ton/m)$ y las presiones de contacto en $ton/m^2$ en un ambiente tridimensional.

c) Comparar los valores numéricos de las presiones de contacto y los asentamientos totales en un ambiente tridimensional, obtenidos en a) y b).

Las propiedades mecánicas de la masa del suelo; así como la información de la forma y las dimensiones geométricas en planta de la losa de cimentación, fueron tomados de las referencias 7.9 y 7.21. En este ejemplo, para determinar la ISET se utiliza la "Estrategia desacoplada Settle 3D-STAAD.Pro."

### 7.5.2.1 Consideraciones generales

- Se estudia un edificio de 12mx12m de área en planta y de 8 niveles, ver figura 7.4, ubicado sobre un depósito de suelo arcilloso de 27.5m de espesor compuesto de cinco estratos, ver tabla 7.13.

- Las cargas que actúan en en los nudos se observan en figura 7.4. El edificio es el mismo del ejemplo presentado en las referencias 7.9 y 7.21; por lo tanto, las cargas verticales deberían ser las mismas, sin embargo, hubo de necesidad de ajustar las cargas por piso en el edificio con objeto de obtener las descargas en la cimentación con valores parecidos.

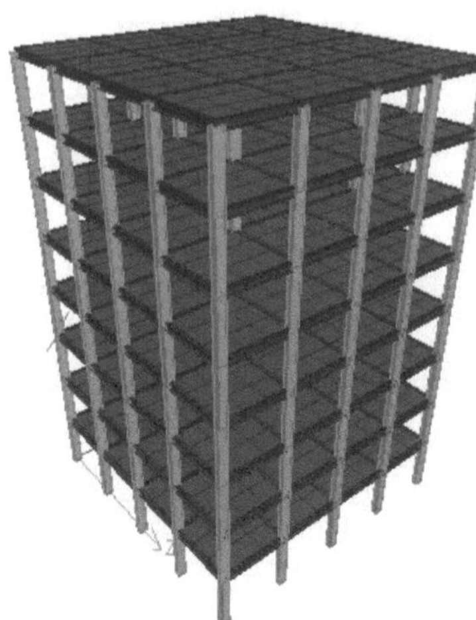

**Secciones**

| Elemento | Sección | Material |
|---|---|---|
| Columnas | HSS 14x10x0.5 | A 36 |
| Trabes | W 12x30 | A 36 |
| Losa de azotea | e=12cm | Concreto f'c=250kg/cm² |
| Losas de entrepisos | e=12cm | Concreto f'c=250kg/cm² |

**Geometría**

| Elemento | Dimensiones |
|---|---|
| Base | 12x12m |
| Altura de entrepisos | 2.5m |
| Claros | @3.0m |

**Cargas**

| Carga | kg/m² |
|---|---|
| CM Azotea | 220 |
| CV Azotea | 100 |
| CM Entrepisos | 280 |
| CV Entrepisos | 170 |

**Carga adicional**

| Carga | kg/m² |
|---|---|
| Carga de ajuste por nivel | 322.08125 |

**Figura 7.4** Edificio con columnas y vigas de acero

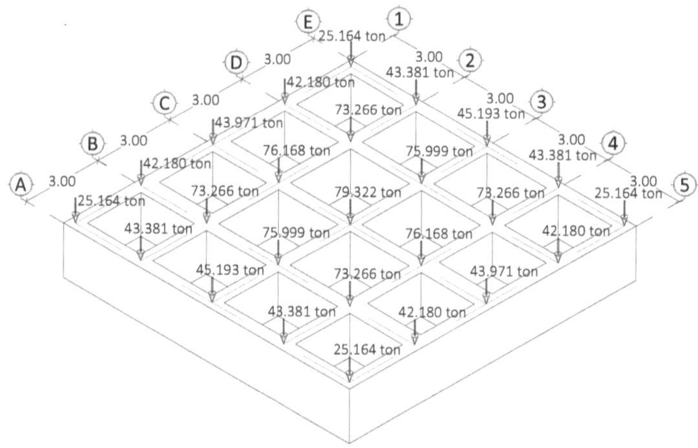



**Figura 7.5** Isométrico de la cimentación y cargas verticales actuantes del edificio, "Estrategia desacoplada Settle 3D-STAAD.Pro."

- Los desplazamientos verticales debido a las acciones de las cargas distribuidas en cada dovela supuesta en la cimentación flexible, los determina el Geotécnico utilizando el programa Settle 3D

- Con las cargas actuantes en la cimentación apoyada en resortes se calculan las nuevas presiones de contacto en cada dovela de la cimentación con rigidez diferente de cero, las determina el Estructural utilizando el programa STAAD.Pro.

- No se considera el peso propio de los componentes de la cimentación

- Se considera la participación de la losa de fondo de la cimentación con peralte igual a $0.40m$, y una retícula de vigas con $b = 0.50m$ y $h = 2.00m$, para el concreto con $2500\,ton/m^2$ el coeficiente de Poisson $v_c = 0.2$, el módulo de Young $E_c = 2213594.36\,ton/m^2$ y el módulo elástico transversal $G_c = 922330.98\,ton/m^2$.

- Las cargas actuantes del edificio y las reacciones o presiones de contacto aplicadas sobre la cimentación son admisibles, es decir no están mayoradas por factores de cargas.

**Tabla 7.13** Designación de cada estrato, profundidad al centroide de cada estrato, espesor de cada estrato y módulo de elasticidad de cada estrato, módulo secante de deformación unitaria para la recompresión del estrato y la deformación volumétrica de los estratos

| Estrato | $z_i(m)$ | $d_i(m)$ | $E(ton/m^2)$ | $M_{ej}(m^2/ton)$ | $\alpha_{ij}(m^3/ton)$ |
|---|---|---|---|---|---|
| A | 1.750 | 3.50 | 600 | 0.00167 | 0.00583 |
| B | 7.750 | 8.50 | 229 | 0.00437 | 0.03712 |
| C | 13.500 | 3.00 | 500 | 0.00200 | 0.00600 |
| D | 18.250 | 6.50 | 457 | 0.00219 | 0.01422 |
| E | 24.500 | 6.00 | 1000 | 0.00100 | 0.00600 |

**Solución al punto a)**

Lo primero que debe hacerse es determinar el número de placas supuestas en la losa y su arreglo en conformidad a las hipótesis f).

Hipótesis:

f) Para el análisis de la ISET y con fines de asegurar valores más realistas en los elementos mecánicos de losas de cimentación y losas de cajones de cimentación, se deben considerar como mínimo $1.28\,placas/m^2_{losa}$

Para este ejemplo, se consideran dovelas de 1.5m x 1.5m x 64 =144m2. El número de placas mínimo recomendado es igual a 1.28x144= 184.32 placas. El número de placas considerado es igual a 4 x 64=256 placas>que 184.32; luego entonces, la consideración es correcta.

## Secuela general de cálculo

I. Se inicia la obtención de la matriz de asentamientos por carga unitaria $\left[{}^{s}_{\square}\delta^{nn}_{ij}\right]$ $m^3/ton$, colocando la carga unitaria ${}^{I}_{\square}q^{aa} = 1$ en la dovela con centroide aa en el cuadrante $I$ y con la ayuda del programa geotécnico Settle 3D con la opción de multi-estratos y coeficiente de Poisson igual a cero, obtenemos la primera matriz de asentamientos por carga unitaria, se continua con la colocación sucesiva de la carga unitaria en las 15 dovelas restantes del cuadrante I, obteniéndose arreglos matriciales cuyas transpuestas son mostradas en el Apéndice D.

II. A continuación, aprovechando la doble simetría se procede a reducir la transpuesta de cada arreglo matricial, obteniéndose 16 matrices reducidas. Cada una de estas matrices forman una columna de la matriz de asentamientos por carga unitaria, $m^3/ton$

III. Por lo tanto, en conformidad al método propuesto y utilizando el programa de geotecnia Settle 3D, la matriz de asentamientos por carga unitaria, $m^3/ton$ quedaría de la siguiente manera:

**Tabla 7.14** Matriz de asentamientos por carga unitaria y la comprobación de su exactitud

|  | aa | a1 | a2 | a3 | 1a | 11 | 12 | 13 | 2a | 21 | 22 | 23 | 3a | 31 | 32 | 33 |
|---|---|---|---|---|---|---|---|---|---|---|---|---|---|---|---|---|
| **aa** | 0.004 | 0.002 | 0.001 | 0.001 | 0.002 | 0.001 | 0.001 | 0.001 | 0.001 | 0.001 | 0.001 | 0.001 | 0.001 | 0.001 | 0.001 | 0.001 |
| **a1** | 0.002 | 0.004 | 0.002 | 0.001 | 0.001 | 0.002 | 0.001 | 0.001 | 0.001 | 0.001 | 0.001 | 0.001 | 0.001 | 0.001 | 0.001 | 0.001 |
| **a2** | 0.001 | 0.002 | 0.004 | 0.002 | 0.001 | 0.001 | 0.002 | 0.002 | 0.001 | 0.001 | 0.001 | 0.001 | 0.001 | 0.001 | 0.001 | 0.001 |
| **a3** | 0.001 | 0.001 | 0.002 | 0.005 | 0.001 | 0.001 | 0.002 | 0.002 | 0.001 | 0.001 | 0.001 | 0.002 | 0.001 | 0.001 | 0.001 | 0.001 |
| **1a** | 0.002 | 0.001 | 0.001 | 0.001 | 0.004 | 0.002 | 0.001 | 0.001 | 0.002 | 0.001 | 0.001 | 0.001 | 0.001 | 0.001 | 0.001 | 0.001 |
| **11** | 0.001 | 0.002 | 0.001 | 0.001 | 0.002 | 0.004 | 0.002 | 0.001 | 0.001 | 0.002 | 0.002 | 0.001 | 0.001 | 0.001 | 0.001 | 0.001 |
| **12** | 0.001 | 0.001 | 0.002 | 0.002 | 0.001 | 0.002 | 0.004 | 0.002 | 0.001 | 0.002 | 0.002 | 0.002 | 0.001 | 0.001 | 0.002 | 0.002 |
| **13** | 0.001 | 0.001 | 0.002 | 0.002 | 0.001 | 0.001 | 0.002 | 0.005 | 0.001 | 0.001 | 0.002 | 0.003 | 0.001 | 0.001 | 0.002 | 0.002 |
| **2a** | 0.001 | 0.001 | 0.001 | 0.001 | 0.002 | 0.001 | 0.001 | 0.001 | 0.004 | 0.002 | 0.001 | 0.001 | 0.002 | 0.002 | 0.001 | 0.001 |
| **21** | 0.001 | 0.001 | 0.001 | 0.001 | 0.001 | 0.002 | 0.002 | 0.001 | 0.002 | 0.004 | 0.002 | 0.002 | 0.002 | 0.002 | 0.002 | 0.002 |
| **22** | 0.001 | 0.001 | 0.001 | 0.001 | 0.001 | 0.002 | 0.002 | 0.002 | 0.001 | 0.002 | 0.004 | 0.003 | 0.001 | 0.002 | 0.003 | 0.003 |
| **23** | 0.001 | 0.001 | 0.001 | 0.002 | 0.001 | 0.001 | 0.002 | 0.003 | 0.001 | 0.002 | 0.003 | 0.005 | 0.001 | 0.002 | 0.003 | 0.003 |
| **3a** | 0.001 | 0.001 | 0.001 | 0.001 | 0.001 | 0.001 | 0.001 | 0.001 | 0.002 | 0.002 | 0.001 | 0.001 | 0.005 | 0.002 | 0.002 | 0.001 |
| **31** | 0.001 | 0.001 | 0.001 | 0.001 | 0.001 | 0.001 | 0.001 | 0.001 | 0.002 | 0.002 | 0.002 | 0.002 | 0.002 | 0.005 | 0.003 | 0.002 |
| **32** | 0.001 | 0.001 | 0.001 | 0.001 | 0.001 | 0.001 | 0.002 | 0.002 | 0.001 | 0.002 | 0.003 | 0.003 | 0.002 | 0.003 | 0.005 | 0.003 |
| **33** | 0.001 | 0.001 | 0.001 | 0.001 | 0.001 | 0.001 | 0.002 | 0.002 | 0.001 | 0.002 | 0.003 | 0.003 | 0.001 | 0.002 | 0.003 | 0.007 |

$\Sigma ver.$ 0.017 0.021 0.023 0.023 0.021 0.025 0.027 0.028 0.023 0.027 0.030 0.031 0.023 0.028 0.031 0.032

$\Sigma hor.$ 0.017 0.021 0.023 0.023 0.021 0.025 0.027 0.028 0.023 0.027 0.030 0.031 0.023 0.028 0.031 0.032

$Ok$ 0.000 0.000 0.000 0.000 0.000 0.000 0.000 0.000 0.000 0.000 0.000 0.000 0.000 0.000 0.000 0.000

IV.   Con la *EMAT^s* y el modelo estructural de interacción de la figura 7.5 se lleva a cabo el proceso iterativo para el análisis de la interacción estática suelo estructura tridimensional, que después de 21 ciclos con 6 cifras de aproximación, se encuentran los valores de asentamientos totales, módulos de reacción y presiones de contacto que a continuación se muestran.

**Tabla 7.15** Asentamientos totales simétricos $\delta_{ij}$ en $(m)$, en cada centroide de las dovelas supuestas

| $\delta_{ij}$ | a | 1 | 2 | 3 |
|---|---|---|---|---|
| a | 0.207250 | 0.207375 | 0.207136 | 0.207265 |
| 1 | 0.207388 | 0.210019 | 0.209339 | 0.209146 |
| 2 | 0.207159 | 0.209347 | 0.208303 | 0.207882 |
| 3 | 0.207291 | 0.209158 | 0.207887 | 0.207353 |

**Tabla 7.16** Módulos de reacción simétricos $k_{ij}$ en $(ton/m)$, en cada centroide de las dovelas supuestas

| $k_{ij}$ | a | 1 | 2 | 3 |
|---|---|---|---|---|
| a | 269.746 | 151.156 | 140.656 | 138.832 |
| 1 | 151.180 | 56.809 | 50.516 | 50.434 |
| 2 | 140.689 | 50.514 | 43.408 | 43.159 |
| 3 | 138.863 | 50.431 | 43.163 | 42.830 |

**Tabla 7.17** Presiones de contacto simétricas $q_{ij}$ en $(ton/m^2)$, en cada dovela supuesta

| $q_{ij}$ | a | 1 | 2 | 3 |
|---|---|---|---|---|
| a | 24.85244 | 13.94044 | 12.98089 | 12.81733 |
| 1 | 13.94356 | 5.24533 | 4.66800 | 4.66267 |
| 2 | 12.98533 | 4.66800 | 4.01467 | 3.99378 |
| 3 | 12.82178 | 4.66267 | 3.99422 | 3.96533 |

Con los valores de los módulos de reacción de la tabla 7.16, con las cargas verticales colectadas de la superestructura aplicadas en la estructura de cimentación y mediante la aplicación del modelo analítico con resortes, se calculan los elementos mecánicos de los componentes resistentes de la figura 7.6.

O también, con los valores de las presiones de contacto de la tabla 7.17, con las cargas verticales colectadas de la superestructura aplicadas en la estructura de cimentación y   mediante la aplicación del MECYMCAC, se obtienen los elementos mecánicos en cualquier sección transversal de las losas y vigas de la figura 7.6.

**Solución al punto b)**

Para el análisis de la ISET en este ejemplo particular se acepta el mismo número de dovelas consideradas en la solución del punto a.

Se inicia el análisis de la ISET siguiendo las recomendaciones dadas en las hipótesis establecidas; por lo tanto, se acepta el arreglo y número de dovelas de la solución al punto a).

Las cargas estáticas verticales $\sum F_v$ del edificio son proporcionadas por el Ingeniero Estructurista, las presiones de contacto iniciales para cada dovela se obtienen con la expresión $q_{ij}^{1s} = \sum F_v/a_t (ton/m^2)$, donde $a_t$ es el área total de la cimentación. Cuando se asignan valores iniciales de $q_{ij}^{1s}$ se realiza el primer ciclo de análisis en la superficie de la masa de suelo utilizando Settle 3D y se obtienen los asentamientos $\delta_{ij}^{1s}$.

El Ingeniero Estructurista, procede a determinar el valor de los módulos de reacción o módulos de cimentación por área tributaria $k_{ij}^{1s} = A_{ij}^{1s}/\delta_{ij}^{is} (ton/m)$ de cada dovela, donde $A_{ij}^{1s} = q_{ij}^{1s} \cdot a_{ij}$. Con la cimentación apoyada en resortes y las cargas actuantes se procede a su análisis estructural mediante la utilización de un programa comercial. El proceso iterativo se continúa hasta encontrar valores iguales en dos ciclos consecutivos.

Con el programa geotécnico Settle 3D y el modelo estructural de interacción de la figura 7.6 se lleva a cabo el proceso iterativo para el análisis de la interacción estática suelo estructura tridimensional, el cual se inicia con el último ciclo de la "solución al punto a" y que después de 3 ciclos con 6 cifras de aproximación, se encuentran los valores de asentamientos totales, módulos de reacción y presiones de contacto, que a continuación se muestran.

**Tabla 7.18** Asentamientos totales general $\delta_{ij}$ en $(m)$, en cada centroide de las dovelas supuestas

| $\delta_{ij}$ | a | 1 | 2 | 3 | 4 | 5 | 6 | b |
|---|---|---|---|---|---|---|---|---|
| a | 0.207259 | 0.207362 | 0.207269 | 0.207429 | 0.207429 | 0.207269 | 0.207362 | 0.207259 |
| 1 | 0.207375 | 0.209540 | 0.208989 | 0.208904 | 0.208904 | 0.208989 | 0.209540 | 0.207375 |
| 2 | 0.207292 | 0.208997 | 0.208099 | 0.207836 | 0.207836 | 0.208099 | 0.208997 | 0.207292 |
| 3 | 0.207455 | 0.208916 | 0.207841 | 0.207494 | 0.207494 | 0.207841 | 0.208916 | 0.207455 |
| 4 | 0.207455 | 0.208916 | 0.207841 | 0.207494 | 0.207494 | 0.207841 | 0.208916 | 0.207455 |
| 5 | 0.207292 | 0.208997 | 0.208099 | 0.207836 | 0.207836 | 0.208099 | 0.208997 | 0.207292 |
| 6 | 0.207375 | 0.209540 | 0.208989 | 0.208904 | 0.208904 | 0.208989 | 0.209540 | 0.207375 |
| b | 0.207259 | 0.207362 | 0.207269 | 0.207429 | 0.207429 | 0.207269 | 0.207362 | 0.207259 |

**Tabla 7.19** Módulos de reacción general $k_{ij}$ en $(ton/m)$, en cada centroide de las dovelas supuestas

| $k_{ij}$ | a | 1 | 2 | 3 | 4 | 5 | 6 | b |
|---|---|---|---|---|---|---|---|---|
| a | 269.894 | 151.455 | 141.497 | 139.522 | 139.522 | 141.497 | 151.455 | 269.894 |
| 1 | 151.479 | 55.245 | 49.663 | 49.731 | 49.731 | 49.663 | 55.245 | 151.479 |
| 2 | 141.530 | 49.661 | 43.369 | 43.385 | 43.385 | 43.369 | 49.661 | 141.530 |
| 3 | 139.553 | 49.728 | 43.389 | 43.375 | 43.375 | 43.389 | 49.728 | 139.553 |
| 4 | 139.553 | 49.728 | 43.389 | 43.375 | 43.375 | 43.389 | 49.728 | 139.553 |
| 5 | 141.530 | 49.661 | 43.369 | 43.385 | 43.385 | 43.369 | 49.661 | 141.530 |
| 6 | 151.479 | 55.245 | 49.663 | 49.731 | 49.731 | 49.663 | 55.245 | 151.479 |
| b | 269.894 | 151.455 | 141.497 | 139.522 | 139.522 | 141.497 | 151.455 | 269.894 |

**Tabla 7.20** Presiones de contacto general $q_{ij}$ en $(ton/m^2)$, en cada dovela supuesta

| $q_{ij}$ | a | 1 | 2 | 3 | 4 | 5 | 6 | b |
|---|---|---|---|---|---|---|---|---|
| a | 24.86444 | 13.96711 | 13.05778 | 12.88044 | 12.88044 | 13.05778 | 13.96711 | 24.86444 |
| 1 | 13.97022 | 5.10089 | 4.58889 | 4.59733 | 4.59733 | 4.58889 | 5.10089 | 13.97022 |
| 2 | 13.06178 | 4.58889 | 4.01111 | 4.01467 | 4.01467 | 4.01111 | 4.58889 | 13.06178 |
| 3 | 12.88489 | 4.59733 | 4.01511 | 4.01600 | 4.01600 | 4.01511 | 4.59733 | 12.88489 |
| 4 | 12.88489 | 4.59733 | 4.01511 | 4.01600 | 4.01600 | 4.01511 | 4.59733 | 12.88489 |
| 5 | 13.06178 | 4.58889 | 4.01111 | 4.01467 | 4.01467 | 4.01111 | 4.58889 | 13.06178 |
| 6 | 13.97022 | 5.10089 | 4.58889 | 4.59733 | 4.59733 | 4.58889 | 5.10089 | 13.97022 |
| b | 24.86444 | 13.96711 | 13.05778 | 12.88044 | 12.88044 | 13.05778 | 13.96711 | 24.86444 |

## Solución al punto c)

Comparando los valores para cada dovela de las tablas 7.15 con 7.18, 7.16 con 7.19 y 7.17 con 7.20 se observan que son casi idénticos, por lo tanto, se puede aseverar que el método denominado Interacción Suelo Estructura Tridimensional o ISET es de aplicación general en losas de cimentaciones superficiales de edificios, indiferentemente que se aplique la Ecuación Matricial de Asentamientos Tridimensional simétrica o la general o algún programa de análisis geotécnico.

### 7.5.3 Edificio con cajón de cimentación y superestructura con cargas verticales simétricas

En el ejemplo propuesto se requiere conocer los asentamientos totales en $(m)$, los módulos de reacción en $(ton/m)$ y las presiones de contacto en $ton/m^2$ en un ambiente tridimensional, utilizando la ISET. Para la obtención de los asentamientos en los centroides de las dovelas supuestas se utiliza el programa Settle 3D y el análisis de la subestructura y superestructura para la interacción, se lleva a cabo con el programa de análisis estructural STAAD.Pro..

Las propiedades mecánicas de la masa del suelo; así como la información de la forma y las dimensiones geométricas en planta de la losa de cimentación, fueron tomados de las referencias 7.9 y 7.21. En este ejemplo, para determinar la ISET se utiliza la "Estrategia acoplada Settle 3D-STAAD.Pro."

### 7.5.3.1 Consideraciones generales

Son las mismas del ejemplo 7.4.2 a excepción de:

- Con el acoplamiento de la superestructura y la cimentación apoyada en resortes se calculan las nuevas presiones de contacto en cada dovela de la cimentación con rigidez diferente de cero, las determina el Estructural utilizando el programa STAAD.Pro.

### 7.5.3.2 Inicio del análisis de la ISET

I. Lo primero que debe hacerse es determinar el numéro de placas supuestas en la losa y su arreglo en conformidad a las hipótesis f), a) y b).

Como se demostró en los ejemplos 7.4.1 y 7.4.2 la hipótesis a), b) y f) se cumplen

II. Se aplica la hipótesis c), pero se aplica una variante que consiste, en iniciar con los desplazamientos obtenidos en el último ciclo del ejemplo 7.4.2.

III. Con la información de los desplazamientos del punto II, se aplica la hipótesis d)

Se procede a acoplar el edificio con la cimentación y se hace una corrida con los 144 resortes del último ciclo.

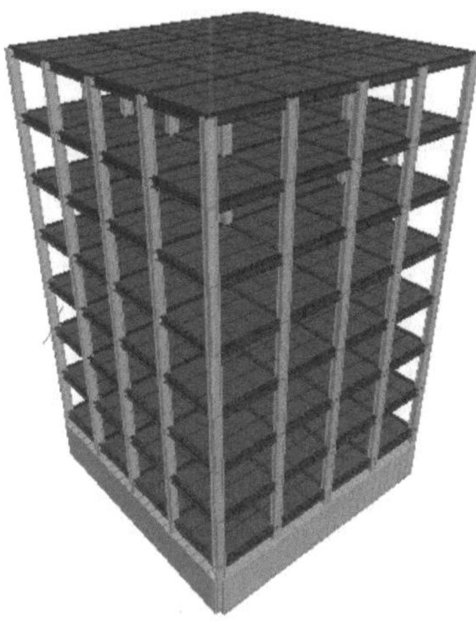

**Figura 7.6** Modelo analítico, "Estrategia acoplada Settle 3D-STAAD.Pro."

Comparando los valores numéricos de las tablas 7.18 con 7.21, 7.21 con 7.22 y 7.20 con 7.23  se observa que los asentamientos totales, módulos de reacción y presiones de contacto encontrados para la "Estrategia acoplada Settle 3D-STAAD.Pro." y la "Estrategia desacoplada Settle 3D-STAAD.Pro.", para este ejemplo particular son muy parecidos; esto se debe, a que el edificio no tiene muros en sus entrepisos.

**Tabla 7.21** Asentamientos totales general $\delta_{ij}$ en $(m)$, en cada centroide de las dovelas supuestas

| $\delta_{ij}$ | a | 1 | 2 | 3 | 4 | 5 | 6 | b |
|---|---|---|---|---|---|---|---|---|
| a | 0.207302 | 0.207380 | 0.207272 | 0.207421 | 0.207421 | 0.207272 | 0.207380 | 0.207302 |
| 1 | 0.207394 | 0.209535 | 0.208963 | 0.208866 | 0.208866 | 0.208963 | 0.209535 | 0.207394 |
| 2 | 0.207296 | 0.208973 | 0.208053 | 0.207776 | 0.207776 | 0.208053 | 0.208973 | 0.207296 |
| 3 | 0.207450 | 0.208881 | 0.207782 | 0.207423 | 0.207423 | 0.207782 | 0.208881 | 0.207450 |
| 4 | 0.207450 | 0.208881 | 0.207782 | 0.207423 | 0.207423 | 0.207782 | 0.208881 | 0.207450 |
| 5 | 0.207296 | 0.208973 | 0.208053 | 0.207776 | 0.207776 | 0.208053 | 0.208973 | 0.207296 |
| 6 | 0.207394 | 0.209535 | 0.208963 | 0.208866 | 0.208866 | 0.208963 | 0.209535 | 0.207394 |
| b | 0.207302 | 0.207380 | 0.207272 | 0.207421 | 0.207421 | 0.207272 | 0,207380 | 0.207302 |

**Tabla 7.22** Módulos de reacción general $k_{ij}$ en $(ton/m)$, calculadas con la "Estrategia acoplada Settle 3D-STAAD.Pro.", en los centroides de las 64 dovelas supuestas en la losa del cajón de cimentación

| $k_{ij}$ | a | 1 | 2 | 3 | 4 | 5 | 6 | b |
|---|---|---|---|---|---|---|---|---|
| a | 269.97803 | 151.48488 | 141.52900 | 139.54242 | 139.54242 | 141.52900 | 151.48488 | 269.97803 |
| 1 | 151.50881 | 55.23188 | 49.64033 | 49.70166 | 49.70166 | 49.64033 | 55.23188 | 151.50881 |
| 2 | 141.56089 | 49.64272 | 43.34000 | 43.34949 | 43.34949 | 43.34000 | 49.64272 | 141.56089 |
| 3 | 139.57590 | 49.70287 | 43.35308 | 43.33662 | 43.33662 | 43.35308 | 49.70287 | 139.57590 |
| 4 | 139.57590 | 49.70287 | 43.35308 | 43.33662 | 43.33662 | 43.35308 | 49.70287 | 139.57590 |
| 5 | 141.56089 | 49.64272 | 43.34000 | 43.34949 | 43.34949 | 43.34000 | 49.64272 | 141.56089 |
| 6 | 151.50881 | 55.23188 | 49.64033 | 49.70166 | 49.70166 | 49.64033 | 55.23188 | 151.50881 |
| b | 269.97803 | 151.48488 | 141.52900 | 139.54242 | 139.54242 | 141.52900 | 151.48488 | 269.97803 |

**Tabla 7.23** Presiones de contacto general $q_{ij}$ en $(ton/m^2)$, calculadas con la "Estrategia acoplada Settle 3D-STAAD.Pro.", en las 64 dovelas supuestas en la losa del cajón de cimentación

| $q_{ij}$ | a | 1 | 2 | 3 | 4 | 5 | 6 | b |
|---|---|---|---|---|---|---|---|---|
| a | 24.877333 | 13.971111 | 13.060889 | 12.881778 | 12.881778 | 13.060889 | 13.971111 | 24.877333 |
| 1 | 13.974222 | 5.099556 | 4.586222 | 4.593778 | 4.593778 | 4.586222 | 5.099556 | 13.974222 |
| 2 | 13.065333 | 4.586667 | 4.007556 | 4.010222 | 4.010222 | 4.007556 | 4.586667 | 13.065333 |
| 3 | 12.886667 | 4.594222 | 4.010667 | 4.011111 | 4.011111 | 4.010667 | 4.594222 | 12.886667 |
| 4 | 12.886667 | 4.594222 | 4.010667 | 4.011111 | 4.011111 | 4.010667 | 4.594222 | 12.886667 |
| 5 | 13.065333 | 4.586667 | 4.007556 | 4.010222 | 4.010222 | 4.007556 | 4.586667 | 13.065333 |
| 6 | 13.974222 | 5.099556 | 4.586222 | 4.593778 | 4.593778 | 4.586222 | 5.099556 | 13.974222 |
| b | 24.877333 | 13.971111 | 13.060889 | 12.881778 | 12.881778 | 13.060889 | 13.971111 | 24.877333 |

La mecánica del procedimiento del análisis de la ISET desarrollado en el Capítulo 5 es similar en cimentaciones superficiales complejas; por lo que los pasos para resolver cualquier problema relacionado con el tema es el mismo, en este contexto en la solución mediante la utilización de los programas como el Settle 3D-STAAD.Pro., se privilegió el análisis y no un diseño.

## 7.6 Análisis de la ISET estática para cargas laterales ocasionadas por sismo

El análisis de ISET para cargas sísmicas es relativamente sencillo de resolver; por lo que, se deja al lector que con los temas tratados en el Capítulo 6, encuentre la solución más racional.

**7.7 Referencias**

[7.1]   Alcocer, S., et al. (2012). Guía de análisis de estructura de mampostería. SMIE. CONAVI. CONACYT. Editor Juan José Pérez Gavilán E.

[7.2]   Damy, J, y Casales., (1985). Soil stresses under a polygonal area uniformly loaded. 11th International Conference on Soil Mechanics and Foundation Engineering, San Francisco (12-16 agosto 1985). Este artículo se descargó de la Biblioteca en línea de la Sociedad Internacional de Mecánica de Suelos e Ingeniería Geotécnica (ISSMGE).

[7.3]   Deméneghi, A. (1994).Un método para el análisis tridimensional de la interacción estática suelo-estructura. Volumen II de las Memorias del IX Congreso Nacional de Ingeniería Estructural de la Sociedad Mexicana de Ingenieria Estructural SMIE, Zacatecas, Zac. 1994.

[7.4]   Deméneghi, A., Fernández, L., et al. "Curso: Interacción suelo-estructura para la práctica profesional". Sociedad Mexicana de Ingeniería Estructural, A.C., Sociedad Mexicana de Ingeniería Geotécnica, A.C., Sociedad Mexicana de Ingeniería Sísmica. Junio-Julio 2022

[7.5]   Demorini, T. R. H, Zárate, S. I. "Curso: Settle 3D". Sociedad Mexicana de Ingeniería Geotécnica, A.C., Diciembre 2021.

[7.6]   Ellstein, R. A. (2011).La interacción suelo-estructura en la práctica. Laboratorios Tlalli, S.A. de C.V.

[7.7]   Flores V. A. (1968).Análisis de Cimentaciones sobre suelo compresible. Instituto de Ingeniería de la UNAM, Informe 171.

[7.8]   Flores, V. A, Esteva, L. (1970). Análisis y Diseño de Cimentaciones sobre terreno compresible. Universidad Nacional Autónoma de México.

[7.9]   Franco, C. O., Rangel, N. J. L., Fernández, S. L. R.," Análisis de interacción suelo-estructura estática empleando técnicas numéricas 3D para edificios regulares de hasta 8 pisos desplantados en suelos arcillosos del Valle de México", XXVIII Reunión Nacional de Ingeniería Geotécnica, 23 al 26 de Noviembre de 2016; Mérida, Yucatán.

[7.10] López, R. G, Zea, C. C , Rivera, C. R (2011).Una solución directa al problema de interacción suelo-estructura. Departamento de Geotecnia, F. I, UNAM, México, D.F., México

[7.11] Meli, R. (2001).Diseño Estructural. Editorial Limusa, S.A de C.V.

[7.12] Memorias del simposio realizado el 18 de septiembre de 1991, en el Centro Nacional de Prevención de Desastres México, D.F. Interacción Suelo-Estructura y Diseño Estructural de Cimentaciones. Sociedad Mexicana de Mecánica de Suelo, (1992).

[7.13] Morales, R. R. (2010).Método de subestructuración iterativa para el análisis de vigas continuas. CICT-UPCH.

[7.14] Morales, R. R. (2012a).Cálculo de la distribución de presiones de contacto suelo-cimentación, para cargas gravitacionales sobre suelos compresibles. XVIII Congreso Nacional de Ingeniería Estructural de la Sociedad Mexicana de Ingenieria Estructural SMIE. Acapulco, Guerrero 2012.

[7.15] Morales, R. R. (2012b). Método de equilibrio de cortantes y momentos en cimentaciones, con aplicación en computadora (MECYMCAC). XVIII Congreso Nacional de Ingeniería Estructural de la Sociedad Mexicana de Ingenieria Estructural SMIE. Acapulco, Guerrero 2012.

[7.16] Morales, R. R. (2014). Interacción Suelo Estructura Tridimensional para cargas estáticas verticales sobre suelos compresibles. XIX Congreso Nacional de Ingeniería Estructural de la Sociedad Mexicana de Ingenieria Estructural SMIE. Puerto Vallarta, Jalisco 2014.

[7.17] Morales, R. R. (2014), "ISET en cimentaciones superficiales complejas sobre suelos compresibles, mediante la colaboración Geotécnico-Estructural", 3ra Reunión Temática de la Red Iberoamericana de Riesgos y Desastres por Fenómenos Geológicos y 1er Seminario

[7.18] Morales, R. R. (2014),"Interacción Suelo Estructura Tridimensional para cargas estáticas verticales sobre suelos compresibles", XIX Congreso Nacional de Ingeniería Estructural de la Sociedad Mexicana de Ingeniería Estructural SMIE, Puerto Vallarta, Jalisco 2014.

[7.19] Morales, R. R. (2019),"Método de equilibrio de cortantes y momentos en cimentaciones MECYMCAC", Editorial Académica Española, Febrero 2019.

[7.20] Normas Técnicas Complementarias para Diseño y Construcción de Cimentaciones. Gaceta Oficial del Distrito Federal. No. 220-BIS, 15 de diciembre de 2017.

[7.21] Rangel, N. J. L., Franco, C. O., Fernández, S. L. R.," Modelado de interacción suelo-estructura con métodos numéricos acoplados e integrales", Sociedad Mexicana de Ingeniería Estructural.

[7.22] Rivera, C. R., Zea, C. C. (1997).Curso-Taller. Universidad Juárez Autónoma de Tabasco, División Académica de Ingeniería y Arquitectura, Unidad Chontalpa.

[7.23] SAP2000 Advanced. Versión 14.2.4. Structural Analysis Program, Computers and Structures. Inc. 1995 University Avc. Berkeley, CA 94704.

[7.24] STAAD.Pro 2004. Research Engineers International,Division of NetGuru, Inc. in USA.

[7.25] Tena, C. A. (2007).Análisis de estructuras con métodos matriciales, Editorial Limusa. S.A. de C.V.

[7.26] Zeevaert, L., (1973).Foundation Engineering for Difficult Subsoil Conditions. Editorial Limusa México. Primera Edición. Van Nostrand Reinhold Co., Nueva York.

[7.27] Zeevaert, L. (1980).Interacción Suelo-Estructura de Cimentación. Editorial Limusa México.

# Método de Equilibrio de Cortantes y Momentos en Cimentaciones con Aplicación en Computadora

## 8.1 Aplicación práctica del MECYMCAC para análisis estructural en cimentaciones superficiales

Este Capítulo está dedicado a determinar los asentamientos diferenciales y los elementos mecánicos, en los componentes resistentes de la cimentación de los ejemplos a los que se le determinaron previamente las presiones de contacto por los diferentes métodos expuestos en los Capítulos estudiados.

Como preámbulo a la resolución de los ejemplos, brevemente se lleva a cabo una somera explicación del MECYMCAC con objeto de que el lector conozca y pueda comprender y resolver este tipo de problemas de manera inmediata. Para un conocimiento más profundo se recomienda estudiar el libro Morales, R. R. (2019).

El "Método de Equilibrio de Cortantes y Momentos en Cimentaciones con Aplicación en Computadora" o MECYMCAC, resuelve de manera sencilla el difícil problema de obtener los asentamientos diferenciales y los elementos mecánicos en cimentaciones superficiales complejas, sujeta a cargas estáticas verticales y/o laterales del edificio, el peso propio de la cimentación y la distribución de presiones de contacto del suelo. El MECYMCAC consta de dos pasos: a) colocación de "resortes" en un modelo analítico, y b) aplicación en el mismo modelo analítico, de un estado de fuerzas puntuales con la misma ubicación, dirección e igual valor al de las reacciones calculadas en los resortes del primer paso.

De los múltiples modelos analíticos que podrían ser utilizados para la solución de este tipo de problemas, se eligen dos que representan con claridad, sencillez y exactitud el equilibrio local de las fuerzas externas e internas en cualquier sección transversal de los componentes resistentes en las cimentaciones superficiales.

Los dos modelos analíticos utilizados en este tratado se denominan MEPRI Y MEPRII; los cuales, son deducidos con razonamientos lógicos y racionales en conformidad al principio de superposición, fundamento de las formulaciones teóricas del análisis estructural elástico.

El origen en que se fundamentan los modelos analíticos empleados en el MECYMCAC emana de un sistema estructural original con su sistema estructural equivalente en conformidad a (Morales, 2010, Anexo C, páginas 361-370); en los mismos, mediante ajustes particulares en los valores de rigidez $(k_v \, ton/m, k_{M_z} \, ton - m/deg)$ de los apoyos elásticos supuestos, permite analizar la estructura de cimentación utilizando un programa comercial de estructuras. Los modelos analíticos que se emplean para determinar los asentamientos diferenciales y los elementos mecánicos en las cimentaciones de los ejemplos estudiados, están formados por losas de cimentación y retícula de vigas, lo que permite realizar el análisis estructural global del componente estructural de la cimentación.

## 8.2 Modelo Estructural Particular con Resortes I o MEPRI

Para fines de este estudio, se le denomina Modelo Estructural Particular con Resortes I o MEPRI al grupo de resortes ficticios con valores arbitrarios en sus propiedades elásticas verticales $k_{vj}(ton/m)$ y horizontales $k_{hj}(ton/m)$, que por convencionalismo son colocados en los puntos extremos e intermedios de la viga de cimentación coincidente con la ubicación de columnas según figura 8.1 y en las esquinas de la losa cimentación o del cajón de cimentación (CC), según figura 8.2.

El MEPRI con su aplicación en el MECYMCAC es de uso general en cimentaciones superficiales complejas, en las figuras 8.1 y 8.2 se representan cualitativamente la acción de cargas estáticas verticales y laterales con su respectiva distribución de presiones de contacto del suelo. A continuación se explica el efecto causado por la colocación de los resortes y de las fuerzas ficticias $A_{vj}^2$ en el equilibrio global externo y equilibrio local interno de la cimentación superficial en estudio.

### 8.2.1 Cargas estáticas verticales

Cuando actúan las cargas estáticas verticales del edificio incluyendo el peso propio de la cimentación y las presiones de contacto, debe cumplirse la condición de que la resultante de las cargas estáticas verticales del edificio y la resultante de las presiones del suelo coincidan en un punto que denominaremos singular, como consecuencia puede presentarse alguna de las siguientes condiciones: Concéntrica, Excéntrica: variante normal y variante especial y Cargas laterales.

## 8.2.1.1 Carga concéntrica

Se le denomina "condición" de carga concéntrica, cuando el punto singular de aplicación de las resultantes de las cargas verticales del edificio y de la distribución de presiones del suelo coinciden con el centroide de la cimentación, ver figura 8.1.

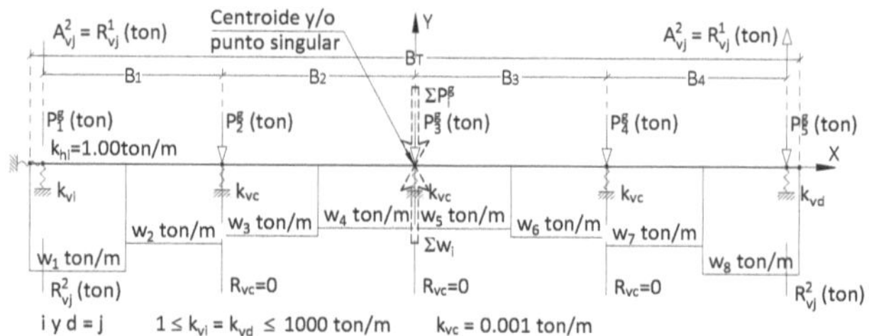


**Figura 8.1** MEPRI, reacciones $R_{vj}^2$ en los apoyos elásticos (descargar-alterando) y las cargas $A_{vj}^2$ (cargar-anulando) en la viga de cimentación al finalizar la solución del problema

Dónde:

$R_{vj}^i$  Es la reacción en el resorte ficticio "*j*", se obtiene en la primera corrida del análisis estructural. La inclusión del resorte perturba la condición natural de la cimentación; por lo tanto, debe considerarse que el valor de la reacción altera el medio.

$A_{vj}^2$  Corresponde al estado de carga ficticia que elimina el efecto perturbador del valor de la reacción en el resorte, representa la segunda y última corrida del proceso de análisis.

$i = 1,2$ Para $i = 1$ corresponde a la reacción $R_{vj}^1$ en el resorte cuando se realiza la primera corrida o primer análisis estructural. Para $i = 2$ corresponde a la reacción $R_{vj}^2$ en el resorte cuando se realiza la segunda corrida o último análisis estructural, va asociado a la participación del estado de carga ficticio $A_{vj}^2$ , siendo $A_{vj}^2 = R_{vj}^1$.

$v$  Representa la dirección vertical de la reacción en el resorte o de la acción de las cargas ficticias

$j$  Es el punto donde se ubica el apoyo elástico, se identifica con el número asignado por el programa de análisis al nudo en la viga o a la dovela de la losa de cimentación o en su caso del CC

$\sum P_i^g$ Acción total de la carga vertical del edificio incluyendo el peso de la cimentación en ($ton$)

$\sum W_i$ Respuesta del suelo en ($ton$), presión de contacto por área tributaria

Cuando la subestructura es un cajón de cimentación, una alternativa en la ubicación de los resortes del MEPRI en el CC se muestra en la figura 8.2

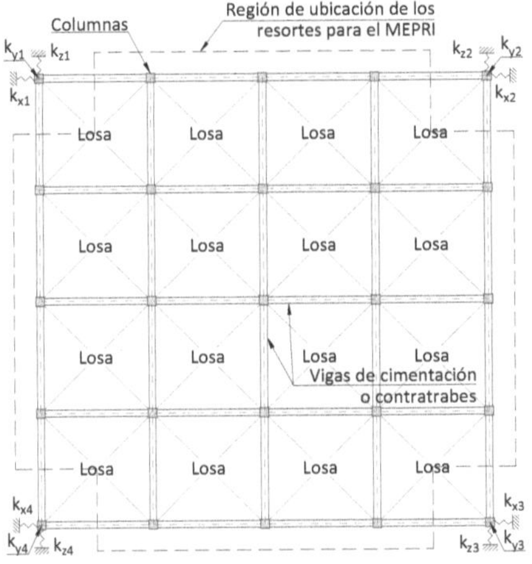



**Figura 8.2** Losa de fondo, retículas de viga y ubicación de los apoyos elásticos en el cajón de cimentación

## 8.2.1.2 Carga excéntrica: Variante Normal

Significa que el punto singular de aplicación de las resultantes de las cargas actuantes y el de las presiones de contacto coinciden, pero no coinciden con el centroide de la cimentación, ver figura 8.3. Para esta condición existe equilibrio de momento externo.

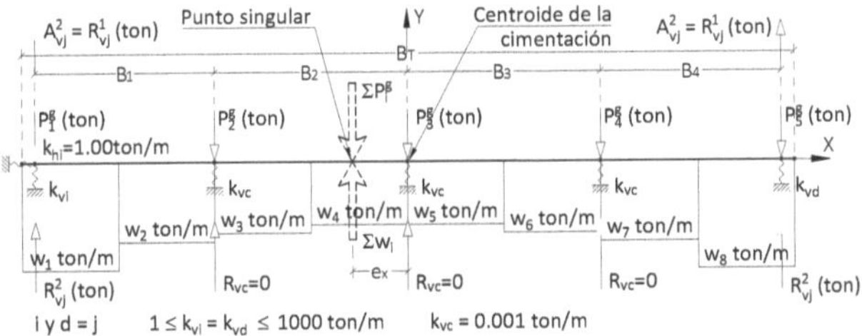



**Figura 8.3** MEPRI, reacciones $R_{vj}^2$ en los apoyos elásticos (descargar-alterando) y las cargas $A_{vj}^2$ (cargar-anulando) en la viga de cimentación al finalizar el problema

En la figura 8.3 se representa gráficamente el MEPRI, con excentricidad "$e_x$" debido a las resultantes de las cargas actuantes y presiones del suelo aplicadas en el punto denominado singular con respecto al centroide de la cimentación.

## 8.2.1.3 Carga excéntrica: Variante Especial

En esta condición el punto singular de aplicación de las resultantes de las cargas verticales del edificio y el de las presiones de contacto no coinciden entre sí, ni con el centroide de la cimentación, ver figura 8.4. Una de las causas de la no coincidencia, se debe a las pequeñas diferencias de los puntos de ubicación en las cargas verticales exteriores para el análisis de la ISE, con respecto al de las cargas verticales exteriores para la aplicación del MECYMCAC en la viga o el CC. Para esta condición no existe equilibrio de momento externo; es decir, existe momento externo y en este texto se le denomina momento externo accidental.

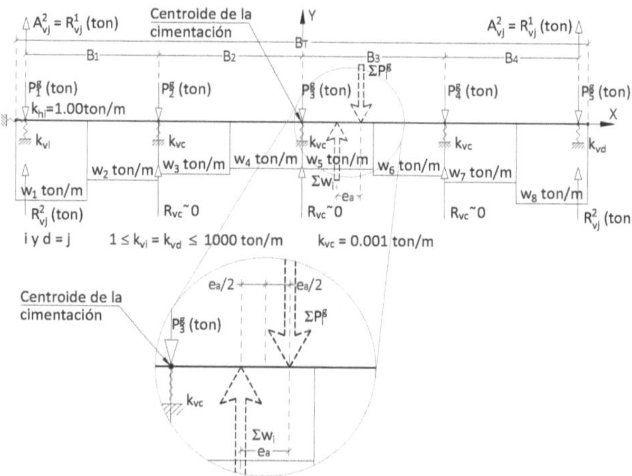


**Figura 8.4** MEPRI, reacciones $R_{vj}^2$ en los apoyos elásticos (descargar-alterando) y las cargas $A_{vj}^2$ (cargar-anulando) en la viga de cimentación al finalizar el problema

El efecto de la pequeña excentricidad entre la resultante de las cargas verticales y la resultante de la distribución de presiones del suelo obtenida mediante la ISE o cualquier otro criterio, genera un momento adicional que es distribuido internamente en los componentes resistentes de la cimentación en términos de elementos mecánicos. Cuando la forma del cajón de cimentación es trapecial o triangular a este momento adicional externo se le denominará natural; es decir, en

269

este tipo de cimentaciones el momento adicional puede deberse a la suma de la excentricidad natural con la accidental.

## 8.3 Modelo Estructural Particular con Resortes II o MEPRII

Al grupo de resortes colocados en un punto singular de la cimentación se le denomina "apoyo elástico individual o resorte individual", representa el número mínimo de resortes a utilizar en la aplicación del "MECYMCAC". Con fines de comparar la similitud de los resultados con los obtenidos con el MEPRI se sugiere su aplicación en el SEO, excepto cuando la excentricidad de la variante especial es muy grande (está situación es fácil de resolver). En otras palabras, cuando se compruebe que existe la variante especial, conviene hacer coincidir la resultante de las cargas del edificio y de presiones en el mismo punto o utilizar el MEPRI

### 8.3.1 Cargas estáticas verticales

De manera similar al MEPRI; para cuando actúan cargas estáticas verticales, debe cumplirse con la condición de que la resultante de las cargas verticales coincida con la resultante de las presiones del suelo; se refiere al equilibrio global, como consecuencia puede presentarse alguna de las siguientes condiciones:

### 8.3.1.1 Carga Concéntrica

Significa que el punto singular de aplicación de las resultantes de las cargas del edificio y de la distribución de presiones coinciden con el centroide de la cimentación, ver figura 8.5.

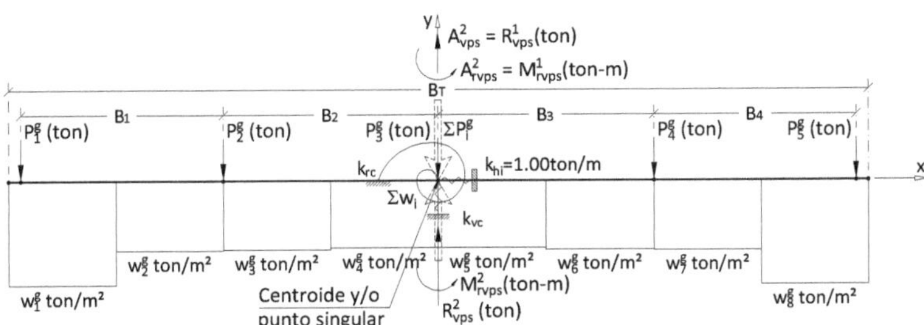


**Figura 8.5** Reacciones y acciones finales de la condición de carga concéntrica con el MEPRII

270

Dónde:

$R^1_{vps}$ Es la reacción en el resorte vertical ficticio ubicado en el punto singular (*ps*), se obtiene en la primera corrida de análisis. El valor de la reacción obtenida corresponde a una acción desequilibrante, por esta razón la acción se considera con el mismo sentido

$M^1_{rvps}$ Es el valor del momento tomado por el resorte helicoidal ficticio ubicado en el punto singular obtenido en la primera corrida de análisis

$A^2_{vps}$ Corresponde al estado de carga vertical ficticia con el que finaliza el problema, junto con $R^2_{vps}$ eliminan el efecto perturbador del resorte vertical ajustando la deformada a un mismo eje de referencia, su influencia en los elementos mecánicos es imperceptible

$A^2_{rvps}$ Corresponde al estado de carga rotacional ficticia con el que finaliza el problema, es el momento ficticio igual a $M^1_{rvps}$ que anula el efecto del resorte rotacional

$i = 1,2$ Para $i = 1$ corresponde a la reacción $R^1_{vps}$ en el resorte individual cuando se realiza la primera corrida o primer análisis estructural. Para $i = 2$ corresponde a la reacción $R^2_{vps}$ en el resorte cuando se realiza la segunda corrida o último análisis estructural, va asociado a la participación del estado de carga ficticio $A^2_{vps}$ , siendo $A^2_{vps} = R^1_{vps}$.

Las cimentaciones superficiales continuas estudiadas en este tratado; también deben cumplir, con el equilibrio global y el equilibrio local, inherentes al comportamiento de cuerpo rígido y elástico de la cimentación.

## 8.3.1.2 Carga excéntrica: Variante Normal

Significa que el punto de aplicación de las resultantes de las cargas actuantes y el de las presiones de contacto coinciden entre ellos pero no coinciden con el centroide de la cimentación, ver figura 8.6.

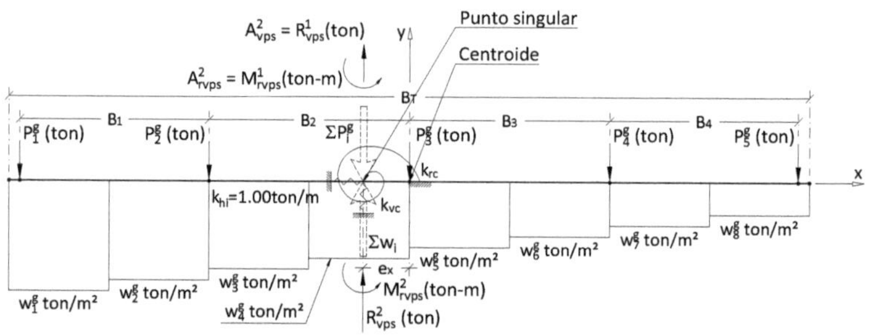


**Figura 8.6** Reacciones y acciones finales de la condición variante normal con el MEPRII

### 8.3.1.3 Carga excéntrica: Variante Especial

Significa que el punto de aplicación de las resultantes de las cargas actuantes y de la distribución de presiones no coinciden entre sí, ni con el centroide de la cimentación, ver figura 8.7.

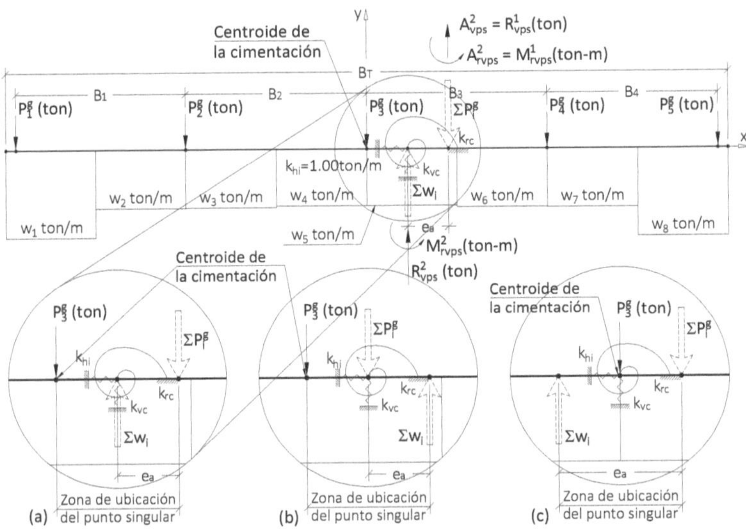


**Figura 8.7** Reacciones y acciones finales de la condición variante especial con el MEPRII.

El MECYMCAC no solo resuelve un problema complejo como los cajones de cimentación, sino que es generalizado a las cimentaciones superficiales en conjunto; es decir, a sistemas formado por zapatas aisladas, zapatas corridas, y zapatas de lindero conectadas por vigas de liga; aún, cuando la distribución de presiones de contacto sea calculada con métodos diferentes a la Interacción Suelo Estructura.

### 8.4 Asentamientos totales

Con la aplicación del MECYMCAC se obtienen los asentamientos diferenciales, para el cálculo de los asentamientos totales debe utilizarse la ecuación 8.1, ver inciso 4.6 de este tratado.

$$\delta_{(t)j} = \delta_{rj}^{ISET} + \delta_{dj}^{MECYMCAC} \qquad (8.1)$$

$\delta_{(t)j}$ Asentamiento total en un punto "$j$" de la interfase suelo-cimentación debido a la carga actuante del edificio

$\delta_{rj}^{ISET}$ Asentamiento de cuerpo rígido en un punto "$j$" de la interfase suelo-cimentación obtenido al finalizar la ISET.

$\delta_{dj}^{MECMCAC}$ Asentamientos diferenciales calculados con el MECYMCAC

También,

$$\delta_{rj}^{ISET} = \delta_{trasj}^{ISET} + \delta_{rotj}^{ISET} \tag{8.2}$$

$\delta_{trasj}^{ISET}$ Asentamiento de traslación en un punto "j" de la interfase suelo-cimentación debido a la carga actuante del edificio

$\delta_{rotj}^{ISET}$ Asentamiento por rotación en un punto "j" de la interfase suelo-cimentación debido a la carga actuante del edificio; ya sean, cargas verticales excéntricas o laterales por sismo

Está ecuación híbrida da congruencia al procedimiento final del análisis estructural de la cimentación. En el análisis de la ISET, la masa del suelo es caracterizada con resortes que sirven de apoyos discretos aplicados en cada centroide de las dovelas supuestas. Dependiendo de la carga aplicada se podrán determinar los asentamientos de cuerpo rígido en la cimentación a través de las deformaciones de los resortes.

## 8.5 Significado físico de los resortes del MEPRI y MEPRII

El primer paso del MECYMCAC consiste en la "colocación de resortes en un modelo analítico", normalmente la colocación de resortes en las cimentaciones va asociada al "módulo de reacción del terreno"; por lo tanto, vale mencionar que el significado físico de estos resortes es diferente. El significado del "módulo de reacción del terreno de cimentación" o "módulo de cimentación por área tributaria" va asociado a la deformación volumétrica $\alpha^N (m^3/ton)$ del suelo en cada dovela supuesta y caracterizado por los módulos de reacción $k_{rj}(ton/m)$ de los resortes colocados en sus centroides, cuyo valor cambia en cada ciclo de análisis hasta un valor final; en cambio, los resortes utilizados en los modelos analíticos MEPRI y MEPRII son un artificio empleado para brindar el apoyo discreto, necesario para auxiliarse de cualquier programa comercial de análisis estructural, a saber

$$k_{rj} = F_j/\delta_j \ (ton/m) \tag{8.3}$$

Dónde:

$$F_j = q_j \cdot a_j (ton) \tag{8.4}$$

$k_{rj}$ módulo de reacción del terreno de cimentación o módulo de cimentación por área tributaria, $(ton/m)$

$q_j$ presión aplicada en la dovela con centroide $j$, $ton/m^2$

$F_j$ fuerza en el resorte ubicado en la dovela con el centroide $j$, $ton$

$\delta_j$ asentamiento en el resorte ubicado en la dovela con el centroide $j$, $ton$

Los resortes del MEPRI y MEPRII utilizados en el MECYMCAC no caracterizan a la masa del suelo; por lo tanto, no deben confundirse con los resortes a cuyos parámetros elásticos se le denomina "módulo de reacción del terreno de cimentación".

Los resortes del modelo analítico MEPRI y del MEPRII del MECYMCAC, son un artificio utilizado para proporcionar los apoyos discretos que permite el uso de cualquier programa comercial de análisis estructural. Al crearlo aparentemente altera el modelo analítico de la cimentación sin resortes, pero al aplicar la segunda consideración o artificio, las reacciones en los resortes son ceros para el caso concéntrico y con excentricidad normal, para el caso de la excentricidad accidental las reacciones en los resortes son diferentes de cero; es decir, los resortes señalan la existencia y la magnitud del momento accidental y nos permite visualizar la magnitud de las diferencia existente entre las cargas del edificio incluyendo la cimentación vs reacciones o presiones de contacto. Normalmente estas diferencias son de magnitud pequeña, por lo tanto, los elementos mecánicos producidos por la segunda consideración o artificio son de magnitud despreciable, a cambio de esta concesión, el significado físico es eliminar la presencia del resorte.

## 8.6 Ejemplos

A continuación, se calculan la fuerza cortante y momentos de flexión de los ejemplos propuestos en los Capítulos 3, 4, 5 y 7, utilizando el modelo analítico con resortes y el MECYMCAC y sus modelos analíticos MEPRI y MEPRII; además, en una viga cualquiera de cada ejemplo se realiza un análisis comparativo de los valores obtenidos con cada método.

Con fines didácticos, los ejemplos resueltos se refieren a cimentaciones con carga vertical aplicada simétricamente; ahora bien, los módulos de reacción (resortes) calculados con la ISE o ISET y las presiones de contacto a utilizar para la aplicación del modelo analítico con resortes y el MECYMCAC, se muestran en la tabla correspondiente a cada problema.

## 8.6.1 Ejemplos del Capítulo 3

### 8.6.1.1 Cajón de cimentación apoyado en suelo duro

Consideraciones particulares para la aplicación de cada método de análisis estructural.

- Para la aplicación del método con el modelo analítico con resortes debe considerarse como valor del módulo de reacción en cada uno de los resortes $k_{as} = 2560\ ton/m$, colocados en el centroide de cada una de las 240 dovelas supuestas en la losa de cimentación.

- Para la aplicación del MECYMCAC deben considerarse las presiones de contacto dadas en la tabla 3.2 del capítulo 3 en conformidad a la figura 8.8, para cada una de las 240 dovelas supuestas en la losa de cimentación. Cada dovela está compuesta de 4 placas.

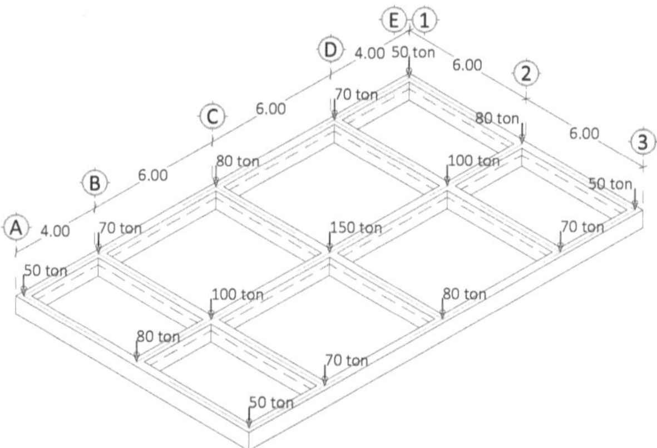


**Figura 8.8** Isométrico de la cimentación y cargas verticales actuantes del edificio

- Para la aplicación del MEPRI se utilizan triadas de resortes colocados en las esquinas de la losa de cimentación, el valor de cada constante de resorte (no módulo de reacción) supuesta es de 1 ton/m, para más información sobre este valor, ver Morales, R. R. (2012b y 2019)

- Para la aplicación del MEPRII se utilizan un conjunto de 6 resortes colocados en el centroide de la losa de cimentación, el valor de cada constante de resorte lineal (no módulo de reacción) supuesta es de 10 ton/m, para más información sobre este valor, ver Morales, R. R. (2012b y 2019).

En la aplicación del modelo analítico con resortes y del MECYMCAC se utilizó la estrategia desacoplada.

**- Resultados utilizando el modelo analítico con resortes**

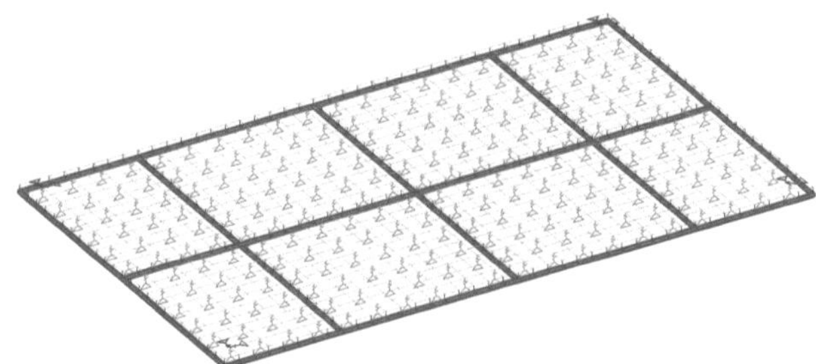

**Figura 8.9** Modelo desacoplado con resortes denominados de Winkler ubicados en el centroide de cada dovela

Las cargas actuantes y los apoyos discretos (resortes) en la cimentación se muestran en las figuras 8.8 y 8.9, las propiedades mecánicas y secciones transversales se encuentran en el numeral 3.6.1.

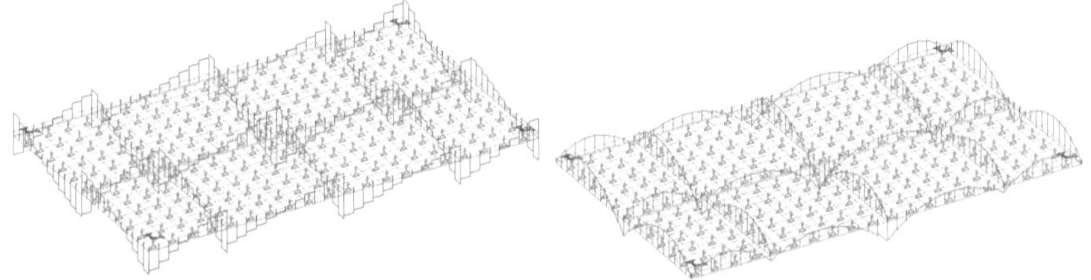

**Figura 8.10** Diagramas de vigas de cimentación; de la fuerza cortante (izquierda) y momento flector (derecha) calculados con el modelo analítico con resortes mediante el método de rigideces.

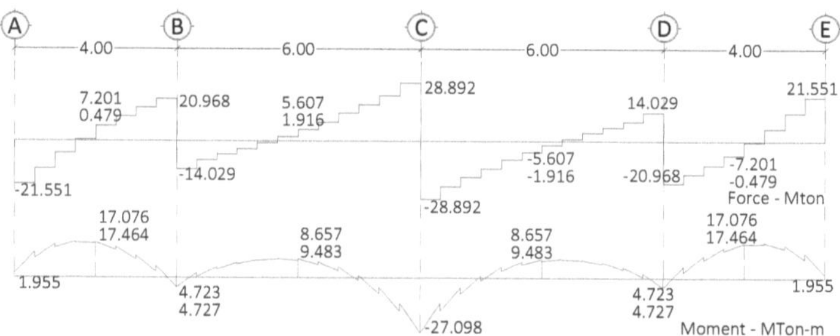

**Figura 8.11** Diagramas de fuerza cortante y momento flector de la viga del eje 2 calculados con el modelo analítico con resortes mediante el método de rigideces.

## - Resultados utilizando el MECYMCAC y su modelo analítico MEPRI

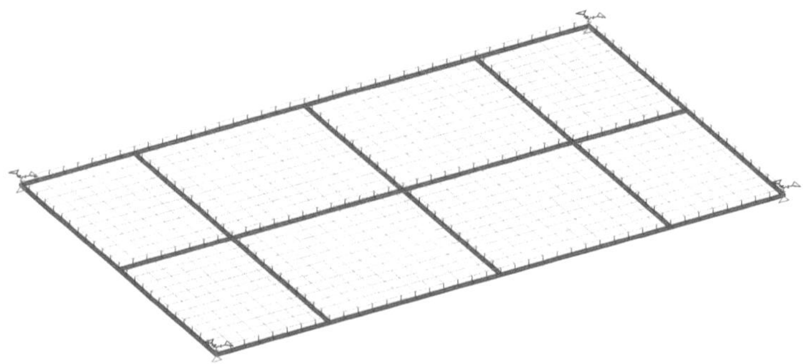

**Figura 8.12** Modelo desacoplado para resolverse con el MEPRI; en donde, pueden observarse en las esquinas las triadas de resortes con constantes supuestas.

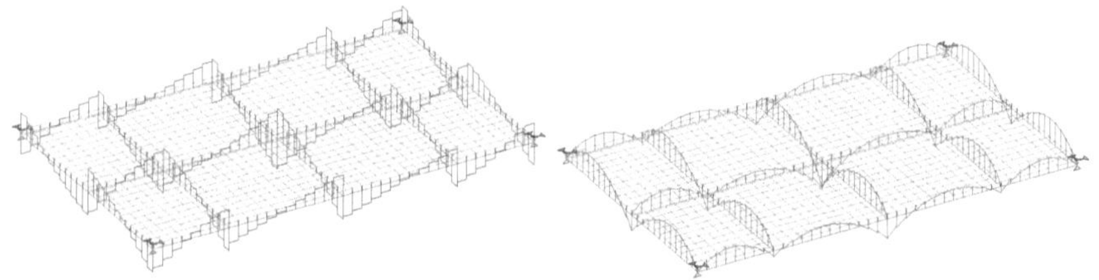

**Figura 8.13** Diagramas de vigas de cimentación; fuerza cortante (izquierda) y momento flector (derecha) calculados con el MECYMCAC y su modelo MEPRI

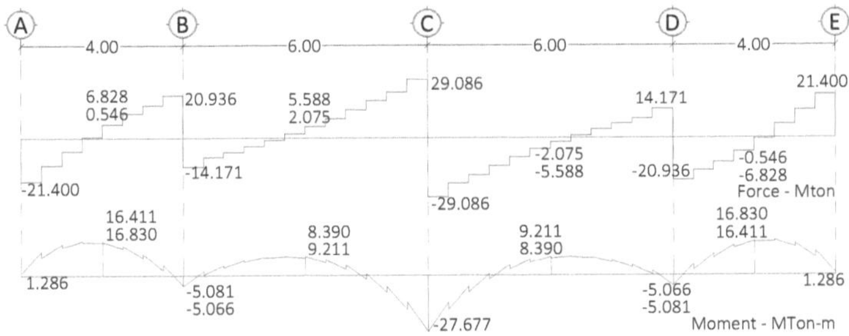


**Figura 8.14** Diagramas de fuerza cortante y momento flector de la viga del eje 2 calculados con el MECYMCAC y su modelo MEPRI

## - Resultados utilizando el MECYMCAC y su modelo analítico MEPRII

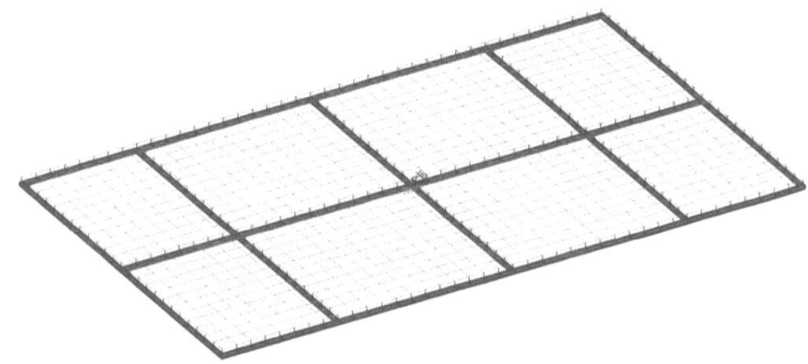

**Figura 8.15** Modelo desacoplado, para resolverse con el MEPRII es necesario la colocación de los seis resortes en el centroide de la losa de cimentación

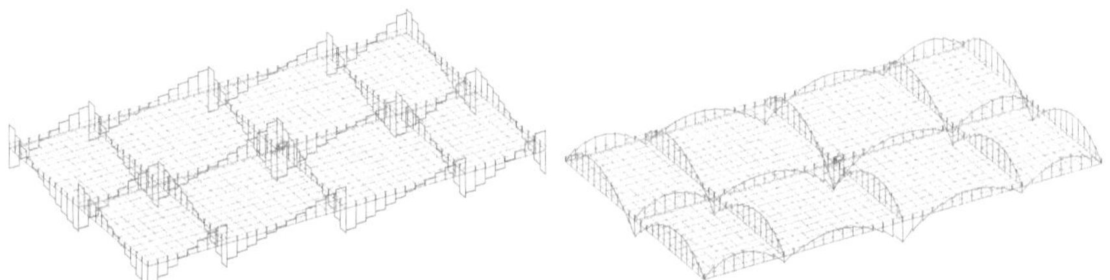

**Figura 8.16** Diagramas de vigas de cimentación, fuerza cortante (izquierda) y momento flector (derecha) calculados con el MECYMCAC y su modelo MEPRII

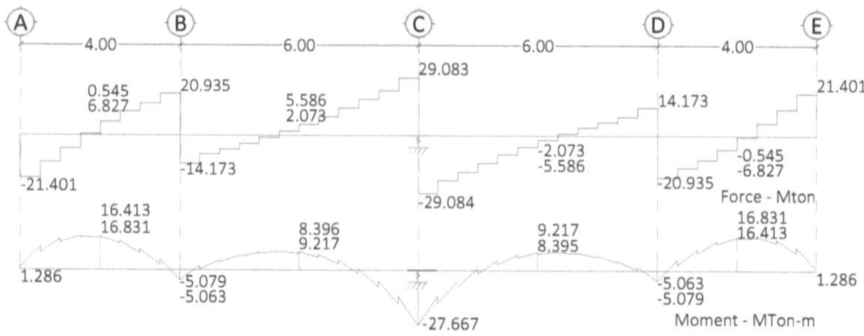


**Figura 8.17** Diagramas de fuerza cortante y momento flector de la viga del eje 2 calculados con el MECYMCAC y su modelo MEPRII

En la figura 8.10 se muestran la forma del diagrama de fuerzas cortantes y de los momentos de flexión obtenidos con el modelo analítico con resortes y en las figuras 8.13 y 8.16 se muestran la forma del diagrama de fuerzas cortantes y de los momentos de flexión  calculados con los modelos del MECYMCAC denominados MEPRI y MEPRII, se observa una similitud en la forma.

En las figuras 8.11, 8.14 y 8.17 se muestran los valores de la fuerza cortante y de los momentos de flexión en secciones transversales correspondientes a los apoyos y longitudes intermedias de la viga del eje 2, calculadas con el modelo analítico con resortes y el MECYMCAC y sus modelos MEPRI y MEPRII. La proximidad en los valores obtenidos con los dos métodos, se debe a que se cumplió con la condición de utilizar para el análisis de la ISE o ISET un mismo número de placas en la losa de cimentación mayor a $1.28placas/m^2_{losa}$. En lo concerniente al análisis estructural queda demostrado en este ejemplo, que es indiferente utilizar cualquiera de los dos métodos.

### 8.6.1.2 Cajón de cimentación apoyado en suelo blando

Consideraciones particulares para la aplicación de cada método de análisis estructural.

- Para la aplicación del modelo analítico con resortes debe considerarse como valor del módulo de reacción en cada uno de los resortes $k_{as} = 784.11\,ton/m$, colocados en el centroide cada una de las 96 dovelas supuestas en la losa de cimentación.

- Para la aplicación dcl MECYMCAC deben considerarse las presiones de contacto dadas en la tabla 3.7 en conformidad a la figura 3.17, para cada una de las 96 dovelas supuestas en la losa de cimentación. Cada dovela está compuesta de 4 placas.

- Para la aplicación del MEPRI se utilizan triadas de resortes colocados en las esquinas de la losa de cimentación, el valor de cada constante del resorte vertical (no módulo de reacción) supuesta es de 1 ton/m, para más información sobre este valor, ver Morales, R. R. (2012b y 2019)

- Para la aplicación del MEPRII se utilizan un conjunto de 6 resortes colocados en el centroide de la losa de cimentación, el valor de cada constante de resorte lineal (no módulo de reacción) supuesta es de 10 ton/m, para más información sobre este valor, ver Morales, R. R. (2012b y 2019).

En la aplicación del método con el modelo analítico con resortes y del MECYMCAC se utilizó la estrategia desacoplada.

Las cargas actuantes y los apoyos discretos en la cimentación se muestran en las figuras 8.18 y 8.19, las propiedades mecánicas y secciones transversales se encuentran en el numeral 3.6.2.

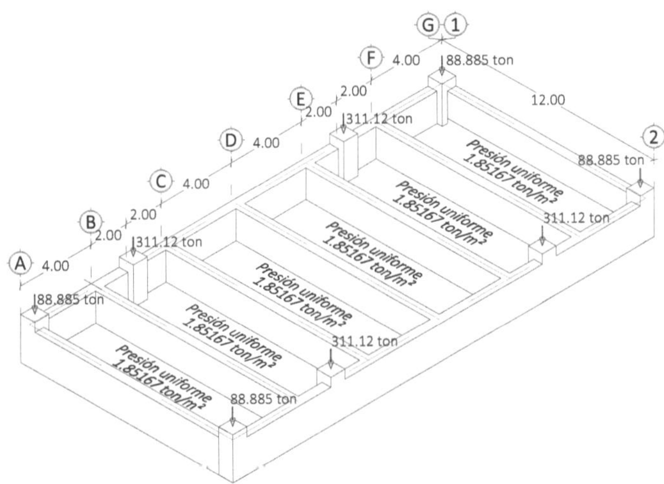



**Figura 8.18** Cajón de cimentación y cargas verticales del edificio

# - Resultados utilizando el modelo analítico con resortes

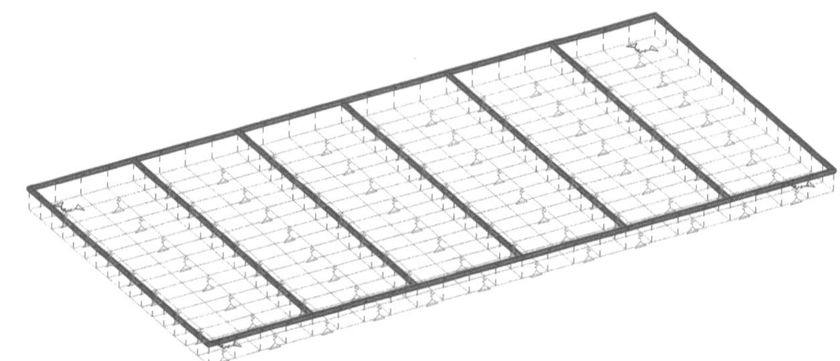

**Figura 8.19** Modelo desacoplado con resortes de Winkler ubicados en el centroide de cada dovela

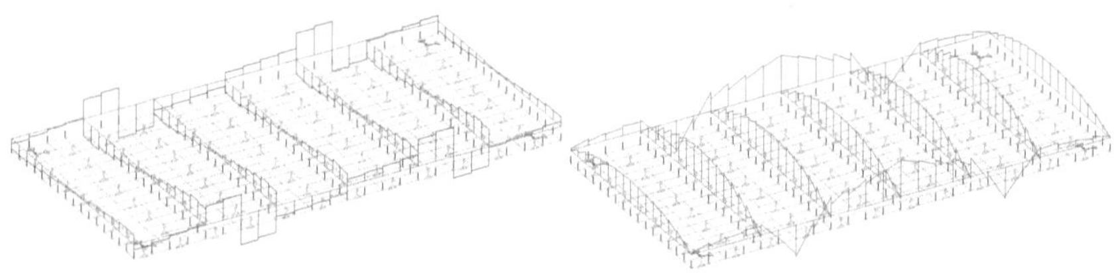

**Figura 8.20** Diagramas de vigas de cimentación, de la fuerza cortante (izquierda) y momento flector (derecha) calculados con el modelo analítico con resortes mediante el método de rigideces

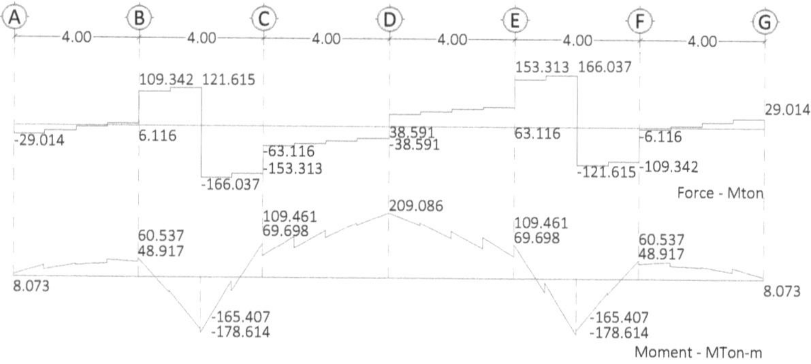

**Figura 8.21** Diagramas de fuerza cortante y momento flector de la viga del eje 1 calculados con el modelo analítico con resortes mediante el método de rigideces.

# - Resultados utilizando el MECYMCAC y su modelo analítico MEPRI

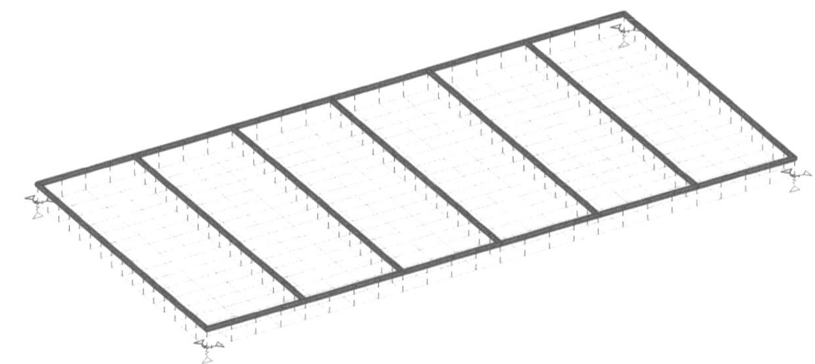

**Figura 8.22** Modelo desacoplado resuelto con el MEPRI; en donde, pueden observarse en las esquinas las triadas de resortes con constantes supuestas

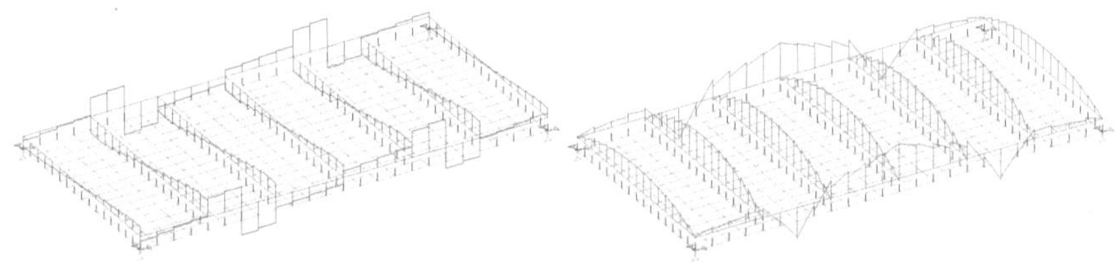

**Figura 8.23** Diagramas de vigas, fuerza cortante (izquierda) y momento flector (derecha) calculados con el MEPRI

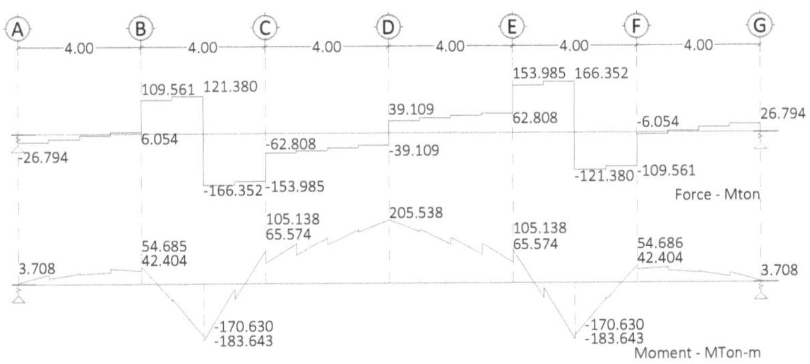

**Figura 8.24** Diagramas de fuerza cortante y momento flector en la viga del eje 1 calculados con el MECYMCAC y su modelo MEPRI

282

## - Resultados utilizando el MECYMCAC y su modelo analítico MEPRII

El análisis estructural de la misma estructura de cimentación se realiza mediante la aplicación del MECYMCAC y su modelo analítico MEPRII, en la figura 8.25 puede observarse la ubicación de los resortes, el valor de cada constante supuesta en los resortes (no módulos de reacción) supuesta es de 10 ton/m, para más información sobre este valor, ver Morales, R. R. (2012b y 2019).

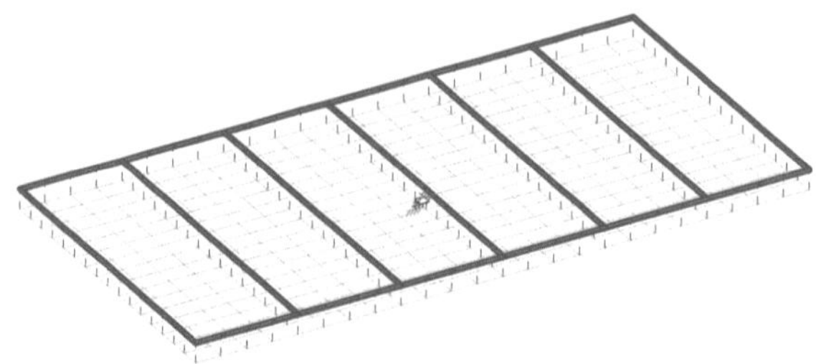

**Figura 8.25** Modelo desacoplado resuelto con el MEPRII, puede observarse la colocación de los seis resortes en el centroide de la losa de cimentación

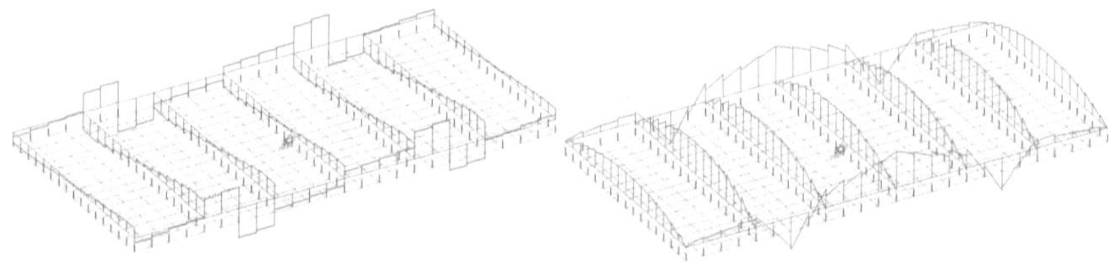

**Figura 8.26** Diagramas de vigas de cimentación, fuerza cortante (izquierda) y momento flector (derecha) calculados con el MECYMCAC y su modelo MEPRII

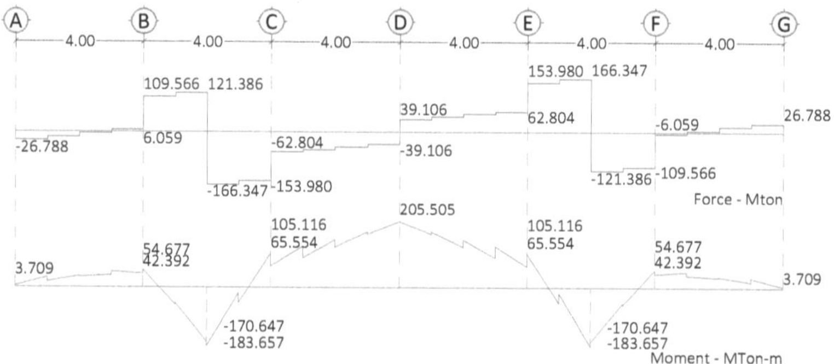


**Figura 8.27** Diagramas de fuerza cortante y momento flector de la viga del eje 1 calculados con el MEPRII

283

En la figura 8.20 se muestran la forma del diagrama de fuerzas cortantes y de los momentos de flexión obtenidos con el modelo analítico con resortes y en las figuras 8.23 y 8.26 se muestran la forma del diagrama de fuerzas cortantes y de los momentos de flexión  calculados con los modelos del MECYMCAC denominados MEPRI y MEPRII, se observa una similitud en la forma.

En las figuras 8.21, 8.24 y 8.27 se muestran los valores de la fuerza cortante y de los momentos de flexión en secciones transversales correspondientes a los apoyos y longitudes intermedias de la viga del eje 1, calculadas con el modelo analítico con resortes y el MECYMCAC y sus modelos MEPRI y MEPRII. La proximidad en los valores obtenidos con los dos métodos, se debe a que se cumplió con la condición de utilizar para el análisis de la ISE o ISET un mismo número de placas en la losa de cimentación mayor a $1.28 placas/m_{losa}^2$. En lo concerniente al análisis estructural queda demostrado en este ejemplo, es indiferente utilizar cualquiera de los dos métodos.

### 8.6.1.3 Cajón de cimentación apoyado en suelo blando, edificio de ocho niveles

Consideraciones particulares para la aplicación de cada método de análisis estructural.

- Para la aplicación del modelo analítico con resortes debe considerarse como valor del módulo de reacción en cada uno de los resortes $k_{as} = 710.16\,ton/m$, colocados en el centroide cada una de las 64 dovelas supuestas en la losa de cimentación.

- Para la aplicación del MECYMCAC deben considerarse las presiones de contacto dadas en la tabla 3.11 en conformidad a la figura 3.22, para cada una de las 64 dovelas supuestas en la losa de cimentación. Cada dovela está compuesta de 4 placas.

- Para la aplicación del MEPRI se utilizan triadas de resortes colocados en las esquinas de la losa de cimentación, el valor de cada constante de resorte (no módulo de reacción) supuesta es de 1  ton/m, para más información sobre este valor, ver Morales, R. R. (2012b y 2019)

- Para la aplicación del MEPRII se utilizan un conjunto de 6 resortes colocados en el centroide de la losa de cimentación, el valor de cada constante de resorte lineal (no módulo de reacción) supuesta es de 10 ton/m, para más información sobre este valor, ver Morales, R. R. (2012b y 2019).

En la aplicación de los métodos del modelo analítico con resortes y del MECYMCAC se utilizó la estrategia acoplada.

## - Resultados utilizando el modelo analítico con resortes

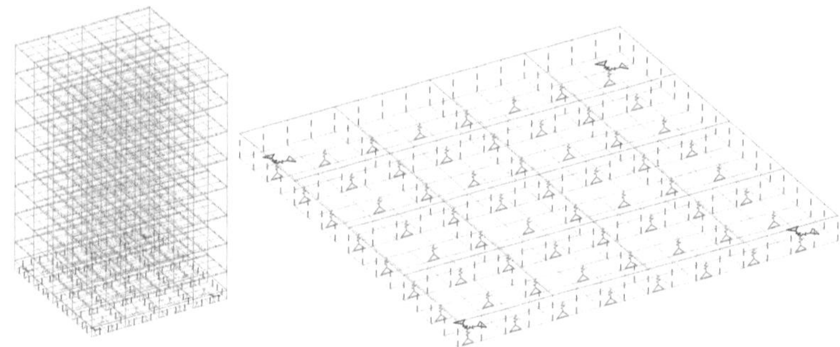

**Figura 8.28** Por claridad en la visualización de los módulos de reacción, se muestra la losa de cimentación del Modelo desacoplado con resortes de Winkler ubicados en el centroide de cada dovela.

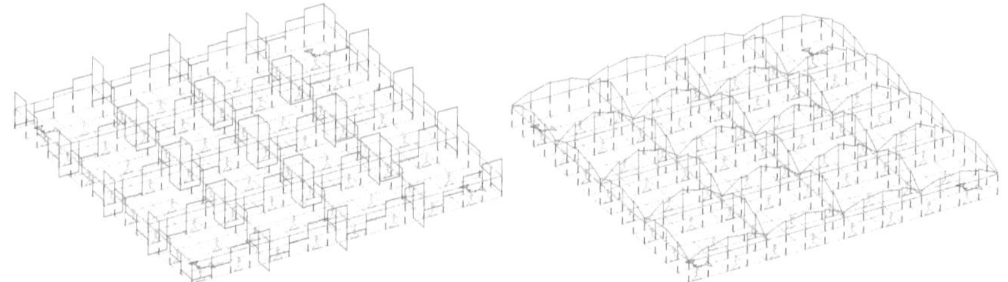

**Figura 8.29** Diagramas de vigas de cimentación, fuerza cortante (izquierda) y momento flector (derecha) calculados con resortes de Winkler en el modelo acoplado.

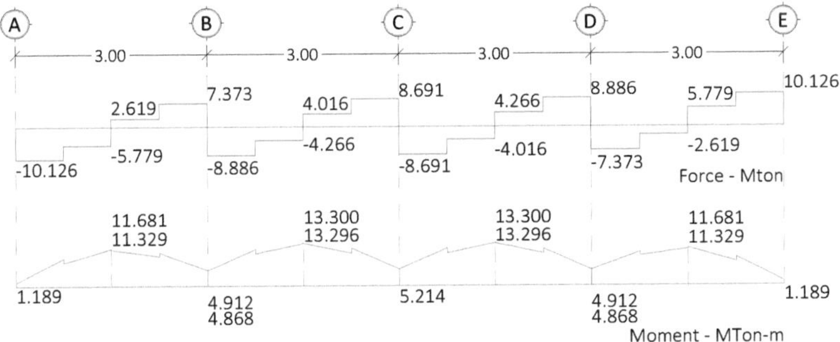


**Figura 8.30** Diagramas de fuerza cortante y momento flector de la viga de extremo del eje 1 (ver figura 3.20), calculados con resortes de Winkler

## - Resultados utilizando el MECYMCAC y su modelo analítico MEPRI

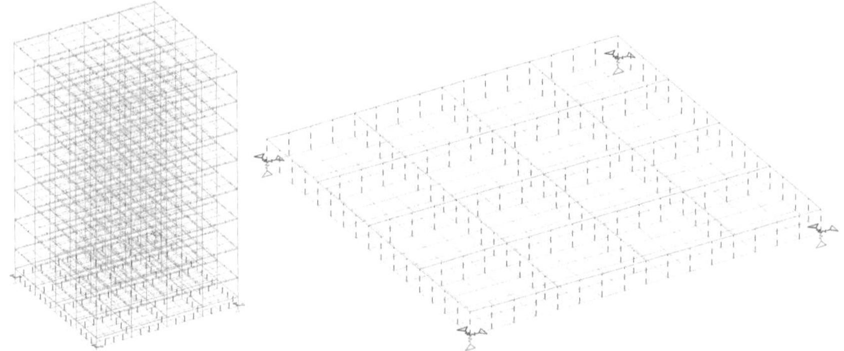

**Figura 8.31** Modelo acoplado para resolverse con el MEPRI (izquierda) y vista de la cimentación (derecha) con las presiones de contacto y los resortes del MEPRI.

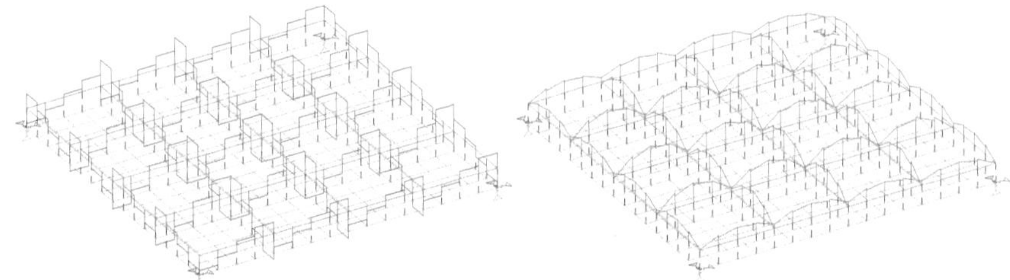

**Figura 8.32** Diagramas de vigas de cimentación, fuerza cortante (izquierda) y momento flector (derecha) calculados con el MECYMCAC y su modelo MEPRI en el modelo acoplado.

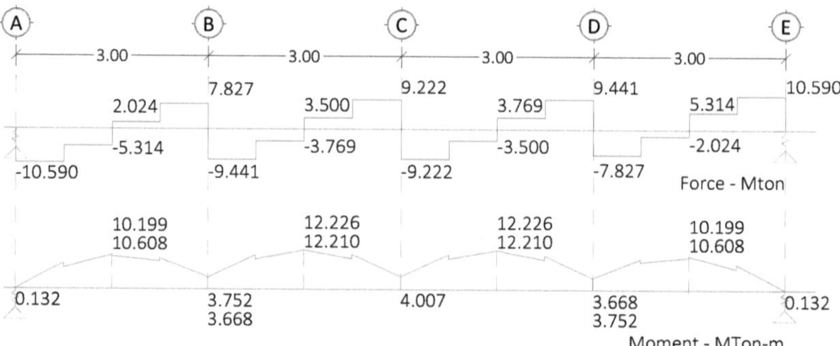


**Figura 8.33** Diagramas de fuerza cortante y momento flector de la viga del eje 1 (ver figura 3.20), calculados con el MECYMCAC y su modelo MEPRI

## - Resultados utilizando el MECYMCAC y su modelo analítico MEPRII

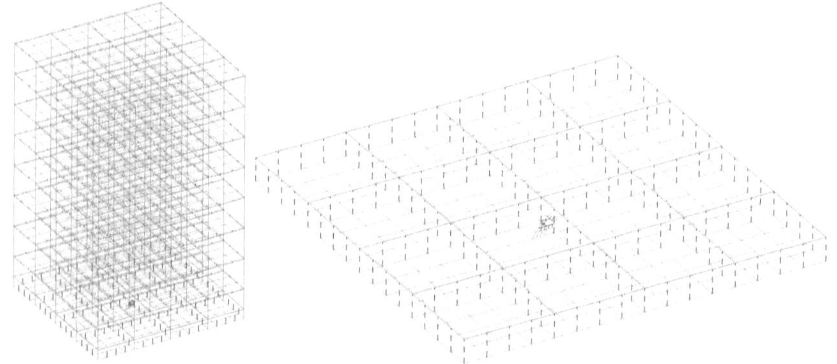

**Figura 8.34** Modelo acoplado para resolverse con el MEPRII (izquierda) y vista de la cimentación (derecha) con las presiones de contacto y los 6 resortes colocados en el centroide de la losa de cimentación.

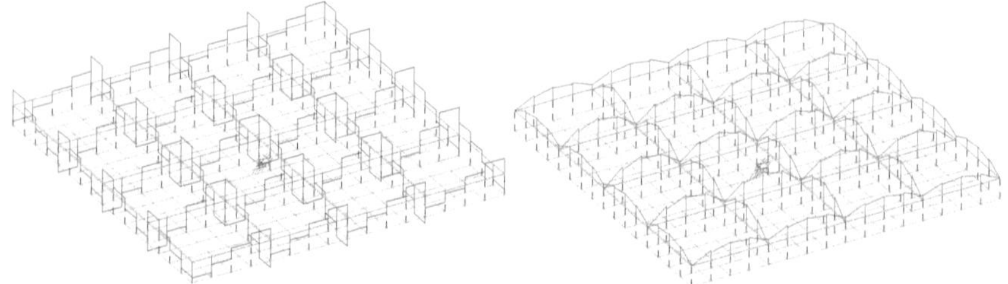

**Figura 8.35** Diagramas de vigas de cimentación, fuerza cortante (izquierda) y momento flector (derecha) calculados con el MECYMCAC y su modelo MEPRII en el modelo acoplado

287

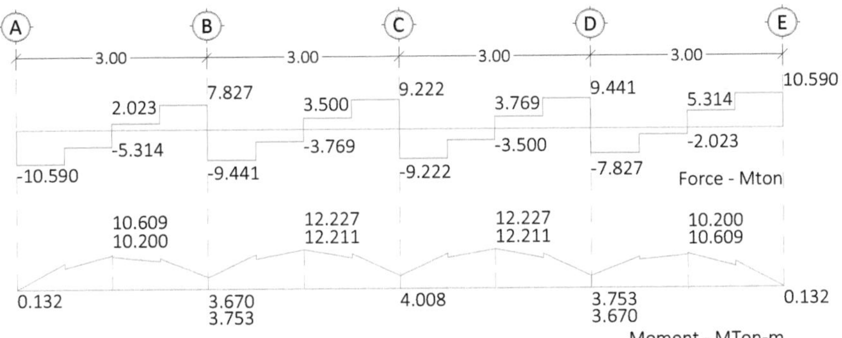


**Figura 8.36** Diagramas de fuerza cortante y momento flector de la viga del eje 1 (ver figura 3.20), calculados con el MECYMCAC y su modelo MEPRII

En la figura 8.29 se muestran la forma del diagrama de fuerzas cortantes y de los momentos de flexión obtenidos con el modelo analítico con resortes y en las figuras 8.32 y 8.35 se muestran la forma del diagrama de fuerzas cortantes y de los momentos de flexión calculados con los modelos del MECYMCAC denominados MEPRI y MEPRII, se observa una similitud en la forma.

En las figuras 8.30, 8.33 y 8.36 se muestran los valores de la fuerza cortante y de los momentos de flexión en secciones transversales correspondientes a los apoyos y longitudes intermedias de la viga del eje 1, calculadas con el modelo analítico con resortes y el MECYMCAC y sus modelos MEPRI y MEPRII. Puede observarse que el valor máximo del momento de flexión de diseño de la figura 8.30 difiere en el 9% con los de las figuras 8.33 y 8.36; por lo tanto, esta diferencia es aceptable. La proximidad en los valores obtenidos con los dos métodos, se debe a que se cumplió con la condición de utilizar para el análisis de la ISE o ISET un mismo número de placas en la losa de cimentación mayor a $1.28 placas/m_{losa}^2$. En lo concerniente al análisis estructural queda demostrado en este ejemplo, que es indiferente utilizar cualquiera de los dos métodos

### 8.6.2 Ejemplos del Capítulo 4

### 8.6.2.1 Losa de cimentación con retícula de vigas y cargas estáticas verticales simétricas

Consideraciones particulares para la aplicación de cada método de análisis estructural.

Para la aplicación del modelo analítico con resortes deben calcularse el módulo de cimentación por área tributaria o módulo de reacción del suelo (resortes) en cada dovela de la figura 8.37; es decir, en un ambiente aparentemente tridimensional; luego entonces,  la estructura de cimentación por resolver mediante la aplicación de este método de análisis estructural, debe contener el tamaño de las secciones transversales de los componentes resistentes, propiedades mecánicas, las fuerzas actuantes de la superestructura del edificio y los módulos de cimentación por área tributaria ubicados en los centroides de cada dovela; los cuales, son los obtenidos del último ciclo del análisis de la ISE en un ambiente aparentemente tridimensional.

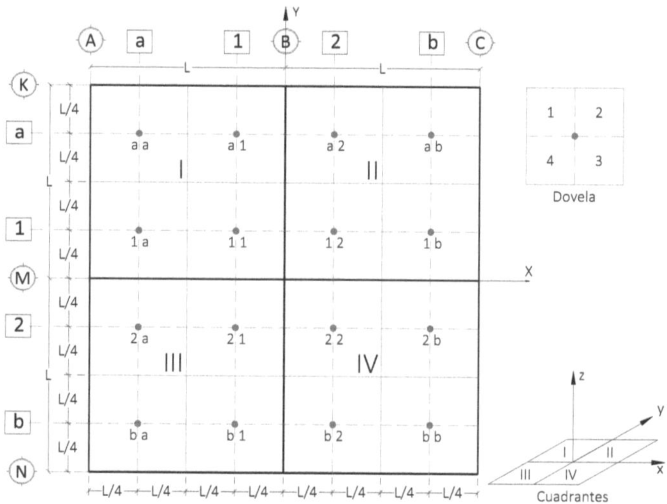

**Figura 8.37** Designación de los centroides de cada dovela

Para obtener los valores de los módulos de cimentación por área tributaria (resortes) ubicados en los centroides de cada dovela, debe procederse de manera similar al cálculo de las presiones de contacto; tal como, se explicó en el Capítulo 4.

Los valores finales de las presiones de contacto y asentamientos en los centroides de cada área tributaria obtenidos de la ISE en el sentido longitudinal, son dados en la tabla 8.1

**Tabla 8.1** Valores medios obtenidos con la ISE longitudinal

| ISE longitudinal | a | 1 | 2 | b |
|---|---|---|---|---|
| $q_m (ton/m^2)$ | 1.60 | 0.927 | 0.927 | 1.60 |
| $\delta_m (m)$ | 0.0739 | 0.0674 | 0.0674 | 0.0739 |

**Tabla 8.2** Asentamiento medio local, asentamiento medio global y factor

| $\overline{\delta}_i$ | $factor = \overline{\delta}_i / \overline{\delta}_m$ |
|---|---|
| 0.0739 | 1.04600 |
| 0.0674 | 0.95400 |
| 0.0674 | 0.95400 |
| 0.0739 | 1.04600 |
| 0.2826 | |
| $\overline{\delta}_m \rightarrow$ | 0.07065 |

Las presiones de contacto, la presión media local, global y el factor fueron calculados con el criterio de Zeevaert, L., (1980) y el ajuste sugerido en el Capítulo 4. Es de nuestro interés obtener los asentamientos en los centroides de cada dovela, para tal fin, es necesario calcular el factor de asentamientos $factor = \overline{\delta}_i / \overline{\delta}_m$ que quedaría para todos los centroides, ver tabla 8.2

**Tabla 8.3** Valores de asentamientos medios en los centroides de cada dovela en un ambiente aparentemente tridimensional

| | | Sentido corto $\lambda = 2.15$ | | | |
|---|---|---|---|---|---|
| | | $factor = \overline{\delta}_i / \overline{\delta}_m$ | | | |
| | | 1.046 | 0.954 | 0.954 | 1.046 |
| S.L. | $\delta_m (m)$ | a | 1 | 2 | b |
| a | 0.0739 | 0.07730 | 0.07050 | 0.07050 | 0.07730 |
| 1 | 0.0674 | 0.07050 | 0.06430 | 0.06430 | 0.07050 |
| 2 | 0.0674 | 0.07050 | 0.06430 | 0.06430 | 0.07050 |
| b | 0.0739 | 0.07730 | 0.07050 | 0.07050 | 0.07730 |

A continuación, en la tabla 8.3 se muestran los valores de los asentamientos medios calculados en el Capítulo 4 en un ambiente aparentemente tridimensional.

**Tabla 8.4** Cálculo de las presiones de contacto en las dovelas de la losa de cimentación en un ambiente aparentemente tridimensional

<table>
<tr><td rowspan="4" style="writing-mode:vertical-lr">Sentido largo $\lambda = 2.15$</td><td colspan="6" align="center">Sentido corto $\lambda = 2.15$</td></tr>
<tr><td colspan="6" align="center">$factor = \bar{q}_i/\bar{q}_m$</td></tr>
<tr><td></td><td></td><td>1.26632</td><td>0.73368</td><td>0.73368</td><td>1.26632</td></tr>
<tr><td>S.L.</td><td>$q_m$</td><td>a</td><td>1</td><td>2</td><td>b</td></tr>
<tr><td>a</td><td>1.60000</td><td>2.02612</td><td>1.17388</td><td>1.17388</td><td>2.02612</td></tr>
<tr><td>1</td><td>0.92700</td><td>1.17388</td><td>0.68012</td><td>0.68012</td><td>1.17388</td></tr>
<tr><td>2</td><td>0.92700</td><td>1.17388</td><td>0.68012</td><td>0.68012</td><td>1.17388</td></tr>
<tr><td>b</td><td>1.60000</td><td>2.02612</td><td>1.17388</td><td>1.17388</td><td>2.02612</td></tr>
</table>

Con apoyo de las tablas 8.3 y 8.4 y sabiendo que el área de cada dovela es $4.6225\ m^2$, se calculan los módulos de reacción cuyos valores se muestran en la tabla 8.5

**Tabla 8.5** Módulos de cimentación por área tributaria $(ton/m)$, ubicados en los centroides de cada dovela de la losa de cimentación en un ambiente aparentemente tridimensional

| Zeevaert | a | 1 | 2 | b |
|---|---|---|---|---|
| **a** | 121.1605 | 76.9690 | 76.9690 | 121.1605 |
| **1** | 76.9690 | 48.8925 | 48.8925 | 76.9690 |
| **2** | 76.9690 | 48.8925 | 48.8925 | 76.9690 |
| **b** | 121.1605 | 76.9690 | 76.9690 | 121.1605 |

- Para la aplicación del MECYMCAC deben considerarse las presiones de contacto dadas en la tabla 8.4 en conformidad a la figura 8.37, para cada una de las 16 dovelas supuestas en la losa de cimentación. Cada dovela está compuesta de 4 placas.

- Para la aplicación del MEPRI se utilizan triadas de resortes colocados en las esquinas de la losa de cimentación, el valor de cada constante de resorte (no módulo de reacción) supuesta es de 1 ton/m, para más información sobre este valor, ver Morales, R. R. (2012b y 2019)

- Para la aplicación del MEPRII se utilizan un conjunto de 6 resortes colocados en el centroide de la losa de cimentación, el valor de cada constante de resorte lineal (no módulo de reacción) supuesta es de 10 ton/m, para más información sobre este valor, ver Morales, R. R. (2012b y 2019).

En la aplicación de los métodos del modelo analítico con resortes y del MECYMCAC se utilizó la estrategia desacoplada.

## - Resultados utilizando el modelo analítico con resortes

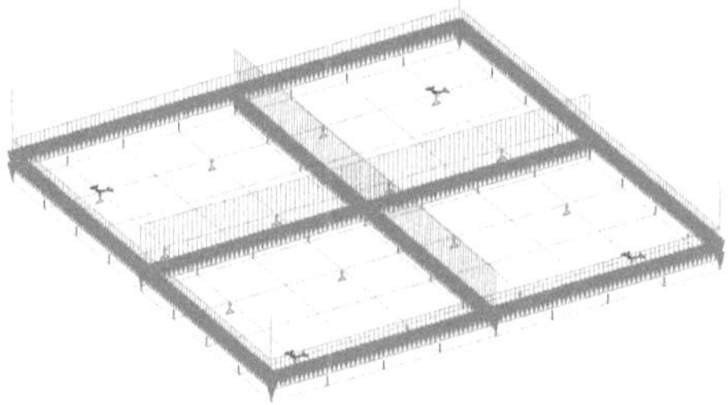

**Figura 8.38** Modelo analítico con resortes ubicados en el centroide de cada dovela, cargas distribuidas en contratrabes y cargas puntuales en las columnas

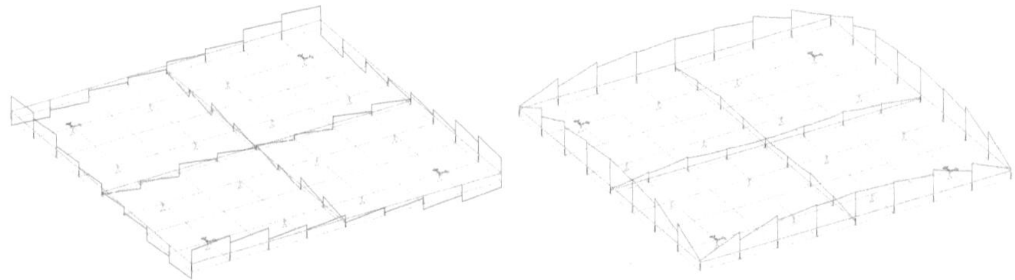

**Figura 8.39** Diagramas de vigas de cimentación, de la fuerza cortante (izquierda) y momento flector (derecha) calculados con el modelo analítico con resortes

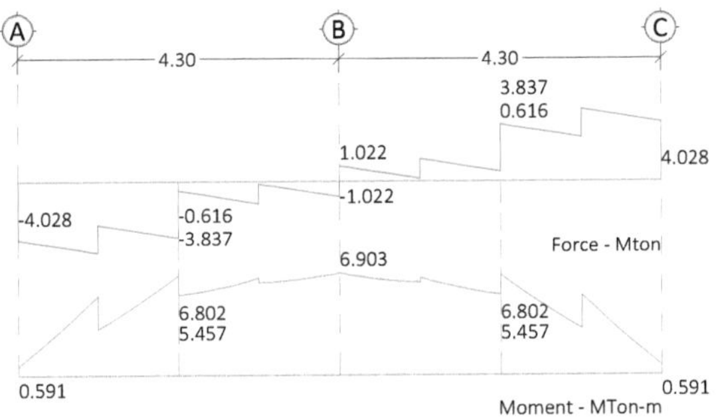


**Figura 8.40** Diagramas de fuerza cortante y momento flector de la viga exterior del eje 1 calculados con el modelo analítico con resortes

# - Resultados utilizando el MECYMCAC y su modelo analítico MEPRI

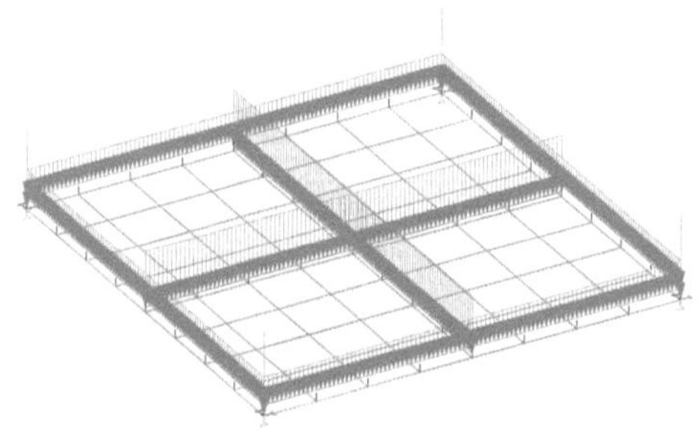

**Figura 8.41** Modelo analítico para resolverse con el MEPRI.

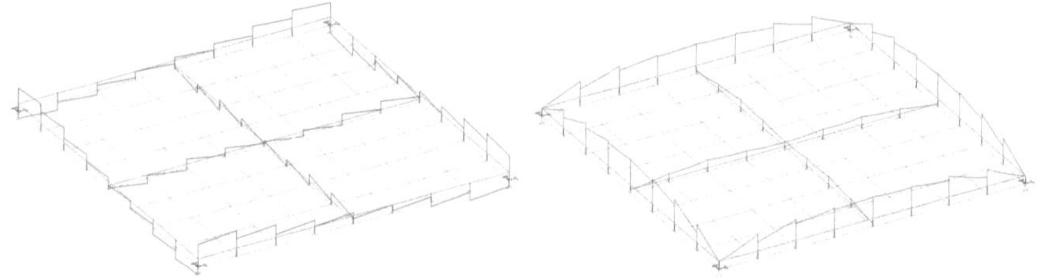

**Figura 8.42** Diagramas de vigas de cimentación, fuerza cortante (izquierda) y momento flector (derecha) calculados con el MECYMCAC y su modelo MEPRI

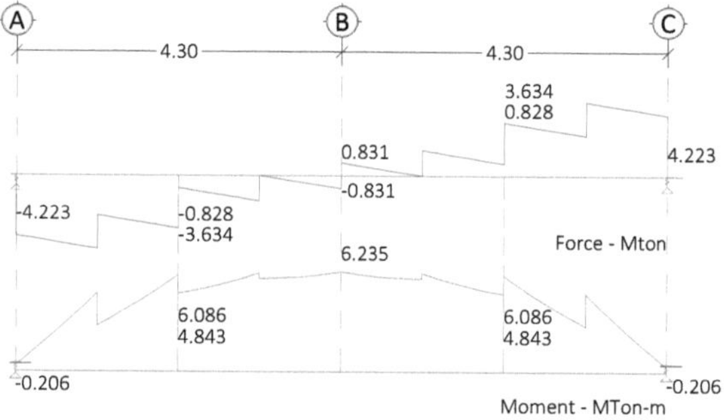


**Figura 8.43** Diagramas de fuerza cortante y momento flector de la viga exterior del eje 1 calculados con el MECYMCAC y su modelo MEPRI

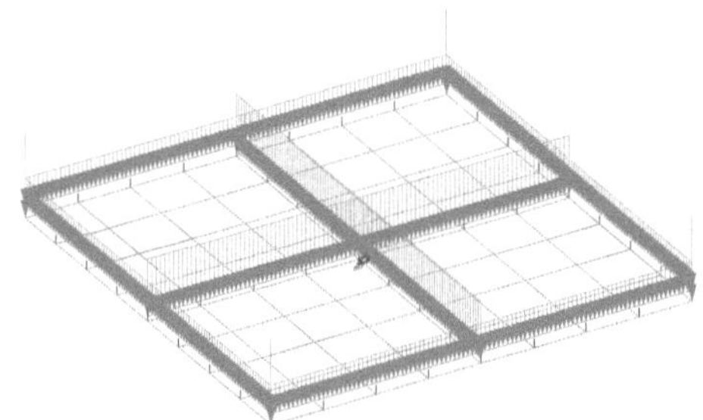

**Figura 8.44** Modelo analítico para resolverse con el MEPRII, puede observarse la colocación de los seis resortes en el centroide de la losa de cimentación, las presiones de contacto y cargas actuantes.

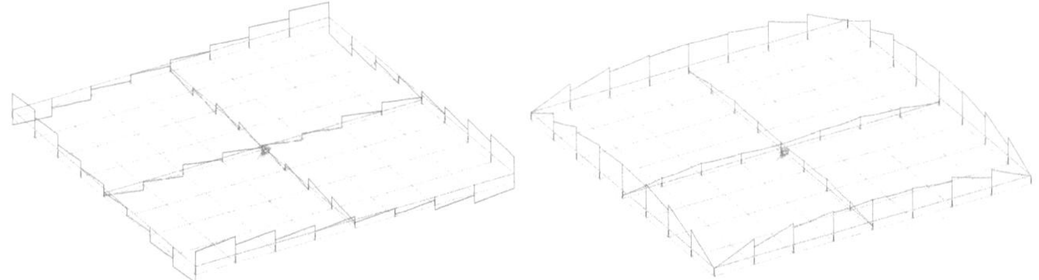

**Figura 8.45** Diagramas de vigas de cimentación, fuerza cortante (izquierda) y momento flector (derecha) calculados con el MECYMCAC y su modelo MEPRII

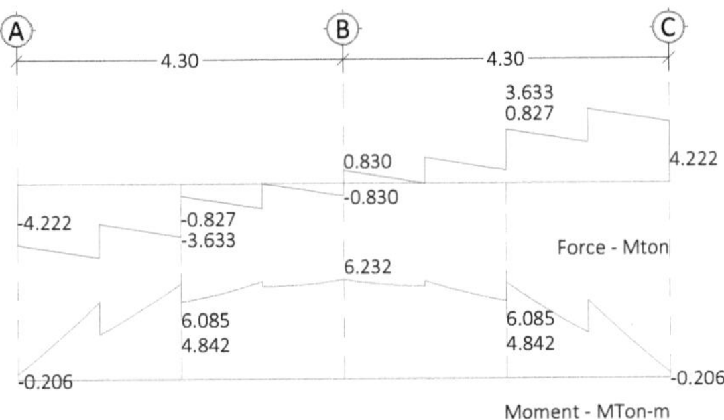


**Figura 8.46** Diagramas de fuerza cortante y momento flector de la viga exterior del eje 1 calculados con el MECYMCAC y su modelo MEPRII

En la figura 8.39 se muestran la forma del diagrama de fuerzas cortantes y de los momentos de flexión obtenidos con el modelo analítico con resortes y en las figuras 8.42 y 8.45 se muestran la forma del diagrama de fuerzas cortantes y de los momentos de flexión   calculados con los modelos del MECYMCAC denominados MEPRI y MEPRII, se observa una similitud entre ellas.

En las figuras 8.40, 8.43 y 8.46 se muestran los valores de la fuerza cortante y de los momentos de flexión en secciones transversales correspondientes a los apoyos y longitudes intermedias de la viga del eje 1, calculadas con el modelo analítico con resortes y el MECYMCAC y sus modelos MEPRI y MEPRII. Este ejemplo se resolvió con pocas placas para visualizar el análisis de la ISET paso a paso, está fue la razón por la que no se cumplió con la sugerencia de utilizar $1.28 placas/m_{losa}^2$.

### 8.6.2.2 Losa de cimentación con retícula de vigas apoyada en suelo blando

Consideraciones particulares para la aplicación de cada método de análisis estructural.

Para la aplicación del modelo analítico con resortes deben calcularse el módulo de cimentación por área tributaria o módulo de reacción del suelo (resortes) en cada dovela de la figura 8.47; es decir, en un ambiente aparentemente tridimensional; luego entonces,  la estructura de cimentación por resolver mediante la aplicación de este método de análisis estructural, debe contener el tamaño de las secciones transversales de los componentes resistentes, propiedades mecánicas, las fuerzas actuantes de la superestructura del edificio y los módulos de cimentación por área tributaria ubicados en los centroides de cada dovela; los cuales, son los obtenidos del último ciclo del análisis de la ISE en un ambiente aparentemente tridimensional.

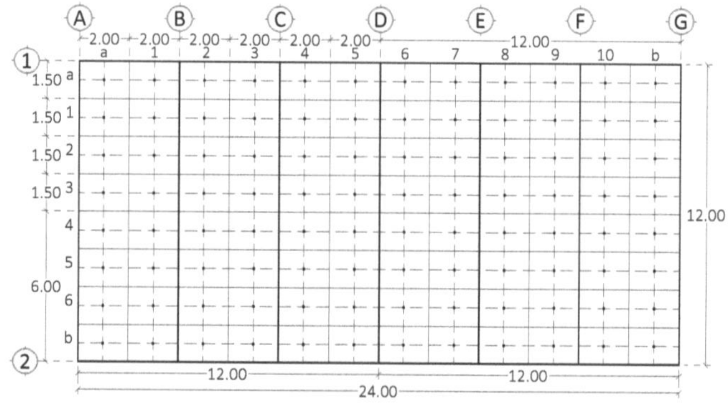

**Figura 8.47** Designación de los centroides de cada dovela

Para obtener los valores de los módulos de cimentación por área tributaria ubicados en los centroides de cada dovela, debe procederse de manera similar al cálculo de las presiones de contacto; tal como, se explicó en el Capítulo 4.

Los valores finales de las presiones de contacto y asentamientos en los centroides de cada área tributaria obtenidos de la ISE en el sentido longitudinal, son dados en la tabla 8.6

**Tabla 8.6** Valores medios obtenidos con la ISE longitudinal

| ISE longitudinal | a | 1 | 2 | 3 | 4 | 5 | 6 | 7 | 8 | 9 | 10 | b |
|---|---|---|---|---|---|---|---|---|---|---|---|---|
| $q_m$ $(ton/m^2)$ | 11.713 | 6.532 | 6.936 | 6.609 | 6.406 | 6.247 | 6.247 | 6.406 | 6.609 | 6.936 | 6.532 | 11.713 |
| $\delta_m$ $(m)$ | 0.167 | 0.169 | 0.171 | 0.171 | 0.171 | 0.170 | 0.170 | 0.171 | 0.171 | 0.171 | 0.169 | 0.167 |

Las presiones de contacto, la presión media y el factor fueron calculados despues de realizar el análisis de la ISE en las dos direcciones de la cimentación. En las tablas 8.7, 8.8 y 8.9 se proporcionanan los valores de las presiones de contacto, asentamientos medios y módulos de reacción de cada una de las 96 dovelas consideradas.

**Tabla 8.7** Presiones de contacto $q_{ij}$ en $(ton/m^2)$ en cada dovela de la losa de cimentación en un ambiente aparentemente tridimensional

| $q_{ij}$ | a | 1 | 2 | 3 | 4 | 5 | 6 | 7 | 8 | 9 | 10 | b |
|---|---|---|---|---|---|---|---|---|---|---|---|---|
| a | 23.609 | 13.166 | 13.98 | 13.321 | 12.912 | 12.591 | 12.591 | 12.912 | 13.321 | 13.98 | 13.166 | 23.609 |
| 1 | 7.625 | 4.252 | 4.515 | 4.302 | 4.17 | 4.067 | 4.067 | 4.17 | 4.302 | 4.515 | 4.252 | 7.625 |
| 2 | 8.378 | 4.672 | 4.961 | 4.727 | 4.582 | 4.468 | 4.468 | 4.582 | 4.727 | 4.961 | 4.672 | 8.378 |
| 3 | 7.241 | 4.038 | 4.288 | 4.086 | 3.96 | 3.862 | 3.862 | 3.96 | 4.086 | 4.288 | 4.038 | 7.241 |
| 4 | 7.241 | 4.038 | 4.288 | 4.086 | 3.96 | 3.862 | 3.862 | 3.96 | 4.086 | 4.288 | 4.038 | 7.241 |
| 5 | 8.378 | 4.672 | 4.961 | 4.727 | 4.582 | 4.468 | 4.468 | 4.582 | 4.727 | 4.961 | 4.672 | 8.378 |
| 6 | 7.625 | 4.252 | 4.515 | 4.302 | 4.17 | 4.067 | 4.067 | 4.17 | 4.302 | 4.515 | 4.252 | 7.625 |
| b | 23.609 | 13.166 | 13.98 | 13.321 | 12.912 | 12.591 | 12.591 | 12.912 | 13.321 | 13.98 | 13.166 | 23.609 |

Para la obtención de los asentamientos medios en cada dovela, se procedio de manera similar al calculo de las presiones; es decir, se utilzó el factor de ajuste.

**Tabla 8.8** Asentamientos medios $\delta_{ij}$ en $(m)$ en los centroides de las dovelas consideradas

| $\delta_{ij}$ | a | 1 | 2 | 3 | 4 | 5 | 6 | 7 | 8 | 9 | 10 | b |
|---|---|---|---|---|---|---|---|---|---|---|---|---|
| a | 0.181 | 0.183 | 0.185 | 0.185 | 0.185 | 0.184 | 0.184 | 0.185 | 0.185 | 0.185 | 0.183 | 0.181 |
| 1 | 0.170 | 0.172 | 0.174 | 0.174 | 0.174 | 0.173 | 0.173 | 0.174 | 0.174 | 0.174 | 0.172 | 0.170 |
| 2 | 0.160 | 0.162 | 0.164 | 0.164 | 0.164 | 0.163 | 0.163 | 0.164 | 0.164 | 0.164 | 0.162 | 0.160 |
| 3 | 0.157 | 0.159 | 0.160 | 0.160 | 0.160 | 0.159 | 0.159 | 0.160 | 0.160 | 0.160 | 0.159 | 0.157 |
| 4 | 0.157 | 0.159 | 0.160 | 0.160 | 0.160 | 0.159 | 0.159 | 0.160 | 0.160 | 0.160 | 0.159 | 0.157 |
| 5 | 0.160 | 0.162 | 0.164 | 0.164 | 0.164 | 0.163 | 0.163 | 0.164 | 0.164 | 0.164 | 0.162 | 0.160 |
| 6 | 0.170 | 0.172 | 0.174 | 0.174 | 0.174 | 0.173 | 0.173 | 0.174 | 0.174 | 0.174 | 0.172 | 0.170 |
| b | 0.181 | 0.183 | 0.185 | 0.185 | 0.185 | 0.184 | 0.184 | 0.185 | 0.185 | 0.185 | 0.183 | 0.181 |

**Tabla 8.9** Módulos de reacción $k_{ij}$ en $(ton/m)$, ubicados en los centroides de cada dovela de la losa de cimentación en un ambiente aparentemente tridimensional

| $k_{ij}$ | a | 1 | 2 | 3 | 4 | 5 | 6 | 7 | 8 | 9 | 10 | b |
|---|---|---|---|---|---|---|---|---|---|---|---|---|
| a | 391.88 | 215.96 | 226.63 | 215.94 | 209.31 | 205.31 | 205.31 | 209.31 | 215.94 | 226.63 | 215.96 | 391.88 |
| 1 | 134.41 | 74.07 | 77.73 | 74.06 | 71.79 | 70.43 | 70.43 | 71.79 | 74.06 | 77.73 | 74.07 | 134.41 |
| 2 | 156.65 | 86.32 | 90.59 | 86.32 | 83.67 | 82.07 | 82.07 | 83.67 | 86.32 | 90.59 | 86.32 | 156.65 |
| 3 | 138.68 | 76.42 | 80.20 | 76.43 | 74.07 | 72.66 | 72.66 | 74.07 | 76.43 | 80.20 | 76.42 | 138.68 |
| 4 | 138.68 | 76.42 | 80.20 | 76.43 | 74.07 | 72.66 | 72.66 | 74.07 | 76.43 | 80.20 | 76.42 | 138.68 |
| 5 | 156.65 | 86.32 | 90.59 | 86.32 | 83.67 | 82.07 | 82.07 | 83.67 | 86.32 | 90.59 | 86.32 | 156.65 |
| 6 | 134.41 | 74.07 | 77.73 | 74.06 | 71.79 | 70.43 | 70.43 | 71.79 | 74.06 | 77.73 | 74.07 | 134.41 |
| b | 391.88 | 215.96 | 226.63 | 215.94 | 209.31 | 205.31 | 205.31 | 209.31 | 215.94 | 226.63 | 215.96 | 391.88 |

Con apoyo de las tablas 8.7 y 8.8 y sabiendo que el área de cada dovela es 3.00 $m^2$, se calculan los módulos de reacción cuyos valores se muestran en la tabla 8.9

- Para la aplicación del MECYMCAC deben considerarse las presiones de contacto dadas en la tabla 8.9 en conformidad a la figura 8.47, para cada una de las 96 dovelas supuestas en la losa de cimentación. Cada dovela está compuesta de 4 placas.

- Para la aplicación del MEPRI se utilizan triadas de resortes colocados en las esquinas de la losa de cimentación, el valor de cada constante de resorte (no módulo de reacción) supuesta es de 1 ton/m, para más información sobre este valor, ver Morales, R. R. (2012b y 2019)

- Para la aplicación del MEPRII se utilizan un conjunto de 6 resortes colocados en el centroide de la losa de cimentación, el valor de cada constante de resorte lineal (no módulo de reacción) supuesta es de 10 ton/m, para más información sobre este valor, ver Morales, R. R. (2012b y 2019).

En la aplicación de los métodos del modelo analítico con resortes y del MECYMCAC se utilizó la estrategia desacoplada.

## - Resultados utilizando el modelo analítico con resortes

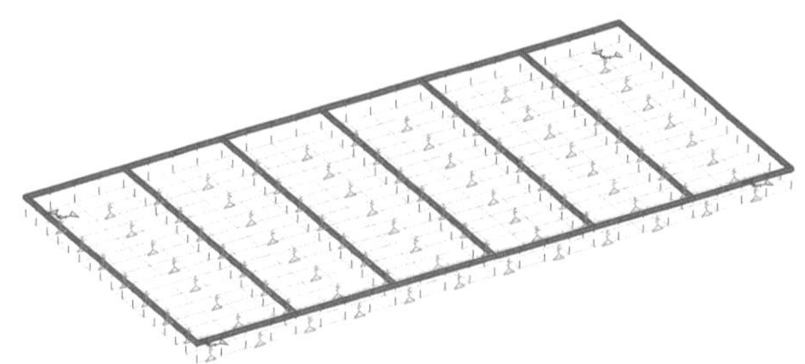

**Figura 8.48** Modelo analítico con resortes de ubicados en el centroide de cada dovela

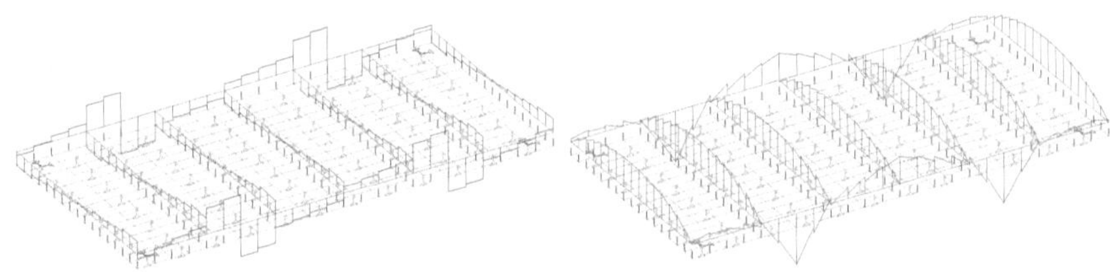

**Figura 8.49** Diagramas de vigas de cimentación, de la fuerza cortante (izquierda) y momento flector (derecha) calculados con el modelo analítico con resortes

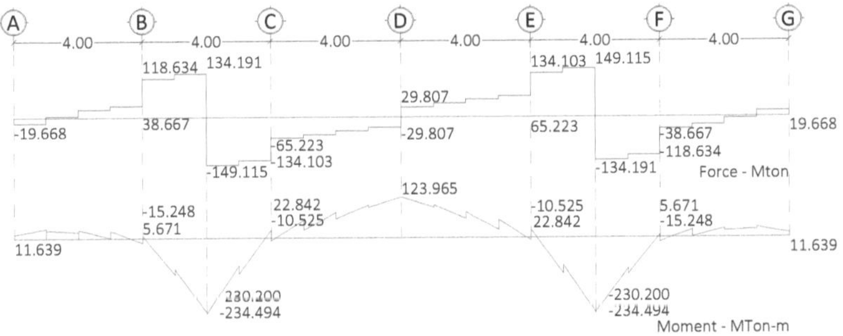


**Figura 8.50** Diagramas de fuerza cortante y momento flector de la viga del eje 2 calculados con el modelo analítico con resortes mediante el método de rigideces.

298

## - Resultados utilizando el MECYMCAC y su modelo analítico MEPRI

La estructura de cimentación por resolver mediante la aplicación del MECYMAC y su modelo analitico denominado MEPRI, debe contener el tamaño de las secciones transversales de los componentes resistentes, propiedades mecánicas, las fuerzas actuantes de la superestructura del edificio, las presiones de contacto calculadas con el análisis de la ISE en un ambiente aparentemente tridimensional y la ubicación de los resortes ficticios de donde emana el nombre de MEPRI.

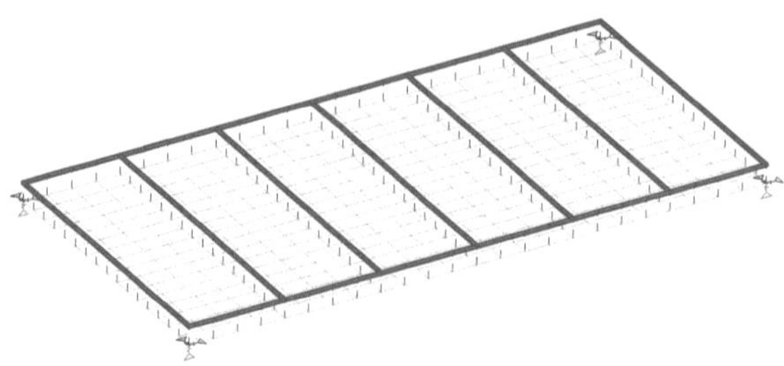

**Figura 8.51** Modelo resuelto con el MEPRI, donde pueden observarse en las esquinas las triadas de resortes con constantes supuestas.

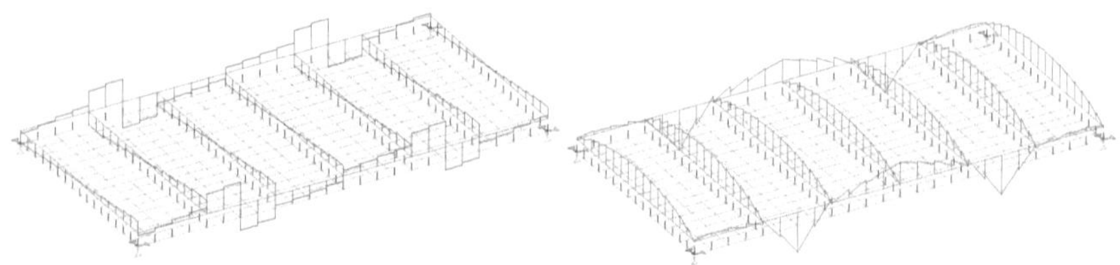

**Figura 8.52** Diagramas de vigas de cimentación, fuerza cortante (izquierda) y momento flector (derecha) calculados con el MECYMCAC y su modelo MEPRI

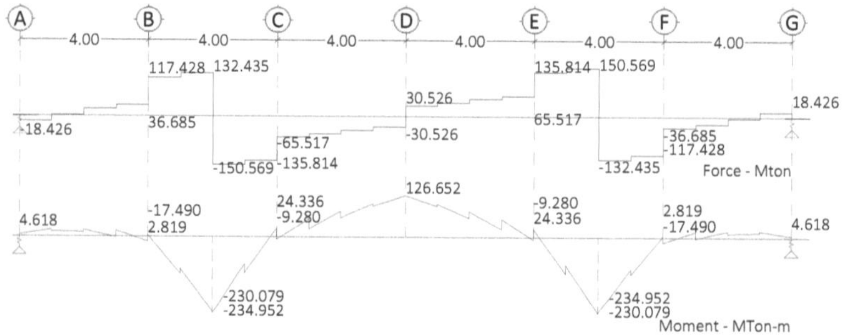


**Figura 8.53** Diagramas de fuerza cortante y momento flector de la viga del eje 1 calculados con el MECYMCAC y su modelo MEPRI

**- Resultados utilizando el MECYMCAC y su modelo analítico MEPRII**

La estructura de cimentación por resolver mediante la aplicación del MECYMAC y su modelo analitico denominado MEPRII, debe contener el tamaño de las secciones transversales de los componentes resistentes, propiedades mecánicas, las fuerzas actuantes de la superestructura del edificio, las presiones de contacto calculadas con el análisis de la ISE en un ambiente aparentemente tridimensional y la ubicación de los resortes ficticios en el centroide de la cimentación.

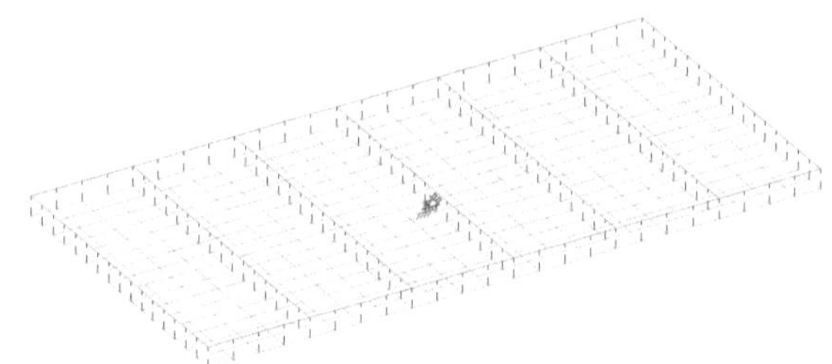

**Figura 8.54** Modelo para resolverse con el MEPRII, puede observarse la colocación de los seis resortes en el centroide de la losa de cimentación

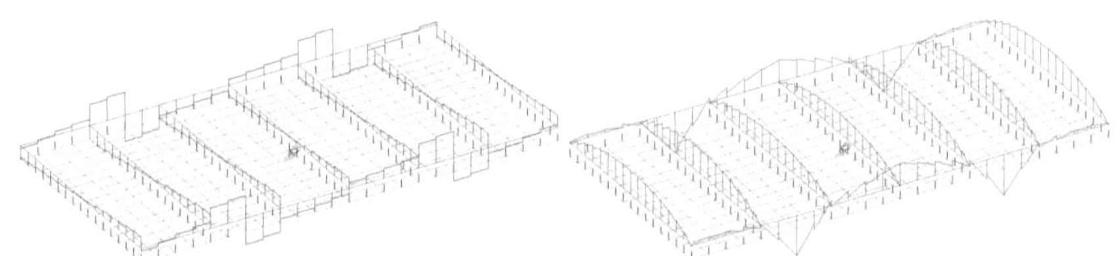

**Figura 8.55** Diagramas de vigas de cimentación, fuerza cortante (izquierda) y momento flector (derecha) calculados con el MECYMCAC y su modelo MEPRII

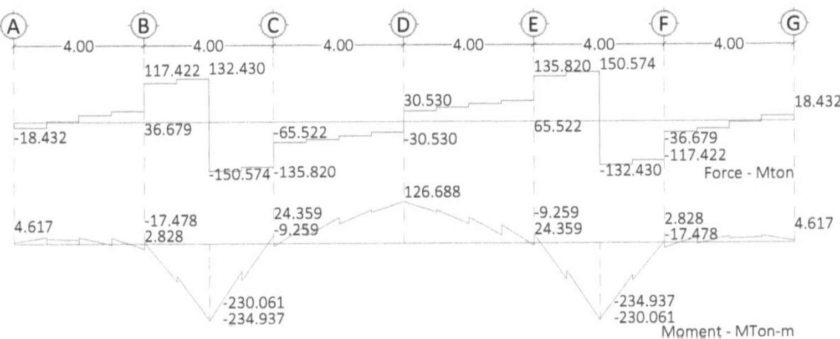


**Figura 8.56** Diagramas de fuerza cortante y momento flector de la viga del eje 2 calculados con el MECYMCAC y su modelo MEPRII

En la figura 8.49 se muestran la forma del diagrama de fuerzas cortantes y de los momentos de flexión obtenidos con el modelo analítico con resortes y en las figuras 8.52 y 8.55 se muestran la forma del diagrama de fuerzas cortantes y de los momentos de flexión  calculados con los modelos del MECYMCAC denominados MEPRI y MEPRII, se observa una similitud en la forma.

En las figuras 8.50, 8.53 y 8.56 se muestran los valores de la fuerza cortante y de los momentos de flexión en secciones transversales correspondientes a los apoyos y longitudes intermedias de la viga del eje 2, calculadas con el modelo analítico con resortes y el MECYMCAC y sus modelos MEPRI y MEPRII. La proximidad en los valores obtenidos con los dos métodos, se debe a que se cumplió con la condición de utilizar para el análisis de la ISE o ISET un mismo arreglo y número de placas en la losa de cimentación mayor a $1.28 placas/m_{losa}^2$. En lo concerniente al análisis estructural queda demostrado en este ejemplo, que es indiferente utilizar cualquiera de los dos métodos; ya que, los resultados encontrados son válidos utilizarlos con fines de ingeniería.

### 8.6.3 Ejemplos del Capítulo 5

### 8.6.3.1 Losa de cimentación con retícula de vigas y cargas estáticas verticales simétricas

Consideraciones particulares para la aplicación de cada método de análisis estructural.

Para la aplicación del modelo analítico con resortes deben calcularse el módulo de cimentación por área tributaria o módulo de reacción del suelo (resortes) en cada dovela de la figura 8.57; es decir, en un ambiente tridimensional; luego entonces,  la estructura de cimentación por resolver mediante la aplicación de este método de análisis estructural, debe contener el tamaño de las secciones transversales de los componentes resistentes, propiedades mecánicas, las fuerzas actuantes de la superestructura del edificio y los módulos de cimentación por área tributaria ubicados en los centroides de cada dovela; los cuales, son los obtenidos del último ciclo del análisis de la ISET en un ambiente tridimensional.

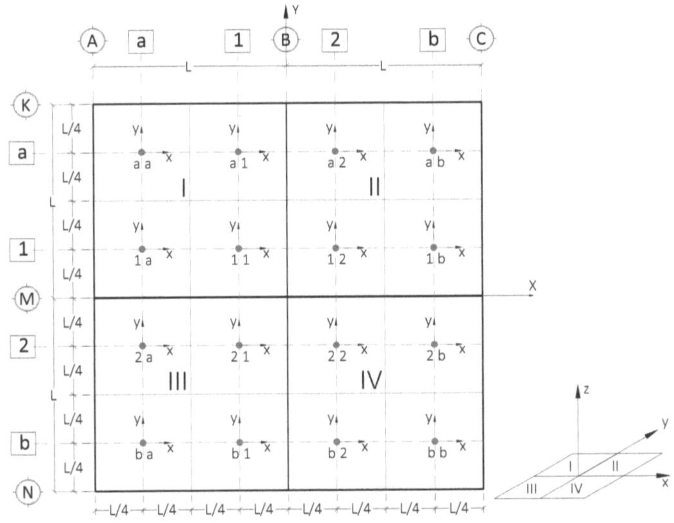

**Figura 8.57** Designación de los centroides de cada dovela

Los valores de los módulos de cimentación por área tributaria o módulos de reacción en los centroides de cada dovela, se obtienen directamente del último ciclo del proceso iterativo; tal como, se explicó en el Capítulo 5. En la tabla 8.10 se muestran los valores de interés

**Tabla 8.10** Módulos de reacción $k_{ij}$ en $(ton/m)$, en cada centroide de las dovelas supuestas

| $k_{ij}$ | a | 1 | 2 | b |
|---|---|---|---|---|
| a | 129.893 | 91.203 | 91.203 | 129.893 |
| 1 | 91.203 | 53.303 | 53.303 | 91.203 |
| 2 | 91.203 | 53.303 | 53.303 | 91.203 |
| b | 129.893 | 91.203 | 91.203 | 129.893 |

- Para la aplicación del MECYMCAC deben considerarse las presiones de contacto dadas en la tabla 8.11, para cada una de las 16 dovelas supuestas en la losa de cimentación. Cada dovela está compuesta de 4 placas.

**Tabla 8.11** Presiones de contacto $q_{ij}$ $(ton/m^2)$ en cada dovela de la losa de cimentación en un ambiente tridimensional

| $q_{ij}$ | a | 1 | 2 | b |
|---|---|---|---|---|
| a | 1.8600 | 1.2500 | 1.2500 | 1.8600 |
| 1 | 1.2500 | 0.6930 | 0.6930 | 1.2500 |
| 2 | 1.2500 | 0.6930 | 0.6930 | 1.2500 |
| b | 1.8600 | 1.2500 | 1.2500 | 1.8600 |

- Para la aplicación del MEPRI se utilizan triadas de resortes colocados en las esquinas de la losa de cimentación, el valor de cada constante de resorte (no módulo de reacción) supuesta es de 1 ton/m, para más información sobre este valor, ver Morales, R. R. (2012b y 2019)

- Para la aplicación del MEPRII se utilizan un conjunto de 6 resortes colocados en el centroide de la losa de cimentación, el valor de cada constante de resorte lineal (no módulo de reacción) supuesta es de 10 ton/m, para más información sobre este valor, ver Morales, R. R. (2012b y 2019).

En la aplicación de los métodos del modelo analítico con resortes y del MECYMCAC se utilizó la estrategia desacoplada.

## - Resultados utilizando el modelo analítico con resortes

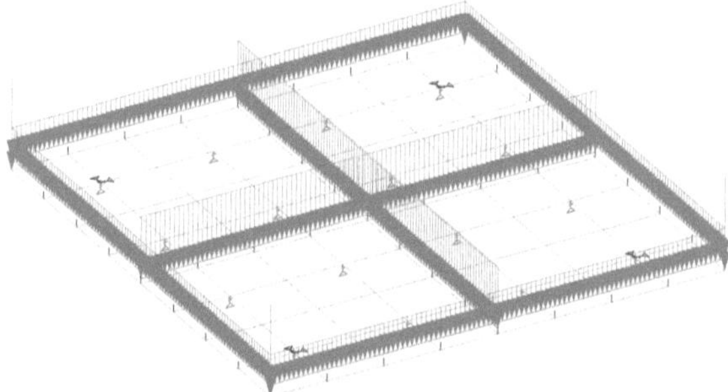

**Figura 8.58** Modelo analítico con resortes de ubicados en el centroide de cada dovela

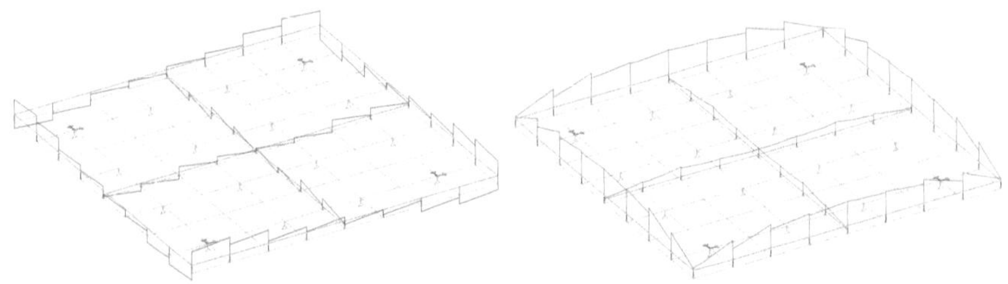

**Figura 8.59** Diagramas de vigas de cimentación, de la fuerza cortante (izquierda) y momento flector (derecha) calculados con el modelo analítico con resortes

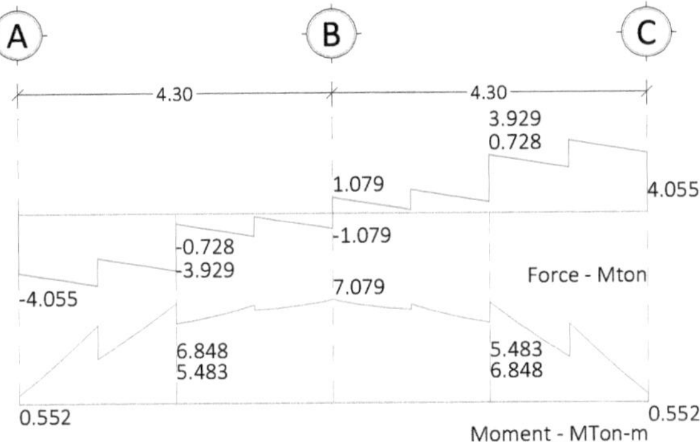


**Figura 8.60** Diagramas de fuerza cortante y momento flector de la viga del eje K calculados con el modelo analítico con resortes

## - Resultados utilizando el MECYMCAC y su modelo analítico MEPRI

La estructura de cimentación por resolver mediante la aplicación del MECYMCAC y su modelo analítico denominado MEPRII, debe contener el tamaño de las secciones transversales de los componentes resistentes, propiedades mecánicas, las fuerzas actuantes de la superestructura del edificio, las presiones de contacto calculadas con el análisis de la ISE en un ambiente aparentemente tridimensional y la ubicación de los resortes ficticios en el centroide de la cimentación.

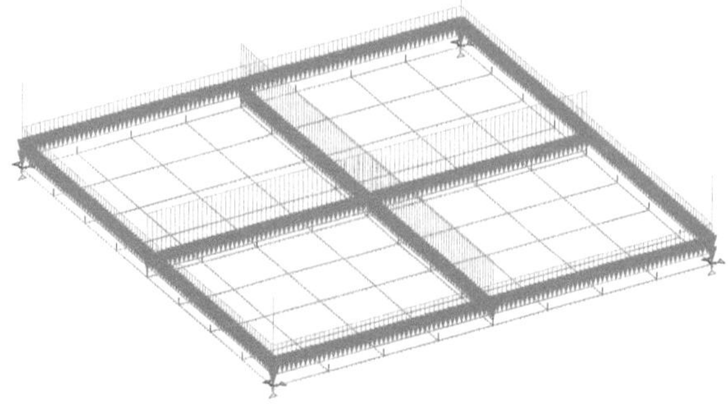

**Figura 8.61** Modelo para resolverse con el MECYMCAC y su modelo analítico MEPRI.

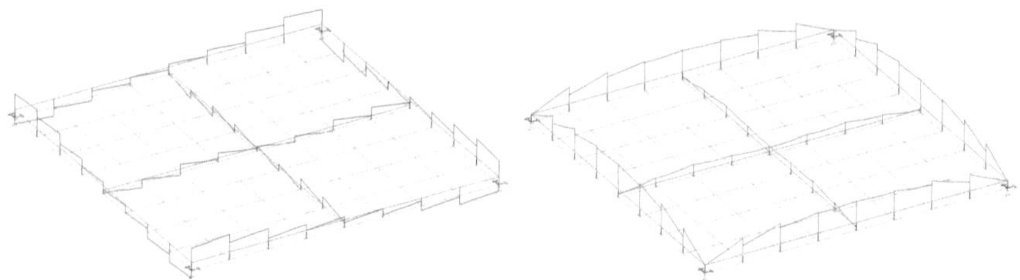

**Figura 8.62** Diagramas de vigas de cimentación, fuerza cortante (izquierda) y momento flector (derecha) calculados con el MECYMCAC y su modelo MEPRI

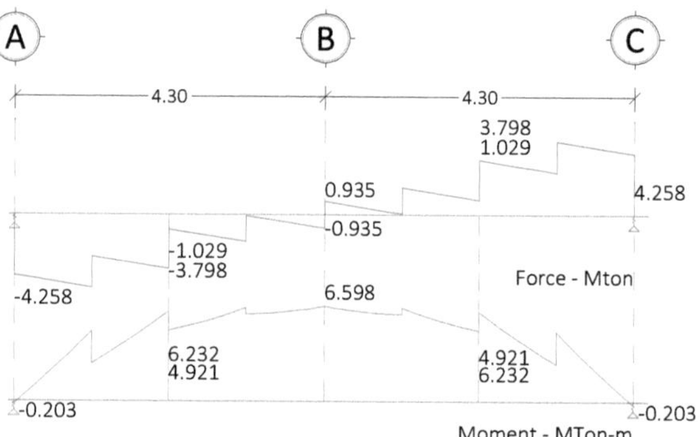


**Figura 8.63** Diagramas de fuerza cortante y momento flector de la viga del eje K calculados con el MECYMCAC y su modelo analítico MEPRI

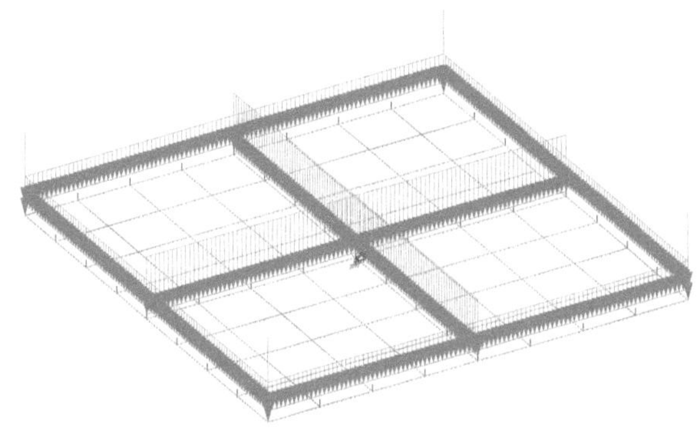

**Figura 8.64** Modelo para resolverse con el MEPRII, puede observarse la colocación de los seis resortes en el centroide de la losa de cimentación

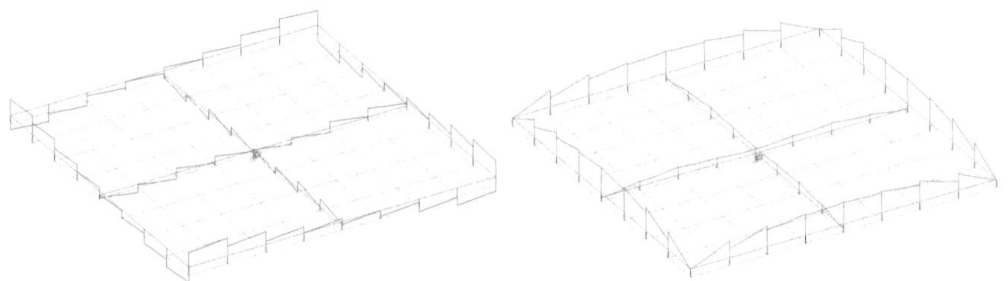

**Figura 8.65** Diagramas de vigas de cimentación, fuerza cortante (izquierda) y momento flector (derecha) calculados con el MECYMCAC y su modelo MEPRII

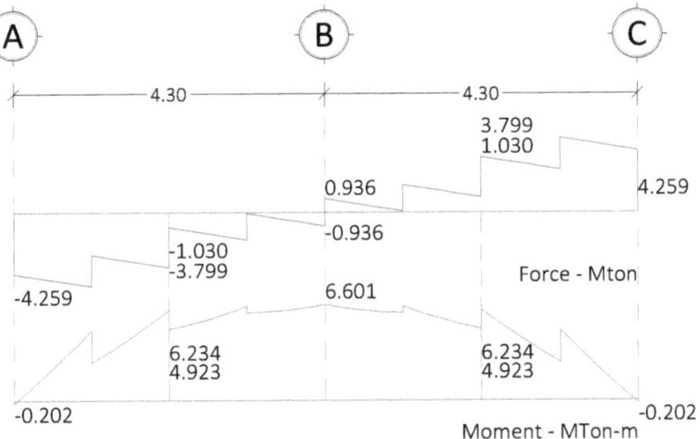


**Figura 8.66** Diagramas de fuerza cortante y momento flector de la viga del eje K calculados con el MECYMCAC y su modelo MEPRII

En la figura 8.59 se muestran la forma del diagrama de fuerzas cortantes y de los momentos de flexión obtenidos con el modelo analítico con resortes y en las figuras 8.62 y 8.65 se muestran la forma del diagrama de fuerzas cortantes y de los momentos de flexión  calculados con los modelos del MECYMCAC denominados MEPRI y MEPRII, se observa una similitud en la forma.

En las figuras 8.60, 8.63 y 8.66 se muestran los valores de la fuerza cortante y de los momentos de flexión en secciones transversales correspondientes a los apoyos y longitudes intermedias de la viga del eje K, calculadas con el modelo analítico con resortes y el MECYMCAC y sus modelos MEPRI y MEPRII. La proximidad en los valores obtenidos con los dos métodos, se debe a que se cumplió con la condición de utilizar para el análisis de la ISE o ISET un mismo arreglo y número de placas en la losa de cimentación mayor a $1.28placas/m_{losa}^2$. En lo concerniente al análisis estructural queda demostrado en este ejemplo, que es indiferente utilizar cualquiera de los dos métodos; ya que, los resultados encontrados son válidos utilizarlos con fines de ingeniería.

### 8.6.3.2 Losa de cimentación con retícula de vigas apoyada en suelo blando

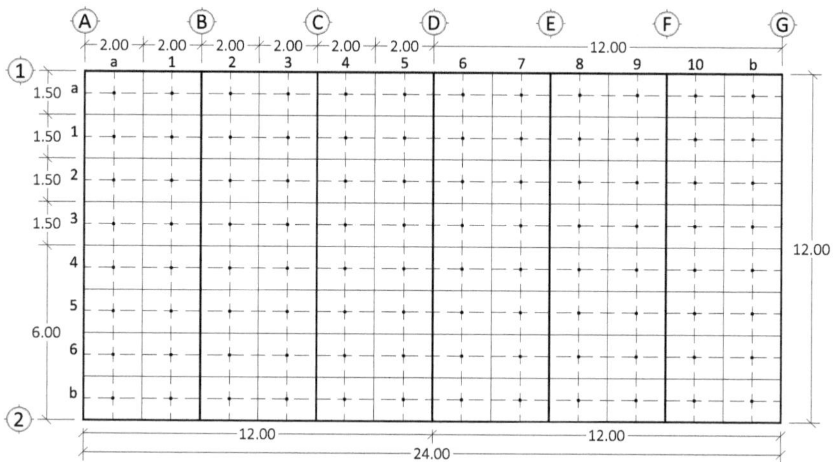

**Figura 8.67** Designación de los centroides de cada dovela

Para la aplicación del modelo analítico con resortes deben calcularse el módulo de cimentación por área tributaria o módulo de reacción del suelo (resortes) en cada dovela de la figura 8.67; es decir, en un ambiente tridimensional; luego entonces,  la estructura de cimentación por resolver mediante la aplicación de este método de análisis estructural, debe contener el tamaño de las secciones transversales de los componentes resistentes, propiedades mecánicas, las fuerzas actuantes de la superestructura del edificio y los módulos de cimentación por área tributaria ubicados en los centroides de cada dovela; los cuales, son los obtenidos del último ciclo del análisis de la ISET en un ambiente tridimensional.

Los valores de los módulos de cimentación por área tributaria o módulos de reacción en los centroides de cada dovela, se obtienen directamente del último ciclo del proceso iterativo; tal como, se explicó en el Capítulo 5. En la tabla 8.12 se muestran los valores de interés

**Tabla 8.12** Módulos de cimentación $k_{ij}$ $(ton/m)$ por área tributaria obtenidos de un análisis de ISET

| $k_{ij}$ | a | 1 | 2 | 3 | 4 | 5 | 6 | 7 | 8 | 9 | 10 | b |
|---|---|---|---|---|---|---|---|---|---|---|---|---|
| a | 371.316 | 240.436 | 246.228 | 235.618 | 228.034 | 224.080 | 224.080 | 228.034 | 235.618 | 246.228 | 240.436 | 371.316 |
| 1 | 177.563 | 90.047 | 95.347 | 89.878 | 87.317 | 85.125 | 85.125 | 87.317 | 89.878 | 95.347 | 90.047 | 177.563 |
| 2 | 207.494 | 109.780 | 114.914 | 107.628 | 103.806 | 100.949 | 100.949 | 103.806 | 107.628 | 114.914 | 109.780 | 207.494 |
| 3 | 192.344 | 99.943 | 104.539 | 97.900 | 94.429 | 91.859 | 91.859 | 94.429 | 97.900 | 104.539 | 99.943 | 192.344 |
| 4 | 192.344 | 99.943 | 104.539 | 97.900 | 94.429 | 91.859 | 91.859 | 94.429 | 97.900 | 104.539 | 99.943 | 192.344 |
| 5 | 207.494 | 109.780 | 114.914 | 107.628 | 103.806 | 100.949 | 100.949 | 103.806 | 107.628 | 114.914 | 109.780 | 207.494 |
| 6 | 177.563 | 90.047 | 95.347 | 89.878 | 87.317 | 85.125 | 85.125 | 87.317 | 89.878 | 95.347 | 90.047 | 177.563 |
| b | 371.316 | 240.436 | 246.228 | 235.618 | 228.034 | 224.080 | 224.080 | 228.034 | 235.618 | 246.228 | 240.436 | 371.316 |

- Para la aplicación del MECYMCAC deben considerarse las presiones de contacto dadas en la tabla 8.13, para cada una de las 96 dovelas supuestas en la losa de cimentación. Cada dovela está compuesta de 4 placas.

**Tabla 8.13** Presiones de contacto $q_{ij}$ $(ton/m^2)$ obtenidas con un análisis de ISET

| $q_{ij}$ | a | 1 | 2 | 3 | 4 | 5 | 6 | 7 | 8 | 9 | 10 | b |
|---|---|---|---|---|---|---|---|---|---|---|---|---|
| a | 18.607 | 12.127 | 12.506 | 11.938 | 11.420 | 11.124 | 11.124 | 11.420 | 11.938 | 12.506 | 12.127 | 18.607 |
| 1 | 8.716 | 4.453 | 4.750 | 4.473 | 4.307 | 4.165 | 4.165 | 4.307 | 4.473 | 4.750 | 4.453 | 8.716 |
| 2 | 10.029 | 5.348 | 5.645 | 5.288 | 5.062 | 4.886 | 4.886 | 5.062 | 5.288 | 5.645 | 5.348 | 10.029 |
| 3 | 9.224 | 4.832 | 5.100 | 4.779 | 4.578 | 4.421 | 4.421 | 4.578 | 4.779 | 5.100 | 4.832 | 9.224 |
| 4 | 9.224 | 4.832 | 5.100 | 4.779 | 4.578 | 4.421 | 4.421 | 4.578 | 4.779 | 5.100 | 4.832 | 9.224 |
| 5 | 10.029 | 5.348 | 5.645 | 5.288 | 5.062 | 4.886 | 4.886 | 5.062 | 5.288 | 5.645 | 5.348 | 10.029 |
| 6 | 8.716 | 4.453 | 4.750 | 4.473 | 4.307 | 4.165 | 4.165 | 4.307 | 4.473 | 4.750 | 4.453 | 8.716 |
| b | 18.607 | 12.127 | 12.506 | 11.938 | 11.420 | 11.124 | 11.124 | 11.420 | 11.938 | 12.506 | 12.127 | 18.607 |

- Para la aplicación del MEPRI se utilizan triadas de resortes colocados en las esquinas de la losa de cimentación, el valor de cada constante de resorte (no módulo de reacción) supuesta es de 1ton/m, para más información sobre este valor, ver Morales, R. R. (2012b y 2019)

- Para la aplicación del MEPRII se utilizan un conjunto de 6 resortes colocados en el centroide de la losa de cimentación, el valor de cada constante de resorte lineal (no módulo de reacción) supuesta es de 10 ton/m, para más información sobre este valor, ver Morales, R. R. (2012b y 2019).

En la aplicación de los métodos del modelo analítico con resortes y del MECYMCAC se utilizó la estrategia desacoplada.

**- Resultados utilizando el modelo analítico con resortes**

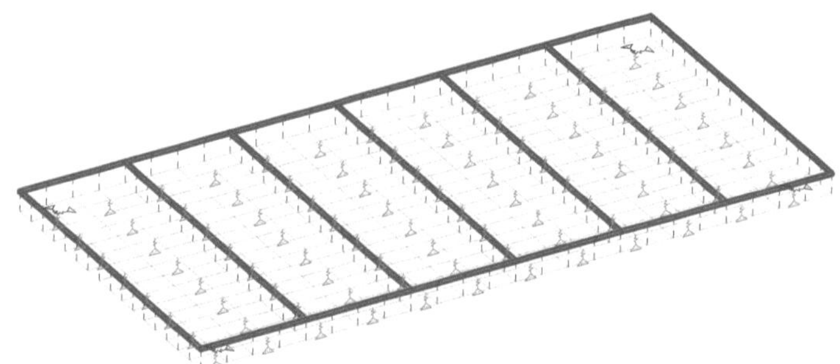

**Figura 8.68** Modelo analítico con resortes ubicados en el centroide de cada dovela

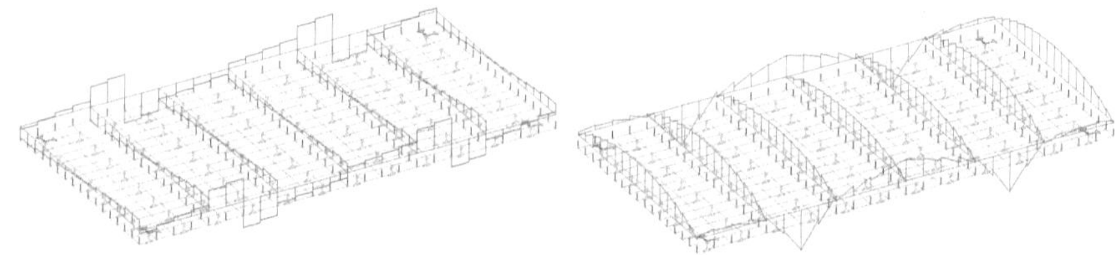

**Figura 8.69** Diagramas de vigas de cimentación, de la fuerza cortante (izquierda) y momento flector (derecha) calculados con el modelo analítico con resortes

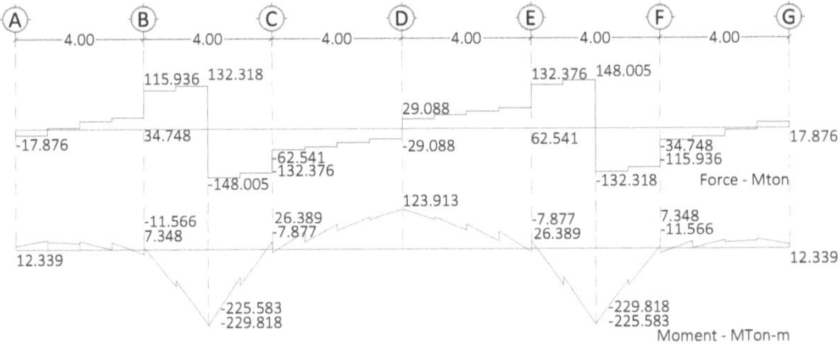

**Figura 8.70** Diagramas de fuerza cortante y momento flector de la viga del eje 1 calculados con el modelo analítico con resortes mediante el método de rigideces.

## - Resultados utilizando el MECYMCAC y su modelo analítico MEPRI

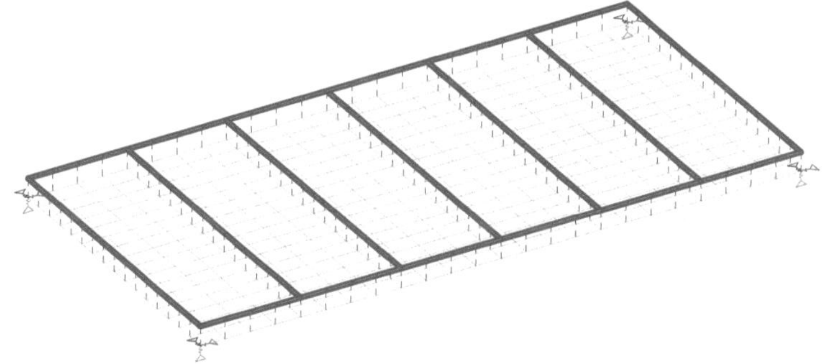

**Figura 8.71** Modelo para resolverse con el MEPRI, donde pueden observarse en las esquinas las triadas de resortes con constantes supuestas.

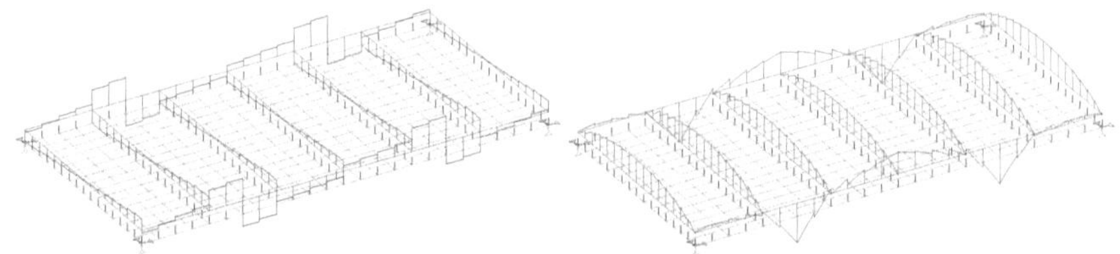

**Figura 8.72** Diagramas de vigas de cimentación, fuerza cortante (izquierda) y momento flector (derecha) calculados con el MECYMCAC y su modelo MEPRI

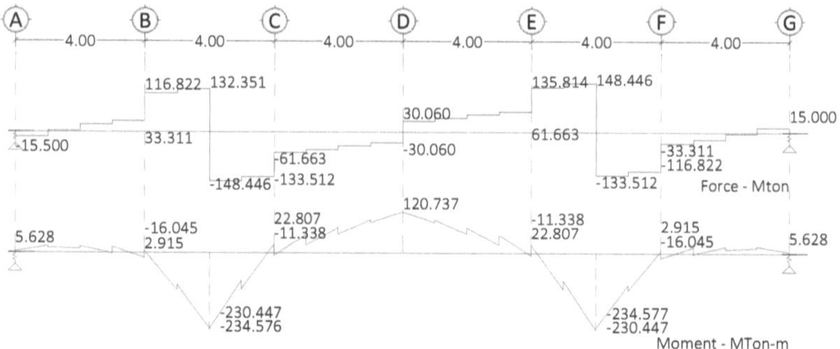


**Figura 8.73** Diagramas de fuerza cortante y momento flector de la viga del eje 1 calculados con el MECYMCAC y su modelo MEPRI

## - Resultados utilizando el MECYMCAC y su modelo analítico MEPRII

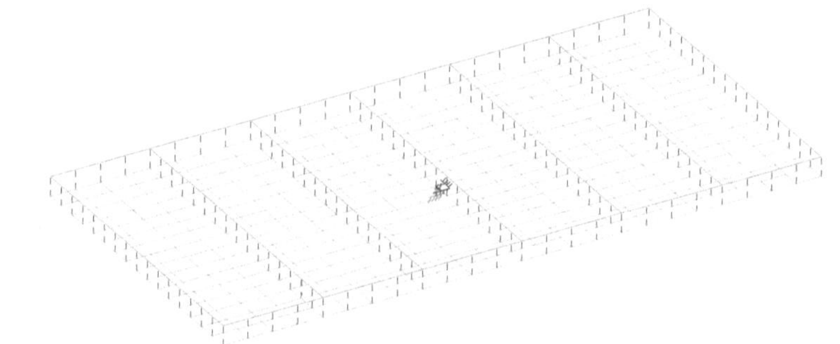

**Figura 8.74** Modelo para resolverse con el MEPRII, puede observarse la colocación de los seis resortes en el centroide de la losa de cimentación

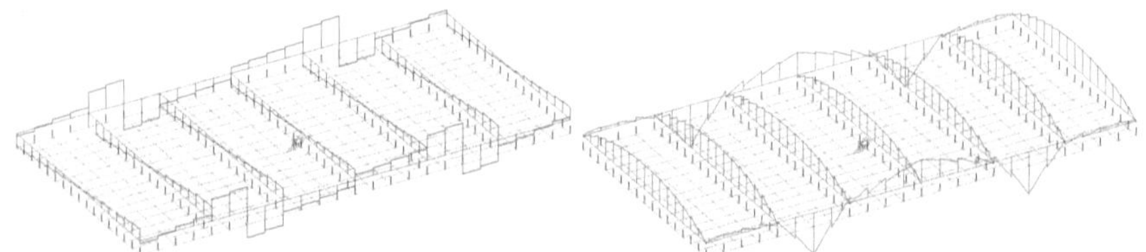

**Figura 8.75** Diagramas de vigas de cimentación, fuerza cortante (izquierda) y momento flector (derecha) calculados con el MECYMCAC y su modelo MEPRII

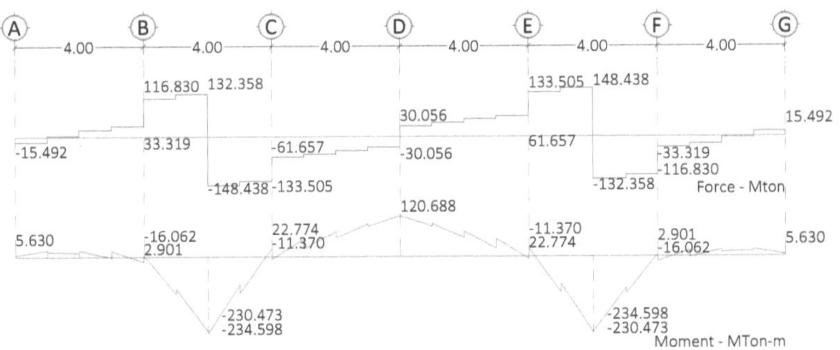



**Figura 8.76** Diagramas de fuerza cortante y momento flector de la viga del eje 1 calculados con el MECYMCAC y su modelo MEPRII

En la figura 8.69 se muestran la forma del diagrama de fuerzas cortantes y de los momentos de flexión obtenidos con el modelo analítico con resortes y en las figuras 8.72 y 8.75 se muestran la forma del diagrama de fuerzas cortantes y de los momentos de flexión calculados con los modelos del MECYMCAC denominados MEPRI y MEPRII, se observa una similitud en la forma.

En las figuras 8.70, 8.73 y 8.76 se muestran los valores de la fuerza cortante y de los momentos de flexión en secciones transversales correspondientes a los apoyos y longitudes intermedias de la viga del eje 1, calculadas con el modelo analítico con resortes y el MECYMCAC y sus modelos MEPRI y MEPRII. La proximidad en los valores obtenidos con los dos métodos, se debe a que se cumplió con la condición de utilizar para el análisis de la ISE o ISET un mismo arreglo y número de placas en la losa de cimentación mayor a $1.28 placas/m^2_{losa}$. En lo concerniente al análisis estructural queda demostrado en este ejemplo, que es indiferente utilizar cualquiera de los dos métodos; ya que, los resultados encontrados son válidos utilizarlos con fines de ingeniería.

## 8.6.4 Ejemplos del Capítulo 7

### 8.6.4.1 Cajón de cimentación y cargas estáticas verticales simétricas

Para la aplicación del modelo analítico con resortes deben calcularse el módulo de cimentación por área tributaria o módulo de reacción del suelo (resortes) en cada dovela de la figura 8.77; es decir, en un ambiente tridimensional; luego entonces, la estructura de cimentación por resolver mediante la aplicación de este método de análisis estructural, debe contener el tamaño de las secciones transversales de los componentes resistentes, propiedades mecánicas, las fuerzas actuantes de la superestructura del edificio y los módulos de cimentación por área tributaria ubicados en los centroides de cada dovela; los cuales, son los obtenidos del último ciclo del análisis de la ISET en un ambiente tridimensional. Se utilizó la estrategia desacoplada.

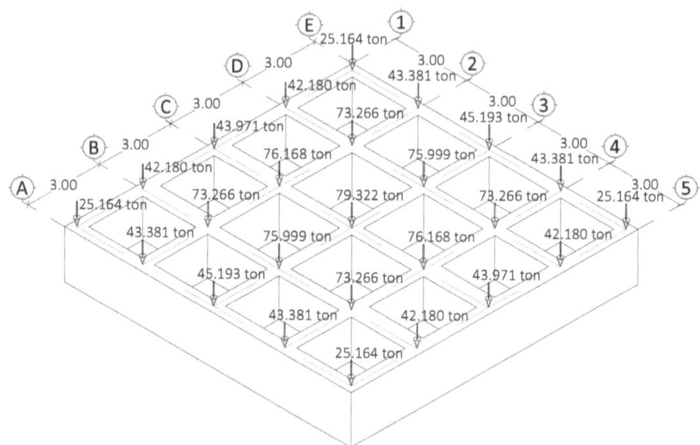


**Figura 8.77** Isométrico de la cimentación y cargas verticales actuantes del edificio, "Estrategia desacoplada Settle 3D-STAAD.Pro."

Los valores de los módulos de cimentación por área tributaria o módulos de reacción en los centroides de cada dovela, se obtienen directamente del último ciclo del proceso iterativo; tal como, se muestra en la tabla 8.14 se muestran los valores de interés.

**Tabla 8.14** Módulos de cimentación por área tributaria $k_{ij}$ $(ton/m)$ obtenidos de un análisis de ISET

| $k_{ij}$ | a | 1 | 2 | 3 | 4 | 5 | 6 | b |
|---|---|---|---|---|---|---|---|---|
| a | 269.894 | 151.455 | 141.497 | 139.522 | 139.522 | 141.497 | 151.455 | 269.894 |
| 1 | 151.479 | 55.245 | 49.663 | 49.731 | 49.731 | 49.663 | 55.245 | 151.479 |
| 2 | 141.530 | 49.661 | 43.369 | 43.385 | 43.385 | 43.369 | 49.661 | 141.530 |
| 3 | 139.553 | 49.728 | 43.389 | 43.375 | 43.375 | 43.389 | 49.728 | 139.553 |
| 4 | 139.553 | 49.728 | 43.389 | 43.375 | 43.375 | 43.389 | 49.728 | 139.553 |
| 5 | 141.530 | 49.661 | 43.369 | 43.385 | 43.385 | 43.369 | 49.661 | 141.530 |
| 6 | 151.479 | 55.245 | 49.663 | 49.731 | 49.731 | 49.663 | 55.245 | 151.479 |
| b | 269.894 | 151.455 | 141.497 | 139.522 | 139.522 | 141.497 | 151.455 | 269.894 |

- Para la aplicación del MECYMCAC deben considerarse las presiones de contacto dadas en la tabla 8.15, para cada una de las 64 dovelas supuestas en la losa de cimentación. Cada dovela está compuesta de 4 placas.

**Tabla 8.15** Presiones de contacto $q_{ij}$ en $(ton/m^2)$ obtenidas de un análisis ISET

| $q_{ij}$ | a | 1 | 2 | 3 | 4 | 5 | 6 | b |
|---|---|---|---|---|---|---|---|---|
| a | 24.864 | 13.967 | 13.058 | 12.880 | 12.880 | 13.058 | 13.967 | 24.864 |
| 1 | 13.970 | 5.101 | 4.589 | 4.597 | 4.597 | 4.589 | 5.101 | 13.970 |
| 2 | 13.062 | 4.589 | 4.011 | 4.015 | 4.015 | 4.011 | 4.589 | 13.062 |
| 3 | 12.885 | 4.597 | 4.015 | 4.016 | 4.016 | 4.015 | 4.597 | 12.885 |
| 4 | 12.885 | 4.597 | 4.015 | 4.016 | 4.016 | 4.015 | 4.597 | 12.885 |
| 5 | 13.062 | 4.589 | 4.011 | 4.015 | 4.015 | 4.011 | 4.589 | 13.062 |
| 6 | 13.970 | 5.101 | 4.589 | 4.597 | 4.597 | 4.589 | 5.101 | 13.970 |
| b | 24.864 | 13.967 | 13.058 | 12.880 | 12.880 | 13.058 | 13.967 | 24.864 |

- Para la aplicación del MEPRI se utilizan triadas de resortes colocados en las esquinas de la losa de cimentación, el valor de cada constante de resorte (no módulo de reacción) supuesta es de 1  ton/m, para más información sobre este valor, ver Morales, R. R. (2012b y 2019)

- Para la aplicación del MEPRII se utilizan un conjunto de 6 resortes colocados en el centroide de la losa de cimentación, el valor de cada constante de resorte lineal (no módulo de reacción) supuesta es de 10 ton/m,  para más información sobre este valor, ver Morales, R. R. (2012b y 2019).

En la aplicación de los métodos del modelo analítico con resortes y del MECYMCAC se utilizó la estrategia desacoplada.

# - Resultados utilizando el modelo analítico con resortes

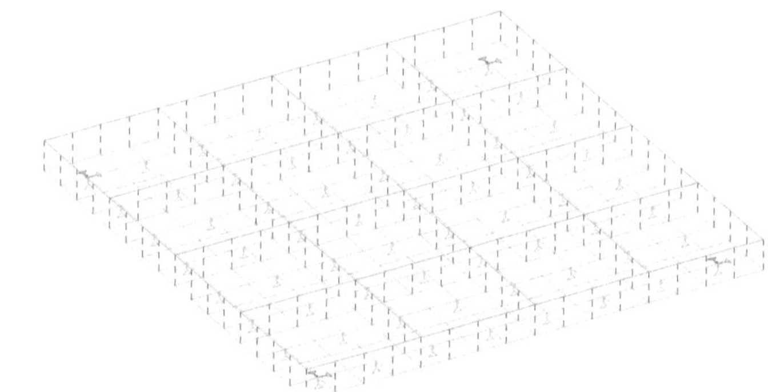

**Figura 8.78** Modelo analítico con resortes de ubicados en el centroide de cada dovela

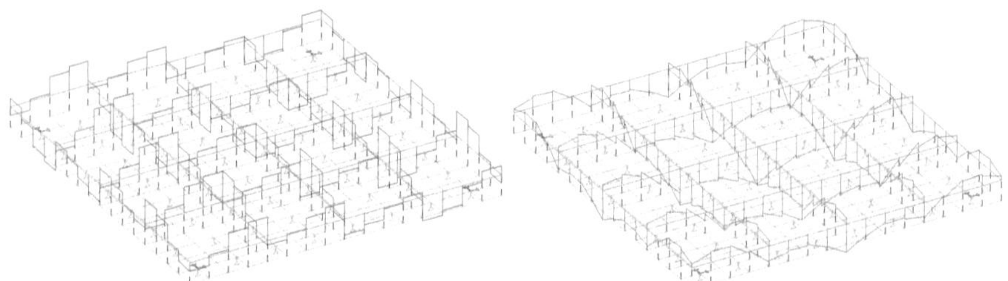

**Figura 8.79** Diagramas en vigas, de la fuerza cortante (izquierda) y momento flector (derecha) calculados con el modelo analítico con resortes

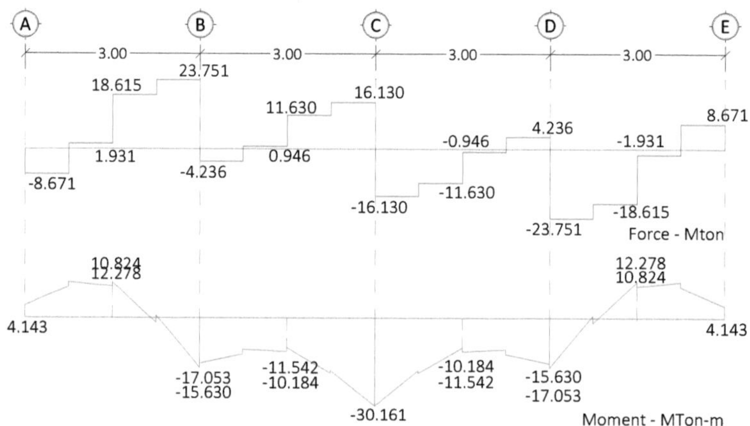


**Figura 8.80** Diagramas de fuerza cortante y momento flector de la viga del eje 1 calculados con el modelo analítico con resortes.

315

**- Resultados utilizando el MECYMCAC y su modelo analítico MEPRI**

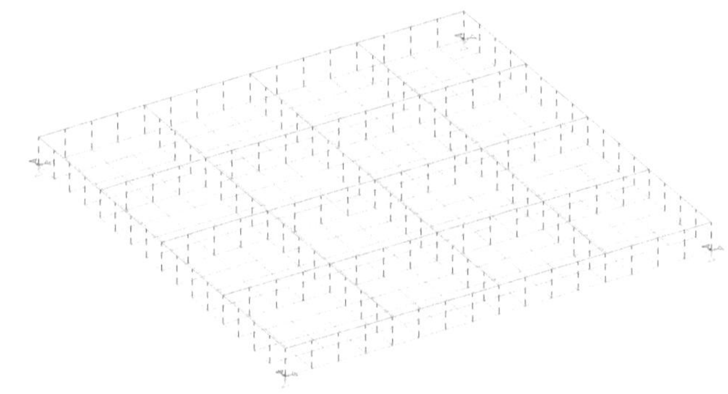

**Figura 8.81** Modelo para resolverse con el MEPRI, donde pueden observarse en las esquinas las triadas de resortes con constantes supuestas.

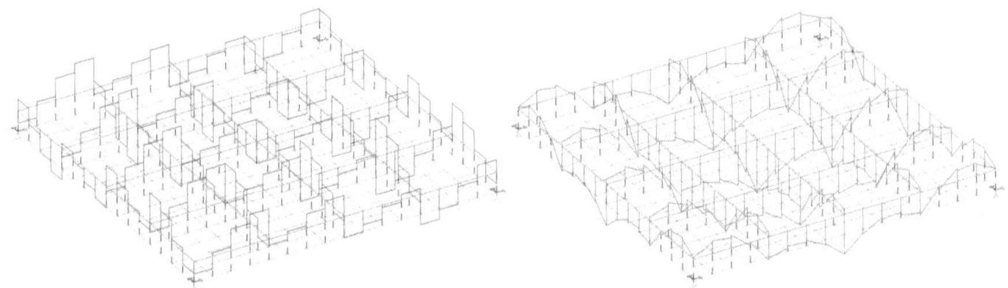

**Figura 8.82** Diagramas de vigas de cimentación, fuerza cortante (izquierda) y momento flector (derecha) calculados con el MEPRI

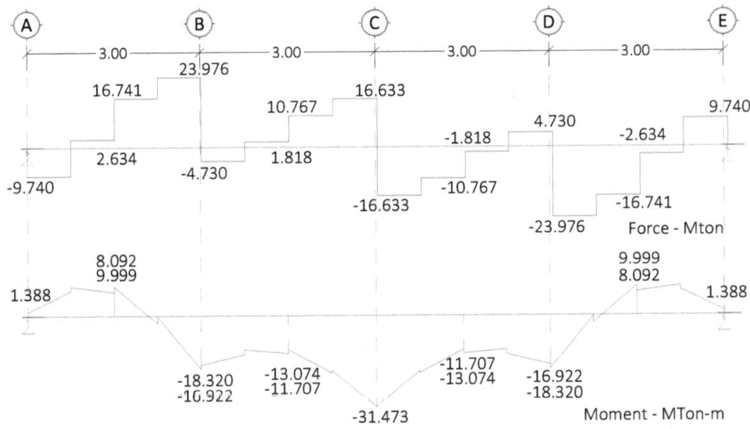


**Figura 8.83** Diagramas de fuerza cortante y momento flector de la viga del eje 1 calculados con el MECYMCAC y su modelo MEPRI

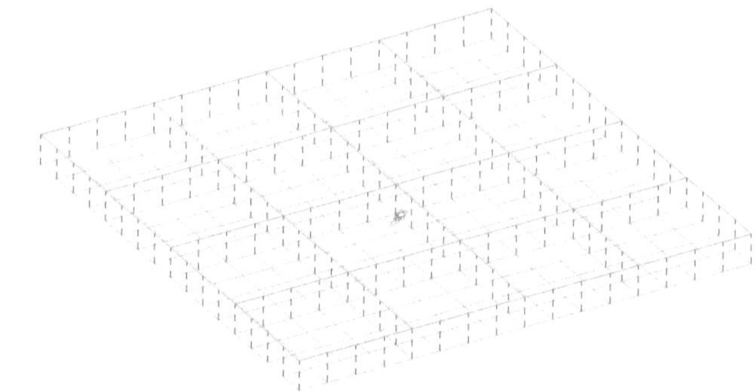

**Figura 8.84** Modelo para resolverse con el MEPRII, donde pueden observarse la ubicación de los resortes en el centroide de la de la cimentación con constantes supuestas.

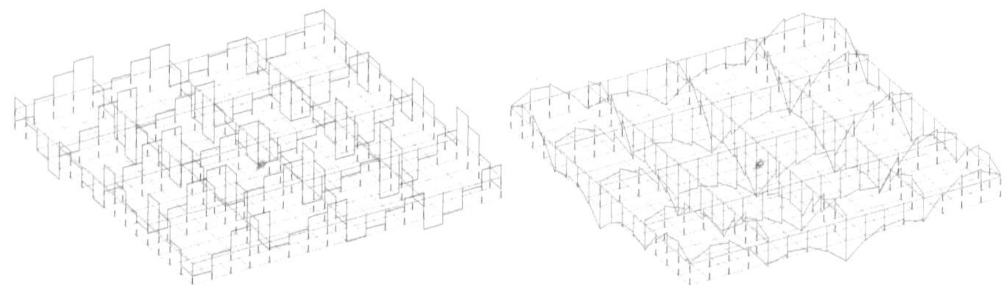

**Figura 8.85** Diagramas de vigas de cimentación, fuerza cortante (izquierda) y momento flector (derecha) calculados con el MEPRII

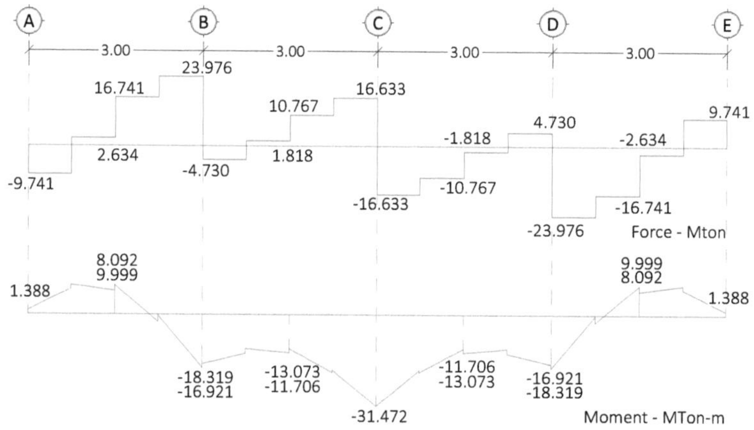


**Figura 8.86** Diagramas de fuerza cortante y momento flector de la viga del eje 1 calculados con el MECYMCAC y su modelo MEPRII

En la figura 8.79 se muestran la forma del diagrama de fuerzas cortantes y de los momentos de flexión obtenidos con el modelo analítico con resortes y en las figuras 8.82 y 8.85 se muestran la forma del diagrama de fuerzas cortantes y de los momentos de flexión  calculados con los modelos del MECYMCAC denominados MEPRI y MEPRII, se observa una similitud en la forma.

En las figuras 8.80, 8.83 y 8.86 se muestran los valores de la fuerza cortante y de los momentos de flexión en secciones transversales correspondientes a los apoyos y longitudes intermedias de la viga del eje 1, calculadas con el modelo analítico con resortes y el MECYMCAC y sus modelos MEPRI y MEPRII. La proximidad en los valores obtenidos con los dos métodos, se debe a que se cumplió con la condición de utilizar para el análisis de la ISE o ISET un mismo arreglo y número de placas en la losa de cimentación mayor a $1.28 placas/m_{losa}^2$. En lo concerniente al análisis estructural queda demostrado en este ejemplo, que es indiferente utilizar cualquiera de los dos métodos; ya que, los resultados encontrados son válidos utilizarlos con fines de ingeniería.

## 8.6.4.2 Edificio con cajón de cimentación y superestructura con cargas verticales simétricas

Para la aplicación del modelo analítico con resortes deben calcularse el módulo de cimentación por área tributaria o módulo de reacción del suelo (resortes) en cada dovela de la figura 8.88; es decir, en un ambiente tridimensional; luego entonces,  la estructura de cimentación por resolver mediante la aplicación de este método de análisis estructural, debe contener el tamaño de las secciones transversales de los componentes resistentes, propiedades mecánicas, las fuerzas actuantes de la superestructura del edificio y los módulos de cimentación por área tributaria ubicados en los centroides de cada dovela; los cuales, son los obtenidos del último ciclo del análisis de la ISET en un ambiente tridimensional.

Los valores de los módulos de cimentación por área tributaria o módulos de reacción en los centroides de cada dovela, se obtienen directamente del último ciclo del proceso iterativo; tal como, se muestra en la tabla 7.7 del Capítulo 7. En la tabla 8.16 se muestran los valores de interés.

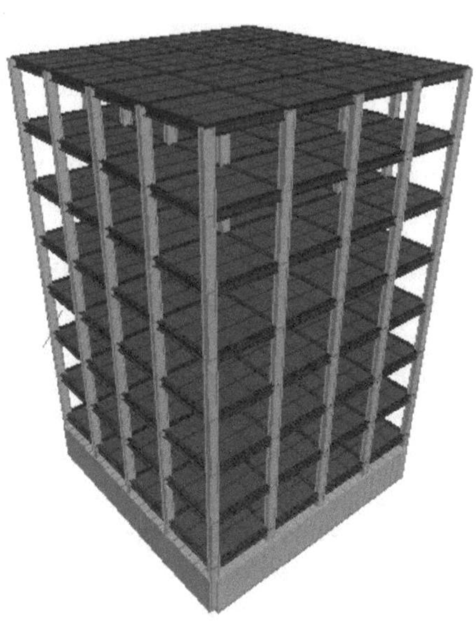

**Figura 8.87** Modelo analítico con resortes, "Estrategia acoplada Settle 3D-STAAD.Pro."

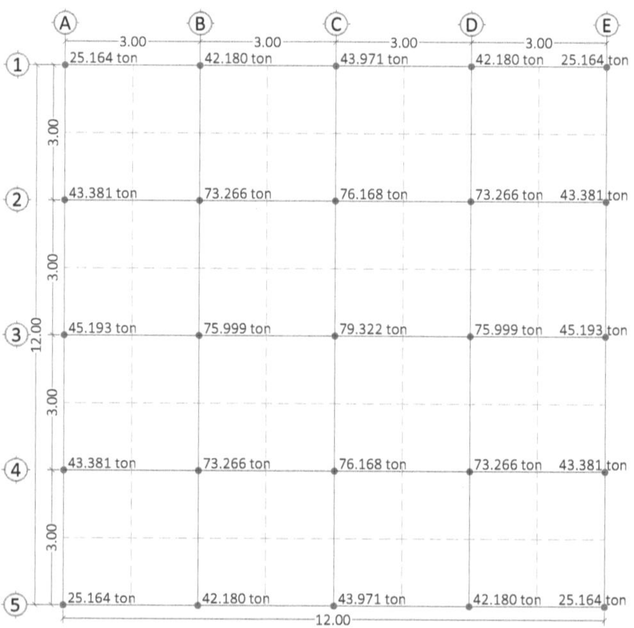

**Figura 8.88** Geometría y Cargas ajustadas en los nudos de cada columna-cimentación en $ton_f$

**Tabla 8.16** Módulos de cimentación por área tributaria $k_{ij}$ en $(ton/m)$ calculadas con la "Estrategia acoplada Settle 3D-STAAD.Pro.", en los centroides de las 64 dovelas supuestas en la losa del cajón de cimentación

| $k_{ij}$ | a | 1 | 2 | 3 | 4 | 5 | 6 | b |
|---|---|---|---|---|---|---|---|---|
| a | 269.978 | 151.485 | 141.529 | 139.542 | 139.542 | 141.529 | 151.485 | 269.978 |
| 1 | 151.509 | 55.232 | 49.640 | 49.702 | 49.702 | 49.640 | 55.232 | 151.509 |
| 2 | 141.561 | 49.643 | 43.340 | 43.349 | 43.349 | 43.340 | 49.643 | 141.561 |
| 3 | 139.576 | 49.703 | 43.353 | 43.337 | 43.337 | 43.353 | 49.703 | 139.576 |
| 4 | 139.576 | 49.703 | 43.353 | 43.337 | 43.337 | 43.353 | 49.703 | 139.576 |
| 5 | 141.561 | 49.643 | 43.340 | 43.349 | 43.349 | 43.340 | 49.643 | 141.561 |
| 6 | 151.509 | 55.232 | 49.640 | 49.702 | 49.702 | 49.640 | 55.232 | 151.509 |
| b | 269.978 | 151.485 | 141.529 | 139.542 | 139.542 | 141.529 | 151.485 | 269.978 |

- Para la aplicación del MECYMCAC deben considerarse las presiones de contacto dadas en la tabla 8.17, para cada una de las 64 dovelas supuestas en la losa de cimentación. Cada dovela está compuesta de 4 placas.

**Tabla 8.17** Presiones de contacto $q_{ij}$ en $(ton/m^2)$, obtenidas de un análisis de ISET

| $q_{ij}$ | a | 1 | 2 | 3 | 4 | 5 | 6 | b |
|---|---|---|---|---|---|---|---|---|
| a | 24.877 | 13.971 | 13.061 | 12.882 | 12.882 | 13.061 | 13.971 | 24.877 |
| 1 | 13.974 | 5.100 | 4.586 | 4.594 | 4.594 | 4.586 | 5.100 | 13.974 |
| 2 | 13.065 | 4.587 | 4.008 | 4.010 | 4.010 | 4.008 | 4.587 | 13.065 |
| 3 | 12.887 | 4.594 | 4.011 | 4.011 | 4.011 | 4.011 | 4.594 | 12.887 |
| 4 | 12.887 | 4.594 | 4.011 | 4.011 | 4.011 | 4.011 | 4.594 | 12.887 |
| 5 | 13.065 | 4.587 | 4.008 | 4.010 | 4.010 | 4.008 | 4.587 | 13.065 |
| 6 | 13.974 | 5.100 | 4.586 | 4.594 | 4.594 | 4.586 | 5.100 | 13.974 |
| b | 24.877 | 13.971 | 13.061 | 12.882 | 12.882 | 13.061 | 13.971 | 24.877 |

- Para la aplicación del MEPRI se utilizan triadas de resortes colocados en las esquinas de la losa de cimentación, el valor de cada constante de resorte (no módulo de reacción) supuesta es de 1 ton/m, para más información sobre este valor, ver Morales, R. R. (2012b y 2019)

- Para la aplicación del MEPRII se utilizan un conjunto de 6 resortes colocados en el centroide de la losa de cimentación, el valor de cada constante de resorte lineal (no módulo de reacción) supuesta es de 10 ton/m, para más información sobre este valor, ver Morales, R. R. (2012b y 2019).

En la aplicación de los métodos del modelo analítico con resortes y del MECYMCAC se utilizó la estrategia acoplada.

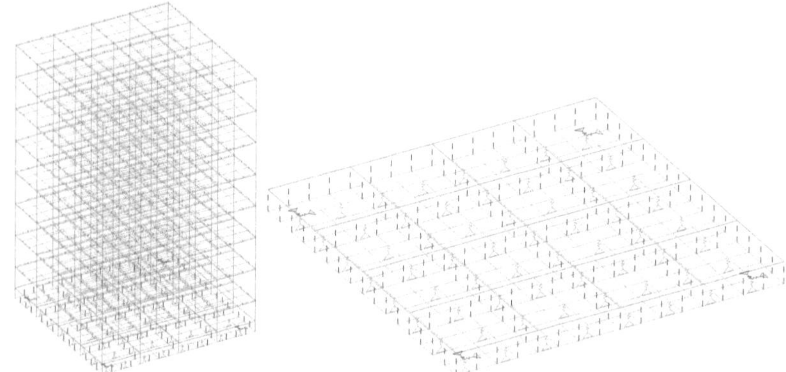

**Figura 8.89** Modelo con resortes de ubicados en el centroide de cada dovela

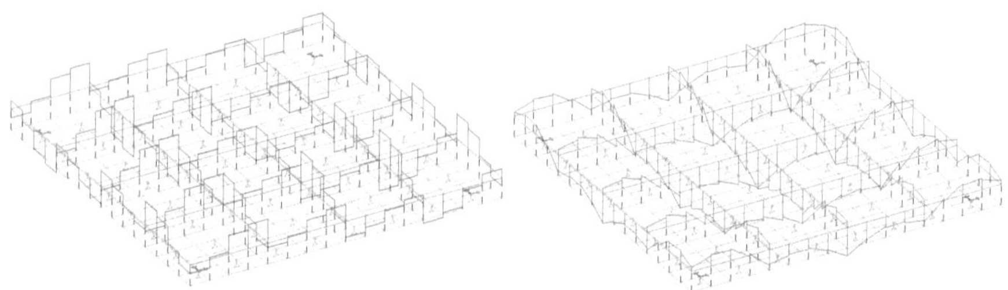

**Figura 8.90** Diagramas de vigas de cimentación, de la fuerza cortante (izquierda) y momento flector (derecha) calculados con el modelo analítico con resortes

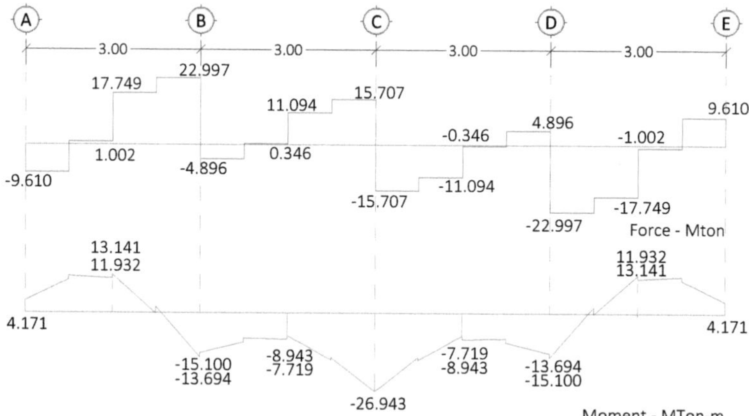


**Figura 8.91** Diagramas de fuerza cortante y momento flector de la viga del eje 1 calculados con el modelo analítico con resortes mediante el método de rigideces.

## - Resultados utilizando el MECYMCAC y su modelo analítico MEPRI

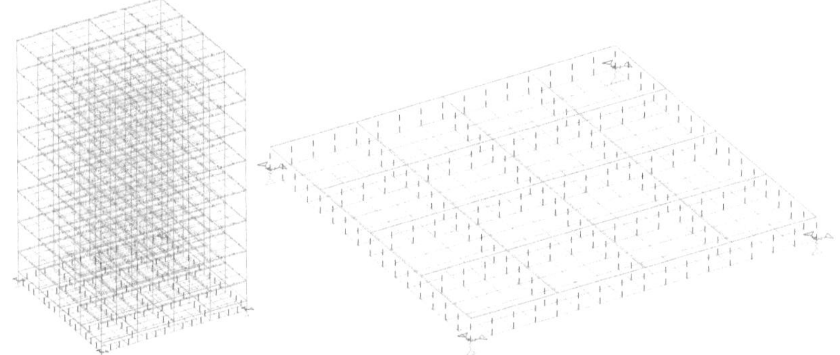

**Figura 8.92** Modelo para resolverse con el MEPRI, donde pueden observarse en las esquinas las triadas de resortes con constantes supuestas.

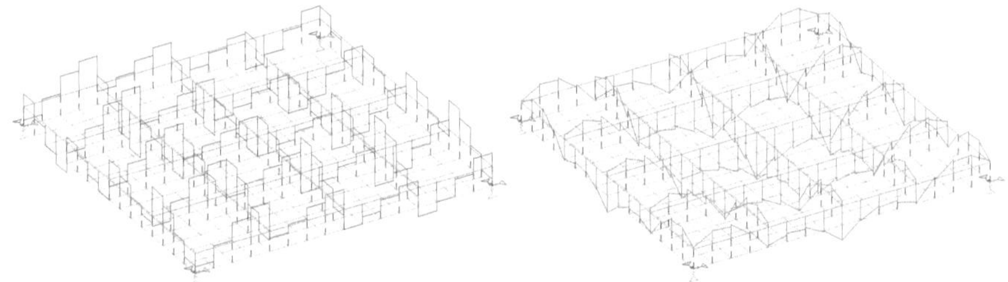

**Figura 8.93** Diagramas de vigas de cimentación, fuerza cortante (izquierda) y momento flector (derecha) calculados con el MEPRI

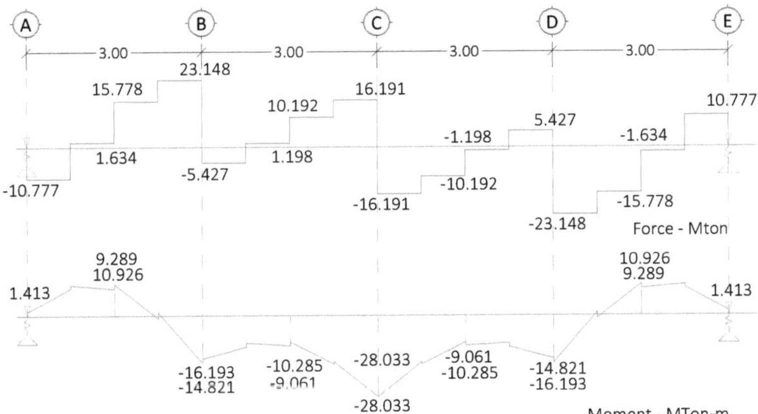


**Figura 8.94** Diagramas de fuerza cortante y momento flector de la viga del eje 1 calculados con el MECYMCAC y su modelo MEPRI

322

**- Resultados utilizando el MECYMCAC y su modelo analítico MEPRII**

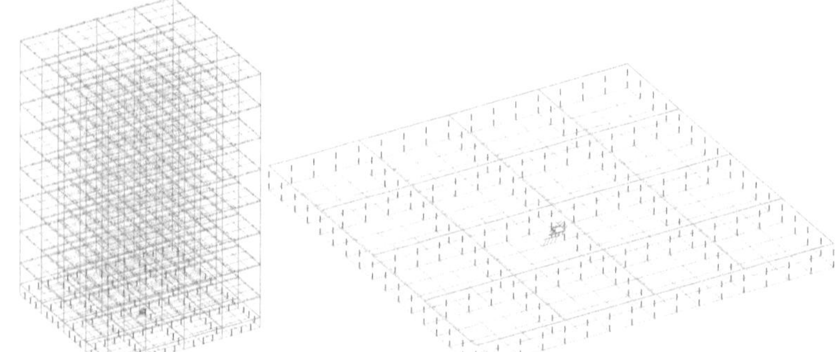

**Figura 8.95** Modelo para resolverse con el MEPRII, puede observarse la colocación de los seis resortes en el centroide de la losa de cimentación

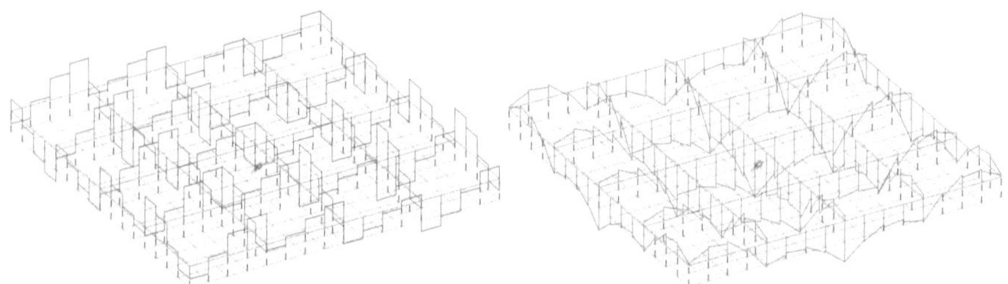

**Figura 8.96** Diagramas de vigas de cimentación, fuerza cortante (izquierda) y momento flector (derecha) calculados con el MECYMCAC y su modelo MEPRII

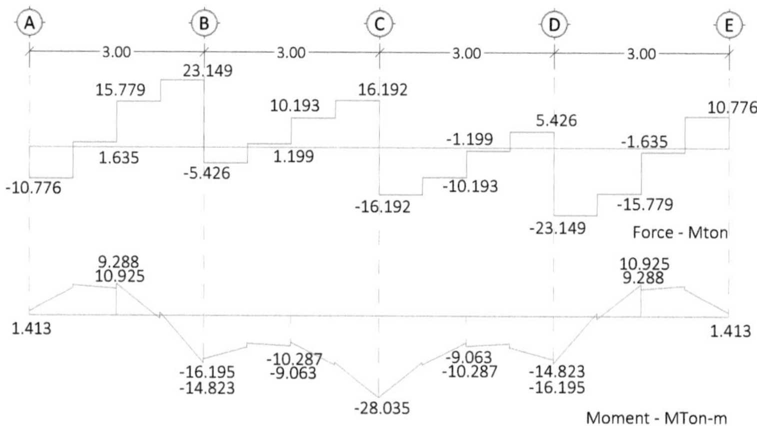


**Figura 8.97** Diagramas de fuerza cortante y momento flector de la viga del eje 1 calculados con el MECYMCAC y su modelo MEPRII

323

En la figura 8.90 se muestran la forma del diagrama de fuerzas cortantes y de los momentos de flexión obtenidos con el modelo analítico con resortes y en las figuras 8.93 y 8.96 se muestran la forma del diagrama de fuerzas cortantes y de los momentos de flexión  calculados con los modelos del MECYMCAC denominados MEPRI y MEPRII, se observa una similitud en la forma.

En las figuras 8.91, 8.94 y 8.97 se muestran los valores de la fuerza cortante y de los momentos de flexión en secciones transversales correspondientes a los apoyos y longitudes intermedias de la viga del eje 1, calculadas con el modelo analítico con resortes y el MECYMCAC y sus modelos MEPRI y MEPRII. La proximidad en los valores obtenidos con los dos métodos, se debe a que se cumplió con la condición de utilizar para el análisis de la ISE o ISET un mismo arreglo y número de placas en la losa de cimentación mayor a $1.28 placas/m_{losa}^2$. En lo concerniente al análisis estructural queda demostrado en este ejemplo, que es indiferente utilizar cualquiera de los dos métodos; ya que, los resultados encontrados son válidos utilizarlos con fines de ingeniería.

## 8.7 Referencias


[8.1]   Avilés, L. J., Demeneghi, C. A., López, R. G., Pérez, R. L. E., Sánchez, S. F. J., Suárez, L. M. M., Trigos, S. J. L. (2016), "Interacción Suelo-Estructura, Estática y Dinámica", Sociedad Mexicana de Ingeniería Geotécnica, A.C.

[8.2]   Baker, L. L. A. (1937), "Raft Foundations", Concrete Publications Limited, first edition, London.

[8.3]   Bowles, J. E. (1974), "Analytical and Computer Methods in Foundation engineering", McGraw-Hill.

[8.4]   Bowles, J. E. (1997), "Foundation analysis and design", McGraw-Hill.

[8.5]   Chandra, G. S. (1997), "Raft foundations: design and analysis with a practical approach",  Publishing for One World New Age International (P) Limited.

[8.6]   Das B. M. (2001), "Principio de ingeniería de cimentaciones", International Thomson Editores, S.A. de C. V.

[8.7] Demeneghi, A. (1994), "Un método para el análisis tridimensional de la interacción estática suelo-estructura", Volumen II de las Memorias del IX Congreso Nacional de Ingeniería Estructural de la Sociedad Mexicana de Ingeniería Estructural SMIE. Zacatecas, Zac. 1994.

[8.8] Demeneghi, C.A., Puebla, C.M., Sanguinés, G. H (2008), "Apuntes de Análisis y Diseño de cimentaciones Tomo I", Departamento de Publicaciones de la Facultad de Ingeniería, Ciudad Universitaria, México, D.F.

[8.9] Flores, V. A., (1968), "Análisis de Cimentaciones sobre suelo compresible", Instituto de Ingeniería de la UNAM, Informe 171.

[8.10] Flores, V. A., Esteva, L. (1970), "Análisis y Diseño de Cimentaciones sobre terreno compresible", Universidad Nacional Autónoma de México.

[8.11] Franco, C. O., Rangel, N. J. L., Fernández, S. L. R.," Análisis de interacción suelo-estructura estática empleando técnicas numéricas 3D para edificios regulares de hasta 8 pisos desplantados en suelos arcillosos del Valle de México", XXVIII Reunión Nacional de Ingeniería Geotécnica, 23 al 26 de Noviembre de 2016; Mérida, Yucatán.

[8.12] Granados, G., R. (2002), Notas del curso "Diseño estructural de cimentaciones", Sociedad Mexicana de Ingeniería Estructural, A.C.

[8.13] López, R. G., Zea, C. C, Rivera, C. R., (2011), "Una solución directa al problema de interacción suelo-estructura", Departamento de Geotecnia, F. I, UNAM, México, D.F., México.

[8.14] Luthe, G. R. (1971), "Análisis Estructural", Representaciones y Servicios de Ingeniería, S. A. México.

[8.15] M. Hetényi, (1976), "Beams on Elastic Foundation", University of Michigan.

[8.16] Meli, R. (2001), "Diseño Estructural", Editorial Limusa, S.A de C.V.

[8.17] Memorias del simposio de Interacción suelo-estructura y Diseño estructural de cimentaciones realizado en el centro de prevención de desastres, México, D.F., (1992). Sociedad Mexicana de Mecánica de Suelos.

[8.18] Morales, R. R. (2010), "Método de subestructuración iterativa para el análisis de vigas continuas", CICT-UPCH.

[8.19] Morales, R. R. (2012a), "Cálculo de la distribución de presiones de contacto suelo-cimentación, para cargas gravitacionales sobre suelos compresibles", XVIII Congreso Nacional de Ingeniería Estructural de la Sociedad Mexicana de Ingeniería Estructural SMIE, Acapulco, Guerrero, 2012.

[8.20] Morales, R. R. (2012b), "Método de equilibrio de cortantes y momentos en cimentaciones, con aplicación en computadora (MECYMCAC)", XVIII Congreso Nacional de Ingeniería Estructural de la Sociedad Mexicana de Ingeniería Estructural SMIE, Acapulco Guerrero 2012.

[8.21] Morales, R. R. (2014), "ISET en cimentaciones superficiales complejas sobre suelos compresibles, mediante la colaboración Geotécnico-Estructural", 3ra Reunión Temática de la Red Iberoamericana de Riesgos y Desastres por Fenómenos Geológicos y 1er Seminario Internacional sobre desastres, Universidad Autónoma de Guadalajara, Campus Tabasco 2014.

[8.22] Morales, R. R. (2014), "Interacción Suelo Estructura Tridimensional para cargas estáticas verticales sobre suelos compresibles", 3ra Reunión Temática de la Red Iberoamericana de Riesgos y Desastres por Fenómenos Geológicos y 1er Seminario Internacional sobre desastres, Universidad Autónoma de Guadalajara, Campus Tabasco 2014.

[8.23] Morales, R. R. (2014),"Interacción Suelo Estructura Tridimensional para cargas estáticas verticales sobre suelos compresibles", XIX Congreso Nacional de Ingeniería Estructural de la Sociedad Mexicana de Ingeniería Estructural SMIE, Puerto Vallarta, Jalisco 2014.

[8.24] Morales, R. R. (2019),"Método de equilibrio de cortantes y momentos en cimentaciones MECYMCAC", Editorial Académica Española, 2019.

[8.25] N.S.V. Kameswara Rao (2011), "foundation design theory and practice", John Wiley &Sons Pte Ltd.

[8.26] "Normas Técnicas Complementarias para Diseño y Construcción de Cimentaciones". Gaceta Oficial de la Ciudad de México, 15 de diciembre de 2017.

[8.27] Olvera, L. A. (1966), "Estructuras de concreto", Compañía Editorial Continental, S. A, Tercera reimpresión.

[8.28] Rangel, N. J. L., Franco, C. O., Fernández, S. L. R.," Modelado de interacción suelo-estructura con métodos numéricos acoplados e integrales", Sociedad Mexicana de Ingeniería Estructural.

[8.29] Rivera C. R., Zea C. C., (1997), "Curso-Taller". Universidad Juárez Autónoma de Tabasco, División Académica de Ingeniería y Arquitectura, Unidad Chontalpa.

[8.30] Rodríguez, O. J. M., Sierra, G. J., Oteo, M. C. (1989), "Curso Aplicado de Cimentaciones", Servicio de Publicaciones del Servicio Oficial de Arquitectos de Madrid, 4ta edición.

[8.31] SAP2000 Advanced, Version 14.2.4, Structural Analysis Program, Computers and Structures. Inc. 1995 University Avc. Berkeley, CA 94704.

[8.32] STAAD.Pro 2004, Research Engineers International, Division of netGuru, Inc. in USA.

[8.33] Tena, C. A., (2007), "Análisis de estructuras con métodos matriciales", Editorial Limusa, S.A. de C.V.

[8.34] Zeevaert, L., (1980), "Interacción Suelo-Estructura de Cimentación", Editorial Limusa, México.

# Apéndice A
## Las tensiones del suelo bajo un área poligonal cargada uniformemente*

DAMY R., Professor of Civil Engineering, National University, Mexico C. CASALES G., Cons. Eng., Bufete Industrial; Assist. Prof., National University, M

**SINOPSIS** Las ecuaciones de Boussinesq, Westergaard y Frölich para el esfuerzo normal se integran sobre un triángulo. La integración se generaliza para cualquier área poligonal.

## INTRODUCCIÓN

En Mecánica del suelo es muy útil obtener las tensiones del suelo producidas por la carga superficial. Esto se logra usando las fórmulas para el esfuerzo vertical normal $\sigma_z$ en un punto $a$, causado por una carga concentrada vertical aplicada en la superficie. Las fórmulas más utilizadas se dan a continuación.

(I) Ecuación de *Boussineq*

$$\sigma_z = \frac{3Q}{2\pi z^2}[1 + (r/z)^2]^{-5/2} \tag{A.1}$$

(II) Ecuación de *Westergaad*

$$\sigma_z = \frac{KQ}{2\pi z^2}[K^2 + (r/z)^2]^{-3/2} \tag{A.2}$$

(III) Ecuación de *Fröhlich*

$$\sigma_z = \frac{\chi Q}{2\pi z^2}[1 + (r/z)^2]^{-(\chi+2)/2} \tag{A.3}$$

, donde

$Q$ = Carga concentrada vertical
$r$ = Proyección horizontal de la distancia entre la carga $Q$ y el punto $P$ donde el esfuerzo es evaluado
$z$ = Profundidad del punto $P$
$K = \sqrt{1 - 2v/2(1-v)}$
$v$ = Relación de Poisson del suelo
$\chi$ = Parámetro con valores 2, 3 u 4

Observe que cuando $\chi = 3$, en la ecuación de *Fröhlich*, se obtiene la ecuación de *Boussinesq*

328

Para determinar las tensiones normales $\sigma_z$ causadas por una carga vertical uniforme, es necesario integrar la expresión dada por las fórmulas (1), (2) o (3) sobre el área donde se distribuyó la carga.

Se conoce una solución exacta para la tensión debajo de la esquina de un área rectangular cargada uniformemente (*Fadum*) y se conocen algunas soluciones aproximadas para el caso de un área de cualquier forma, como las propuestas por *H. G. Poulos* en 1974 que utilizó el llamado método sectorial, así como el gráfico popular de *N. M. Newmark* (1942).

No existe una solución conocida para un área de cualquier forma poligonal. Este artículo presenta un método propicio para una solución exacta.

## INTEGRACIÓN DEL ESFUERZO BAJO UN VÉRTICE DE ÁREA TRIANGULAR CARGADA UNIFORMEMENTE

La tensión $\sigma_z$ se obtiene mediante la integración bajo el centro de $P$ de un sector circular (Fig. A.1) con radio $R$ y ángulo central $\theta$, cargado con una carga vertical $q$ uniformemente distribuida. Las diversas soluciones son:

(I) Ecuación de *Boussineq*

$$\sigma_z = \frac{q\theta}{2\pi}\left\{1 - [1 + (R/z)^2]^{-3/2}\right\} \tag{A.4}$$

(II) Ecuación de *Westergaad*

$$\sigma_z = \frac{q\theta}{2\pi}\left\{1 - K[K^2 + (R/z)^2]^{-1/2}\right\} \tag{A.5}$$

(III) Ecuación de *Fröhlich*

$$\sigma_z = \frac{q\theta}{2\pi}\left\{1 - [1 + (R/z)^2]^{-X/2}\right\} \tag{A.6}$$

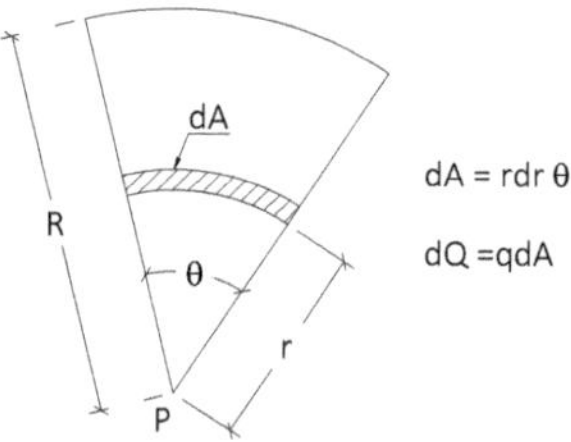


**Figura A.1** Sector circular

Usando los resultados dados en (4), (5) u (6) es posible obtener $\sigma_z$ bajo el vértice $P$ de cualquier triángulo. En la figura A.2 un sector circular diferencial cuyo ángulo central es $d\theta$ es considerado. La distancia $R$ es una función de $\theta$ como se muestra en la figura:

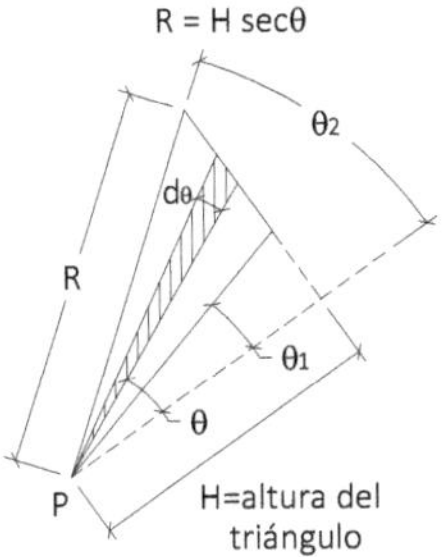


**Figura A.2** Área triangular

Se obtienen las siguientes soluciones:

(I) Ecuación de *Boussineq*

$$\sigma_z = \frac{q}{2\pi} \int_{\theta_1}^{\theta_2} \{1 - a^3[a^2 + sec^2\theta]^{-3/2}\}d\theta$$

Integrando obtenemos:

$$\sigma_z = \frac{q}{2\pi} \left\{ \begin{array}{l} \theta_2 - \theta_1 - tan^{-1}\left[\frac{a \cdot tan\theta_2}{\sqrt{a^2 + sec^2\theta_2}}\right] + tan^{-1}\left[\frac{a \cdot tan\theta_1}{\sqrt{a^2 + sec^2\theta_1}}\right] \\ + \frac{a}{1 + a^2}\left[\frac{tan\theta_2}{\sqrt{a^2 + sec^2\theta_2}} - \frac{tan\theta_1}{\sqrt{a^2 + sec^2\theta_1}}\right] \end{array} \right\} \tag{A.7}$$

, donde $a$ es la proporción $z/H$ y $H$ es la altura del triángulo

(II) Ecuación de *Westergaad*

$$\sigma_z = \frac{q}{2\pi} \int_{\theta_1}^{\theta_2} \{1 - b[b^2 + sec^2\theta]^{-1/2}\}d\theta$$

Integrando obtenemos:

$$\sigma_z = \frac{q}{2\pi} \left\{ \theta_2 - \theta_1 - tan^{-1}\left[\frac{b \cdot tan\theta_2}{\sqrt{b^2 + sec^2\theta_2}}\right] + tan^{-1}\left[\frac{b \cdot tan\theta_1}{\sqrt{b^2 + sec^2\theta_1}}\right] \right\} \tag{A.8}$$

, donde $b$ es la proporción $z/H$ multiplicado por la constante $K$

(III) Ecuación de *Fröhlich*

$$\sigma_z = \frac{q}{2\pi} \int_{\theta_1}^{\theta_2} \{1 - a^{\chi}[a^2 + sec^2\theta]^{-\chi/2}\} d\theta$$

Integrando con $\chi = 2$, nosotros obtenemos:

$$\sigma_z = \frac{q}{2\pi\sqrt{1+a^2}} \left\{ tan^{-1}\left[\frac{tan\theta_2}{\sqrt{1+a^2}}\right] - tan^{-1}\left[\frac{tan\theta_1}{\sqrt{1+a^2}}\right]\right\} \tag{A.9}$$

Integrando con $\chi = 4$, nosotros obtenemos:

$$\sigma_z = \frac{q}{4\pi(1+a^2)} \left\{ \begin{array}{l} \frac{3a^2+2}{\sqrt{1+a^2}}\left[tan^{-1}\left(\frac{tan\theta_2}{\sqrt{1+a^2}}\right) - tan^{-1}\left(\frac{tan\theta_1}{\sqrt{1+a^2}}\right)\right] \\ +a^2\left[\frac{tan\theta_2}{a^2+sec^2\theta_2} - \frac{tan\theta_1}{a^2+sec^2\theta_1}\right] \end{array} \right\} \tag{A.10}$$

El proceso de integración fue, en general, simple. Sin embargo, en el caso de la ecuación de *Boussinesq*, la integración fue bastante complicada.

## INTEGRACIÓN PARA UN ÁREA DE CUALQUIER FORMA POLIGONAL

Dado que un polígono puede subdividirse en áreas triangulares (figura A.3), es posible aplicar las fórmulas de integración obtenidas anteriormente en forma secuencial a todos los triángulos resultantes.

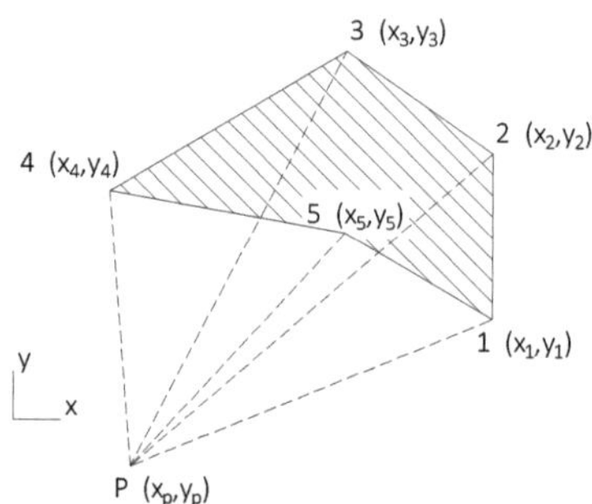


**Figura A.3** Poligonal uniformemente cargado

En la figura A.3, los triángulos P12, P23 y P34 dan una contribución positiva para el valor $\sigma_z$ bajo el punto $P$ mientras los triángulos P45 y P51 contribuyen negativamente. Note que la numeración de los vértices es en sentido contrario a las manecillas del reloj.

Las fórmulas para un polígono de $n$ vértices se obtendrán aplicando reiteradamente la ecuación (7), (8), (9) o (10) en los $n$ triángulos formados por el punto $P$ y dos vértices consecutivos $i$ e $i + 1$.

(I) Ecuación de *Boussineq*

$$\sigma_z = \frac{q}{2\pi} \sum_{i=1}^{n} \{\theta_{2i} - \theta_{1i} - tan^{-1}[B_{2i}] + tan^{-1}[B_{1i}] + [B_{21} - B_{1i}]/[a_i^2 + 1]\} \qquad (A.11)$$

(II) Ecuación de *Westergaad*

$$\sigma_z = \frac{q}{2\pi} \sum_{i=1}^{n} \{\theta_{2i} - \theta_{1i} - tan^{-1}[W_{2i}] + tan^{-1}[W_{1i}]\} \qquad (A.12)$$

(III) Ecuación de *Fröhlich*

Con $\chi = 2$

$$\sigma_z = \frac{q}{2\pi} \sum_{i=1}^{n} \frac{1}{\sqrt{1 + a_i^2}} \{tan^{-1}[J_{2i}] - tan^{-1}[J_{1i}]\} \qquad (A.13)$$

Con $\chi = 4$

$$\sigma_z = \frac{q}{4\pi} \sum_{i=1}^{n} \frac{1}{1 + a_1^2} \left\{ \frac{3a_1^2 + 2}{\sqrt{1 + a_1^2}} [tan^{-1}[J_{2i}] - tan^{-1}[J_{1i}]] + N_{2i} - N_{1i} \right\} \qquad (A.14)$$

Dónde:

$\theta_{1i} = tan^{-1}C_{1i}$
$\theta_{2i} = tan^{-1}C_{2i}$
$C_{1i} = [x_i'(x_{i+1}' - x_i') + y_i'(y_{i+1}' - y_i')]/F_i$
$C_{2i} = [x_{i+1}'(x_{i+1}' - x_i') + y_{i+1}'(y_{i+1}' - y_i')]/F_i$
$x_p, y_p = coordenadas\ del\ punto\ P$
$x_i, y_i = coordenadas\ del\ vertíce\ i$
$x_{i+1}, y_{i+1} = coordenadas\ del\ vertíce\ i + 1$
$F_i = x_i'y_{i+1}' - x_{i+1}'y_i'$
$a_i = |zL_i/F_i|$
$L_i = \sqrt{(x_{i+1}' - x_i')^2 + (y_{i+1}' - y_i')^2}$

$B_{ki} = a_i \cdot C_{ki}/\sqrt{1 + a_i^2 + C_{ki}^2} \qquad (k = 1,2)$

$W_{ki} = K \cdot a_i \cdot C_{ki}/\sqrt{1 + K^2 a_i^2 + C_{ki}^2} \qquad (k = 1,2)$

$$J_{ki} = C_{ki}/\sqrt{1 + a_i^2} \qquad\qquad (k = 1,2)$$

$$N_{ki} = a_i^2 \cdot C_{ki}/(1 + a_i^2 + C_{ki}^2) \qquad\qquad (k = 1,2)$$

$$K = \sqrt{1 - 2v/2(1 - v)}$$

$v$ = Relación de Poisson del suelo

$\chi$ = Parámetro con valores 2, 3 u 4

Observe que cuando $\chi = 3$, en la ecuación de *Fröhlich*, se obtiene la ecuación de *Boussinesq*

## CONCLUSIONES

Con las fórmulas propuestas A.11, A.12, A.13 o A.14 será fácil calcular la tensión normal $\sigma_z$ en cualquier punto $P$ dentro de un suelo cargado por una carga vertical uniforme distribuida sobre un área poligonal. De hecho, uno de los autores (C. Casales G.) ha escrito un programa de computadora para la determinación de $\sigma_z$ en una computadora HP-41CV.

## COMENTARIO FINAL Y RECONOCIMIENTO

Ambos autores obtuvieron los mismos resultados presentados en este artículo trabajando de forma independiente.

Los autores desean expresar su gratitud al Prof. Arturo Arias y al Sr. David Borizon Ch., quienes, trabajando independientemente, obtuvieron la solución para la integral indefinida en la ecuación de Boussinesq.

*Traducción al artículo original

# Apéndice B

## Cálculo de esfuerzos en la masa del suelo

### Zeevaert, L., (1980)

### a) Cargas verticales

La distribución de esfuerzos verticales en la masa del suelo debidos a cargas aplicadas en la superficie se puede calcular por medio de la siguiente expresión, para una carga concentrada $Q$ en la superficie, según Fröhlich (1942), figura B.1.

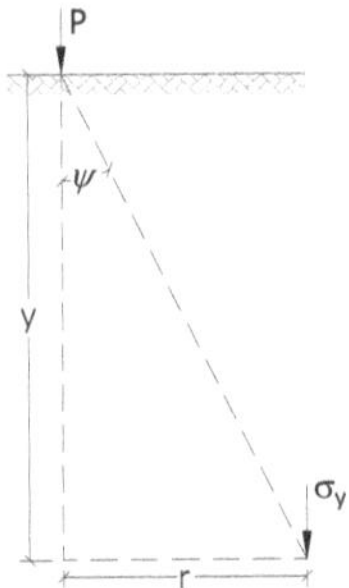


**Figura B.1** Esfuerzo vertical en un punto debido a una carga puntual aplicada en la superficie

$$\sigma_z = \frac{Q}{z^2} I_{Fh} \qquad (B.1)$$

En donde

$$I_{Fh} = \frac{X}{2\pi} cos^{x+2}\psi \qquad (B.2)$$

O bien

$$I_{Fh} = \frac{X}{2\pi} \left( \frac{1}{1 + (r/y)^2} \right)^{(X+2)/2} \qquad (B.3)$$

Aquí $X$, es el valor de distribución de esfuerzos de Fröhlich. Dicho factor depende de las condiciones estratigráficas y mecánicas de compresibilidad del suelo:

$X = 1.5$, aproximadamente la solución de Westergaard para un suelo fuertemente estratificado reforzado por estratos horizontales múltiples e indeformables, $v = 0$

$X = 2$, suelo estratificado, con estratos de diferentes deformabilidades.

$X = 3$, solución de Boussinesq, suelo homogéneo e isótropo.

$X = 4$, suelo homogéneo en que la compresibilidad se reduce con la profundidad, como es en el caso de las arenas.

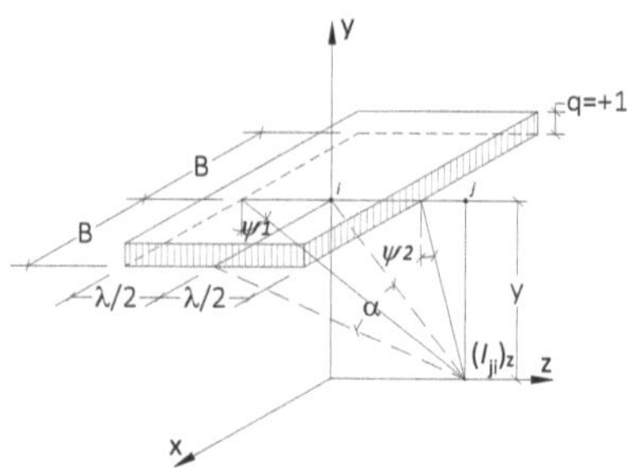


**Figura B.2** Esfuerzo vertical en un punto debido a un área rectangular uniformemente cargada

Haciendo uso de la expresión B.1, se pueden construir redes de esfuerzos por medio de las cuales se determinan las influencias unitarias $I_\sigma$ en el subsuelo en áreas cualesquiera cargadas con $q = +1$. La distribución de esfuerzos en la masa del suelo puede determinarse con suficiente precisión por medio de las redes de esfuerzos (Zeevaert 1973), o bien calcular las influencias $I_\sigma$ por medio de las siguientes fórmulas, deducidas por el autor, de acuerdo con la figura B.2 y establecer programas de computadora para facilitar y obtener mayor precisión en el cómputo de los valores de $I_\sigma$.

Para $X = 2$

$$I_{ji} = \frac{1}{\pi}\left(\alpha_0 + \frac{1}{2} sen\, 2\,\alpha_0\right)(sen\,\psi_1 - sen\,\psi_2) \qquad (B.4)$$

Para $X = 3$

$$I_{ji} = \frac{3}{2\pi}\left(sen\,\alpha_0 - \frac{sen^3\,\alpha_0}{3}\right)\{(\psi_1 - \psi_2) + sen\,(\psi_1 - \psi_2)\,cos\,(\psi_1 + \psi_2)\} \qquad (B.5)$$

Para $X = 4$

$$I_{ji} = \frac{1}{\pi}\left(\frac{3}{2}\alpha_0 + \frac{3}{4} sen\, 2\,\alpha_0 + sen\,\alpha_0\, cos^3\,\alpha_0\right)\left\{\begin{array}{c}(sen\,\psi_1 - sen\,\psi_2)\\ -\frac{1}{3}(sen^3\,\psi_1 - sen^3\,\psi_2)\end{array}\right\} \qquad (B.6)$$

Los argumentos angulares en las fórmulas anteriores son

$$\alpha_0 = tan^{-1}\left(\frac{B}{\sqrt{z^2 + y^2}}\right) \qquad \psi_1 = tan^{-1}\left(\frac{z + \lambda/2}{y}\right) \qquad \psi_2 = tan^{-1}\left(\frac{z - \lambda/2}{y}\right) \qquad (B.7)$$

## a) Cargas horizontales

En el caso de las pilas o pilotes para el cálculo de los valores de las influencias en sentido horizontal se puede aplicar la solución de (Mindlin 1936), para una carga horizontal concentrada en un punto de un medio semi-infinito elástico, isótropo y homogéneo para $v = 0.5$, o bien se puede deducir un procedimiento basado en la imagen de cargas con respecto a la superficie libre de la masa semi-infinita, figura B.3, evitando así los altos esfuerzos que ocasionaría la carga concentrada en sus cercanías. Se supone que la carga horizontal sobre el suelo ocupa un tramo $\lambda$ de un pilote de diámetro $(2r_0)$ y que es uniforme por unidad de superficie igual a $q_i = +1$. Dicha carga dará una influencia $I_{xy}$ en el punto de coordenadas $x, y$. Se supone una carga unitaria igual aplicada simétricamente a la carga real sobre la superficie libre como si la masa se prolongara, y se calcula la influencia de ésta en el mismo punto en la masa real, figura B.3. Sumando estas dos influencias de obtiene en forma aproximada la influencia que la carga horizontal ocasiona en la masa semi-infinita. De tal manera que las influencias a lo largo de una línea horizontal que pasa por el punto $j$ de la interfase pilote-suelo a una profundidad $y_j$ debido a la carga aplicada en el punto $i$ como centro y a la profundidad $y_i$ es:

$$I_{ji} = \frac{3}{2\pi}\left[\begin{array}{c}\left(sen\,\alpha_0 - \frac{sen^3\,\alpha_0}{3}\right)\{(\psi_1 - \psi_2) + sen\,(\psi_1 - \psi_2)\, cos\,(\psi_1 + \psi_2)\}\\ \\ +\left(sen\,\alpha_0' - \frac{sen^3\,\alpha_0'}{3}\right)\{(\psi_1' - \psi_2') + sen\,(\psi_1' - \psi_2')\, cos\,(\psi_1' + \psi_2')\}\end{array}\right] \qquad (B.8)$$

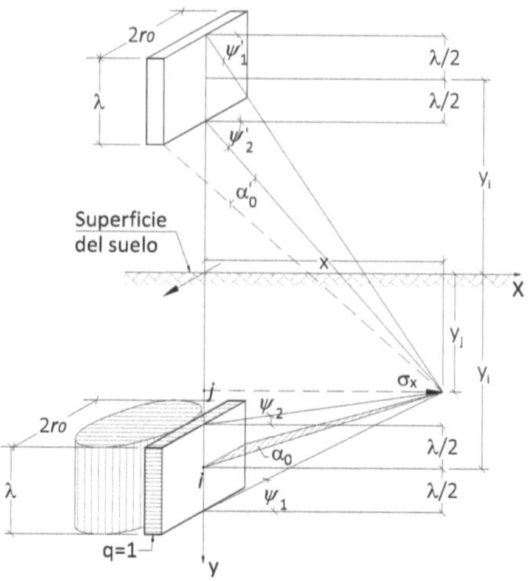


**Figura B.3** Esfuerzo horizontal en un punto debido a un área rectangular uniformemente cargada actuando en un plano vertical

Los argumentos angulares en las fórmulas anteriores son:

$$\alpha_0 = tan^{-1}\frac{r_0}{\sqrt{\left(y_i - y_j\right)^2 + x^2}} \quad , \quad \alpha_0' = tan^{-1}\frac{r_0}{\sqrt{\left(y_i + y_j\right)^2 + x^2}}$$

$$\psi_1 = tan^{-1}\frac{\left(y_i - y_j\right) + \lambda/2}{x} \quad , \quad \psi_1' = tan^{-1}\frac{\left(y_i + y_j\right) + \lambda/2}{x} \qquad (B.9)$$

$$\psi_2 = tan^{-1}\left(\frac{y_i - y_j - \lambda/2}{x}\right) \quad , \quad \psi_2' = tan^{-1}\left(\frac{y_i + y_j - \lambda/2}{x}\right)$$

# Apéndice C

## Matrices de asentamientos por carga unitaria en las dovelas del cuadrante I de los ejemplos 5.7 y 5.8 del Capítulo 5

## Ejemplo 5.7

$$q^{aa} = 1$$

|   | a | 1 | 2 | 3 | 4 | 5 | 6 | b |
|---|---|---|---|---|---|---|---|---|
| a | 0.038259 | 0.016289 | 0.005161 | 0.002673 | 0.001704 | 0.001185 | 0.000864 | 0.000648 |
| 1 | 0.011582 | 0.007511 | 0.003849 | 0.002329 | 0.001568 | 0.001119 | 0.000827 | 0.000626 |
| 2 | 0.003306 | 0.002961 | 0.002292 | 0.001703 | 0.001268 | 0.000957 | 0.000733 | 0.000568 |
| 3 | 0.001722 | 0.001639 | 0.001435 | 0.001190 | 0.000962 | 0.000769 | 0.000613 | 0.000489 |
| 4 | 0.001069 | 0.001037 | 0.000952 | 0.000837 | 0.000714 | 0.000597 | 0.000494 | 0.000406 |
| 5 | 0.000715 | 0.000700 | 0.000658 | 0.000598 | 0.000528 | 0.000457 | 0.000390 | 0.000330 |
| 6 | 0.000498 | 0.000490 | 0.000468 | 0.000434 | 0.000393 | 0.000349 | 0.000305 | 0.000264 |
| 7 | 0.000358 | 0.000353 | 0.000340 | 0.000320 | 0.000295 | 0.000267 | 0.000239 | 0.000211 |
| 8 | 0.000263 | 0.000260 | 0.000252 | 0.000240 | 0.000224 | 0.000206 | 0.000187 | 0.000168 |
| 9 | 0.000197 | 0.000195 | 0.000190 | 0.000182 | 0.000172 | 0.000160 | 0.000147 | 0.000134 |
| 10 | 0.000149 | 0.000148 | 0.000145 | 0.000140 | 0.000133 | 0.000125 | 0.000116 | 0.000107 |
| b | 0.000115 | 0.000115 | 0.000112 | 0.000109 | 0.000104 | 0.000099 | 0.000093 | 0.000086 |

$$q^{a1} = 1$$

|   | a | 1 | 2 | 3 | 4 | 5 | 6 | b |
|---|---|---|---|---|---|---|---|---|
| a | 0.011582 | 0.007511 | 0.003849 | 0.002329 | 0.001568 | 0.001119 | 0.000827 | 0.000626 |
| 1 | 0.038259 | 0.016289 | 0.005161 | 0.002673 | 0.001704 | 0.001185 | 0.000864 | 0.000648 |
| 2 | 0.011582 | 0.007511 | 0.003849 | 0.002329 | 0.001568 | 0.001119 | 0.000827 | 0.000626 |
| 3 | 0.003306 | 0.002961 | 0.002292 | 0.001703 | 0.001268 | 0.000957 | 0.000733 | 0.000568 |
| 4 | 0.001722 | 0.001639 | 0.001435 | 0.001190 | 0.000962 | 0.000769 | 0.000613 | 0.000489 |
| 5 | 0.001069 | 0.001037 | 0.000952 | 0.000837 | 0.000714 | 0.000597 | 0.000494 | 0.000406 |
| 6 | 0.000715 | 0.000700 | 0.000658 | 0.000598 | 0.000528 | 0.000457 | 0.000390 | 0.000330 |
| 7 | 0.000498 | 0.000490 | 0.000468 | 0.000434 | 0.000393 | 0.000349 | 0.000305 | 0.000264 |
| 8 | 0.000358 | 0.000353 | 0.000340 | 0.000320 | 0.000295 | 0.000267 | 0.000239 | 0.000211 |
| 9 | 0.000263 | 0.000260 | 0.000252 | 0.000240 | 0.000224 | 0.000206 | 0.000187 | 0.000168 |
| 10 | 0.000197 | 0.000195 | 0.000190 | 0.000182 | 0.000172 | 0.000160 | 0.000147 | 0.000134 |
| b | 0.000149 | 0.000148 | 0.000145 | 0.000140 | 0.000133 | 0.000125 | 0.000116 | 0.000107 |

$$q^{a2} = 1$$

|  | a | 1 | 2 | 3 | 4 | 5 | 6 | b |
|---|---|---|---|---|---|---|---|---|
| a | 0.003306 | 0.002961 | 0.002292 | 0.001703 | 0.001268 | 0.000957 | 0.000733 | 0.000568 |
| 1 | 0.011582 | 0.007511 | 0.003849 | 0.002329 | 0.001568 | 0.001119 | 0.000827 | 0.000626 |
| 2 | 0.038259 | 0.016289 | 0.005161 | 0.002673 | 0.001704 | 0.001185 | 0.000864 | 0.000648 |
| 3 | 0.011582 | 0.007511 | 0.003849 | 0.002329 | 0.001568 | 0.001119 | 0.000827 | 0.000626 |
| 4 | 0.003306 | 0.002961 | 0.002292 | 0.001703 | 0.001268 | 0.000957 | 0.000733 | 0.000568 |
| 5 | 0.001722 | 0.001639 | 0.001435 | 0.001190 | 0.000962 | 0.000769 | 0.000613 | 0.000489 |
| 6 | 0.001069 | 0.001037 | 0.000952 | 0.000837 | 0.000714 | 0.000597 | 0.000494 | 0.000406 |
| 7 | 0.000715 | 0.000700 | 0.000658 | 0.000598 | 0.000528 | 0.000457 | 0.000390 | 0.000330 |
| 8 | 0.000498 | 0.000490 | 0.000468 | 0.000434 | 0.000393 | 0.000349 | 0.000305 | 0.000264 |
| 9 | 0.000358 | 0.000353 | 0.000340 | 0.000320 | 0.000295 | 0.000267 | 0.000239 | 0.000211 |
| 10 | 0.000263 | 0.000260 | 0.000252 | 0.000240 | 0.000224 | 0.000206 | 0.000187 | 0.000168 |
| b | 0.000197 | 0.000195 | 0.000190 | 0.000182 | 0.000172 | 0.000160 | 0.000147 | 0.000134 |

$$q^{a3} = 1$$

|  | a | 1 | 2 | 3 | 4 | 5 | 6 | b |
|---|---|---|---|---|---|---|---|---|
| a | 0.001722 | 0.001639 | 0.001435 | 0.001190 | 0.000962 | 0.000769 | 0.000613 | 0.000489 |
| 1 | 0.003306 | 0.002961 | 0.002292 | 0.001703 | 0.001268 | 0.000957 | 0.000733 | 0.000568 |
| 2 | 0.011582 | 0.007511 | 0.003849 | 0.002329 | 0.001568 | 0.001119 | 0.000827 | 0.000626 |
| 3 | 0.038259 | 0.016289 | 0.005161 | 0.002673 | 0.001704 | 0.001185 | 0.000864 | 0.000648 |
| 4 | 0.011582 | 0.007511 | 0.003849 | 0.002329 | 0.001568 | 0.001119 | 0.000827 | 0.000626 |
| 5 | 0.003306 | 0.002961 | 0.002292 | 0.001703 | 0.001268 | 0.000957 | 0.000733 | 0.000568 |
| 6 | 0.001722 | 0.001639 | 0.001435 | 0.001190 | 0.000962 | 0.000769 | 0.000613 | 0.000489 |
| 7 | 0.001069 | 0.001037 | 0.000952 | 0.000837 | 0.000714 | 0.000597 | 0.000494 | 0.000406 |
| 8 | 0.000715 | 0.000700 | 0.000658 | 0.000598 | 0.000528 | 0.000457 | 0.000390 | 0.000330 |
| 9 | 0.000498 | 0.000490 | 0.000468 | 0.000434 | 0.000393 | 0.000349 | 0.000305 | 0.000264 |
| 10 | 0.000358 | 0.000353 | 0.000340 | 0.000320 | 0.000295 | 0.000267 | 0.000239 | 0.000211 |
| b | 0.000263 | 0.000260 | 0.000252 | 0.000240 | 0.000224 | 0.000206 | 0.000187 | 0.000168 |

$$q^{a4} = 1$$

|  | a | 1 | 2 | 3 | 4 | 5 | 6 | b |
|---|---|---|---|---|---|---|---|---|
| a | 0.001069 | 0.001037 | 0.000952 | 0.000837 | 0.000714 | 0.000597 | 0.000494 | 0.000406 |
| 1 | 0.001722 | 0.001639 | 0.001435 | 0.001190 | 0.000962 | 0.000769 | 0.000613 | 0.000489 |
| 2 | 0.003306 | 0.002961 | 0.002292 | 0.001703 | 0.001268 | 0.000957 | 0.000733 | 0.000568 |
| 3 | 0.011582 | 0.007511 | 0.003849 | 0.002329 | 0.001568 | 0.001119 | 0.000827 | 0.000626 |
| 4 | 0.038259 | 0.016289 | 0.005161 | 0.002673 | 0.001704 | 0.001185 | 0.000864 | 0.000648 |
| 5 | 0.011582 | 0.007511 | 0.003849 | 0.002329 | 0.001568 | 0.001119 | 0.000827 | 0.000626 |
| 6 | 0.003306 | 0.002961 | 0.002292 | 0.001703 | 0.001268 | 0.000957 | 0.000733 | 0.000568 |
| 7 | 0.001722 | 0.001639 | 0.001435 | 0.001190 | 0.000962 | 0.000769 | 0.000613 | 0.000489 |
| 8 | 0.001069 | 0.001037 | 0.000952 | 0.000837 | 0.000714 | 0.000597 | 0.000494 | 0.000406 |
| 9 | 0.000715 | 0.000700 | 0.000658 | 0.000598 | 0.000528 | 0.000457 | 0.000390 | 0.000330 |
| 10 | 0.000498 | 0.000490 | 0.000468 | 0.000434 | 0.000393 | 0.000349 | 0.000305 | 0.000264 |
| b | 0.000358 | 0.000353 | 0.000340 | 0.000320 | 0.000295 | 0.000267 | 0.000239 | 0.000211 |

$$q^{a5} = 1$$

| | a | 1 | 2 | 3 | 4 | 5 | 6 | b |
|---|---|---|---|---|---|---|---|---|
| **a** | 0.000715 | 0.000700 | 0.000658 | 0.000598 | 0.000528 | 0.000457 | 0.000390 | 0.000330 |
| **1** | 0.001069 | 0.001037 | 0.000952 | 0.000837 | 0.000714 | 0.000597 | 0.000494 | 0.000406 |
| **2** | 0.001722 | 0.001639 | 0.001435 | 0.001190 | 0.000962 | 0.000769 | 0.000613 | 0.000489 |
| **3** | 0.003306 | 0.002961 | 0.002292 | 0.001703 | 0.001268 | 0.000957 | 0.000733 | 0.000568 |
| **4** | 0.011582 | 0.007511 | 0.003849 | 0.002329 | 0.001568 | 0.001119 | 0.000827 | 0.000626 |
| **5** | 0.038259 | 0.016289 | 0.005161 | 0.002673 | 0.001704 | 0.001185 | 0.000864 | 0.000648 |
| **6** | 0.011582 | 0.007511 | 0.003849 | 0.002329 | 0.001568 | 0.001119 | 0.000827 | 0.000626 |
| **7** | 0.003306 | 0.002961 | 0.002292 | 0.001703 | 0.001268 | 0.000957 | 0.000733 | 0.000568 |
| **8** | 0.001722 | 0.001639 | 0.001435 | 0.001190 | 0.000962 | 0.000769 | 0.000613 | 0.000489 |
| **9** | 0.001069 | 0.001037 | 0.000952 | 0.000837 | 0.000714 | 0.000597 | 0.000494 | 0.000406 |
| **10** | 0.000715 | 0.000700 | 0.000658 | 0.000598 | 0.000528 | 0.000457 | 0.000390 | 0.000330 |
| **b** | 0.000498 | 0.000490 | 0.000468 | 0.000434 | 0.000393 | 0.000349 | 0.000305 | 0.000264 |

$$q^{1a} = 1$$

| | a | 1 | 2 | 3 | 4 | 5 | 6 | b |
|---|---|---|---|---|---|---|---|---|
| **a** | 0.016289 | 0.038259 | 0.016289 | 0.005161 | 0.002673 | 0.001704 | 0.001185 | 0.000864 |
| **1** | 0.007511 | 0.011582 | 0.007511 | 0.003849 | 0.002329 | 0.001568 | 0.001119 | 0.000827 |
| **2** | 0.002961 | 0.003306 | 0.002961 | 0.002292 | 0.001703 | 0.001268 | 0.000957 | 0.000733 |
| **3** | 0.001639 | 0.001722 | 0.001639 | 0.001435 | 0.001190 | 0.000962 | 0.000769 | 0.000613 |
| **4** | 0.001037 | 0.001069 | 0.001037 | 0.000952 | 0.000837 | 0.000714 | 0.000597 | 0.000494 |
| **5** | 0.000700 | 0.000715 | 0.000700 | 0.000658 | 0.000598 | 0.000528 | 0.000457 | 0.000390 |
| **6** | 0.000490 | 0.000498 | 0.000490 | 0.000468 | 0.000434 | 0.000393 | 0.000349 | 0.000305 |
| **7** | 0.000353 | 0.000358 | 0.000353 | 0.000340 | 0.000320 | 0.000295 | 0.000267 | 0.000239 |
| **8** | 0.000260 | 0.000263 | 0.000260 | 0.000252 | 0.000240 | 0.000224 | 0.000206 | 0.000187 |
| **9** | 0.000195 | 0.000197 | 0.000195 | 0.000190 | 0.000182 | 0.000172 | 0.000160 | 0.000147 |
| **10** | 0.000148 | 0.000149 | 0.000148 | 0.000145 | 0.000140 | 0.000133 | 0.000125 | 0.000116 |
| **b** | 0.000115 | 0.000115 | 0.000115 | 0.000112 | 0.000109 | 0.000104 | 0.000099 | 0.000093 |

$$q^{11} = 1$$

| | a | 1 | 2 | 3 | 4 | 5 | 6 | b |
|---|---|---|---|---|---|---|---|---|
| **a** | 0.007511 | 0.011582 | 0.007511 | 0.003849 | 0.002329 | 0.001568 | 0.001119 | 0.000827 |
| **1** | 0.016289 | 0.038259 | 0.016289 | 0.005161 | 0.002673 | 0.001704 | 0.001185 | 0.000864 |
| **2** | 0.007511 | 0.011582 | 0.007511 | 0.003849 | 0.002329 | 0.001568 | 0.001119 | 0.000827 |
| **3** | 0.002961 | 0.003306 | 0.002961 | 0.002292 | 0.001703 | 0.001268 | 0.000957 | 0.000733 |
| **4** | 0.001639 | 0.001722 | 0.001639 | 0.001435 | 0.001190 | 0.000962 | 0.000769 | 0.000613 |
| **5** | 0.001037 | 0.001069 | 0.001037 | 0.000952 | 0.000837 | 0.000714 | 0.000597 | 0.000494 |
| **6** | 0.000700 | 0.000715 | 0.000700 | 0.000658 | 0.000598 | 0.000528 | 0.000457 | 0.000390 |
| **7** | 0.000490 | 0.000498 | 0.000490 | 0.000468 | 0.000434 | 0.000393 | 0.000349 | 0.000305 |
| **8** | 0.000353 | 0.000358 | 0.000353 | 0.000340 | 0.000320 | 0.000295 | 0.000267 | 0.000239 |
| **9** | 0.000260 | 0.000263 | 0.000260 | 0.000252 | 0.000240 | 0.000224 | 0.000206 | 0.000187 |
| **10** | 0.000195 | 0.000197 | 0.000195 | 0.000190 | 0.000182 | 0.000172 | 0.000160 | 0.000147 |
| **b** | 0.000148 | 0.000149 | 0.000148 | 0.000145 | 0.000140 | 0.000133 | 0.000125 | 0.000116 |

$$q^{12} = 1$$

|    | a | 1 | 2 | 3 | 4 | 5 | 6 | b |
|----|---|---|---|---|---|---|---|---|
| a | 0.002961 | 0.003306 | 0.002961 | 0.002292 | 0.001703 | 0.001268 | 0.000957 | 0.000733 |
| 1 | 0.007511 | 0.011582 | 0.007511 | 0.003849 | 0.002329 | 0.001568 | 0.001119 | 0.000827 |
| 2 | 0.016289 | 0.038259 | 0.016289 | 0.005161 | 0.002673 | 0.001704 | 0.001185 | 0.000864 |
| 3 | 0.007511 | 0.011582 | 0.007511 | 0.003849 | 0.002329 | 0.001568 | 0.001119 | 0.000827 |
| 4 | 0.002961 | 0.003306 | 0.002961 | 0.002292 | 0.001703 | 0.001268 | 0.000957 | 0.000733 |
| 5 | 0.001639 | 0.001722 | 0.001639 | 0.001435 | 0.001190 | 0.000962 | 0.000769 | 0.000613 |
| 6 | 0.001037 | 0.001069 | 0.001037 | 0.000952 | 0.000837 | 0.000714 | 0.000597 | 0.000494 |
| 7 | 0.000700 | 0.000715 | 0.000700 | 0.000658 | 0.000598 | 0.000528 | 0.000457 | 0.000390 |
| 8 | 0.000490 | 0.000498 | 0.000490 | 0.000468 | 0.000434 | 0.000393 | 0.000349 | 0.000305 |
| 9 | 0.000353 | 0.000358 | 0.000353 | 0.000340 | 0.000320 | 0.000295 | 0.000267 | 0.000239 |
| 10 | 0.000260 | 0.000263 | 0.000260 | 0.000252 | 0.000240 | 0.000224 | 0.000206 | 0.000187 |
| b | 0.000195 | 0.000197 | 0.000195 | 0.000190 | 0.000182 | 0.000172 | 0.000160 | 0.000147 |

$$q^{13} = 1$$

|    | a | 1 | 2 | 3 | 4 | 5 | 6 | b |
|----|---|---|---|---|---|---|---|---|
| a | 0.001639 | 0.001722 | 0.001639 | 0.001435 | 0.001190 | 0.000962 | 0.000769 | 0.000613 |
| 1 | 0.002961 | 0.003306 | 0.002961 | 0.002292 | 0.001703 | 0.001268 | 0.000957 | 0.000733 |
| 2 | 0.007511 | 0.011582 | 0.007511 | 0.003849 | 0.002329 | 0.001568 | 0.001119 | 0.000827 |
| 3 | 0.016289 | 0.038259 | 0.016289 | 0.005161 | 0.002673 | 0.001704 | 0.001185 | 0.000864 |
| 4 | 0.007511 | 0.011582 | 0.007511 | 0.003849 | 0.002329 | 0.001568 | 0.001119 | 0.000827 |
| 5 | 0.002961 | 0.003306 | 0.002961 | 0.002292 | 0.001703 | 0.001268 | 0.000957 | 0.000733 |
| 6 | 0.001639 | 0.001722 | 0.001639 | 0.001435 | 0.001190 | 0.000962 | 0.000769 | 0.000613 |
| 7 | 0.001037 | 0.001069 | 0.001037 | 0.000952 | 0.000837 | 0.000714 | 0.000597 | 0.000494 |
| 8 | 0.000700 | 0.000715 | 0.000700 | 0.000658 | 0.000598 | 0.000528 | 0.000457 | 0.000390 |
| 9 | 0.000490 | 0.000498 | 0.000490 | 0.000468 | 0.000434 | 0.000393 | 0.000349 | 0.000305 |
| 10 | 0.000353 | 0.000358 | 0.000353 | 0.000340 | 0.000320 | 0.000295 | 0.000267 | 0.000239 |
| b | 0.000260 | 0.000263 | 0.000260 | 0.000252 | 0.000240 | 0.000224 | 0.000206 | 0.000187 |

$$q^{14} = 1$$

|    | a | 1 | 2 | 3 | 4 | 5 | 6 | b |
|----|---|---|---|---|---|---|---|---|
| a | 0.001037 | 0.001069 | 0.001037 | 0.000952 | 0.000837 | 0.000714 | 0.000597 | 0.000494 |
| 1 | 0.001639 | 0.001722 | 0.001639 | 0.001435 | 0.001190 | 0.000962 | 0.000769 | 0.000613 |
| 2 | 0.002961 | 0.003306 | 0.002961 | 0.002292 | 0.001703 | 0.001268 | 0.000957 | 0.000733 |
| 3 | 0.007511 | 0.011582 | 0.007511 | 0.003849 | 0.002329 | 0.001568 | 0.001119 | 0.000827 |
| 4 | 0.016289 | 0.038259 | 0.016289 | 0.005161 | 0.002673 | 0.001704 | 0.001185 | 0.000864 |
| 5 | 0.007511 | 0.011582 | 0.007511 | 0.003849 | 0.002329 | 0.001568 | 0.001119 | 0.000827 |
| 6 | 0.002961 | 0.003306 | 0.002961 | 0.002292 | 0.001703 | 0.001268 | 0.000957 | 0.000733 |
| 7 | 0.001639 | 0.001722 | 0.001639 | 0.001435 | 0.001190 | 0.000962 | 0.000769 | 0.000613 |
| 8 | 0.001037 | 0.001069 | 0.001037 | 0.000952 | 0.000837 | 0.000714 | 0.000597 | 0.000494 |
| 9 | 0.000700 | 0.000715 | 0.000700 | 0.000658 | 0.000598 | 0.000528 | 0.000457 | 0.000390 |
| 10 | 0.000490 | 0.000498 | 0.000490 | 0.000468 | 0.000434 | 0.000393 | 0.000349 | 0.000305 |
| b | 0.000353 | 0.000358 | 0.000353 | 0.000340 | 0.000320 | 0.000295 | 0.000267 | 0.000239 |

$$q^{15} = 1$$

|   | a | 1 | 2 | 3 | 4 | 5 | 6 | b |
|---|---|---|---|---|---|---|---|---|
| a | 0.000700 | 0.000715 | 0.000700 | 0.000658 | 0.000598 | 0.000528 | 0.000457 | 0.000390 |
| 1 | 0.001037 | 0.001069 | 0.001037 | 0.000952 | 0.000837 | 0.000714 | 0.000597 | 0.000494 |
| 2 | 0.001639 | 0.001722 | 0.001639 | 0.001435 | 0.001190 | 0.000962 | 0.000769 | 0.000613 |
| 3 | 0.002961 | 0.003306 | 0.002961 | 0.002292 | 0.001703 | 0.001268 | 0.000957 | 0.000733 |
| 4 | 0.007511 | 0.011582 | 0.007511 | 0.003849 | 0.002329 | 0.001568 | 0.001119 | 0.000827 |
| 5 | 0.016289 | 0.038259 | 0.016289 | 0.005161 | 0.002673 | 0.001704 | 0.001185 | 0.000864 |
| 6 | 0.007511 | 0.011582 | 0.007511 | 0.003849 | 0.002329 | 0.001568 | 0.001119 | 0.000827 |
| 7 | 0.002961 | 0.003306 | 0.002961 | 0.002292 | 0.001703 | 0.001268 | 0.000957 | 0.000733 |
| 8 | 0.001639 | 0.001722 | 0.001639 | 0.001435 | 0.001190 | 0.000962 | 0.000769 | 0.000613 |
| 9 | 0.001037 | 0.001069 | 0.001037 | 0.000952 | 0.000837 | 0.000714 | 0.000597 | 0.000494 |
| 10 | 0.000700 | 0.000715 | 0.000700 | 0.000658 | 0.000598 | 0.000528 | 0.000457 | 0.000390 |
| b | 0.000490 | 0.000498 | 0.000490 | 0.000468 | 0.000434 | 0.000393 | 0.000349 | 0.000305 |

$$q^{2a} = 1$$

|   | a | 1 | 2 | 3 | 4 | 5 | 6 | b |
|---|---|---|---|---|---|---|---|---|
| a | 0.005161 | 0.016289 | 0.038259 | 0.016289 | 0.005161 | 0.002673 | 0.001704 | 0.001185 |
| 1 | 0.003849 | 0.007511 | 0.011582 | 0.007511 | 0.003849 | 0.002329 | 0.001568 | 0.001119 |
| 2 | 0.002292 | 0.002961 | 0.003306 | 0.002961 | 0.002292 | 0.001703 | 0.001268 | 0.000957 |
| 3 | 0.001435 | 0.001639 | 0.001722 | 0.001639 | 0.001435 | 0.001190 | 0.000962 | 0.000769 |
| 4 | 0.000952 | 0.001037 | 0.001069 | 0.001037 | 0.000952 | 0.000837 | 0.000714 | 0.000597 |
| 5 | 0.000658 | 0.000700 | 0.000715 | 0.000700 | 0.000658 | 0.000598 | 0.000528 | 0.000457 |
| 6 | 0.000468 | 0.000490 | 0.000498 | 0.000490 | 0.000468 | 0.000434 | 0.000393 | 0.000349 |
| 7 | 0.000340 | 0.000353 | 0.000358 | 0.000353 | 0.000340 | 0.000320 | 0.000295 | 0.000267 |
| 8 | 0.000252 | 0.000260 | 0.000263 | 0.000260 | 0.000252 | 0.000240 | 0.000224 | 0.000206 |
| 9 | 0.000190 | 0.000195 | 0.000197 | 0.000195 | 0.000190 | 0.000182 | 0.000172 | 0.000160 |
| 10 | 0.000145 | 0.000148 | 0.000149 | 0.000148 | 0.000145 | 0.000140 | 0.000133 | 0.000125 |
| b | 0.000112 | 0.000115 | 0.000115 | 0.000115 | 0.000112 | 0.000109 | 0.000104 | 0.000099 |

$$q^{21} = 1$$

|   | a | 1 | 2 | 3 | 4 | 5 | 6 | b |
|---|---|---|---|---|---|---|---|---|
| a | 0.003849 | 0.007511 | 0.011582 | 0.007511 | 0.003849 | 0.002329 | 0.001568 | 0.001119 |
| 1 | 0.005161 | 0.016289 | 0.038259 | 0.016289 | 0.005161 | 0.002673 | 0.001704 | 0.001185 |
| 2 | 0.003849 | 0.007511 | 0.011582 | 0.007511 | 0.003849 | 0.002329 | 0.001568 | 0.001119 |
| 3 | 0.002292 | 0.002961 | 0.003306 | 0.002961 | 0.002292 | 0.001703 | 0.001268 | 0.000957 |
| 4 | 0.001435 | 0.001639 | 0.001722 | 0.001639 | 0.001435 | 0.001190 | 0.000962 | 0.000769 |
| 5 | 0.000952 | 0.001037 | 0.001069 | 0.001037 | 0.000952 | 0.000837 | 0.000714 | 0.000597 |
| 6 | 0.000658 | 0.000700 | 0.000715 | 0.000700 | 0.000658 | 0.000598 | 0.000528 | 0.000457 |
| 7 | 0.000468 | 0.000490 | 0.000498 | 0.000490 | 0.000468 | 0.000434 | 0.000393 | 0.000349 |
| 8 | 0.000340 | 0.000353 | 0.000358 | 0.000353 | 0.000340 | 0.000320 | 0.000295 | 0.000267 |
| 9 | 0.000252 | 0.000260 | 0.000263 | 0.000260 | 0.000252 | 0.000240 | 0.000224 | 0.000206 |
| 10 | 0.000190 | 0.000195 | 0.000197 | 0.000195 | 0.000190 | 0.000182 | 0.000172 | 0.000160 |
| b | 0.000145 | 0.000148 | 0.000149 | 0.000148 | 0.000145 | 0.000140 | 0.000133 | 0.000125 |

$$q^{22} = 1$$

|    | a | 1 | 2 | 3 | 4 | 5 | 6 | b |
|----|----|----|----|----|----|----|----|----|
| a  | 0.002292 | 0.002961 | 0.003306 | 0.002961 | 0.002292 | 0.001703 | 0.001268 | 0.000957 |
| 1  | 0.003849 | 0.007511 | 0.011582 | 0.007511 | 0.003849 | 0.002329 | 0.001568 | 0.001119 |
| 2  | 0.005161 | 0.016289 | 0.038259 | 0.016289 | 0.005161 | 0.002673 | 0.001704 | 0.001185 |
| 3  | 0.003849 | 0.007511 | 0.011582 | 0.007511 | 0.003849 | 0.002329 | 0.001568 | 0.001119 |
| 4  | 0.002292 | 0.002961 | 0.003306 | 0.002961 | 0.002292 | 0.001703 | 0.001268 | 0.000957 |
| 5  | 0.001435 | 0.001639 | 0.001722 | 0.001639 | 0.001435 | 0.001190 | 0.000962 | 0.000769 |
| 6  | 0.000952 | 0.001037 | 0.001069 | 0.001037 | 0.000952 | 0.000837 | 0.000714 | 0.000597 |
| 7  | 0.000658 | 0.000700 | 0.000715 | 0.000700 | 0.000658 | 0.000598 | 0.000528 | 0.000457 |
| 8  | 0.000468 | 0.000490 | 0.000498 | 0.000490 | 0.000468 | 0.000434 | 0.000393 | 0.000349 |
| 9  | 0.000340 | 0.000353 | 0.000358 | 0.000353 | 0.000340 | 0.000320 | 0.000295 | 0.000267 |
| 10 | 0.000252 | 0.000260 | 0.000263 | 0.000260 | 0.000252 | 0.000240 | 0.000224 | 0.000206 |
| b  | 0.000190 | 0.000195 | 0.000197 | 0.000195 | 0.000190 | 0.000182 | 0.000172 | 0.000160 |

$$q^{23} = 1$$

|    | a | 1 | 2 | 3 | 4 | 5 | 6 | b |
|----|----|----|----|----|----|----|----|----|
| a  | 0.001435 | 0.001639 | 0.001722 | 0.001639 | 0.001435 | 0.001190 | 0.000962 | 0.000769 |
| 1  | 0.002292 | 0.002961 | 0.003306 | 0.002961 | 0.002292 | 0.001703 | 0.001268 | 0.000957 |
| 2  | 0.003849 | 0.007511 | 0.011582 | 0.007511 | 0.003849 | 0.002329 | 0.001568 | 0.001119 |
| 3  | 0.005161 | 0.016289 | 0.038259 | 0.016289 | 0.005161 | 0.002673 | 0.001704 | 0.001185 |
| 4  | 0.003849 | 0.007511 | 0.011582 | 0.007511 | 0.003849 | 0.002329 | 0.001568 | 0.001119 |
| 5  | 0.002292 | 0.002961 | 0.003306 | 0.002961 | 0.002292 | 0.001703 | 0.001268 | 0.000957 |
| 6  | 0.001435 | 0.001639 | 0.001722 | 0.001639 | 0.001435 | 0.001190 | 0.000962 | 0.000769 |
| 7  | 0.000952 | 0.001037 | 0.001069 | 0.001037 | 0.000952 | 0.000837 | 0.000714 | 0.000597 |
| 8  | 0.000658 | 0.000700 | 0.000715 | 0.000700 | 0.000658 | 0.000598 | 0.000528 | 0.000457 |
| 9  | 0.000468 | 0.000490 | 0.000498 | 0.000490 | 0.000468 | 0.000434 | 0.000393 | 0.000349 |
| 10 | 0.000340 | 0.000353 | 0.000358 | 0.000353 | 0.000340 | 0.000320 | 0.000295 | 0.000267 |
| b  | 0.000252 | 0.000260 | 0.000263 | 0.000260 | 0.000252 | 0.000240 | 0.000224 | 0.000206 |

$$q^{24} = 1$$

|    | a | 1 | 2 | 3 | 4 | 5 | 6 | b |
|----|----|----|----|----|----|----|----|----|
| a  | 0.000952 | 0.001037 | 0.001069 | 0.001037 | 0.000952 | 0.000837 | 0.000714 | 0.000597 |
| 1  | 0.001435 | 0.001639 | 0.001722 | 0.001639 | 0.001435 | 0.001190 | 0.000962 | 0.000769 |
| 2  | 0.002292 | 0.002961 | 0.003306 | 0.002961 | 0.002292 | 0.001703 | 0.001268 | 0.000957 |
| 3  | 0.003849 | 0.007511 | 0.011582 | 0.007511 | 0.003849 | 0.002329 | 0.001568 | 0.001119 |
| 4  | 0.005161 | 0.016289 | 0.038259 | 0.016289 | 0.005161 | 0.002673 | 0.001704 | 0.001185 |
| 5  | 0.003849 | 0.007511 | 0.011582 | 0.007511 | 0.003849 | 0.002329 | 0.001568 | 0.001119 |
| 6  | 0.002292 | 0.002961 | 0.003306 | 0.002961 | 0.002292 | 0.001703 | 0.001268 | 0.000957 |
| 7  | 0.001435 | 0.001639 | 0.001722 | 0.001639 | 0.001435 | 0.001190 | 0.000962 | 0.000769 |
| 8  | 0.000952 | 0.001037 | 0.001069 | 0.001037 | 0.000952 | 0.000837 | 0.000714 | 0.000597 |
| 9  | 0.000658 | 0.000700 | 0.000715 | 0.000700 | 0.000658 | 0.000598 | 0.000528 | 0.000457 |
| 10 | 0.000468 | 0.000490 | 0.000498 | 0.000490 | 0.000468 | 0.000434 | 0.000393 | 0.000349 |
| b  | 0.000340 | 0.000353 | 0.000358 | 0.000353 | 0.000340 | 0.000320 | 0.000295 | 0.000267 |

$$q^{25} = 1$$

|   | a | 1 | 2 | 3 | 4 | 5 | 6 | b |
|---|---|---|---|---|---|---|---|---|
| **a** | 0.000658 | 0.000700 | 0.000715 | 0.000700 | 0.000658 | 0.000598 | 0.000528 | 0.000457 |
| **1** | 0.000952 | 0.001037 | 0.001069 | 0.001037 | 0.000952 | 0.000837 | 0.000714 | 0.000597 |
| **2** | 0.001435 | 0.001639 | 0.001722 | 0.001639 | 0.001435 | 0.001190 | 0.000962 | 0.000769 |
| **3** | 0.002292 | 0.002961 | 0.003306 | 0.002961 | 0.002292 | 0.001703 | 0.001268 | 0.000957 |
| **4** | 0.003849 | 0.007511 | 0.011582 | 0.007511 | 0.003849 | 0.002329 | 0.001568 | 0.001119 |
| **5** | 0.005161 | 0.016289 | 0.038259 | 0.016289 | 0.005161 | 0.002673 | 0.001704 | 0.001185 |
| **6** | 0.003849 | 0.007511 | 0.011582 | 0.007511 | 0.003849 | 0.002329 | 0.001568 | 0.001119 |
| **7** | 0.002292 | 0.002961 | 0.003306 | 0.002961 | 0.002292 | 0.001703 | 0.001268 | 0.000957 |
| **8** | 0.001435 | 0.001639 | 0.001722 | 0.001639 | 0.001435 | 0.001190 | 0.000962 | 0.000769 |
| **9** | 0.000952 | 0.001037 | 0.001069 | 0.001037 | 0.000952 | 0.000837 | 0.000714 | 0.000597 |
| **10** | 0.000658 | 0.000700 | 0.000715 | 0.000700 | 0.000658 | 0.000598 | 0.000528 | 0.000457 |
| **b** | 0.000468 | 0.000490 | 0.000498 | 0.000490 | 0.000468 | 0.000434 | 0.000393 | 0.000349 |

$$q^{3a} = 1$$

|   | a | 1 | 2 | 3 | 4 | 5 | 6 | b |
|---|---|---|---|---|---|---|---|---|
| **a** | 0.002673 | 0.005161 | 0.016289 | 0.038259 | 0.016289 | 0.005161 | 0.002673 | 0.001704 |
| **1** | 0.002329 | 0.003849 | 0.007511 | 0.011582 | 0.007511 | 0.003849 | 0.002329 | 0.001568 |
| **2** | 0.001703 | 0.002292 | 0.002961 | 0.003306 | 0.002961 | 0.002292 | 0.001703 | 0.001268 |
| **3** | 0.001190 | 0.001435 | 0.001639 | 0.001722 | 0.001639 | 0.001435 | 0.001190 | 0.000962 |
| **4** | 0.000837 | 0.000952 | 0.001037 | 0.001069 | 0.001037 | 0.000952 | 0.000837 | 0.000714 |
| **5** | 0.000598 | 0.000658 | 0.000700 | 0.000715 | 0.000700 | 0.000658 | 0.000598 | 0.000528 |
| **6** | 0.000434 | 0.000468 | 0.000490 | 0.000498 | 0.000490 | 0.000468 | 0.000434 | 0.000393 |
| **7** | 0.000320 | 0.000340 | 0.000353 | 0.000358 | 0.000353 | 0.000340 | 0.000320 | 0.000295 |
| **8** | 0.000240 | 0.000252 | 0.000260 | 0.000263 | 0.000260 | 0.000252 | 0.000240 | 0.000224 |
| **9** | 0.000182 | 0.000190 | 0.000195 | 0.000197 | 0.000195 | 0.000190 | 0.000182 | 0.000172 |
| **10** | 0.000140 | 0.000145 | 0.000148 | 0.000149 | 0.000148 | 0.000145 | 0.000140 | 0.000133 |
| **b** | 0.000109 | 0.000112 | 0.000115 | 0.000115 | 0.000115 | 0.000112 | 0.000109 | 0.000104 |

$$q^{31} = 1$$

|   | a | 1 | 2 | 3 | 4 | 5 | 6 | b |
|---|---|---|---|---|---|---|---|---|
| **a** | 0.002329 | 0.003849 | 0.007511 | 0.011582 | 0.007511 | 0.003849 | 0.002329 | 0.001568 |
| **1** | 0.002673 | 0.005161 | 0.016289 | 0.038259 | 0.016289 | 0.005161 | 0.002673 | 0.001704 |
| **2** | 0.002329 | 0.003849 | 0.007511 | 0.011582 | 0.007511 | 0.003849 | 0.002329 | 0.001568 |
| **3** | 0.001703 | 0.002292 | 0.002961 | 0.003306 | 0.002961 | 0.002292 | 0.001703 | 0.001268 |
| **4** | 0.001190 | 0.001435 | 0.001639 | 0.001722 | 0.001639 | 0.001435 | 0.001190 | 0.000962 |
| **5** | 0.000837 | 0.000952 | 0.001037 | 0.001069 | 0.001037 | 0.000952 | 0.000837 | 0.000714 |
| **6** | 0.000598 | 0.000658 | 0.000700 | 0.000715 | 0.000700 | 0.000658 | 0.000598 | 0.000528 |
| **7** | 0.000434 | 0.000468 | 0.000490 | 0.000498 | 0.000490 | 0.000468 | 0.000434 | 0.000393 |
| **8** | 0.000320 | 0.000340 | 0.000353 | 0.000358 | 0.000353 | 0.000340 | 0.000320 | 0.000295 |
| **9** | 0.000240 | 0.000252 | 0.000260 | 0.000263 | 0.000260 | 0.000252 | 0.000240 | 0.000224 |
| **10** | 0.000182 | 0.000190 | 0.000195 | 0.000197 | 0.000195 | 0.000190 | 0.000182 | 0.000172 |
| **b** | 0.000140 | 0.000145 | 0.000148 | 0.000149 | 0.000148 | 0.000145 | 0.000140 | 0.000133 |

$$q^{32} = 1$$

|    | a | 1 | 2 | 3 | 4 | 5 | 6 | b |
|----|---|---|---|---|---|---|---|---|
| a  | 0.001703 | 0.002292 | 0.002961 | 0.003306 | 0.002961 | 0.002292 | 0.001703 | 0.001268 |
| 1  | 0.002329 | 0.003849 | 0.007511 | 0.011582 | 0.007511 | 0.003849 | 0.002329 | 0.001568 |
| 2  | 0.002673 | 0.005161 | 0.016289 | 0.038259 | 0.016289 | 0.005161 | 0.002673 | 0.001704 |
| 3  | 0.002329 | 0.003849 | 0.007511 | 0.011582 | 0.007511 | 0.003849 | 0.002329 | 0.001568 |
| 4  | 0.001703 | 0.002292 | 0.002961 | 0.003306 | 0.002961 | 0.002292 | 0.001703 | 0.001268 |
| 5  | 0.001190 | 0.001435 | 0.001639 | 0.001722 | 0.001639 | 0.001435 | 0.001190 | 0.000962 |
| 6  | 0.000837 | 0.000952 | 0.001037 | 0.001069 | 0.001037 | 0.000952 | 0.000837 | 0.000714 |
| 7  | 0.000598 | 0.000658 | 0.000700 | 0.000715 | 0.000700 | 0.000658 | 0.000598 | 0.000528 |
| 8  | 0.000434 | 0.000468 | 0.000490 | 0.000498 | 0.000490 | 0.000468 | 0.000434 | 0.000393 |
| 9  | 0.000320 | 0.000340 | 0.000353 | 0.000358 | 0.000353 | 0.000340 | 0.000320 | 0.000295 |
| 10 | 0.000240 | 0.000252 | 0.000260 | 0.000263 | 0.000260 | 0.000252 | 0.000240 | 0.000224 |
| b  | 0.000182 | 0.000190 | 0.000195 | 0.000197 | 0.000195 | 0.000190 | 0.000182 | 0.000172 |

$$q^{33} = 1$$

|    | a | 1 | 2 | 3 | 4 | 5 | 6 | b |
|----|---|---|---|---|---|---|---|---|
| a  | 0.001190 | 0.001435 | 0.001639 | 0.001722 | 0.001639 | 0.001435 | 0.001190 | 0.000962 |
| 1  | 0.001703 | 0.002292 | 0.002961 | 0.003306 | 0.002961 | 0.002292 | 0.001703 | 0.001268 |
| 2  | 0.002329 | 0.003849 | 0.007511 | 0.011582 | 0.007511 | 0.003849 | 0.002329 | 0.001568 |
| 3  | 0.002673 | 0.005161 | 0.016289 | 0.038259 | 0.016289 | 0.005161 | 0.002673 | 0.001704 |
| 4  | 0.002329 | 0.003849 | 0.007511 | 0.011582 | 0.007511 | 0.003849 | 0.002329 | 0.001568 |
| 5  | 0.001703 | 0.002292 | 0.002961 | 0.003306 | 0.002961 | 0.002292 | 0.001703 | 0.001268 |
| 6  | 0.001190 | 0.001435 | 0.001639 | 0.001722 | 0.001639 | 0.001435 | 0.001190 | 0.000962 |
| 7  | 0.000837 | 0.000952 | 0.001037 | 0.001069 | 0.001037 | 0.000952 | 0.000837 | 0.000714 |
| 8  | 0.000598 | 0.000658 | 0.000700 | 0.000715 | 0.000700 | 0.000658 | 0.000598 | 0.000528 |
| 9  | 0.000434 | 0.000468 | 0.000490 | 0.000498 | 0.000490 | 0.000468 | 0.000434 | 0.000393 |
| 10 | 0.000320 | 0.000340 | 0.000353 | 0.000358 | 0.000353 | 0.000340 | 0.000320 | 0.000295 |
| b  | 0.000240 | 0.000252 | 0.000260 | 0.000263 | 0.000260 | 0.000252 | 0.000240 | 0.000224 |

$$q^{34} = 1$$

|    | a | 1 | 2 | 3 | 4 | 5 | 6 | b |
|----|---|---|---|---|---|---|---|---|
| a  | 0.000837 | 0.000952 | 0.001037 | 0.001069 | 0.001037 | 0.000952 | 0.000837 | 0.000714 |
| 1  | 0.001190 | 0.001435 | 0.001639 | 0.001722 | 0.001639 | 0.001435 | 0.001190 | 0.000962 |
| 2  | 0.001703 | 0.002292 | 0.002961 | 0.003306 | 0.002961 | 0.002292 | 0.001703 | 0.001268 |
| 3  | 0.002329 | 0.003849 | 0.007511 | 0.011582 | 0.007511 | 0.003849 | 0.002329 | 0.001568 |
| 4  | 0.002673 | 0.005161 | 0.016289 | 0.038259 | 0.016289 | 0.005161 | 0.002673 | 0.001704 |
| 5  | 0.002329 | 0.003849 | 0.007511 | 0.011582 | 0.007511 | 0.003849 | 0.002329 | 0.001568 |
| 6  | 0.001703 | 0.002292 | 0.002961 | 0.003306 | 0.002961 | 0.002292 | 0.001703 | 0.001268 |
| 7  | 0.001190 | 0.001435 | 0.001639 | 0.001722 | 0.001639 | 0.001435 | 0.001190 | 0.000962 |
| 8  | 0.000837 | 0.000952 | 0.001037 | 0.001069 | 0.001037 | 0.000952 | 0.000837 | 0.000714 |
| 9  | 0.000598 | 0.000658 | 0.000700 | 0.000715 | 0.000700 | 0.000658 | 0.000598 | 0.000528 |
| 10 | 0.000434 | 0.000468 | 0.000490 | 0.000498 | 0.000490 | 0.000468 | 0.000434 | 0.000393 |
| b  | 0.000320 | 0.000340 | 0.000353 | 0.000358 | 0.000353 | 0.000340 | 0.000320 | 0.000295 |

$$q^{35} = 1$$

|    | a | 1 | 2 | 3 | 4 | 5 | 6 | b |
|----|---|---|---|---|---|---|---|---|
| a  | 0.000598 | 0.000658 | 0.000700 | 0.000715 | 0.000700 | 0.000658 | 0.000598 | 0.000528 |
| 1  | 0.000837 | 0.000952 | 0.001037 | 0.001069 | 0.001037 | 0.000952 | 0.000837 | 0.000714 |
| 2  | 0.001190 | 0.001435 | 0.001639 | 0.001722 | 0.001639 | 0.001435 | 0.001190 | 0.000962 |
| 3  | 0.001703 | 0.002292 | 0.002961 | 0.003306 | 0.002961 | 0.002292 | 0.001703 | 0.001268 |
| 4  | 0.002329 | 0.003849 | 0.007511 | 0.011582 | 0.007511 | 0.003849 | 0.002329 | 0.001568 |
| 5  | 0.002673 | 0.005161 | 0.016289 | 0.038259 | 0.016289 | 0.005161 | 0.002673 | 0.001704 |
| 6  | 0.002329 | 0.003849 | 0.007511 | 0.011582 | 0.007511 | 0.003849 | 0.002329 | 0.001568 |
| 7  | 0.001703 | 0.002292 | 0.002961 | 0.003306 | 0.002961 | 0.002292 | 0.001703 | 0.001268 |
| 8  | 0.001190 | 0.001435 | 0.001639 | 0.001722 | 0.001639 | 0.001435 | 0.001190 | 0.000962 |
| 9  | 0.000837 | 0.000952 | 0.001037 | 0.001069 | 0.001037 | 0.000952 | 0.000837 | 0.000714 |
| 10 | 0.000598 | 0.000658 | 0.000700 | 0.000715 | 0.000700 | 0.000658 | 0.000598 | 0.000528 |
| b  | 0.000434 | 0.000468 | 0.000490 | 0.000498 | 0.000490 | 0.000468 | 0.000434 | 0.000393 |

Éstas son las 24 matrices del cuadrante I, cada una contiene 96 valores de asentamientos unitarios producidas por la aplicación de una carga unitaria en cada dovela del cuadrante I. En conformidad al método de ISET propuesto y explicado en el Capítulo 5 con estas matrices se puede determinar las denominadas EMAT simétrica y EMAT general, para el caso de la EMAT sísmica se recomienda estudiar el Capitulo 6.

Para este ejemplo particular 5.7, la ecuación matricial de asentamientos por carga unitaria $\left[ _{\square}^{s}\delta_{ij}^{nn} \right]$ que forma la ecuación 5.26 para la EMAT simétrica sería de dimensiones de 24 x 24 y la ecuación matricial de asentamientos por carga unitaria $\left[ _{\square}^{s}\delta_{ij}^{nn} \right]$ que forma la ecuación 5.26 para la EMAT general sería de dimensiones de 96 x 96.

# Ejemplo 5.8

$$q^{aa} = 1$$

| | a | 1 | 2 | 3 | 4 | 5 | 6 | b |
|---|---|---|---|---|---|---|---|---|
| **a** | 0.001596 | 0.000930 | 0.000484 | 0.000325 | 0.000230 | 0.000164 | 0.000119 | 0.000088 |
| **1** | 0.000930 | 0.000680 | 0.000436 | 0.000306 | 0.000220 | 0.000159 | 0.000116 | 0.000086 |
| **2** | 0.000484 | 0.000436 | 0.000345 | 0.000263 | 0.000196 | 0.000145 | 0.000108 | 0.000081 |
| **3** | 0.000325 | 0.000306 | 0.000263 | 0.000211 | 0.000164 | 0.000126 | 0.000096 | 0.000074 |
| **4** | 0.000230 | 0.000220 | 0.000196 | 0.000164 | 0.000133 | 0.000105 | 0.000083 | 0.000065 |
| **5** | 0.000164 | 0.000159 | 0.000145 | 0.000126 | 0.000105 | 0.000086 | 0.000070 | 0.000056 |
| **6** | 0.000119 | 0.000116 | 0.000108 | 0.000096 | 0.000083 | 0.000070 | 0.000058 | 0.000048 |
| **b** | 0.000088 | 0.000086 | 0.000081 | 0.000074 | 0.000065 | 0.000056 | 0.000048 | 0.000040 |

$$q^{a1} = 1$$

| | a | 1 | 2 | 3 | 4 | 5 | 6 | b |
|---|---|---|---|---|---|---|---|---|
| **a** | 0.000930 | 0.000680 | 0.000436 | 0.000306 | 0.000220 | 0.000159 | 0.000116 | 0.000086 |
| **1** | 0.001596 | 0.000930 | 0.000484 | 0.000325 | 0.000230 | 0.000164 | 0.000119 | 0.000088 |
| **2** | 0.000930 | 0.000680 | 0.000436 | 0.000306 | 0.000220 | 0.000159 | 0.000116 | 0.000086 |
| **3** | 0.000484 | 0.000436 | 0.000345 | 0.000263 | 0.000196 | 0.000145 | 0.000108 | 0.000081 |
| **4** | 0.000325 | 0.000306 | 0.000263 | 0.000211 | 0.000164 | 0.000126 | 0.000096 | 0.000074 |
| **5** | 0.000230 | 0.000220 | 0.000196 | 0.000164 | 0.000133 | 0.000105 | 0.000083 | 0.000065 |
| **6** | 0.000164 | 0.000159 | 0.000145 | 0.000126 | 0.000105 | 0.000086 | 0.000070 | 0.000056 |
| **b** | 0.000119 | 0.000116 | 0.000108 | 0.000096 | 0.000083 | 0.000070 | 0.000058 | 0.000048 |

$$q^{a2} = 1$$

| | a | 1 | 2 | 3 | 4 | 5 | 6 | b |
|---|---|---|---|---|---|---|---|---|
| **a** | 0.000484 | 0.000436 | 0.000345 | 0.000263 | 0.000196 | 0.000145 | 0.000108 | 0.000081 |
| **1** | 0.000930 | 0.000680 | 0.000436 | 0.000306 | 0.000220 | 0.000159 | 0.000116 | 0.000086 |
| **2** | 0.001596 | 0.000930 | 0.000484 | 0.000325 | 0.000230 | 0.000164 | 0.000119 | 0.000088 |
| **3** | 0.000930 | 0.000680 | 0.000436 | 0.000306 | 0.000220 | 0.000159 | 0.000116 | 0.000086 |
| **4** | 0.000484 | 0.000436 | 0.000345 | 0.000263 | 0.000196 | 0.000145 | 0.000108 | 0.000081 |
| **5** | 0.000325 | 0.000306 | 0.000263 | 0.000211 | 0.000164 | 0.000126 | 0.000096 | 0.000074 |
| **6** | 0.000230 | 0.000220 | 0.000196 | 0.000164 | 0.000133 | 0.000105 | 0.000083 | 0.000065 |
| **b** | 0.000164 | 0.000159 | 0.000145 | 0.000126 | 0.000105 | 0.000086 | 0.000070 | 0.000056 |

$$q^{a3} = 1$$

| | a | 1 | 2 | 3 | 4 | 5 | 6 | b |
|---|---|---|---|---|---|---|---|---|
| **a** | 0.000325 | 0.000306 | 0.000263 | 0.000211 | 0.000164 | 0.000126 | 0.000096 | 0.000074 |
| **1** | 0.000484 | 0.000436 | 0.000345 | 0.000263 | 0.000196 | 0.000145 | 0.000108 | 0.000081 |
| **2** | 0.000930 | 0.000680 | 0.000436 | 0.000306 | 0.000220 | 0.000159 | 0.000116 | 0.000086 |
| **3** | 0.001596 | 0.000930 | 0.000484 | 0.000325 | 0.000230 | 0.000164 | 0.000119 | 0.000088 |
| **4** | 0.000930 | 0.000680 | 0.000436 | 0.000306 | 0.000220 | 0.000159 | 0.000116 | 0.000086 |
| **5** | 0.000484 | 0.000436 | 0.000345 | 0.000263 | 0.000196 | 0.000145 | 0.000108 | 0.000081 |
| **6** | 0.000325 | 0.000306 | 0.000263 | 0.000211 | 0.000164 | 0.000126 | 0.000096 | 0.000074 |
| **b** | 0.000230 | 0.000220 | 0.000196 | 0.000164 | 0.000133 | 0.000105 | 0.000083 | 0.000065 |

$$q^{1a} = 1$$

|   | a | 1 | 2 | 3 | 4 | 5 | 6 | b |
|---|---|---|---|---|---|---|---|---|
| **a** | 0.000930 | 0.001596 | 0.000930 | 0.000484 | 0.000325 | 0.000230 | 0.000164 | 0.000119 |
| **1** | 0.000680 | 0.000930 | 0.000680 | 0.000436 | 0.000306 | 0.000220 | 0.000159 | 0.000116 |
| **2** | 0.000436 | 0.000484 | 0.000436 | 0.000345 | 0.000263 | 0.000196 | 0.000145 | 0.000108 |
| **3** | 0.000306 | 0.000325 | 0.000306 | 0.000263 | 0.000211 | 0.000164 | 0.000126 | 0.000096 |
| **4** | 0.000220 | 0.000230 | 0.000220 | 0.000196 | 0.000164 | 0.000133 | 0.000105 | 0.000083 |
| **5** | 0.000159 | 0.000164 | 0.000159 | 0.000145 | 0.000126 | 0.000105 | 0.000086 | 0.000070 |
| **6** | 0.000116 | 0.000119 | 0.000116 | 0.000108 | 0.000096 | 0.000083 | 0.000070 | 0.000058 |
| **b** | 0.000086 | 0.000088 | 0.000086 | 0.000081 | 0.000074 | 0.000065 | 0.000056 | 0.000048 |

$$q^{11} = 1$$

|   | a | 1 | 2 | 3 | 4 | 5 | 6 | b |
|---|---|---|---|---|---|---|---|---|
| **a** | 0.000680 | 0.000930 | 0.000680 | 0.000436 | 0.000306 | 0.000220 | 0.000159 | 0.000116 |
| **1** | 0.000930 | 0.001596 | 0.000930 | 0.000484 | 0.000325 | 0.000230 | 0.000164 | 0.000119 |
| **2** | 0.000680 | 0.000930 | 0.000680 | 0.000436 | 0.000306 | 0.000220 | 0.000159 | 0.000116 |
| **3** | 0.000436 | 0.000484 | 0.000436 | 0.000345 | 0.000263 | 0.000196 | 0.000145 | 0.000108 |
| **4** | 0.000306 | 0.000325 | 0.000306 | 0.000263 | 0.000211 | 0.000164 | 0.000126 | 0.000096 |
| **5** | 0.000220 | 0.000230 | 0.000220 | 0.000196 | 0.000164 | 0.000133 | 0.000105 | 0.000083 |
| **6** | 0.000159 | 0.000164 | 0.000159 | 0.000145 | 0.000126 | 0.000105 | 0.000086 | 0.000070 |
| **b** | 0.000116 | 0.000119 | 0.000116 | 0.000108 | 0.000096 | 0.000083 | 0.000070 | 0.000058 |

$$q^{12} = 1$$

|   | a | 1 | 2 | 3 | 4 | 5 | 6 | b |
|---|---|---|---|---|---|---|---|---|
| **a** | 0.000436 | 0.000484 | 0.000436 | 0.000345 | 0.000263 | 0.000196 | 0.000145 | 0.000108 |
| **1** | 0.000680 | 0.000930 | 0.000680 | 0.000436 | 0.000306 | 0.000220 | 0.000159 | 0.000116 |
| **2** | 0.000930 | 0.001596 | 0.000930 | 0.000484 | 0.000325 | 0.000230 | 0.000164 | 0.000119 |
| **3** | 0.000680 | 0.000930 | 0.000680 | 0.000436 | 0.000306 | 0.000220 | 0.000159 | 0.000116 |
| **4** | 0.000436 | 0.000484 | 0.000436 | 0.000345 | 0.000263 | 0.000196 | 0.000145 | 0.000108 |
| **5** | 0.000306 | 0.000325 | 0.000306 | 0.000263 | 0.000211 | 0.000164 | 0.000126 | 0.000096 |
| **6** | 0.000220 | 0.000230 | 0.000220 | 0.000196 | 0.000164 | 0.000133 | 0.000105 | 0.000083 |
| **b** | 0.000159 | 0.000164 | 0.000159 | 0.000145 | 0.000126 | 0.000105 | 0.000086 | 0.000070 |

$$q^{13} = 1$$

|   | a | 1 | 2 | 3 | 4 | 5 | 6 | b |
|---|---|---|---|---|---|---|---|---|
| **a** | 0.000306 | 0.000325 | 0.000306 | 0.000263 | 0.000211 | 0.000164 | 0.000126 | 0.000096 |
| **1** | 0.000436 | 0.000484 | 0.000436 | 0.000345 | 0.000263 | 0.000196 | 0.000145 | 0.000108 |
| **2** | 0.000680 | 0.000930 | 0.000680 | 0.000436 | 0.000306 | 0.000220 | 0.000159 | 0.000116 |
| **3** | 0.000930 | 0.001596 | 0.000930 | 0.000484 | 0.000325 | 0.000230 | 0.000164 | 0.000119 |
| **4** | 0.000680 | 0.000930 | 0.000680 | 0.000436 | 0.000306 | 0.000220 | 0.000159 | 0.000116 |
| **5** | 0.000436 | 0.000484 | 0.000436 | 0.000345 | 0.000263 | 0.000196 | 0.000145 | 0.000108 |
| **6** | 0.000306 | 0.000325 | 0.000306 | 0.000263 | 0.000211 | 0.000164 | 0.000126 | 0.000096 |
| **b** | 0.000220 | 0.000230 | 0.000220 | 0.000196 | 0.000164 | 0.000133 | 0.000105 | 0.000083 |

$$q^{2a} = 1$$

|   | a | 1 | 2 | 3 | 4 | 5 | 6 | b |
|---|---|---|---|---|---|---|---|---|
| a | 0.000484 | 0.000930 | 0.001596 | 0.000930 | 0.000484 | 0.000325 | 0.000230 | 0.000164 |
| 1 | 0.000436 | 0.000680 | 0.000930 | 0.000680 | 0.000436 | 0.000306 | 0.000220 | 0.000159 |
| 2 | 0.000345 | 0.000436 | 0.000484 | 0.000436 | 0.000345 | 0.000263 | 0.000196 | 0.000145 |
| 3 | 0.000263 | 0.000306 | 0.000325 | 0.000306 | 0.000263 | 0.000211 | 0.000164 | 0.000126 |
| 4 | 0.000196 | 0.000220 | 0.000230 | 0.000220 | 0.000196 | 0.000164 | 0.000133 | 0.000105 |
| 5 | 0.000145 | 0.000159 | 0.000164 | 0.000159 | 0.000145 | 0.000126 | 0.000105 | 0.000086 |
| 6 | 0.000108 | 0.000116 | 0.000119 | 0.000116 | 0.000108 | 0.000096 | 0.000083 | 0.000070 |
| b | 0.000081 | 0.000086 | 0.000088 | 0.000086 | 0.000081 | 0.000074 | 0.000065 | 0.000056 |

$$q^{21} = 1$$

|   | a | 1 | 2 | 3 | 4 | 5 | 6 | b |
|---|---|---|---|---|---|---|---|---|
| a | 0.000436 | 0.000680 | 0.000930 | 0.000680 | 0.000436 | 0.000306 | 0.000220 | 0.000159 |
| 1 | 0.000484 | 0.000930 | 0.001596 | 0.000930 | 0.000484 | 0.000325 | 0.000230 | 0.000164 |
| 2 | 0.000436 | 0.000680 | 0.000930 | 0.000680 | 0.000436 | 0.000306 | 0.000220 | 0.000159 |
| 3 | 0.000345 | 0.000436 | 0.000484 | 0.000436 | 0.000345 | 0.000263 | 0.000196 | 0.000145 |
| 4 | 0.000263 | 0.000306 | 0.000325 | 0.000306 | 0.000263 | 0.000211 | 0.000164 | 0.000126 |
| 5 | 0.000196 | 0.000220 | 0.000230 | 0.000220 | 0.000196 | 0.000164 | 0.000133 | 0.000105 |
| 6 | 0.000145 | 0.000159 | 0.000164 | 0.000159 | 0.000145 | 0.000126 | 0.000105 | 0.000086 |
| b | 0.000108 | 0.000116 | 0.000119 | 0.000116 | 0.000108 | 0.000096 | 0.000083 | 0.000070 |

$$q^{22} = 1$$

|   | a | 1 | 2 | 3 | 4 | 5 | 6 | b |
|---|---|---|---|---|---|---|---|---|
| a | 0.000345 | 0.000436 | 0.000484 | 0.000436 | 0.000345 | 0.000263 | 0.000196 | 0.000145 |
| 1 | 0.000436 | 0.000680 | 0.000930 | 0.000680 | 0.000436 | 0.000306 | 0.000220 | 0.000159 |
| 2 | 0.000484 | 0.000930 | 0.001596 | 0.000930 | 0.000484 | 0.000325 | 0.000230 | 0.000164 |
| 3 | 0.000436 | 0.000680 | 0.000930 | 0.000680 | 0.000436 | 0.000306 | 0.000220 | 0.000159 |
| 4 | 0.000345 | 0.000436 | 0.000484 | 0.000436 | 0.000345 | 0.000263 | 0.000196 | 0.000145 |
| 5 | 0.000263 | 0.000306 | 0.000325 | 0.000306 | 0.000263 | 0.000211 | 0.000164 | 0.000126 |
| 6 | 0.000196 | 0.000220 | 0.000230 | 0.000220 | 0.000196 | 0.000164 | 0.000133 | 0.000105 |
| b | 0.000145 | 0.000159 | 0.000164 | 0.000159 | 0.000145 | 0.000126 | 0.000105 | 0.000086 |

$$q^{23} = 1$$

|   | a | 1 | 2 | 3 | 4 | 5 | 6 | b |
|---|---|---|---|---|---|---|---|---|
| a | 0.000263 | 0.000306 | 0.000325 | 0.000306 | 0.000263 | 0.000211 | 0.000164 | 0.000126 |
| 1 | 0.000345 | 0.000436 | 0.000484 | 0.000436 | 0.000345 | 0.000263 | 0.000196 | 0.000145 |
| 2 | 0.000436 | 0.000680 | 0.000930 | 0.000680 | 0.000436 | 0.000306 | 0.000220 | 0.000159 |
| 3 | 0.000484 | 0.000930 | 0.001596 | 0.000930 | 0.000484 | 0.000325 | 0.000230 | 0.000164 |
| 4 | 0.000436 | 0.000680 | 0.000930 | 0.000680 | 0.000436 | 0.000306 | 0.000220 | 0.000159 |
| 5 | 0.000345 | 0.000436 | 0.000484 | 0.000436 | 0.000345 | 0.000263 | 0.000196 | 0.000145 |
| 6 | 0.000263 | 0.000306 | 0.000325 | 0.000306 | 0.000263 | 0.000211 | 0.000164 | 0.000126 |
| b | 0.000196 | 0.000220 | 0.000230 | 0.000220 | 0.000196 | 0.000164 | 0.000133 | 0.000105 |

$$q^{3a} = 1$$

|   | a | 1 | 2 | 3 | 4 | 5 | 6 | b |
|---|---|---|---|---|---|---|---|---|
| a | 0.000325 | 0.000484 | 0.000930 | 0.001596 | 0.000930 | 0.000484 | 0.000325 | 0.000230 |
| 1 | 0.000306 | 0.000436 | 0.000680 | 0.000930 | 0.000680 | 0.000436 | 0.000306 | 0.000220 |
| 2 | 0.000263 | 0.000345 | 0.000436 | 0.000484 | 0.000436 | 0.000345 | 0.000263 | 0.000196 |
| 3 | 0.000211 | 0.000263 | 0.000306 | 0.000325 | 0.000306 | 0.000263 | 0.000211 | 0.000164 |
| 4 | 0.000164 | 0.000196 | 0.000220 | 0.000230 | 0.000220 | 0.000196 | 0.000164 | 0.000133 |
| 5 | 0.000126 | 0.000145 | 0.000159 | 0.000164 | 0.000159 | 0.000145 | 0.000126 | 0.000105 |
| 6 | 0.000096 | 0.000108 | 0.000116 | 0.000119 | 0.000116 | 0.000108 | 0.000096 | 0.000083 |
| b | 0.000074 | 0.000081 | 0.000086 | 0.000088 | 0.000086 | 0.000081 | 0.000074 | 0.000065 |

$$q^{31} = 1$$

|   | a | 1 | 2 | 3 | 4 | 5 | 6 | b |
|---|---|---|---|---|---|---|---|---|
| a | 0.000306 | 0.000436 | 0.000680 | 0.000930 | 0.000680 | 0.000436 | 0.000306 | 0.000220 |
| 1 | 0.000325 | 0.000484 | 0.000930 | 0.001596 | 0.000930 | 0.000484 | 0.000325 | 0.000230 |
| 2 | 0.000306 | 0.000436 | 0.000680 | 0.000930 | 0.000680 | 0.000436 | 0.000306 | 0.000220 |
| 3 | 0.000263 | 0.000345 | 0.000436 | 0.000484 | 0.000436 | 0.000345 | 0.000263 | 0.000196 |
| 4 | 0.000211 | 0.000263 | 0.000306 | 0.000325 | 0.000306 | 0.000263 | 0.000211 | 0.000164 |
| 5 | 0.000164 | 0.000196 | 0.000220 | 0.000230 | 0.000220 | 0.000196 | 0.000164 | 0.000133 |
| 6 | 0.000126 | 0.000145 | 0.000159 | 0.000164 | 0.000159 | 0.000145 | 0.000126 | 0.000105 |
| b | 0.000096 | 0.000108 | 0.000116 | 0.000119 | 0.000116 | 0.000108 | 0.000096 | 0.000083 |

$$q^{32} = 1$$

|   | a | 1 | 2 | 3 | 4 | 5 | 6 | b |
|---|---|---|---|---|---|---|---|---|
| a | 0.000263 | 0.000345 | 0.000436 | 0.000484 | 0.000436 | 0.000345 | 0.000263 | 0.000196 |
| 1 | 0.000306 | 0.000436 | 0.000680 | 0.000930 | 0.000680 | 0.000436 | 0.000306 | 0.000220 |
| 2 | 0.000325 | 0.000484 | 0.000930 | 0.001596 | 0.000930 | 0.000484 | 0.000325 | 0.000230 |
| 3 | 0.000306 | 0.000436 | 0.000680 | 0.000930 | 0.000680 | 0.000436 | 0.000306 | 0.000220 |
| 4 | 0.000263 | 0.000345 | 0.000436 | 0.000484 | 0.000436 | 0.000345 | 0.000263 | 0.000196 |
| 5 | 0.000211 | 0.000263 | 0.000306 | 0.000325 | 0.000306 | 0.000263 | 0.000211 | 0.000164 |
| 6 | 0.000164 | 0.000196 | 0.000220 | 0.000230 | 0.000220 | 0.000196 | 0.000164 | 0.000133 |
| b | 0.000126 | 0.000145 | 0.000159 | 0.000164 | 0.000159 | 0.000145 | 0.000126 | 0.000105 |

$$q^{33} = 1$$

|   | a | 1 | 2 | 3 | 4 | 5 | 6 | b |
|---|---|---|---|---|---|---|---|---|
| a | 0.000211 | 0.000263 | 0.000306 | 0.000325 | 0.000306 | 0.000263 | 0.000211 | 0.000164 |
| 1 | 0.000263 | 0.000345 | 0.000436 | 0.000484 | 0.000436 | 0.000345 | 0.000263 | 0.000196 |
| 2 | 0.000306 | 0.000436 | 0.000680 | 0.000930 | 0.000680 | 0.000436 | 0.000306 | 0.000220 |
| 3 | 0.000325 | 0.000484 | 0.000930 | 0.001596 | 0.000930 | 0.000484 | 0.000325 | 0.000230 |
| 4 | 0.000306 | 0.000436 | 0.000680 | 0.000930 | 0.000680 | 0.000436 | 0.000306 | 0.000220 |
| 5 | 0.000263 | 0.000345 | 0.000436 | 0.000484 | 0.000436 | 0.000345 | 0.000263 | 0.000196 |
| 6 | 0.000211 | 0.000263 | 0.000306 | 0.000325 | 0.000306 | 0.000263 | 0.000211 | 0.000164 |
| b | 0.000164 | 0.000196 | 0.000220 | 0.000230 | 0.000220 | 0.000196 | 0.000164 | 0.000133 |

Éstas son las 16 matrices del cuadrante I, cada una contiene 64 valores de asentamientos unitarios producidas por la aplicación de una carga unitaria en cada dovela del cuadrante I. En conformidad al método de ISET propuesto y explicado en el Capítulo 5 con estas matrices se puede determinar las denominadas EMAT simétrica y EMAT general, para el caso de la EMAT sísmica se recomienda estudiar el Capitulo 6.

Para este ejemplo particular 5.8, la ecuación matricial de asentamientos por carga unitaria $\left[{}^{s}_{\square}\delta_{ij}^{nn}\right]$ que forma la ecuación 5.26 para la EMAT simétrica sería de dimensiones de 16 x 16 y la ecuación matricial de asentamientos por carga unitaria $\left[{}^{s}_{\square}\delta_{ij}^{nn}\right]$ que forma la ecuación 5.26 para la EMAT general sería de dimensiones de 64 x 64.

# Apéndice D

## Matrices de asentamientos por carga unitaria en las dovelas del cuadrante I del ejemplo 7.5.2 del Capítulo 7

$$q^{aa} = 1$$

| Transpuesta | a | 1 | 2 | 3 | 4 | 5 | 6 | b |
|---|---|---|---|---|---|---|---|---|
| a | 0.00337 | 0.001287 | 0.000668 | 0.000393 | 0.000246 | 0.000161 | 0.000109 | 0.000076 |
| 1 | 0.001287 | 0.000959 | 0.000585 | 0.000363 | 0.000233 | 0.000155 | 0.000106 | 0.000074 |
| 2 | 0.000668 | 0.000585 | 0.000429 | 0.000294 | 0.000200 | 0.000138 | 0.000097 | 0.000069 |
| 3 | 0.000393 | 0.000363 | 0.000294 | 0.000221 | 0.000161 | 0.000116 | 0.000084 | 0.000062 |
| 4 | 0.000246 | 0.000233 | 0.000200 | 0.000161 | 0.000124 | 0.000094 | 0.000071 | 0.000053 |
| 5 | 0.000161 | 0.000155 | 0.000138 | 0.000116 | 0.000094 | 0.000074 | 0.000058 | 0.000045 |
| 6 | 0.000109 | 0.000106 | 0.000097 | 0.000084 | 0.000071 | 0.000058 | 0.000046 | 0.000037 |
| b | 0.000076 | 0.000074 | 0.000069 | 0.000062 | 0.000053 | 0.000045 | 0.000037 | 0.000030 |

$$q^{a1} = 1$$

| Transpuesta | a | 1 | 2 | 3 | 4 | 5 | 6 | b |
|---|---|---|---|---|---|---|---|---|
| a | 0.001287 | 0.000959 | 0.000585 | 0.000363 | 0.000233 | 0.000155 | 0.000106 | 0.000074 |
| 1 | 0.00337 | 0.001287 | 0.000668 | 0.000393 | 0.000246 | 0.000161 | 0.000109 | 0.000076 |
| 2 | 0.001287 | 0.000959 | 0.000585 | 0.000363 | 0.000233 | 0.000155 | 0.000106 | 0.000074 |
| 3 | 0.000668 | 0.000585 | 0.000429 | 0.000294 | 0.0002 | 0.000138 | 0.000097 | 0.000069 |
| 4 | 0.000393 | 0.000363 | 0.000294 | 0.000221 | 0.000161 | 0.000116 | 0.000084 | 0.000062 |
| 5 | 0.000246 | 0.000233 | 0.0002 | 0.000161 | 0.000124 | 0.000094 | 0.000071 | 0.000053 |
| 6 | 0.000161 | 0.000155 | 0.000138 | 0.000116 | 0.000094 | 0.000074 | 0.000058 | 0.000045 |
| b | 0.000109 | 0.000106 | 0.000097 | 0.000084 | 0.000071 | 0.000058 | 0.000046 | 0.000037 |

$$q^{a2} = 1$$

| Transpuesta | a | 1 | 2 | 3 | 4 | 5 | 6 | b |
|---|---|---|---|---|---|---|---|---|
| a | 0.000668 | 0.000585 | 0.000429 | 0.000294 | 0.0002 | 0.000138 | 0.000097 | 0.000069 |
| 1 | 0.001287 | 0.000959 | 0.000585 | 0.000363 | 0.000233 | 0.000155 | 0.000106 | 0.000074 |
| 2 | 0.00337 | 0.001287 | 0.000668 | 0.000393 | 0.000246 | 0.000161 | 0.000109 | 0.000076 |
| 3 | 0.001287 | 0.000959 | 0.000585 | 0.000363 | 0.000233 | 0.000155 | 0.000106 | 0.000074 |
| 4 | 0.000668 | 0.000585 | 0.000429 | 0.000294 | 0.0002 | 0.000138 | 0.000097 | 0.000069 |
| 5 | 0.000393 | 0.000363 | 0.000294 | 0.000221 | 0.000161 | 0.000116 | 0.000084 | 0.000062 |
| 6 | 0.000246 | 0.000233 | 0.0002 | 0.000161 | 0.000124 | 0.000094 | 0.000071 | 0.000053 |
| b | 0.000161 | 0.000155 | 0.000138 | 0.000116 | 0.000094 | 0.000074 | 0.000058 | 0.000045 |

$$q^{a3} = 1$$

| Transpuesta | a | 1 | 2 | 3 | 4 | 5 | 6 | b |
|---|---|---|---|---|---|---|---|---|
| a | 0.000393 | 0.000363 | 0.000294 | 0.000221 | 0.000161 | 0.000116 | 0.000084 | 0.000062 |
| 1 | 0.000668 | 0.000585 | 0.000429 | 0.000294 | 0.0002 | 0.000138 | 0.000097 | 0.000069 |
| 2 | 0.001287 | 0.000959 | 0.000585 | 0.000363 | 0.000233 | 0.000155 | 0.000106 | 0.000074 |
| 3 | 0.00337 | 0.001287 | 0.000668 | 0.000393 | 0.000246 | 0.000161 | 0.000109 | 0.000076 |
| 4 | 0.001287 | 0.000959 | 0.000585 | 0.000363 | 0.000233 | 0.000155 | 0.000106 | 0.000074 |
| 5 | 0.000668 | 0.000585 | 0.000429 | 0.000294 | 0.0002 | 0.000138 | 0.000097 | 0.000069 |
| 6 | 0.000393 | 0.000363 | 0.000294 | 0.000221 | 0.000161 | 0.000116 | 0.000084 | 0.000062 |
| b | 0.000246 | 0.000233 | 0.000200 | 0.000161 | 0.000124 | 0.000094 | 0.000071 | 0.000053 |

$$q^{1a} = 1$$

| Transpuesta | a | 1 | 2 | 3 | 4 | 5 | 6 | b |
|---|---|---|---|---|---|---|---|---|
| a | 0.001287 | 0.003370 | 0.001287 | 0.000668 | 0.000393 | 0.000246 | 0.000161 | 0.000109 |
| 1 | 0.000959 | 0.001287 | 0.000959 | 0.000585 | 0.000363 | 0.000233 | 0.000155 | 0.000106 |
| 2 | 0.000585 | 0.000668 | 0.000585 | 0.000429 | 0.000294 | 0.000200 | 0.000138 | 0.000097 |
| 3 | 0.000363 | 0.000393 | 0.000363 | 0.000294 | 0.000221 | 0.000161 | 0.000116 | 0.000084 |
| 4 | 0.000233 | 0.000246 | 0.000233 | 0.000200 | 0.000161 | 0.000124 | 0.000094 | 0.000071 |
| 5 | 0.000155 | 0.000161 | 0.000155 | 0.000138 | 0.000116 | 0.000094 | 0.000074 | 0.000058 |
| 6 | 0.000106 | 0.000109 | 0.000106 | 0.000097 | 0.000084 | 0.000071 | 0.000058 | 0.000046 |
| b | 0.000074 | 0.000076 | 0.000074 | 0.000069 | 0.000062 | 0.000053 | 0.000045 | 0.000037 |

$$q^{11} = 1$$

| Transpuesta | a | 1 | 2 | 3 | 4 | 5 | 6 | b |
|---|---|---|---|---|---|---|---|---|
| a | 0.000959 | 0.001287 | 0.000959 | 0.000585 | 0.000363 | 0.000233 | 0.000155 | 0.000106 |
| 1 | 0.001287 | 0.003370 | 0.001287 | 0.000668 | 0.000393 | 0.000246 | 0.000161 | 0.000109 |
| 2 | 0.000959 | 0.001287 | 0.000959 | 0.000585 | 0.000363 | 0.000233 | 0.000155 | 0.000106 |
| 3 | 0.000585 | 0.000668 | 0.000585 | 0.000429 | 0.000294 | 0.000200 | 0.000138 | 0.000097 |
| 4 | 0.000363 | 0.000393 | 0.000363 | 0.000294 | 0.000221 | 0.000161 | 0.000116 | 0.000084 |
| 5 | 0.000233 | 0.000246 | 0.000233 | 0.000200 | 0.000161 | 0.000124 | 0.000094 | 0.000071 |
| 6 | 0.000155 | 0.000161 | 0.000155 | 0.000138 | 0.000116 | 0.000094 | 0.000074 | 0.000058 |
| b | 0.000106 | 0.000109 | 0.000106 | 0.000097 | 0.000084 | 0.000071 | 0.000058 | 0.000046 |

$$q^{12} = 1$$

| Transpuesta | a | 1 | 2 | 3 | 4 | 5 | 6 | b |
|---|---|---|---|---|---|---|---|---|
| a | 0.000585 | 0.000668 | 0.000585 | 0.000429 | 0.000294 | 0.000200 | 0.000138 | 0.000097 |
| 1 | 0.000959 | 0.001287 | 0.000959 | 0.000585 | 0.000363 | 0.000233 | 0.000155 | 0.000106 |
| 2 | 0.001287 | 0.003370 | 0.001287 | 0.000668 | 0.000393 | 0.000246 | 0.000161 | 0.000109 |
| 3 | 0.000959 | 0.001287 | 0.000959 | 0.000585 | 0.000363 | 0.000233 | 0.000155 | 0.000106 |
| 4 | 0.000585 | 0.000668 | 0.000585 | 0.000429 | 0.000294 | 0.000200 | 0.000138 | 0.000097 |
| 5 | 0.000363 | 0.000393 | 0.000363 | 0.000294 | 0.000221 | 0.000161 | 0.000116 | 0.000084 |
| 6 | 0.000233 | 0.000246 | 0.000233 | 0.000200 | 0.000161 | 0.000124 | 0.000094 | 0.000071 |
| b | 0.000155 | 0.000161 | 0.000155 | 0.000138 | 0.000116 | 0.000094 | 0.000074 | 0.000058 |

$$q^{13} = 1$$

| Transpuesta | a | 1 | 2 | 3 | 4 | 5 | 6 | b |
|---|---|---|---|---|---|---|---|---|
| a | 0.000363 | 0.000393 | 0.000363 | 0.000294 | 0.000221 | 0.000161 | 0.000116 | 0.000084 |
| 1 | 0.000585 | 0.000668 | 0.000585 | 0.000429 | 0.000294 | 0.000200 | 0.000138 | 0.000097 |
| 2 | 0.000959 | 0.001287 | 0.000959 | 0.000585 | 0.000363 | 0.000233 | 0.000155 | 0.000106 |
| 3 | 0.001287 | 0.003370 | 0.001287 | 0.000668 | 0.000393 | 0.000246 | 0.000161 | 0.000109 |
| 4 | 0.000959 | 0.001287 | 0.000959 | 0.000585 | 0.000363 | 0.000233 | 0.000155 | 0.000106 |
| 5 | 0.000585 | 0.000668 | 0.000585 | 0.000429 | 0.000294 | 0.000200 | 0.000138 | 0.000097 |
| 6 | 0.000363 | 0.000393 | 0.000363 | 0.000294 | 0.000221 | 0.000161 | 0.000116 | 0.000084 |
| b | 0.000233 | 0.000246 | 0.000233 | 0.000200 | 0.000161 | 0.000124 | 0.000094 | 0.000071 |

$$q^{2a} = 1$$

| Transpuesta | a | 1 | 2 | 3 | 4 | 5 | 6 | b |
|---|---|---|---|---|---|---|---|---|
| a | 0.000668 | 0.001287 | 0.003370 | 0.001287 | 0.000668 | 0.000393 | 0.000246 | 0.000161 |
| 1 | 0.000585 | 0.000959 | 0.001287 | 0.000959 | 0.000585 | 0.000363 | 0.000233 | 0.000155 |
| 2 | 0.000429 | 0.000585 | 0.000668 | 0.000585 | 0.000429 | 0.000294 | 0.000200 | 0.000138 |
| 3 | 0.000294 | 0.000363 | 0.000393 | 0.000363 | 0.000294 | 0.000221 | 0.000161 | 0.000116 |
| 4 | 0.000200 | 0.000233 | 0.000246 | 0.000233 | 0.000200 | 0.000161 | 0.000124 | 0.000094 |
| 5 | 0.000138 | 0.000155 | 0.000161 | 0.000155 | 0.000138 | 0.000116 | 0.000094 | 0.000074 |
| 6 | 0.000097 | 0.000106 | 0.000109 | 0.000106 | 0.000097 | 0.000084 | 0.000071 | 0.000058 |
| b | 0.000069 | 0.000074 | 0.000076 | 0.000074 | 0.000069 | 0.000062 | 0.000053 | 0.000045 |

$$q^{21} = 1$$

| Transpuesta | a | 1 | 2 | 3 | 4 | 5 | 6 | b |
|---|---|---|---|---|---|---|---|---|
| a | 0.000585 | 0.000959 | 0.001287 | 0.000959 | 0.000585 | 0.000363 | 0.000233 | 0.000155 |
| 1 | 0.000668 | 0.001287 | 0.003370 | 0.001287 | 0.000668 | 0.000393 | 0.000246 | 0.000161 |
| 2 | 0.000585 | 0.000959 | 0.001287 | 0.000959 | 0.000585 | 0.000363 | 0.000233 | 0.000155 |
| 3 | 0.000429 | 0.000585 | 0.000668 | 0.000585 | 0.000429 | 0.000294 | 0.000200 | 0.000138 |
| 4 | 0.000294 | 0.000363 | 0.000393 | 0.000363 | 0.000294 | 0.000221 | 0.000161 | 0.000116 |
| 5 | 0.000200 | 0.000233 | 0.000246 | 0.000233 | 0.000200 | 0.000161 | 0.000124 | 0.000094 |
| 6 | 0.000138 | 0.000155 | 0.000161 | 0.000155 | 0.000138 | 0.000116 | 0.000094 | 0.000074 |
| b | 0.000097 | 0.000106 | 0.000109 | 0.000106 | 0.000097 | 0.000084 | 0.000071 | 0.000058 |

$$q^{22} = 1$$

| Transpuesta | a | 1 | 2 | 3 | 4 | 5 | 6 | b |
|---|---|---|---|---|---|---|---|---|
| a | 0.000429 | 0.000585 | 0.000668 | 0.000585 | 0.000429 | 0.000294 | 0.000200 | 0.000138 |
| 1 | 0.000585 | 0.000959 | 0.001287 | 0.000959 | 0.000585 | 0.000363 | 0.000233 | 0.000155 |
| 2 | 0.000668 | 0.001287 | 0.003370 | 0.001287 | 0.000668 | 0.000393 | 0.000246 | 0.000161 |
| 3 | 0.000585 | 0.000959 | 0.001287 | 0.000959 | 0.000585 | 0.000363 | 0.000233 | 0.000155 |
| 4 | 0.000429 | 0.000585 | 0.000668 | 0.000585 | 0.000429 | 0.000294 | 0.000200 | 0.000138 |
| 5 | 0.000294 | 0.000363 | 0.000393 | 0.000363 | 0.000294 | 0.000221 | 0.000161 | 0.000116 |
| 6 | 0.000200 | 0.000233 | 0.000246 | 0.000233 | 0.000200 | 0.000161 | 0.000124 | 0.000094 |
| b | 0.000138 | 0.000155 | 0.000161 | 0.000155 | 0.000138 | 0.000116 | 0.000094 | 0.000074 |

$$q^{23} = 1$$

| Transpuesta | a | 1 | 2 | 3 | 4 | 5 | 6 | b |
|---|---|---|---|---|---|---|---|---|
| a | 0.000294 | 0.000363 | 0.000393 | 0.000363 | 0.000294 | 0.000221 | 0.000161 | 0.000116 |
| 1 | 0.000429 | 0.000585 | 0.000668 | 0.000585 | 0.000429 | 0.000294 | 0.000200 | 0.000138 |
| 2 | 0.000585 | 0.000959 | 0.001287 | 0.000959 | 0.000585 | 0.000363 | 0.000233 | 0.000155 |
| 3 | 0.000668 | 0.001287 | 0.003370 | 0.001287 | 0.000668 | 0.000393 | 0.000246 | 0.000161 |
| 4 | 0.000585 | 0.000959 | 0.001287 | 0.000959 | 0.000585 | 0.000363 | 0.000233 | 0.000155 |
| 5 | 0.000429 | 0.000585 | 0.000668 | 0.000585 | 0.000429 | 0.000294 | 0.000200 | 0.000138 |
| 6 | 0.000294 | 0.000363 | 0.000393 | 0.000363 | 0.000294 | 0.000221 | 0.000161 | 0.000116 |
| b | 0.000200 | 0.000233 | 0.000246 | 0.000233 | 0.000200 | 0.000161 | 0.000124 | 0.000094 |

$$q^{3a} = 1$$

| Transpuesta | a | 1 | 2 | 3 | 4 | 5 | 6 | b |
|---|---|---|---|---|---|---|---|---|
| a | 0.000393 | 0.000668 | 0.001287 | 0.003370 | 0.001287 | 0.000668 | 0.000393 | 0.000246 |
| 1 | 0.000363 | 0.000585 | 0.000959 | 0.001287 | 0.000959 | 0.000585 | 0.000363 | 0.000233 |
| 2 | 0.000294 | 0.000429 | 0.000585 | 0.000668 | 0.000585 | 0.000429 | 0.000294 | 0.000200 |
| 3 | 0.000221 | 0.000294 | 0.000363 | 0.000393 | 0.000363 | 0.000294 | 0.000221 | 0.000161 |
| 4 | 0.000161 | 0.000200 | 0.000233 | 0.000246 | 0.000233 | 0.000200 | 0.000161 | 0.000124 |
| 5 | 0.000116 | 0.000138 | 0.000155 | 0.000161 | 0.000155 | 0.000138 | 0.000116 | 0.000094 |
| 6 | 0.000084 | 0.000097 | 0.000106 | 0.000109 | 0.000106 | 0.000097 | 0.000084 | 0.000071 |
| b | 0.000062 | 0.000069 | 0.000074 | 0.000076 | 0.000074 | 0.000069 | 0.000062 | 0.000053 |

$$q^{31} = 1$$

| Transpuesta | a | 1 | 2 | 3 | 4 | 5 | 6 | b |
|---|---|---|---|---|---|---|---|---|
| a | 0.000363 | 0.000585 | 0.000959 | 0.001287 | 0.000959 | 0.000585 | 0.000363 | 0.000233 |
| 1 | 0.000393 | 0.000668 | 0.001287 | 0.003370 | 0.001287 | 0.000668 | 0.000393 | 0.000246 |
| 2 | 0.000363 | 0.000585 | 0.000959 | 0.001287 | 0.000959 | 0.000585 | 0.000363 | 0.000233 |
| 3 | 0.000294 | 0.000429 | 0.000585 | 0.000668 | 0.000585 | 0.000429 | 0.000294 | 0.000200 |
| 4 | 0.000221 | 0.000294 | 0.000363 | 0.000393 | 0.000363 | 0.000294 | 0.000221 | 0.000161 |
| 5 | 0.000161 | 0.000200 | 0.000233 | 0.000246 | 0.000233 | 0.000200 | 0.000161 | 0.000124 |
| 6 | 0.000116 | 0.000138 | 0.000155 | 0.000161 | 0.000155 | 0.000138 | 0.000116 | 0.000094 |
| b | 0.000084 | 0.000097 | 0.000106 | 0.000109 | 0.000106 | 0.000097 | 0.000084 | 0.000071 |

$$q^{32} = 1$$

| Transpuesta | a | 1 | 2 | 3 | 4 | 5 | 6 | b |
|---|---|---|---|---|---|---|---|---|
| a | 0.000294 | 0.000429 | 0.000585 | 0.000668 | 0.000585 | 0.000429 | 0.000294 | 0.000200 |
| 1 | 0.000363 | 0.000585 | 0.000959 | 0.001287 | 0.000959 | 0.000585 | 0.000363 | 0.000233 |
| 2 | 0.000393 | 0.000668 | 0.001287 | 0.003370 | 0.001287 | 0.000668 | 0.000393 | 0.000246 |
| 3 | 0.000363 | 0.000585 | 0.000959 | 0.001287 | 0.000959 | 0.000585 | 0.000363 | 0.000233 |
| 4 | 0.000294 | 0.000429 | 0.000585 | 0.000668 | 0.000585 | 0.000429 | 0.000294 | 0.000200 |
| 5 | 0.000221 | 0.000294 | 0.000363 | 0.000393 | 0.000363 | 0.000294 | 0.000221 | 0.000161 |
| 6 | 0.000161 | 0.000200 | 0.000233 | 0.000246 | 0.000233 | 0.000200 | 0.000161 | 0.000124 |
| b | 0.000116 | 0.000138 | 0.000155 | 0.000161 | 0.000155 | 0.000138 | 0.000116 | 0.000094 |

$$q^{33} = 1$$

| Transpuesta | a | 1 | 2 | 3 | 4 | 5 | 6 | b |
|---|---|---|---|---|---|---|---|---|
| a | 0.000221 | 0.000294 | 0.000363 | 0.000393 | 0.000363 | 0.000294 | 0.000221 | 0.000161 |
| 1 | 0.000294 | 0.000429 | 0.000585 | 0.000668 | 0.000585 | 0.000429 | 0.000294 | 0.000200 |
| 2 | 0.000363 | 0.000585 | 0.000959 | 0.001287 | 0.000959 | 0.000585 | 0.000363 | 0.000233 |
| 3 | 0.000393 | 0.000668 | 0.001287 | 0.003370 | 0.001287 | 0.000668 | 0.000393 | 0.000246 |
| 4 | 0.000363 | 0.000585 | 0.000959 | 0.001287 | 0.000959 | 0.000585 | 0.000363 | 0.000233 |
| 5 | 0.000294 | 0.000429 | 0.000585 | 0.000668 | 0.000585 | 0.000429 | 0.000294 | 0.000200 |
| 6 | 0.000221 | 0.000294 | 0.000363 | 0.000393 | 0.000363 | 0.000294 | 0.000221 | 0.000161 |
| b | 0.000161 | 0.000200 | 0.000233 | 0.000246 | 0.000233 | 0.000200 | 0.000161 | 0.000124 |

Éstas son las 16 matrices del cuadrante I, cada una contiene 64 valores de asentamientos unitarios producidas por la aplicación de una carga unitaria en cada dovela del cuadrante I. En conformidad al método de ISET propuesto y explicado en el Capítulo 5, con estas matrices se puede determinar las denominadas EMAT simétrica y EMAT general, para el caso de la EMAT sísmica se recomienda estudiar el Capitulo 6.

Para este ejemplo particular, la ecuación matricial de asentamientos por carga unitaria $\left[{}^{s}_{\square}\delta^{nn}_{ij}\right]$ que forma la ecuación 5.26 para la EMAT simétrica sería de dimensiones de 16 x 16 y la ecuación matricial de asentamientos por carga unitaria $\left[{}^{s}_{\square}\delta^{nn}_{ij}\right]$ que forma la ecuación 5.26 para la EMAT general sería de dimensiones de 64 x 64.

yes
## I want morebooks!

Buy your books fast and straightforward online - at one of world's fastest growing online book stores! Environmentally sound due to Print-on-Demand technologies.

Buy your books online at
**www.morebooks.shop**

¡Compre sus libros rápido y directo en internet, en una de las librerías en línea con mayor crecimiento en el mundo! Producción que protege el medio ambiente a través de las tecnologías de impresión bajo demanda.

Compre sus libros online en
**www.morebooks.shop**

Printed by Books on Demand GmbH, Norderstedt / Germany